圖解 손자병법

노 병 천

손자병법의 중심사상은
"不戰勝"이다.
즉, 싸움을 하지 않고도 이기는 것을
목표로 하고 있다.
이를 위해서는 평시 완벽한 전쟁준비를
그 전제조건으로 하고 있다.
진정 평화를 갈망하는가?
그렇다면 잠시도 전쟁을 잊지 말라.
그리고
준비하라.

평시 전쟁을 대비하는 자세는 '無恃其不來, 恃吾有以待之' 즉「적이 오지 않으리라 하는 것을 믿지말고, 나에게 적이 언제와도 대비할 수 있다는 준비태세를 믿어야 한다.」라고 하는 主動的태세가 요구된다.

—九變篇第八—

손무(孫武)와 병법(兵法)

손자병법은 최초 목간이나 죽간에 필사되어 80여종에 이르나 오늘날 30여종이 전래됨. 이는 크게 「송본10 가주손자(宋本十家注孫子)」와 무경칠서의 손자로 대분할 수 있다. 〈사진은 손무와 죽간손자병법〉

손무 당시 춘추시대 판도

齊나라사람 손무는 吳나라왕 합려에게 봉사함

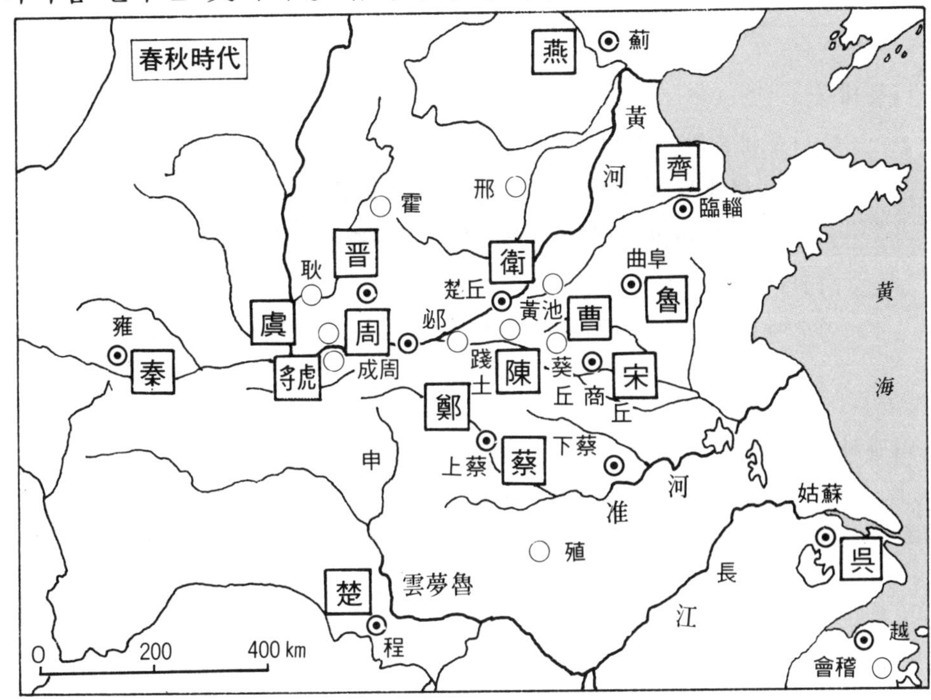

춘추시대이후 전국시대의 7웅

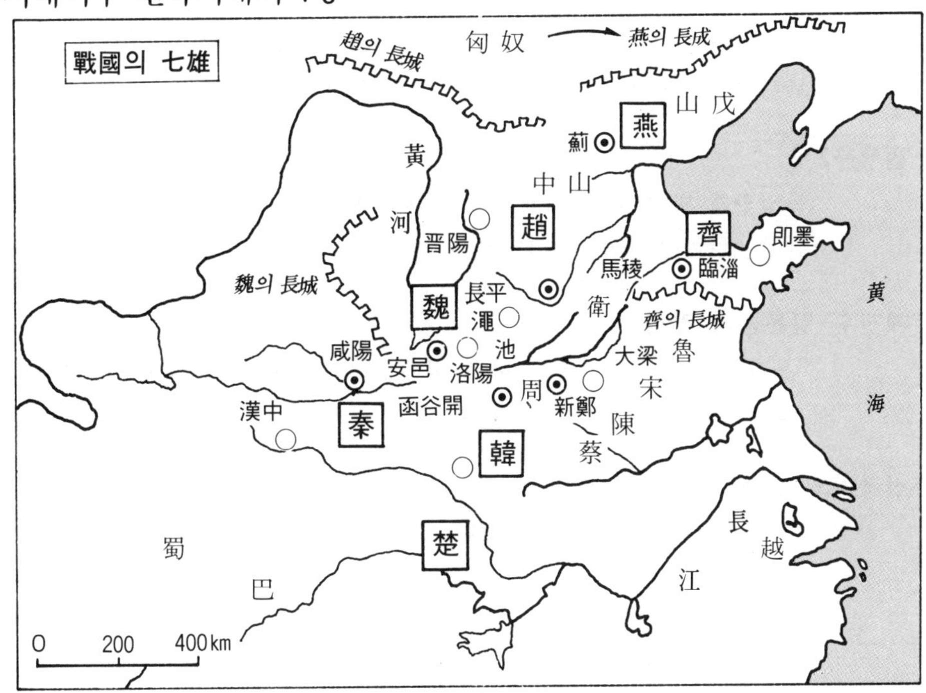

손자 병법의 가치를 인정한 인물들

나폴레옹

나폴레옹은 전쟁터에까지 손자병법을 들고 다녔으며 그의 전략사상은 손자의 병법에서 절대적 영향을 받았다. 예상을 뒤엎는 기동로 선택과 고도의 기동력을 발휘한 기습공격방식은 「攻其無備, 出其不意, 공기무비 출기불의」의 어귀에서, 상대적 우세 및 집중의 원칙은 「我專而敵分 아전이적분」의 어귀에서, 적지(敵地)현지식량조달방식은 「智將務食於敵 지장무식어적」의 어귀에서 각각 기인한 것이다.

리델하트

영국의 저명한 전략가인 리델하트는 "내가 그동안 저술한 20권이상의 저서에서 다루어 온 전략·전술의 근본문제는 손자병법에서 기인한다." "손자병법은 그 포괄성과 심오함에 있어서 지금까지의 어느 책도 이를 능가하지 못했다. 이는 지혜의 압축적 핵심(concentrated essence of wisdom)이다." "손자 이론의 명확함은 클라우제비츠사상의 애매모호함을 정정해줄 수 있다." "나는 심오한 군사사상의 근본은 동서고금을 통하여 변화가 없다는 것을 인식했다."라고 하며 손자병법의 가치를 인정하고 그의 명저 「전략론(戰略論)」서두에 손자병법의 명귀(名句)들을 대거 인용했다.

빌헬름2세

독일황제 빌헬름2세는 제1차세계대전에서 패한 후 뒤늦게 손자병법을 읽고는 "20년전에 읽었어야할 책을 이제야 읽었구나."라고 술회했다.

패전후 일본군의 장성

"우리들이 손자병법을 똑바로 이해했더라면 이렇게 비참하게 2차대전에서 패하지는 않았을것이다."라고 했다.

삼국지의 조조

그는 일찌기 손자병법 각편의 주(註)를 달 정도로 통달하여 천하를 호령할 수 있었다.

왜 손자병법을 공부하는가

식견(識見)을 넓혀준다

사물과 현상의 근원적인 문제를 지적, 심도있게 분석되어 있음으로 해서 깊이 사색하여 연구하면 저절로 심오한 진리(眞理)를 깨달아 모든 분야에서의 식견(識見)을 넓혀준다.

사고(思考)를 체계화시켜준다

손자병법의 특징중 하나가 「과학적인 체계성」인데 손자병법을 공부하게되면 입체적(立體的)으로 상황을 볼 수 있는 안목과 허트러진 사고(思考)를 체계화시킬 수 있는 능력이 배양되며, 정확한 개념 정립에 도움을 준다.

완벽한 체크리스트(checklist)의 기준을 제공해준다

어떤 계획을 수립하거나, 실행 및 평가단계에서 손자병법은 완벽한 체크리스트로서의 역할을 해준다. 치우침 없이 거의 모든 분야가 망라되어 건전하고 보편타당한 기준을 제시해 주기때문에 약2,500여년이 지난 오늘날에도 그 가치가 인정되고 있는 것이다.

군사학도(軍事學徒)들에게

손자병법의 활용도는 대단히 높다. 특히 전사(戰史)연구에는 필수적으로 손자병법 차원에서 비교·검토되어야 할 것이며, 전략(戰略)적 구상을 위한 지침으로서 손자병법의 역할 또한 지대할 것이다. 머리속에 손자병법 13편, 약6천 여자를 담고 인간본성이해와 전쟁의 의미를 숙고하는 노력이 요망된다.

책머리에

"한 권의 양서(良書)를 읽기 위해 우리는 허다한 악서(惡書)를 읽지 않으면 안된다."라고 한 나폴레옹의 말처럼 한 권의 양서를 구하기란 대단히 어려운 것임에 틀림없다. 모쪼록 본 책자가 나폴레옹이 말하고 있는 악서의 범주에는 속하지 않기를 바라는 마음으로 서문에 대한다. 손자병법에 대해서는 아마 모르는 사람이 없을 것이다. 그러나 그 유명한 손자병법을 처음부터 끝까지 한번이라도 정확히 읽어본 사람은 또한 그렇게 많지는 않을 것이다. 어쩌면 병사(兵事)를 주임무로 하고 있는 장교들조차도 그러할 것으로 본다. 대개의 경우 "知彼知己 百戰不殆"를 비롯한 주요어귀 몇 마디만을 인용하고 있을 뿐 그 이상의 지식은 사실상 그렇게 많지 않을 것이다. 그러나 공통적인 것은 이들 모두가 이 손자병법의 가치를 십분 인정하고 그야말로 최고의 병서(兵書)임을 아무도 부인하지는 않는다는 사실이다. 그리하여 적어도 관심 있는 사람들은 언젠가 한번쯤은 이 손자병법을 독파해 보겠다고 작심하였을 것이며 혹자는 이를 숙독(熟讀)하여 자신의 것으로 만들어 보겠다고 까지 벼른 사람도 있으리라 본다. 그러나 대개의 경우 이들의 소망이 초반에 실패되고 재차 읽기를 엄두조차도 못내고 포기함으로써 그 훌륭한 책이 한낱 서가의 장식물로 전락되고 마는 것이 숨길 수 없는 현실이리라. 그렇다면 왜 이러한 현상이 일어나는 것인가. 필자의 소견으로는 이러하다. 즉 "손자병법은 어려운 책이다."라고 하는 선입관이 그 첫째요, "한문으로 되어 있기 때문에 많은 한문 실력이 요구된다."고 하는 한문 해독에 대한 부담감이 그 둘째이며, 사실상 그 깊은 뜻을 이해하지 못하면 대단히 딱딱하여 재미가 없는 책이라는 것이 그 셋째 이유가 될 것이다. 아무리 좋은 책이라 할지라도 읽히지 않는다면 그 책은 일단 사문화된 약방문(藥方文)이나 다를 바 없다. 그렇다면 과연 이들 제문제점을 해결할 수 있는 획기적인 방법은 없는 것인가? 병서(兵書)란 그토록 어렵게만 느껴지도록 기술되어야만이 권위가 있는 것인가? 보다 쉽게 읽힐 수 있도록 재미있게 엮을 수는 없는 것일까? 하는 문제에 필자는 강한 의구심을 품고 모든 창의력과 노력을 동원하여 급기야 졸저를 집필하기에 이른 것이다. 따라서 본 책자는 실제로 읽혀지는 책이 될 수 있도록 하기 위해 몇 가지 독특한 방법의 문장 구성을 시도했다. 첫째, 대부분의 독자들이 가지고 있는 한문에 대한 부담을 해소시키기 위해 원문을 소량으로 나누어 게재한 후 하나하나 한자 위에 독음을 달아 주었고, 이를 쉽게 읽을 수 있도록 한자의 연결 부분에 별도의 훈독을 달았다. 그리고 중요한 한자는 자세히 글자 풀이를 하여 별도의 옥편이 필요 없도록 함으로서 일단 한문에 대한 부담감을 해소시켰다. 둘째, 소량으로 구분된 어귀에 대해 한문식 직역(直譯)과 이에 따른 현대적 의미로의 해설을 일목요연하게 제시했다. 해석상 여러 가지로 달라질 수 있는 어귀에 대해서는 편미(篇尾)에 별도의 주석(註釋)을 달아서 다각적으로 분석했다. 이에는 중국문헌 주해(註解) 원서 4권을 근거로 하여 대조·해설하였다. 셋째, 소량으로 구분되어 해설된 내용을 한눈에 조감(鳥瞰)할 수 있도록 이를 그림으로 풀어(圖解) 제시했다. 여기서 한가지 부언할 것은 도해(圖解)그 자체에만 사고를 한정시키지 말고 도해로 표현되지 못한, 보다 깊은 내면의 세계까지도 통찰할 수 있는 혜안을 가져야 함이다. 넷째, 이러한 시도에 부가하여 영문역(英文譯)을 추가 게재함으로써 영·미쪽에서 해역 분석한 손자병법을 이해하도록 했으며, 이로써 원문·훈독·직역·한문풀이·해설·도해·영문역 순으로 일관된 체계를 갖추었다. 특히 이들 모두를 한쪽내에 게재함으로써 한눈에 서로를 대조 비교할 수 있게 하여 이해에 많은 도움을 줄 뿐 아니라 대단히 흥미있게 읽을 수 있도록 하였다. 이 정도면 어렵게만 느껴졌던 손자병법이 의외로 대단히 쉽고 재미있다는 것을 누구나 공감하리라 확신한다. 다섯째, 시중에 발간된 대부분의 손자병법 책자는 기업경영측면에서의 분석이 주류를 이루고 있음을 알 수가 있다. 본래 손자병법은 문자 그대로 "병법(兵法)" 즉 "전쟁에 관한 제문제"들을 일깨워 주는 책이다. 물론 오늘의 세상사 모든 것이 경쟁으로 점철되어 마치 전쟁을 방불케하고는 있지만 그러나 분명한 것은 2,500여년 전 손무가 병법을 저술할 때는 춘추시대의 혼란한 전쟁 와중에서 순수한 전쟁만을 바라보고 집필했을 것으로 보아 보다 손무의 진의(眞意)에 접근하기 위해서는 손무의 눈으로, 즉 순수한 전쟁의 측면으로 병법을 풀어야 할 것이다. 이러한 관점에서 이 책자는 군사학적인 측면에서 해설하는 자세에 역점을 두었다. 단 필자가 독자제현에게 충심의 조언을 주고자 한다면 독자제현 스스로가 각자의 삶의 위치와 영역에서 손자병법의 철학을 창조적으로 적용해보라는 것이다. 어느날 갑자기 또는 매순간 어떠한 어려움이 닥치더라도 슬기롭게 극복할 수 있으리라 믿는다.

여섯째, 손자병법을 조금 깊게 공부한 사람들이라면 누구나가 공통적으로 느끼는 문제점이 있다. 즉 원문(原文)의 "불통일성"이 그것이다. 다시 말해 그동안 각국에서 무려 100여종 이상의 주해서(註解書)가 발간되어 나왔지만 그 책마다 게재된 원문을 보면 제각기 상이하다는 것을 알 수 있다. 그럴 수밖에 없는 것이 무려 2,500여년 전에 그것도 문자기록 보존 수단이 불비한 시절 죽간(竹簡)에 기록 유지되어 그 오랜 세월동안 전수되어 왔으니 본래의 손무 자신의 글이 정확히 전해진다는 것은 사실상 불가능했을 것이며, 적어도 25세기동안 수많은 주해자(註解者)들에 의해 조금씩 변형된 원문이 지금에 와서 온전히 통일될 수가 없는 것이 오히려 당연하다 할 것이다. 본 책자는 이점을 감안하여 어차피 통일 안된 것이라면 보다 본래의 의도에 가깝게 기록되었다고 생각되는 중국 문헌을 근간으로하여 해석함이 보다 정확할 것으로 보아 역대 주해서중에서 가장 정통성이 있다고 공히 평가하고 있는 「孫子十家註」를 중심으로 한 5권의 중국문헌을 택하여 풀이하였다. 이상과 같이 본 책자가 가지는 특징적인 내용을 기술했다. 영국의 저명한 전략이론가이며 군사학의 대명사격인 전략론(戰略論)을 저술한 리델하트(Liddel Hart)는 제2차 세계대전 중반기에 중국 장개석 총통의 수제자로 알려진 어느 사무관의 예방을 받고 그와 대화하는 가운데 그들 중국사관학교에서는 리델하트의 저서와 풀러(J・F・C・Fuller : 마비이론의 주창자)의 저서를 중요한 군사이론 교과서로 사용한다는 말을 듣고 "그렇다면 당신네 나라에서 나온 그 유명한 손자병법은 얼마나 공부하고 있느냐?"라고 질문하자 그 중국인의 대답인즉 "손자병법은 이미 시대적으로 너무나 오래되어 낙후된 병서로 취급하고 있기 때문에 공부를 하지 않는다."라고 하더라는 것이다. 이에 리델하트는 "지금이야말로 손자병법을 연구할 시기이다!" 라고 무릎을 쳤다고 하며 실로 그가 남긴 20여권의 저술물에 내포된 전략의 기조는 모두가 하나같이 손자병법에 근거하고 있음이다. 이 얘기를 뒷받침 할 수 있는 현실적인 근거는 필자의 경험에 의한다. 즉 근래 중국을 방문할 기회를 가진 친지들에게 필자는 손자병법에 관한 중국문헌을 있는데로 구득(求得)해 달라고 부탁한 적이 있다. 결과적으로 몇 차례의 방문결과에도 불과하고 단 한권의 책도 구입할 수 없었다. 시중 서점에 손자병법이라는 책이 비치되어 있지도 않았을 뿐 아니라 심지어 그게 무슨책이냐고 되묻는 중국인도 있었다는 것이다. 이를 보고 성경말씀에 "인자는 자기 고향에서는 환영을 받지 못한다"라고 했던가. 아무튼 이 책자가 이제 세상에 나왔다. 불후의 명저인 「전쟁론(戰爭論)」을 보면 저자인 클라우제비츠의 부인 마리・폰・클라우제비츠에 의해 쓰여진 대단히 의미깊은 서문을 발견할 수가 있었다.(「전쟁론」은 저자 사후 그의 부인에 의해 출간됨) 그는 자기가 죽고 난 뒤에 이 책이 발간되기를 원했다. 그 이유는 이 저서가 영구히 읽혀져서 전쟁에 관심이 있는 사람들에게 이익을 주는 것만을 생각했을 뿐, 세상의 칭찬과 공명심을 얻으려는 헛된 욕구나 어떠한 이기적인 관심같은 것은 없었기 때문이다. 필자의 집필 목적도 위와 같아지기를 진심으로 바라는 것이며 오로지 이 책자를 통해 보다 많은 사람들이 중요한 교훈을 담고 있는 이 손자병법을 읽음으로써 무려 140여개국이 난립했던 저 춘추전국시대의 난세(亂世)를 지혜롭게 살아간 손자의 그 깊고 오묘한 정신세계를 조금이라도 이해해서 생활의 지혜를 터득하기 바라며, 또한 전쟁에 대한 인식을 같이함으로써 안보공감대를 형성하는데 조금이라도 기여되기를 바랄 뿐이다. 아울러 "전 국민이 군사학에 관심을 크게 가지는 풍토가 조성되기 전에는 군사적 천재가 배출되지 않는다."라고 말한 클라우제비츠의 격언을 다시금 되새기면서 그 또한 기대하는 바이다. 우매한 필자가 기 발간하여 분에 넘치는 호의와 격려를 받고 있는 「도해세계전사」와 함께 이 책자가 우리 군으로 하여금 「전사」와 「병법」에 대한 새로운 인식으로 열심히 공부하고 연구하는 풍토조성에 일익을 담당해 줄수만 있다면 더 이상 염원이 없겠다. 많은면에서 미흡하리라 여겨진다. 바라건데 지배(紙背)를 꿰뚫는 형안(炯眼)으로 이 졸저(拙著)의 불비(不備)함을 꾸짖고 보완해 주기를 삼가 기대한다. 끝으로, 탁월한 군사적안목(軍事的眼目)과 통찰력으로 고견(高見)과 격려를 주신 이필섭 대장님, 물심양면으로 도와주신 이태중 장로님, 그리고 연경문화사 임직원 여러분과 사랑하는 아내에게 진심으로 감사하며 하나님께 영광돌립니다.

증보개정판에 부쳐

도해손자병법이 세상에 나온지 불과 몇 개월 만에 각계각층 수많은 분들의 분에 넘치는 격려와 채찍 주심에 용기를 얻어 다시 증보판을 내놓았다. 영국의 장군이요 전략가인 풀러(Fuller)에 의해 2차 세계대전시 결정적 영향을 미쳤던 전격전의 이론을 책자화한 「野戰敎理 제3」이 1937년 당시 발간되자 고국 영국에서는 불과 500부가 팔렸고, 미국에서는 2차 세계대전 당시까지 보병학교 도서관에서 불과 6명만이 대출해갔다. 그러나 오늘날에 이르러 그 책만큼 현대식 전투전술을 항구적으로 시사한 책은 없다. 이런 측면에서 볼 때 손자병법이 보다 많은 사람들에게 읽혀져야 한다는 필자 나름의 소명감에 넘쳐 어떻게 하면 군인뿐 아니라 학생, 공무원, 기업인, 일반대중에 이르기까지 널리 읽히게 하느냐 하는 고심을 하면서 "병법은 마음으로 전해진다"하듯이 이 책이 여러 사람들의 마음에서 마음으로 널리 전해지기를 앙망한다. 또한 교과서적 냄새로 다소 딱딱한 원문중심풀이의 기존내용에 부가하여 '책속의 책'이라는 특별부록을 게재 손자병법에 관계되는 「재미있는 얘기」를 모아 소설의 재미를 아울러 맛볼 수 있게 만들었다. 이 손자병법은 평화를 희구하는 모든 상식인들의 상비서적이 되어야 하고,이를 사무실의 팔꿈치에 두고 항구적인 참고서로 이용해야 할 것이다. 평생의 과제로 연구·수정·보완하겠으며 아껴주신 많은 분들께 다시 한번 경의와 감사를 드린다.

盧炳天識

목 차

찾아보기

주요전사와 손자병법

주요전략과 손자병법

주요전법과 손자병법

책속의 책

손무(孫武)와 손자병법(孫子兵法)

손자병법은 지금으로부터 약 2,500여년전 춘추시대(春秋時代 : B.C.770～404)에 살던 손무(孫武 : B.C. 541～482)가 지은 책이다. 손자(孫子)의 「子」字는 경칭(敬稱)으로서 당시에는 이름부르는 것을 꺼려했기 때문에 「손자(孫子)」라는 저명(著名)으로 불리워 졌다.

지금부터 약 3,100년전에 주(周)의 무왕(武王)이 은(殷)나라를 멸망시키고 주(周)왕조를 세웠는데 그후 330여년이 지나자 차차 주왕조의 세력이 약화되어갔다. 이때부터 천하가 어지러웠으며 진시황(秦始皇)이 등장하여 B.C. 221년에 중국천하를 통일할때까지의 약 500여년간을 춘추전국(春秋戰國)시대라 부르는데 [공자(孔子)가 춘추(春秋)라는 역사책을 쓴 B.C. 770～404년간을 춘추시대, 유향(劉向)이 전국책(戰國策)을 쓴 B.C.403～221년간을 전국시대] 손무가 살던 춘추시대는 주왕조가 붕괴되던 시기로 중국 각지에서 제후(諸侯)들이 일어나 힘을 바탕으로한 약육강식(弱肉强食)의 싸움이 끊이지 않았으며 무려 140여개국이 난립하였다. 손무는 이런 와중에 제(齊)나라에서 태어났고 오(吳)나라의 왕인 합려(闔閭)에게 발탁되어 봉사했다. 손무는 태고때 70번의 전투를 하여 한민족을 최초로 통합했다고 하는 황제(黃帝)의 병서(兵書)에 자신의 경험을 토대로 하여 불후의 명저를 기술했다.

춘추시대의 손무가 원저서(原著書)를 완성하고 손무가 죽자 약100년뒤 그의 후손인 손빈(孫臏 : B.C. 4C.)이 그것을 보강했으며 그후 세월이 흘러 대나무조각(竹片)에 기록된 이 원저가 여러사람에 의해 추고(推敲)되어 오늘에 이른것이며 그런 연유로 오늘날 전해지는 문헌에서는 제각기 그 내용들이 많은 부분에서 글자 및 어귀 배열면에서 차이가 나는 것이다. 오늘날 손자병법의 각종 주해는 위(魏)의 무제(武帝)인 삼국지의 조조(曹操)가 주해(註解)한 「魏武註孫子」를 근거로 하고 있으며, 권위있는 또 다른 것으로는 송(宋)나라의 길천보(吉天保)가 만든 「十家孫子會註」즉 오늘날의 「十家註孫子」가 있다.

1972년 4월 중국 산동성 임기현 은작산에 있는, 지금부터 약 2,100년전 한무제 초기로 추정되는 묘에서 현행 손자병법과 거의 일치하는 손무의 손자병법 200여개 죽간과 손빈의 손빈병법 300여개 죽간(약 11,000 余字)을 비롯 여타병법 죽간이 출토되었음.

손자병법의 특징(特徵)

- 시대를 초월하여, 동서를 막론하고 손자병법이 그 가치를 높이 평가받는 이유는 시대적 상황의 변화와 무기체계의 변화등에도 구애받음없이 일률적으로 적용가능한 보편적(普遍的)병리(兵理)가 존재하며, 당시의 심오한 철학(哲學)적 진리를 내포하여 인간의 마음을 움직여 주기 때문일 것이다.
- 손자 당시 춘추시대의 전쟁은 대부분 제후간의 세력팽창을 위한 전쟁이었고, 철기(鐵器)산업이 발달되지 않아 무기도 극히 단순하고 초보적인 단계였으며, 전술(戰術)또한 잠복(潛伏)과 습격(襲擊)을 위주로 하는 초보적 수준이었고 일정한 군사제도(軍事制度)도 극히 빈약한 수준이었다.
- 이런 시대적 배경에서 저술한 손무의 탁월한 식견은 가히 2,500여년전의 것이라 하기에는 불가사이하기조차하다.

손자병법의 특징

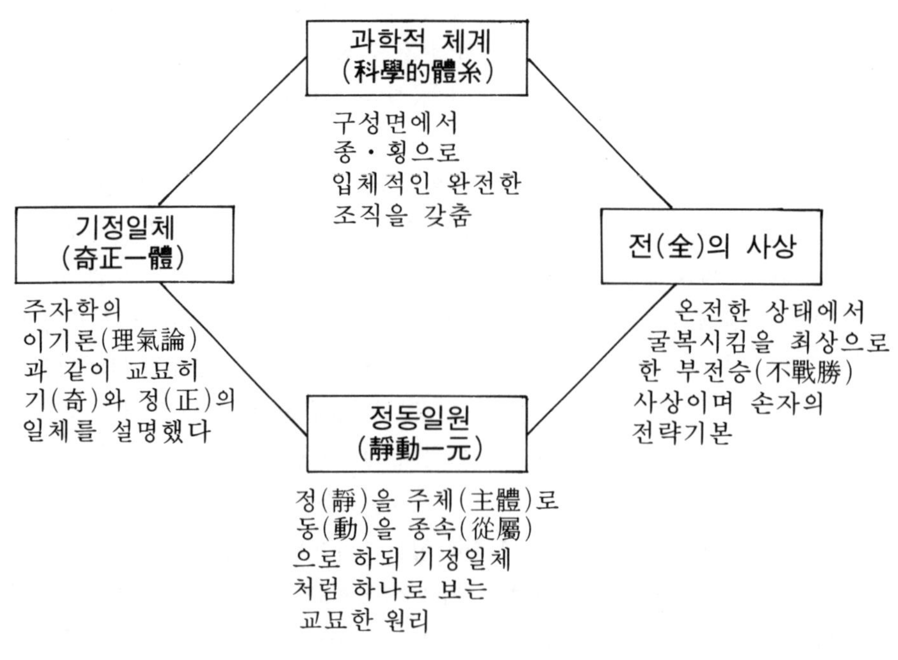

손자병법의 전반적 구성

* 총 13편(篇) 6,109자(字)로 구성
* 주(注) : 魏汝霖의 孫子兵法大全에 따름, 이는 고문손자(古文孫子)와 금문손자(今文孫子)가 서로 글자수 및 글자사용면에서 상이함

손자사상의 핵심

不戰勝思想
(부전승사상)

百戰百勝, 非善之善者也;
不戰而屈人之兵, 善之善者也.

전쟁을 하지 않고도 목적한 바를 달성할 수 있다면 이는 가장 바람직한 길이다. 백번 싸워 백번 이긴다 하더라도 피아공히 유혈과 피폐를 면할 수 없다. 손무 당시 춘추시대는 늘 피비린내 나는 싸움의 나날들이었고 백성들은 그러한 전쟁을 가능한 피할 수 있기를 염원했다. 손무는 유혈없는 승리의 방법 즉 모공(謀攻)을 가장 이상적 전쟁방식으로 보았고 이를 통해 피아 온전한 상태 즉「全」을 추구하고자 했다.

短期速決思想
(단기속결사상)

兵聞拙速, 未睹巧之久也.
兵久而國利者, 未之有也.

손무는 장기전을 철저히 경고했는데 장기전으로 발전된다면 전력이 약화되고 국가재정이 고갈되어 피폐해지는데 이 피폐를 틈타 제3국이 침공하면 아무리 지혜로운 자라도 수습할 수 없다고 했다. 전쟁을 오래 끌어 국가에 이로움 없음을 손무는 거듭 강조했다.

萬全思想
(만전사상)

多算勝, 少算不勝,
而況於無算乎?

전쟁을 결심할 때나 준비·실행할 때 빈틈없는 만전의 태세를 강조하고 있다.「不可不察也」「經」「廟算」「恃吾有所 不可攻也」등 매사에 신중을 기하는 자세와 사전 철저한 대비태세를 요구하는 어귀가 손자병법에는 무수히 많다. 경거망동한 행동이나 한치의 헛점도 용납치 않는 손무의 신중론·만전사상.

손자병법전편에 흐르고 있는 일관된 원칙은 '경제적에너지보존·절약및 관리의 원칙'이다. 즉 최소의 희생(최소의 國力및 戰力소모)으로 최대의 성과(전쟁목적달성, 國力및 戰力의 보존 및 증강)획득을 추구하는 것이다. 위에 열거된 손자사상은 이외에 더 많이 도출될 수 있으며 그 저변에는 이러한 '경제적 에너지 보존·절약 및 관리의 원칙'이 흐르고 있다.

孫子兵法 十大原理
(손자병법 십대원리)

1. 先知原理 (선지원리)	반드시 천지(天地), 적상황, 아군상황등 각종 정황(情況)을 파악한후 계획을 결정하고 행동에 옮김 －「知彼知己, 百戰不殆」
2. 計劃原理 (계획원리)	모든 작전계획은 주도면밀해야 하며 승산(勝算)을 따져야 함 －「夫未戰而廟算勝者, 得算多也…」
3. 自然原理 (자연원리)	노자(老子)의 사상에 기인하였다고 하는 손자의 병법원리 －「勝者之戰, 若決積水於千仞之谿者 形也」
4. 求己原理 (구기원리)	먼저 자신을 충실히 한후에 패배의 땅에선 적과 대적함. －「昔之善戰者, 先爲不可勝, 以待敵之可勝, …」
5. 全存原理 (전존원리)	최상의 것은 피흘림없이 적을 굴복시키는 것임. 부전승(不戰勝)과 전(全)의 사상임. －「全國爲上, …」「不戰而屈人之兵」
6. 主動原理 (주동원리)	전쟁에서는 주도권(主導權)을 장악해야함을 강조 －「善動敵者, 形之敵必從之, 子之敵必取之…」
7. 利動原理 (이동원리)	병력을 기동시킬때에는 반드시「利(이)」를 좇아 움직이게 함 －「非利不動, 非得不用, 非危不戰, …」
8. 迅速原理 (신속원리)	속전속결, 단기전을 지향하는 손자의 전략. 철저히 장기전을 경고했다. －「兵之情主速…, 兵貴勝, 不貴久」
9. 祕密原理 (비밀원리)	작전계획, 작전행동등 군사행동은 철저히 비밀이 유지되어야 함 －「攻其無備, 出其不意, …善守者藏於九地之下…」
10. 變化原理 (변화원리)	다양한 변화를 구사하며 임기응변적인 용병술로 승리를 추구함 －「以正合, 以奇勝」「如循環之無端…」

* 제시한 10가지 원리는 대표적 원리에 불과함(증감가능)

전쟁이론(戰爭理論)과 실전(實戰)

병법(兵法), 전사(戰史), 전략(戰略)등을 망라하는 제 전쟁이론들은 과연 실전(實戰)에 임할시 어떠한 도움을 주는 것인가를 과거전례와 군사이론가의 변을 통해 알아본다.

• 전쟁이론연구가 실전에 효과적으로 적용된 예

비록 40여년간이나 전쟁을 경험하지 못했던 프러시아가 평소 전사(戰史)와 전쟁이론(戰爭理論), 심오한 전쟁철학(戰爭哲學)을 깊이 연구함으로써 잦은 전쟁을 통해 전쟁경험은 풍부하지만 군사이론연구에 소홀했고 철학이 없는 전쟁술을 배운 오스트리아(普墺戰爭)와 프랑스(普佛戰爭)를 대패시킨 전례는 전쟁이론연구의 중요성을 단적으로 보여주는 것이다.

• 클라우제비츠의 견해

클라우제비츠는 전쟁이론의 임무에 대해「전쟁을 구성하고 있는 모든 대상을 하나하나 명백히 구별하고, 여러수단의 특성을 열거하며, 또 이러한 수단에서 생기는 효과를 지적하고, 목적의 성질을 명백히 구성하며, 더우기 투철한 비판적 관찰의 빛에 의하여 전쟁이라는 영역을 샅샅이 비칠수 있다면, 이론은 그 중요한 임무를 달성하는 것이라 본다. 이렇게된다면 이론은 전쟁이 어떠한 것인가를 책을 통해서 알고자하는 사람들에게 좋은 안내자가 된다.」라고 말했으며 이어서「전쟁이론이란 미래 지휘관의 독학(獨學)을 돕는 것이지 결코 그와 더불어 전장(戰場)에 까지 가는 것은 아니다.」라고 하여 명확한 한계성을 시사했다.

• 사마천의 사기(史記)중에서

사기(史記)에는 유명한「장평(長平)의 싸움」이 나온다. B.C. 260년 진나라와 조나라가 당시 최대규모의 결전을 하게되는데 여기에서 진군(秦軍)의 지휘관 백기(白起)는 조군(趙軍)의 지휘관 조괄(趙括)을 철저히 패배시켰는데 (약40만명이 생매장 됨) 여기에서 주목할것은 조군의 지휘관 조괄이다. 조나라왕은 모략에 휘말려 명장 조사(趙奢)의 아들 조괄을 총지휘관으로 삼았다. 조괄은 그의 아버지 조사의 병법(兵法)을 이어 받았지만 그것은 학문상의 것뿐이었다. 이를 아는 그의 어머니가 왕에게 간청하기를「전쟁이란 목숨을 거는 것이다. 그런데 내 아들의 병법은 입으로만 하는 병법이다. 만약 임용된다면 반드시 군대를 파멸시킬 것이다.」라고 했으나 왕은 끝내 조괄을 지휘관으로 임용하여 엄청난 결과를 가져왔던 것이다. 또 다른 장에서는 한나라왕 무제와 장군인 곽거병의 대화가 나온다. 무제가「손(孫)·오(吳)병법」을 배우라고 곽거병에게 권하자「전쟁은 이론이 아니다. 그 순간순간에 어떻게 결단하는가가 문제이다.」라고 단호히 대답했다는 얘기다. 병법(兵法)과 실전(實戰)의 괴리성을. 보여준 예이다.

위 글을 보면 전쟁이론이 실전에 절대적으로 기여한 측면, 한계성, 괴리성의 세가지로 구분되어 있음을 알수 있다. 전쟁이론을 충분히 이해 소화한자는 기여하는 측면으로, 그렇치 못한자는 한계성, 괴리성에 부딪치게 될것이다.

각쪽의 구성

이 책은 원문(原文)글자 하나 하나를 충실히 해석해나가며 여러가지 방법으로 이를 쉽게 이해하고 암기까지 가능한 단계에 도달하도록 최대한 구성했다. 한쪽(page)내에 관계 어귀에 대한 모든 설명이 수록되어 있음으로 해서 한눈에 전체를 통찰할 뿐 아니라 상호 비교·이해·숙지할수 있도록 했다. 또한 주요 어귀에 관련된 과거 전사에 대해서는 도해부분에 별도의 표시를 하여 그 전례제목을 기입했으며, 중요한 전사·전법·전략은 편미에 주(註)를 달아 상세히 기술했다.

원문(原文) 손자병법의 각편(篇) 원문을 게재하되 가능한 적은량을 수록하였고 글자하나하나에 한글독음(讀音)을 달아 쉽게 읽도록 했다.

훈독(訓讀) 한자(漢子)를 쉽게 읽도록 한글독음을 게재하고 그 사이에 훈독을 달아 음률을 주어 읽고 숙지·암기하는데 도움을 주었다.

직역(直譯) 원문(原文)내용을 거의 직설적으로 한문식(漢文式)으로 해역했다.

한자풀이 어려운 한자를 풀이했으며 원문내용중 이해하기 곤란한 문장을 쉽게 풀어주었다.

해설(解說) 직역된 문장을 다시 쉽게 풀었으며 현대적의미로 이해될수 있도록 부가적인 설명을 가했다.

핵심도해(核心圖解) 원문을 가장이해하기 쉽게 그림으로 그려 제시했으며 이 한 컷의그림으로 핵심을 파악하고 오랫동안 기억하는데 크게 도움을 줄 것이다.

* 해당어귀에 관계되는 주요전사의 제목을 적었다. 상세한 내용은 전문전사서적을 참고할것.

영문역(英文譯) 원문을 영역한것으로「Lionel Giles」의 것을 따랐으며 이외「孫子兵法之綜合研究」의 영역도 참고했다. 미국인의 눈으로 해석한 손자병법이다.

일러두기

- 이 책은 보다 근거있는 해석을 위해 손자병법 주해 중국원서인
  ① 孫子十家註(孫星衍等, 世界書局, 中華 44年)
  ② 孫子兵法大全(魏汝霖, 黎明文化, 中華 59年)
  ③ 孫子戰爭論(蕭天石, 自由出版, 中華38年)
  ④ 孫子兵法之綜合硏究(李浴日, 河洛圖書, 中華69年)
  ⑤ 孫子兵法 白話解(陳行夫, 幼獅文化, 中華65年)

위 다섯가지 책자를 펼쳐놓고 해당어귀에 대한 다각도의 분석과 다소 애매한 해석부분에 대한 근거를 제시했다. 또한 일본에서 발간된
  ⑥ 孫子の思想史的硏究(佐藤堅司, 平河工業, 昭和55年)
  ⑦ 孫子の兵法(岡村誠之, 産業圖書, 昭和 37年) 두 책자도 역시 참고했다.

- 해석상 논란이 있을 수 있는 어귀에 대해서는 그 밑에 밑줄을 그어 주를 달고 각 편이 끝나는 마지막 장에 별도로 위 원서를 근거로한 분석을 실었다.
- 각쪽별로 분석된 직역(直譯)란에 대한 한문표기는 반드시 해당 문자뒤에 표시된것은 아니다. 뜻에 의거(이해를 돕기위해)문장 뒤에도 기입했다.
  예) 사생(死生)－문자뒤, 안된다(不可)－문장뒤
- 영문역은 Sun Tzu-on the art of war (Lionel Giles, Harrisburg; The military service publishing Co, 1950)을 인용했으며 孫子兵法之綜合硏究에서 역한 내용도 참조했다. 원문내용과 다소 해역면에서 차이가 나는 부분도 있음을 감안하기 바란다. 어디까지나 영문역은 참고로 하라.
- 주요어귀에 대한 전사적(戰史的)고찰은 해당전사의 제목을 간략히 적었고, 주요전사·전략·전법은 편미에 별도 기술했다. 병법과 실제전사를비교하라.
- 보다 정확성을 기하기 위해 원문의 각종 부호(., ; :)와 한문은 원서(손자병법대전 기준)에 있는 그대로 옮겼다. 그리고 다소 차이가 나는 부분은 별도의 주(註)를 달아 설명했다.

도해손자병법은 분량의 최소화와 간결성을 위해 핵심적 내용만 해역하여 기술했다. 그동안 (초판~6판) 여러독자들에 의해 좀 더 세부적 설명이 필요하다는 요청에 부응하여 7판에는 가능한 공란을 이용하여 부가 설명을 삽입했다. 다소 짜임새가 좋지않더라도 내용의 충실성측면에서 양지바란다.

시계편제일
始計篇第一

손자병법을 공부하면서 어느 수준까지 그 진수를 깨달을 수 있을 것인가 하는 문제는 결국 독자 자신이 가지고 있는 수준(역량, 지식, 노력, 혜안등) 정도에 따라 결정될 것이다. 손자병법이 100의 깊이를 가지고 있다고 하자 그런데 독자는 50의 수준밖에 갖추지 못한다고 한다면 결국 얻을 수 있는 성과도 50정도에 그칠 것이다. 같은 어귀를 보더라도 어느 깊이로 보느냐에 따라 얻어지는 성과는 당연히 달라질 수밖에 없다. 이 도해손자 병법은 가능한 쉽게 읽도록 도와주는 수준에 불과하다. 제한된 분량으로 보다 깊은 내용을 담지 못함을 십분 이해하고 일독한 독자제현들은 한문원문어귀를 중심으로 이독·삼독하여 심오한 경지의 兵理를 깨닫기를 기대한다. 한정된 수준 외에는 어느 누구도 독자들의 수준을 깊게 해줄 수는 없다. 오직 자기 자신의 피눈물나는 노력 외에는 방법이 없다. 보물을 보물로 깨닫는자만이 보물을 얻을 수 있는 것이지 보물을 돌로 인식하는 자에게는 그속에서 돌의 가치밖에 얻을 수 없는 것이다.

주요 어귀

兵者國之大事
道者令民與上同意
攻其無備 出其不意

개 요

「시계(始計)」란 「최초의, 근본적인 계책」이라는 뜻으로 전쟁을 결심 또는 시작하기 전에 검토 및 갖추어야할 기준과 기본대책을 말한다. 고문손자(古文孫子)에서는 「始(시)」자가 없고 「計篇第一」로 되어있다. 「計(계)」자에는 계획(計劃)또는 계모(計謀), 계교(計較)또는 비교(比較), 계산(計算)등의 뜻이 내포되어 있다.

손자는 먼저 오사(五事)를 들어서 아군의 실정을 정확히 알고 어느정도의 역량에 있는가를 파악함으로써 평소 전쟁준비의 기준을 삼도록 했다. 이어서 칠계(七計)를 들어서 적과 나의 현재 역량(전력)을 비교 판단하여 어느정도 승산이 있는가를 정확하게 파악하도록 했다. 오사(五事)와 칠계(七計)를 통해 피아역량(전력)을 검토한후 어쩔 수없이 전쟁에 임하게 된다면 그 전쟁계획및 실행면에서는 14가지의 궤도(詭道)를 들어 용병술(用兵術) 차원에서의 기법을 제시했다. 시계편 첫머리에 「兵者國之大事(병자국지대사)」라 하여 전쟁은 국가의 중대한 일이므로 신중을 기하라고 경고했다. 전쟁은 최대한 억제하되 만약 발생 하게된다면 반드시 이겨야하므로 이를 위해서는 평소부터 이기기 위한 완벽한 준비태세가 있어야함을 강조했다. 시계편은 손자병법 13편의 총론이며 손자병법의 기본이고 하나의 독립된 전쟁이론 이라고도 할 수 있다.

* 「道者令民與上同意」의 근본은 「신뢰심」이다. 統帥綱領에 의하면 「① 지휘관이 부하의 신뢰를 받고 있을것 ② 부하가 지휘관과 같은 생각을 가지고 있을것 ③ 부하가 돌진할 의욕과 용기를, 능력과 함께 가지고 있을 것, 또 부가하여 '이런 지휘관이라면 나쁘게 하지는 않겠지.'라고 말로 표현하기 곤란한 개인적인 利害에 대해서도 신뢰를 받을수 있어야 한다.」라고하여 부하와 상관간 「同意」의 중요성을 강조했다.

* 손자병법은 한마디로 원정시 제반 상황을 논한 것이다. 즉 B.C. 1100년말엽 周나라가 은나라를 타도하여 천하의 패권을 장악했는데 그 후 점차 세력이 약화되자 제후들이 패권을 차지하고자 원정을 통해 적국을 타도하기에 이르렀다. 손자병법은 이러한 배경하에 원정에 대한 제반상황이 기술된 병법임을 특히 유념해야 한다. 교훈적측면에서볼때 원정을 통한 전쟁을 일반적 전쟁으로 포괄해서 연구해도 물론 무방하다.

구 성

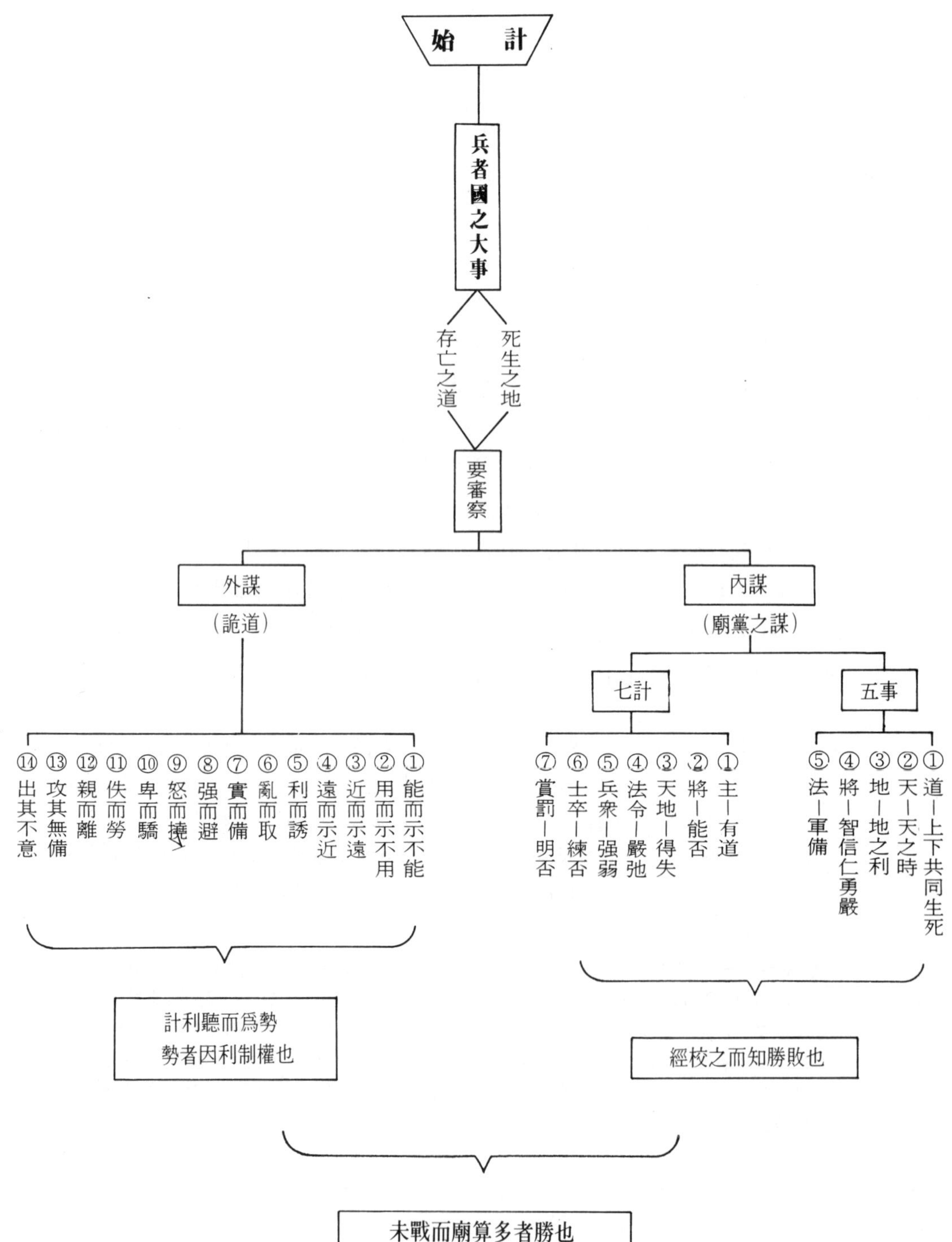
始 計
兵者國之大事
存亡之道
死生之地
要審察
外謀
(詭道)
內謀
(廟黨之謀)
七計
五事
① 能而示不能
② 用而示不用
③ 近而示遠
④ 遠而示近
⑤ 利而誘
⑥ 亂而取
⑦ 實而備
⑧ 强而避
⑨ 怒而撓
⑩ 卑而驕
⑪ 佚而勞
⑫ 親而離
⑬ 攻其無備
⑭ 出其不意
① 主―有道
② 將―能否
③ 天地―得失
④ 法令―嚴弛
⑤ 兵衆―强弱
⑥ 士卒―練否
⑦ 賞罰―明否
① 道―上下共同生死
② 天―天之時
③ 地―地之利
④ 將―智信仁勇嚴
⑤ 法―軍備
計利聽而爲勢
勢者因利制權也
經校之而知勝敗也
未戰而廟算多者勝也

원 문

始計篇 第 一

孫子兵法大全에서

孫子曰：兵者，國之大事，死生之地，存亡之道，不可不察也.

故經之以五事，校之以計，而索其情，一曰道，二曰天，三曰地，四曰將，五曰法. 道者，令民與上同意也，可與之死，可與之生，而不畏危也. 天者，陰陽·寒暑·時制也. 地者，遠近·險易·廣狹·死生也. 將者，智·信·仁·勇·嚴也. 法者，曲制·官道·主用也. 凡此五者，將莫不聞，知之者勝，不知者不勝. 故校之以計，而索其情. 曰：君孰有道，將孰有能，天地孰得，法令孰行，兵衆孰强，士卒孰練，賞罰孰明，吾以此知勝負矣.

將聽吾計，用之必勝，留之；將不聽吾計，用之必敗，去之.[주1] 計利以聽，乃爲之勢，以佐其外；勢者，因利而制權也.

兵者，詭道也. 故能而示之不能，用而示之不用，近而示之遠，遠而示之近. 利而誘之，亂而取之，實而備之，强而避之，怒而撓之，卑而驕之，佚而勞之，親而離之，攻其無備，出其不意[주2]，此兵家之勝，不可先傳也.[주3]

夫未戰而廟算勝者，得算多也；未戰而廟算不勝者，得算少也；多算勝，少算不勝，而況於無算乎？吾以此觀之，勝負見矣.

※ 각편의 원문은 「손자병법대전」을 기준으로 했으나 보편적 문헌과 크게 상이한 어귀는 다소 조정했음을 참고바람.

- 시계편은 '과연 원정(전쟁)을 감행할 수 있을 것인가 감행할 수 없을 것인가'를 결심하는 계책을 논한 편이다. 우선 내국력을 검토해보고, 원정하고자 하는 적국과의 국력수준을 비교해보아 승산을 판단하는 과정이 기술된다.
- 앞으로 나오는 '國'이란 한자는 손무당시 중국전체의 유일한 왕실 周나라를 기점으로 천하에 산재된 제후국(諸侯國)을 의미하나 일반적으로 '나라'라고 해석했으며, 여기서 '主'란 제후국의 제후를 의미하나 일반적으로 '군주·왕·임금·통치자'로 해석했다.

원 문	훈 독
손 자 왈　병 자　국 지 대 사 孫子曰：兵者，國之大事， 사 생 지 지　존 망 지 도 死生之地，存亡之道， 불 가 불 찰 야 不可不察也.	손자왈：병자는 국지대사라. 사생지지요 존망지도니 불가불찰야니라.

직 역

손자(孫子) 말하되(曰), 병(兵)은 나라(國)의 대사(大事)이다. 사생(死生)의 지(地)요, 존망(存亡)의 도(道)니, 살피지(察) 않으면(不) 안된다(不可).

- 兵(병)－「전쟁 병, 군사 병, 무기 병」 여기서는 전쟁(戰爭)의 뜻.
  * 「兵(병)」은 다양한 뜻을 가진 한자로서 손자병법에서 약 70회 사용되며 대표적인 뜻으로 ① 군대(軍隊：army troops) ② 병기(兵器：weapons) ③ 병사(兵士：soldier) ④ 군사(軍事：military affairs) ⑤ 전쟁(戰爭：war) ⑥ 무력의 지배(武力的支配：the supreme military power) ⑦ 전투력(戰鬪力：combat power)등이 있다.
- 地(지)－여기서는「所(바 소, 곳 소)」의 뜻으로 해석, 道＝路
- 察(찰)－「살필 찰, 상고할 찰」

해 설

손자가 말하기를 전쟁은 국가의중대한 일이다. 국민의 생사와 국가의 존망이 기로에 서게되는 것이니 신중히 살피지(＝검토하지) 않으면 안된다.

* 여기서「國(국)」은 영토(領土), 주민(住民＝국민), 정부(政府)의 세가지요소가 결합된 것을 말한다.
* 제12화공편에는 「亡國不可以復存」「死者不可以復生」이라하여 전쟁을 경고하고 있다.

핵심도해

2차세계대전시 독일과 일본의 전쟁발발.
나폴레옹의 모스크바 원정.
세계의 제전쟁

영 문 역

Laying plans

Sun Tzu said; The art of war is of vital importance to the state. It is a matter of life and death, a road either to safety or to ruin. Hence it is a subject of inquiry which can not be neglected.

원 문	훈 독
故經之以五事, (고 경 지 이 오 사)	고로 경지이오사하고,
校之以計, 而索其情, (교 지 이 계 이 색 기 정)	교지이계하여, 이색기정하니,
一曰道, 二曰天, 三曰地, (일 왈 도 이 왈 천 삼 왈 지)	일왈도요, 이왈천이요, 삼왈지요,
四曰將, 五曰法. (사 왈 장 오 왈 법)	사왈장이요, 오왈법이라.

직 역

그러므로(故) 이를 재는(經)데는 오사(五事)로써(以)하고, 이를 비교(校)하는데는 계(計)로써 하며, 그 정(情)을 찾는다(索). 1에 말하되(曰) 도(道), 2에 말하되 천(天), 3에 말하되 지(地), 4에 말하되 장(將), 5에 말하되 법(法)이다.

- 經(경)－「헤아릴 경, 글 경」 여기서「經之」란 측량한다. 잰다. 실지로 헤아린다는 뜻. 「經=常道」즉 "기본"이라고 해석하여 오사(五事)를 기본적인 상도(常道)로 볼수도 있음
- 校(교)－「비교할 교, 학교 교」여기서는 비교한다는 뜻(=較)
- 情(정)－「뜻 정, 사랑 정, 사실 정」여기서는「실정, 상황」, 索(색)－「찾을 색」
  * 索其情(색기정)－그 실정을 탐구함

해 설

그러므로 다섯가지 요건(戰力의 기본)으로써 검토하고 일곱가지 계교(計=七計)로써 비교하여 그 실정을 파악해야 한다. 첫째는 도(道), 둘째는 천(天), 셋째는 지(地), 넷째는 장(將), 다섯째는 법(法)이다.

※ 5事는 원정(전쟁)을 할 수 있는 내 수준(능력)을 먼저 검토하는 요소이다.

핵심도해

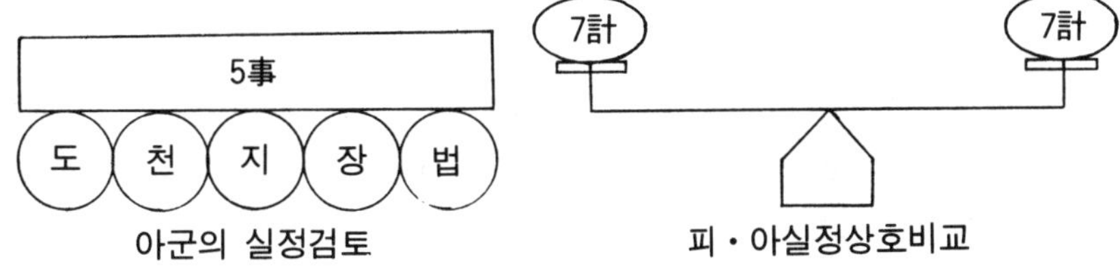

영 문 역

The art of war is governed by five constant factors, to be taken into account in one's deliberations, when seeking to determine the conditions obtaining in the field.

These are: (1) The Moral Law;
(2) Heaven;
(3) Earth;
(4) The Commander;
(5) Method and Discipline.

원 문	훈 독
도 자　영 민 여 상 동 의 야 道者，令民與上同意也， 가 여 지 사　가 여 지 생 可與之死，可與之生， 이 불 외 위 야 而不畏危也.	도자는, 영민여상동의야하며, 가히 여지사하고, 가히 여지생하여, 이불외위야니라.

직 역

도(道)란, 백성(民)들로 하여금(令) 상(上)과 더불어(與) 뜻(意)을 같이(同)하여, 이와(之) 더불어(與) 죽고(死), 이와 더불어(與) 가(可)히 살고(生), 그리하여 위태함(危)을 두려워(畏)않는다(不).

- 令(령)－「하여금 령, 명령할 령, 법령 령」 여기서는「하여금 령」
- 畏(외)－「두려워할 외」 不畏(불외)－두려워하지 않음
- 危(위)－「위태할 위, 무너질 위, 상할 위」 여기서는「위태할 위」

* 道(도)는「路, 理, 術, 說, 治, 引」등의 다양한 뜻을 내포한 글자이며 오사(五事)중에서 제일 먼저 내세워 그 중요성을 강조했음. 즉 한가지 길로 통한다는 뜻임(상하=같은길)

해 설

도(道)란 백성들로 하여금 위(上 : 위정자, 임금)와 더불어 한 뜻이 되어, 함께 죽을 수 있고 함께 살 수 있게하여 (생사를 같이하는 일체감) 위험을 두려워하지 않게 하는 것이다.

* 통치자와 피통치자간에 신뢰가 그 바탕을 이루며 충성심, 귀속감, 일체감이 그 핵심이다. 謀攻篇에 나오는「上下同欲者勝」과 그 맥락을 같이 한다.

핵심도해

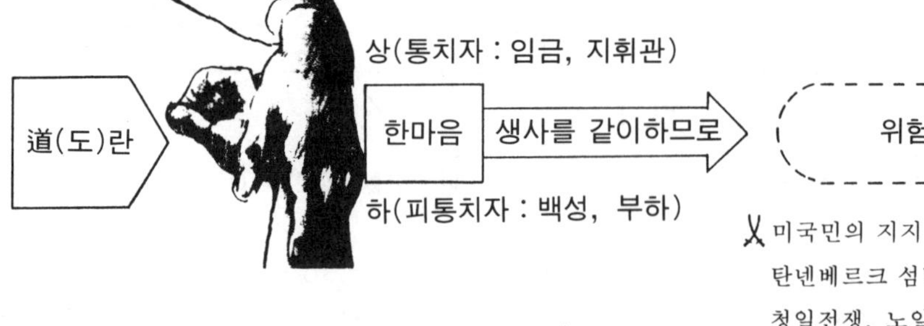

✂ 미국민의 지지 없었던 월남전의 결과. 탄넨베르크 섬멸전. 대동아전쟁시 일본. 청일전쟁, 노일전쟁시 일본. 스탈린그라드 공방전. 소정방의 신라 정복 포기

영 문 역

The Moral Law causes the people to be in complete accord with their ruler, so that they will follow him regardless of their lives, undismayed by any danger.

원 문	훈 독
천자 음양 한서 시제야 天者, 陰陽·寒暑·時制也. 지자 원근 험이 광협 地者, 遠近 ·險易 ·廣狹 사생야 死生也.	천자는, 음양과 한서와 시제야니라. 지자는, 원근과 험이와 광협과 사생 야니라.

직 역

천(天)이란, 음양(陰陽)·한서(寒暑)·시제(時制)이다.
지(地)란, 원근(遠近)·험이(險易)·광협(廣狹)·사생(死生)이다..

- 음양(陰陽)－① 음양설에서 말하는 음양이기(陰陽二氣)의 이치
  ② 날씨의 흐림의 맑음, 밤과 낮, 풍우, 건조기와 강우기등 포괄적 천후(天候),여기에서는 ②의 뜻으로 해석되며 단순히 길흉화복(吉凶禍福)이 아니다(예 : 구지편에서 「禁祥去疑」)
- 한(寒)－「찰 한, 떨 한, 어려울 한」여기서는「찰 한」의 뜻
- 서(暑)－「더울 서, 더위 서, 여름철서」, 한서(寒暑)－추위와 더위
  * 「음양」은 장기적이며 보다 포괄적인 기상현상임에 비해 「한서」는 단기적. 지엽적임
- 시제(時制)－국·내외적으로 처해진 정세, 전기(戰機)·천기(天機)등 시절에 따른 적절한 시책, 천시(天時)에 순응함,

해 설

천(天)이란 다양한 천후(天候), 추위와 더위(한서의 변화), 시기 적절한 시책등을 말하는 것이다. －시간적인 조건(시간요소) 지(地)란 거리가 먼가 가까운가, 지세가 험한가 평탄한가, 넓은가 좁은가, 막다른 곳인가 트인곳 인가 (죽음의 곳인가 살수있는 곳인가)를 말하는 것이다. －지리적인 조건(공간소요)

핵심도해 ※天·地는 원정시기 및 원정장소(나라)의 선택 및 그에 따른 준비문제이다.

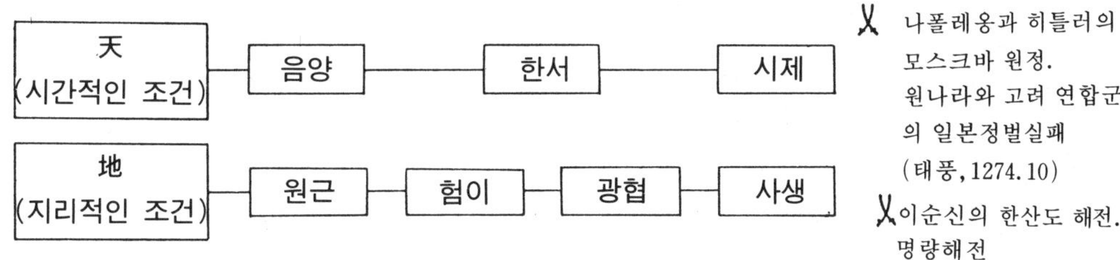

영 문 역

Heaven signifies night and day, cold and heat, times and seasons.

Earth comprises distances, great and small; danger and security; open ground and narrow passes; the chances of life and death

원 문 **훈 독**

원문	훈독
장자 지 신 인 용 엄야 將者, 智·信·仁·勇·嚴也. 법자 곡제 관도 주용야 法者, 曲制· 官道· 主用也.	장자는 지신인용엄야니라 법자는 곡제와 관도와 주용야니라.

직 역

장(將)이란 지(智)·신(信)·인(仁)·용(勇)·엄(嚴)이다.
법(法)이란 곡제(曲制)·관도(官道)·주용(主用)이다.

- 곡제(曲制)—군의 편성, 군제(軍制 : 군대의 제도), 조직
- 관도(官道)—군의 규율, 군대의 명령계통과 복무규율, 관제(官制), 관규(官規)
- 주용(主用)—군에서 사용하는 군수품(장비·물자등)의 제조·관리등에 관한 일체의 제도 및 조직

해 설

장수는 지모(智謀)·신망·인애·용기·엄정(=위엄)을 갖추어야 한다.
법(法)은 군대의 편성(군제, 조직)과 규율 및 병참을 말한다.

* 여기서 「智(지)」가 가장 먼저 나오는 이유를 숙고해야 한다. 「智(지)」가 부족한 장수가 「勇(용)」이 넘친다면 그 양상은 어떠할까. 「智」는 「지혜+사색」

핵심도해

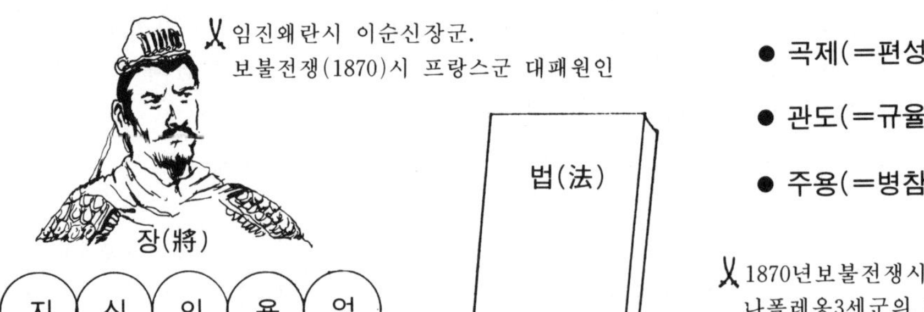

영 문 역

The Commander stands for the virtues of wisdom, sincerity, benevolence, courage and strictness.

By method and Discipline are to be understood the marshaling of the army in its proper subdivision, the gradations of rank among the officers, the maintenance of roads by which supplies may reach the army, and the control of military expenditure.

원 문	훈 독
凡此五者(범차오자), 將莫不聞(장막불문), 知之者勝(지지자승), 不知者不勝(부지자불승).	범차오자는 장막불문이나, 지지자는 승하고 부지자는 불승이니라.

직 역

무릇(凡) 이(此) 다섯(五)가지(者)는, 장수(將)가 듣지(聞) 않았을(不)리가 없는(莫)것이다. 이를(之) 아는(知) 자(者)는 이기고(勝), 알지(知) 못하는(不)자(者)는 이기지(勝) 못한다(不).

- 凡(범)—「무릇 범, 대강 범, 모두 범」 여기서는 「무릇」의뜻
- 此(차)—「이 차, 이것 차,그칠 차」여기서는 「이」의뜻
- 莫(막)—「아닐 막, 저물 막, 없을 막」 여기서는 「아닐 막」

莫不聞—듣지 않았을리 없으니 즉 다 알고 있을 것이다.(→다 알고 있지 않으면 안된다.)

해 설

대체로 이 다섯가지(五事)는 장수라면 다 알고 있지 않으면 안된다. 이것을 아는 자는 승리하고, 알지못하는 자는 승리하지 못할 것이다.

※여기서 將은 장수를 뜻하나 국가전략차원에서 볼때 군주라해도 타당하다.

* 5사는 장수정도되면 다 듣고 알고 있지만 얼마만큼 이에 통달하고 깊이 알고 있느냐에 따라 승패가 결정된다는 뜻이다.

핵심도해

※5사중 가장 근본은 첫번째 요소인 道이다. 특히 원정시에는 결정적요소이다. 道가 부족시에는 다른 요소가 아무리 갖추어져도 원정(전쟁)을 해서는 안될 것이다.

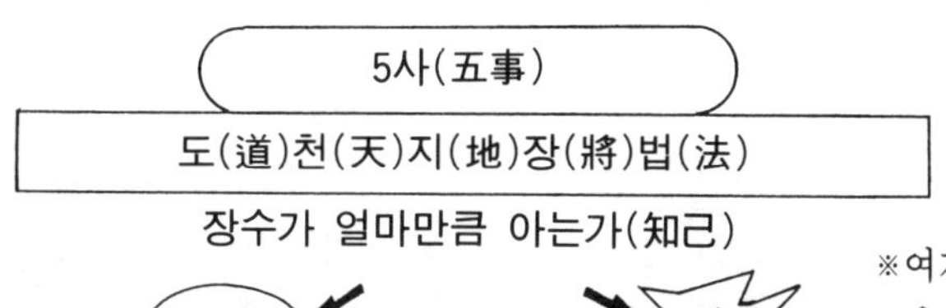

5사(五事)는 국력의 기본요소가 되며 이는 평소에 배양이 되어야 한다.

※여기서 道·將·法은 수준부족시 내의지로 육성·배양 가능한 요소이지만 天·地는 육성·배양할 수 있는 요소가 아니다. 이는 유리하게 선택해야 하는 요소임을 유의해야 한다.

영 문 역

These five heads should be familiar to every general; he who knows them will be victorious; he who don't know them will fail.

원　문	**훈　독**
고 교 지 이 계　이 색 기 정 故校之以計，而索其情. 왈　주 숙 유 도　장 숙 유 능 曰：主孰有道，將孰有能， 천 지 숙 득　법 령 숙 행 天地孰得，法令孰行，	고로 교지이계하여 이색기정이니라. 왈：주숙유도하며 장숙유능하며 천지숙득하며 법령숙행하며

직　역

그러므로(故) 이를(之) 계책(計)면에서 비교(校)하고, 그(其) 실정(情)을 찾는다(索). 말하되(曰), 임금(主)은 누가(孰)도(道) 있는가(有), 장수(將)는 누가(孰) 유능(有能)한가. 천지(天地)는 누가(孰) 얻었는가(得). 법령(法令)은 누가(孰) 행(行)하는가.

- 計(계)－「꾀할 계, 셈할 계」, 校(교)－「교정할 교, 학교 교」
- 索 (색)－「찾을 색」, 孰(숙)－「누구 숙, 어느 숙」, 得(득)－「얻을 득」

해　설

그러므로 일곱가지 기준(7계)에 의거하여 피아 양편을 비교하여 그 실정을 파악해야 한다. ① 어느편의 임금(통치자)이 더 정치를 바르게 하는가. ② 장수는 어느편이 더 유능한가. ③ 천시(天時)와 지리(地理)는 어느편이 더 유리한가 ④ 법령은 어느편이 더 철저히 시행되고 있는가.

※7計 첫머리에 앞에서 제시된 5事(道・天・地・將・法)가 등장되어 비교됨을 잘 보라. 그만큼 5事가 국력의 기본임을 의미한다.

핵심도해

영 문 역

Therefore, in your deliberations, when seeking to determine the military conditions, let them be made the basis of all comparison, in this wise:
(1) Which of the two sovereigns is imbued with the Moral law?
(2) Which of the two generals has most ability?
(3) With whom lie the advantages derived from Heaven and Earth?
(4) On which side is discipline most rigorously enforced?

원 문	훈 독
兵衆孰强(병중숙강), 士卒孰練(사졸숙련), 賞罰孰明(상벌숙명), 吾以此知勝負矣(오이차지승부의).	병중숙강하며 사졸숙련하며 상벌숙명이니 오이차로 지승부의니라.

직 역

병중(兵衆)은 누가(孰) 강(强)한가. 사졸(士卒)은 누가(孰) 훈련(練)되었는가. 상벌(賞罰)은 누가(孰) 밝은가(明). 나(吾) 이것(此)으로써(以) 승부(勝負)를 안다(知).

● 衆(중)—「무리 중」, 練(련)—「익힐 련」, 吾(오)—「나 오」, 矣(의)—「어조사 의」

해 설

⑤ 군대는 어느편이 더 강한가. ⑥ 사졸(장병)은 어느편이 잘 훈련되었는가. ⑦ 상벌은 어느편이 더 분명하게 행해지고 있는가. 나는 이상의 7가지 조건을 비교하고 검토함으로써 어느편이 이기고 지는 것을 미리 알 수 있다.

* 사졸(士卒):「① 병사 ② 장교 ③ 장교와 병사」의 세가지로 해석됨(孫子兵法白話解), ④「병사」로만 해석됨(孫子兵法之綜合硏究)여기서는③을 취함.

핵심도해

영 문 역

(5) Which army is the stronger?
(6) On which side are officers and men most highly trained?
(7) In Which army is there the greater constancy both in reward and punishment
By means of these seven considerations I can forecast victory or defeat.

원 문	훈 독
장청오계 용지필승 將聽吾計, 用之必勝, 유지 留之; 장불청오계 용지필패 將不聽吾計, 用之必敗, 거지 去之. 주1)	장청오계하여 용지면 필승이니 유지하고; 장불청오계하여 용지면 필패니 거지니라.

직 역

장수(將)가 나(吾)의 계(計)를 듣고(聽) 이를(之) 쓰면(用) 반드시(必) 이기니(勝), 머물게(留)한다. 장수(將)가 나(吾)의 계(計)를 듣지(聽)않고(不) 이를(之) 쓰면(用) 반드시(必) 패(敗)하니, 떠나게(去)한다. ※ 주1) 참조

- 聽(청)－「들을 청, 판결할 청」 여기서는「들을 청」
- 留(류)－「머무를 류, 묵을 류, 오랠 류」 여기서는「머무를 류」
- 去(거)－「갈 거, 덜 거, 과거 거」 여기서는 「갈 거」

해 설

만약 그 장수가 손자가 말한 계(計 : 5사7계)를 잘 수용한다고 하면 반드시 전쟁에서 이기게 되니 그 장수를 머물게(임용)한다는 것이며 계(計)를 거부하는 장수를 쓰면 반드시 패하게 되니 떠나게(불임용)하는 것이다.

* 다양히 해석되는 어귀이다.
여기서 「將(장)」은 오왕 합려 또는 임용하려는 일반적인 장수를 일컬음이라 본다.
주1) 참조할것

*개정 7판에는 다른 관점에서 해석하고 있으니 필히 47쪽 마지막 Box부분을 참고할 것.

핵심도해

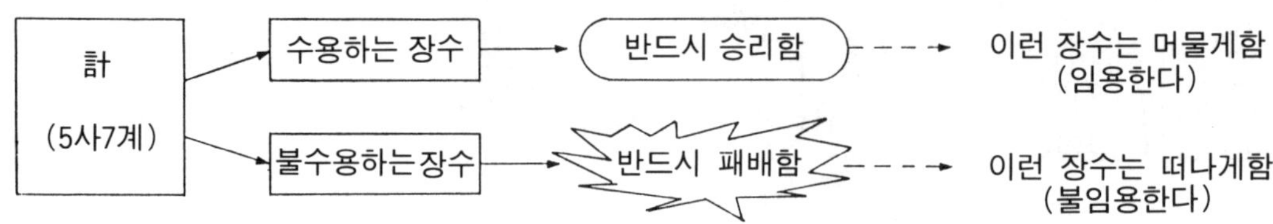

⚔ 제2차대전당시 일본군부와 정부와의 의견불일치.
B.C260. 진나라와 조나라의 장평(長平)의 싸움

영 문 역

The generel that harkens to my counsel and acts upon it, will conquer-let such a one be retained in command! The general that harkens not to my counsel nor acts upon it, will suffer defeat-let such a one be dismissed!

원 문	훈 독
計利以聽, 乃爲之勢, 以佐其外; 勢者, 因利而制權也.	계리이청이면 내위지세하여 이좌기외하니라; 세자는 인리하여 이제권야니라.

직 역

계(計) 이(利)로와서 이로써(以) 들으면(聽), 곧(乃) 이것이(之) 세(勢)를 이루어(爲) 이로써(以) 그(其) 밖(外)을 도운다(佐). 세(勢)란(者), 이(利)로 인(因)하여 권(權)을 제(制)하는 것이다.

- 佐(좌)－「도울 좌, 버금 좌」여기서는「도울 좌」
- 因(인)－「인할 인, 까닭 인, 인연 인」, 制(제)－「지을 제, 금할 제」
- 權(권)－「권세 권, 평할 권, 저울추 권」여기서는「저울추 권」즉, 사물의 경중(經重)을 저울질 하는일

制權(제권)－임기응변의 조치를 취하는것

*「權」은「주도권」을 장악하기위한 것이므로 이를 만들기(制)위해서는「임기응변」이 요구됨

해 설

나의 계책이 유리하다고 하여 채택한다면 곧 정적(靜的)인 계책을 동적(動的)인 세력(勢力)으로 바뀌게하여 밖으로(外) 나타내어 전력(戰力)을 도울 수 있을 것이다. 세(勢)라는것은 유리한 바에 따라 여러가지의 변화되는 사태에 임기응변으로 상응한 조치를 취함으로써 만들어지는 것이다.

*計를 잘 적용하면 눈에 보이는 勢化할 수 있고 勢는 制權 즉 전장에서 권세(주도권)을 장악하는 힘으로 나타난다는 뜻이다.

핵심도해

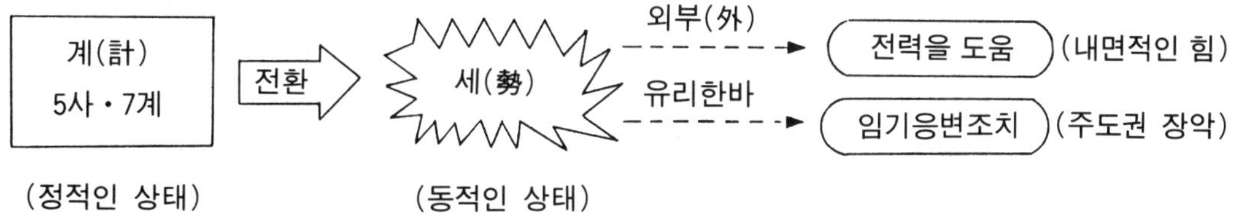

영 문 역

While heeding the profit of my counsel, avail yourself also of any helpful circumstances over and beyond the ordinary rules. According as circumstances are favorable, one should modify one's plans.

원 문 | **훈 독**

원 문	훈 독
兵者, 詭道也. (병자 궤도야)	병자는 궤도야니라

직 역

병(兵)은 속이는(詭) 방법(道)이다.

- 詭(궤)—「속일 궤」, 詐(사)와 같은뜻
- 詭道(궤도)—속이는 방법

해 설

兵(병)을 시계 첫머리에 나오는「전쟁(兵)」으로 해석하지 않았다. 나라의 중대한 일인 전쟁이「궤도」는 아니기 때문이다. 여러가지 뜻 중에서「작전」으로 해석하여 '작전은 적을 기만하는 제방법이다.' 여기에서「궤(詭)」즉 속인다는 의미는 정확히 이해해야 한다. 손자는 전쟁(=兵)이 국민의 생사와 국가의 존망이 달린 중대한 일이라 했는데 이러한 전쟁에는 필연적으로 이기지 않으면 안되기 때문에 이기기위한 궤도(=속임수)는 승인이 될 수 밖에 없다는 것이다. 만약 그렇지 못한다면 송양(宋襄)의 인(仁)이 되고 말것이다. 손자는 5사(五事)·7계(七計) 외에 14가지의 궤도(詭道)를 제시함으로써 5사·7계·14궤도의 3요소를 결합했다.

※ 詭道는 ① 國家戰略 ② 戰術的 두 次元에서 해석가능하다.

핵심도해

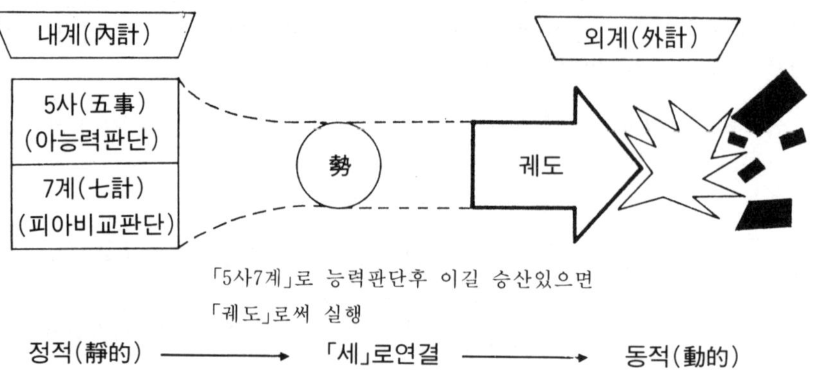

※ 송양의 인(仁) : B·C 638

영 문 역

All military operation is based on deception.

원 문	훈 독
故能而示之不能,(고능이시지불능) 用而示之不用,(용이시지불용)	고로 능하여도 이시지불능이요, 용하여도 이시지불용하고,

직 역

그러므로(故) 능(能)하면서도 이에 불능(不能)을 보이고(示), 사용하면서도(用) 이에 사용하지 않는것(不用)처럼 보이고(示),

● 示(시)—「보일 시, 바칠 시, 땅귀신 시」여기서는「보일 시」

해 설

그러므로 ① 능력이 있으면서도 능력이 없는 것처럼 위장하고, ② 사용하면서도 사용하지 않는 것처럼 보이고(용병을 할 작정에 있으면서도 그렇지 않음을 보이고, 방법을 쓰면서도 쓰지 않는것처럼 보이고, 필요하면서도 필요하지 않을 것 처럼 위장하고…등 몇가지로 해석), 여기서는 용병(用兵)을 할 작정을 은폐한다는뜻 즉 전의(戰意)가 없음을 보이는것.

※ 궤도는 5事·7計와 같은 차원에서(즉 국가전략차원) 분석하면 적국으로 하여금 나를 오판케하거나 또는 적국의 힘을 약화시키는 제 방법이며, 制權의 차원(즉 전술적 차원)에서 보면 전장에서 주도권을 장악하기 위한 제 기만책을 의미한다.

핵심도해

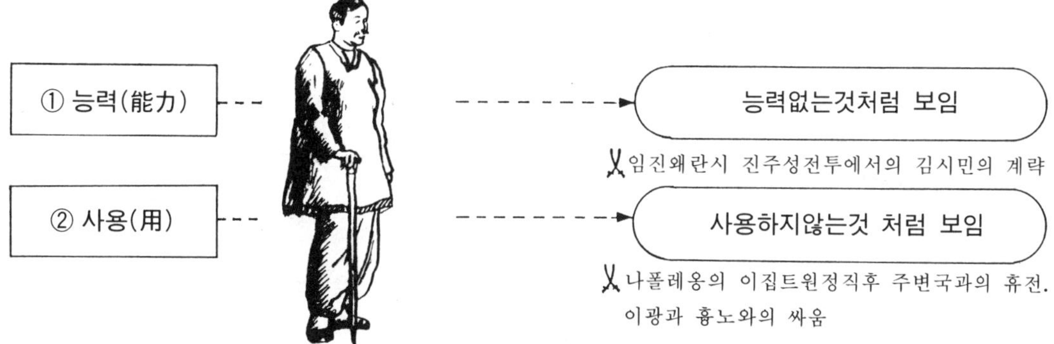

영 문 역

Hence, when able to attack, we must seem unable: when using our forces, we must seem inactive;

원 문 | **훈 독**

원문	훈독
近而示之遠,(근이시지원) 遠而示之近.(원이시지근)	근하여도 이시지 원하고, 원하여도 이시지 근하니라.

직 역

가까우(近)면서도(而) 이에(之) 먼(遠)것처럼 보이고(示), 멀(遠)면서도(而) 이에(之) 가까운(近)것처럼 보인다(示).

- 近(근)-「가까울 근」, 遠(원)-「멀 원」
- 而(이)-「말이을 이, 어조사 이, 너 이」
- 示(시)-「보일 시」, 之(지)-「이 지, 의 지, 갈 지」

해 설

③ 가까운 곳을 노리면서도 먼곳을 노리는 것처럼 한다. -공격방향면(가까운 시기에 전쟁을 결심했음에도 겉으로 아직도 먼 훗날 전쟁을 할 것 처럼 가장한다-시기면, 가까우면서도 먼것처럼 나타낸다. -지리적인면, 등 여러가지로 해석)

④ 먼곳을 노리면서도 가까운 것을 노리는 것처럼 한다(이문장도 같은 뜻으로 해석됨)

＊ ①~④까지는 적을「기만」하여 효과적 대응을 방해하는 것임.

핵심도해

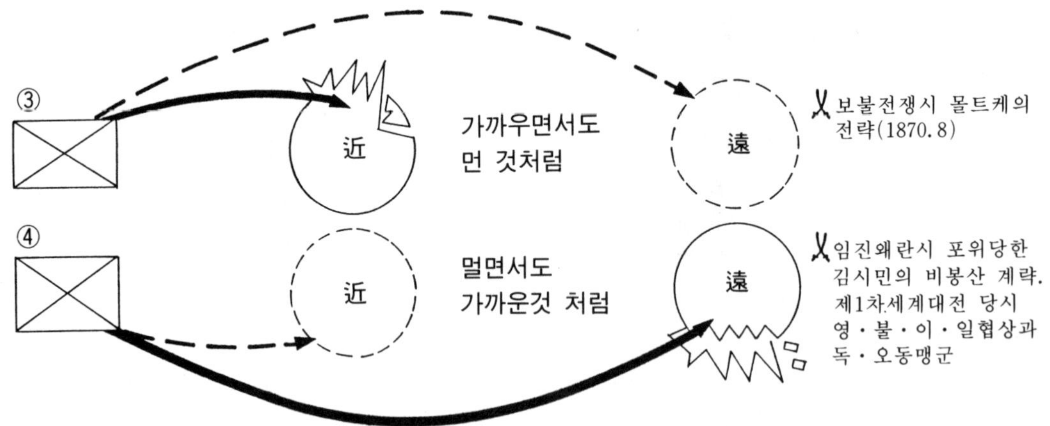

영 문 역

when we are near, we must make the enemy believe that we are away; when far away, we must make him believe we are near.

원 문	훈 독
利而誘之,(이 이 유 지)	이케하여 이유지하고,
亂而取之,(난 이 취 지)	난케하여 이취지하고,
實而備之,(실 이 비 지)	실하면 이비지하고,

직 역

이(利)롭게 해서 이(之)를 끌어(誘)내고, 어지럽게(亂)해서 이(之)를 취(取)하고, 실(實)하면 이(之)를 대비(備)하고,

- 誘(유)—「당길 유, 꾈 유」
- 亂(란)—「어지러울 란, 난리 란」
- 備(비)—「갖출 비, 족할 비,, 방비할 비」

해 설

⑤ 적에게 이익을 줄 것 같이 하여 꾀어서 끌어내고, ⑥ 적을 혼란케하여 이를 취한다.(쳐 빼앗는다. 격파하여 취한다). ⑦ 적의 군비(軍備)가 충실하면 서두르지 않고 대비한다.

핵심도해

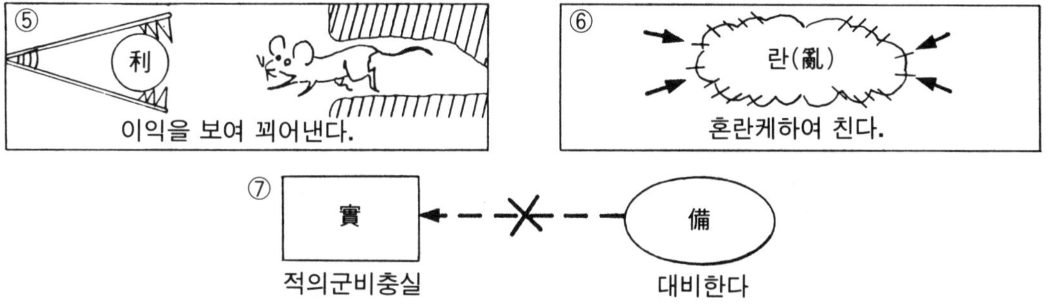

※ 보불전쟁(1870) 당시 나폴레옹3세의 전략. 징기스칸의 유인전술. 롬멜의 북아프리카전역. 오스테르리쯔전역(1805)시 프라첸고지 포기한 유인작전

영 문 역

Hold out baits to entice the enemy. Feign disorder, and crush him. If he is secure at all points, be prepared for him.

원 문	훈 독
强而避之(강이피지),	강하면 이피지하고,
怒而撓之(노이요지),	노하여 이요지하고,
卑而驕之(비이교지),	비하여 이교지케하고,

직 역

강(强)하면(而) 이(之)를 피(避)하고, 노(怒)하게하여 요란(撓)케하고, 낮게(卑)하여 교만(驕)케 한다.

- 撓(요)-「요란할 요」 긁는다, 긁어흔들어 놓는다의 뜻
- 卑(비)-「낮을 비, 천할 비, 작을 비」
- 驕(교)-「교만할 교」

해 설

⑧ 적이 강하면 정면충돌은 피하고, ⑨ 적을 노하게하여 흔들어 놓고(판단을 그르치게) ⑩ 저자세로 나아가 적을 교만하게 만든다.

＊ 장수의 오위(五危)를 참고(구변편)

핵심도해

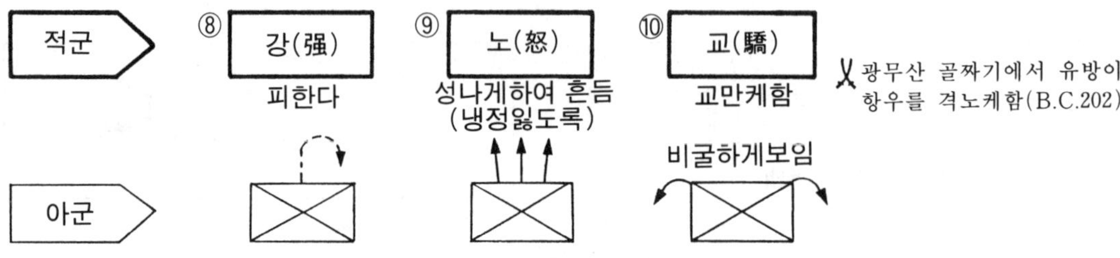

영 문 역

If he is superior in strength, evade him. If your opponent is of choleric temper, seek to irritate him. Pretend to be weak, that he may grow arrogant.

원 문	훈 독
佚而勞之(일이노지), 親而離之(친이리지),	일하면 이노지케하고, 친하면 이리지하나니라.

직 역

편안(佚)하면 이(之)를 수고롭게(勞)하고, 친(親)하면(而) 이(之)를 떨어지게(離)한다.

- 佚(일)—「허물 일, 편안할 일」
- 勞(로)—「일할 로, 수고로울 로, 위로할 로」 여기서는「수고로울 로」
- 離(리)—「떨어질 리, 떠날 리, 밝을 리」 여기서는「떨어질 리」

해 설

⑪ 적이 편안하게 쉬고자하면 이를 방해하여 피로하게 만든다. —「일」(佚)은 「일」(逸)과 같은 맥락으로「노」(勞)와 반대개념이다.

⑫ 적이 서로 친(親)하면 이것을 이간시켜야 한다.(분열시켜야 한다. 단결력을 와해시켜야 한다.)

핵심도해

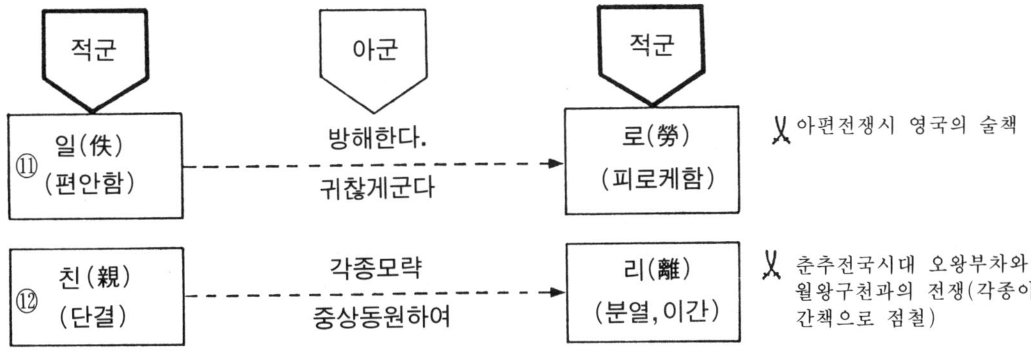

영 문 역

If he is taking his ease, give him no rest. if his forces are united, separate them.

원 문	훈 독
攻其無備(공기무비),	공기무비하고,
出其不意(출기불의), 주2)	출기불의하며,

직 역

그(其)무비(無備)를 치고(攻), 그(其)불의(不意)에 나간다(出).

- 攻(공)-「칠 공, 다스릴 공」여기서는「칠 공」
- 無備(무비)-무방비한 곳
- 出(출)-「갈 출, 나갈 출, 낳을 출」여기서는「나갈 출」
- 不意(불의)-뜻하지 않은 곳 *주2) 참조

해 설

적의 무방비한 곳을 택하여 공격하고, 적이 뜻하지 않은 곳을 노려야 한다.

* 이것이 바로 기습(奇襲)의 요체이다. 시간적으로, 지리적으로, 작전적으로 헛점을 찾아내어 공격하면 승산이 있다는 말인데「리델하트」의「전략론」에는「간접접근전략」의 이론으로 이를 설명하고 있다.

핵심도해 ※ 앞에서 제시한 12가지 궤도는 攻其無備·出其不意의 조건을 조성하기 위한 제 방법으로 봐도 무방할 것이다.

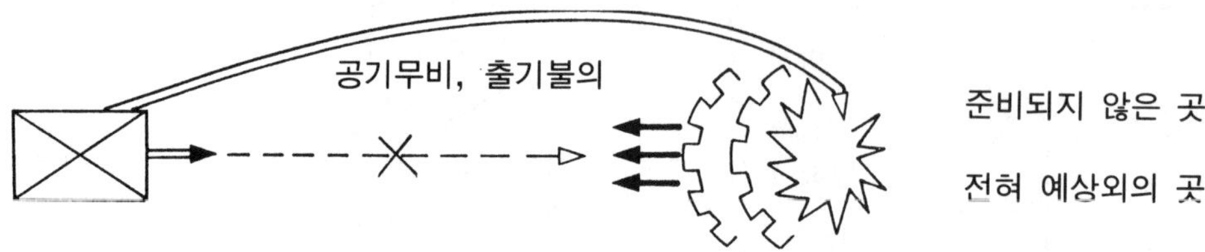

「攻其無備, 出其不意」의 8개 글자가 고대로부터 현대에 이르기까지 수많은 전투에 적용되어 왔고, 수많은 전략가들의 연구대상이 되어 왔으며, 수많은 야전 지휘관들의 작전지침이 되어왔다.
인천상륙작전. 남북전쟁시 셔먼장군. 진주만 기습. 3차 중동전(1967). 워터루 전역

영 문 역

Attack him where he is unprepared, appear where you are not expected.

원 문	훈 독
此兵家之勝,(차병가지승) 不可先傳也.(불가선전야) 주3)	차는 병가지승이니, 불가 선전야라.

직 역

이것이(此) 병가(兵家)의 승(勝)이니, 먼저(先) 전(傳)할 수 없다(不可). ※주3) 참조

- 傳(전)－「전할 전, 이을 전, 전기 전」여기서는 전할 전
  - * 先傳(선전)－미리 알리다. 먼저 소문을 퍼뜨리다. 혹자는 이를「미리 계획하는 것」으로 해석하기도 하나 따르지 않음

해 설

이것이 병법가(兵家)가 승리를 거두는 비결이니, 사전에 미리 알려져서는 안된다. (사전에 계획이 누설되어서는 안된다)

* 兵家之勝→「勝」은「勢」를 잘못적은것이라는 설도 있다.
* 이상 14가지의 궤도(詭道)는 손자가 제시하는 대표적인 예에 불과하며 실제에 있어서는 무궁무진하게 발전되어 진다. 이는 지휘관의 창의력과 군사적 식견에 달려있을 것이다.

핵심도해 ※ 궤도는 전쟁결심시(국가전략차원에서보면) 5事7計로 피아수준검토결과 아능력부족시 국력증강을 위한 시간획득(적의 오판유도)차원에도 중요하다.

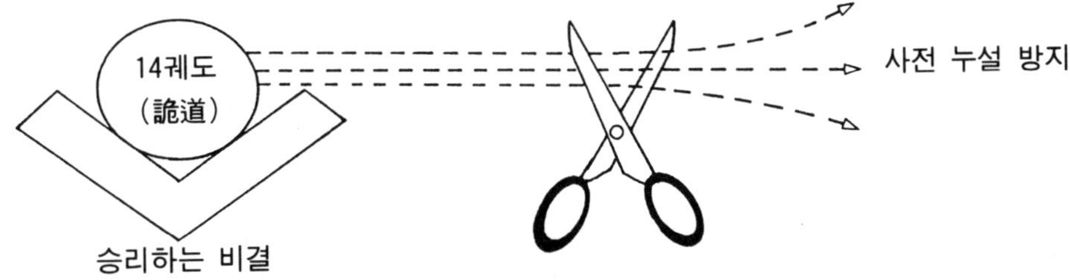

영 문 역

These military devices, leading to victory, must not be divulged beforehand.

원 문	훈 독
부 미 전 이 묘 산 승 자 夫未戰而廟算勝者, 득 산 다 야 得算多也 ; 미 전 이 묘 산 불 승 자 未戰而廟算不勝者, 득 산 소 야 得算少也 ;	부미전하여 이묘산이 승자는 득산이 다야요 ; 미전하여 이묘산이 불승자는 득산이 소야니라 ;

직 역

대저(夫) 아직(未)싸우지(戰) 않고 묘산(廟算)하여 이기는(勝) 자(者)는 셈(算) 얻은(得)것이 많(多)은 때문이요, 아직(未) 싸우지(戰) 않고 묘산(廟算)하여 이기지(勝) 못하는자는 셈(算)을 얻은(得) 것이 적기(少) 때문이다.

- 夫(부)－「어조사 부, 사내 부, 남편 부」여기에서는「어조사 부」
- 未(미)－「아닐 미, 못할 미」
- 廟(묘)－「사당 묘, 묘당 묘, 대청 묘」여기서는「정부」의 뜻
- 算(산)－「셈할 산, 산가지 산」셈한다는 뜻
  廟算(묘산)－정부요인 및 군수뇌회의에서 양편 전력의 비교·분석에 의한 계산. 최고작전회의 (=廟當會議, 朝議, 朝會)

해 설

전쟁은 시작하기 전에 최고작전회의에서 적과 아군의 전력을 비교 계산해야 한다. 승리할자는 승산(勝算)이 많은 것이다.

전쟁은 시작하기전에 전력을 비교해서 승리할 수 없는자는 승산(勝算)이 적은 것이다.

핵심도해

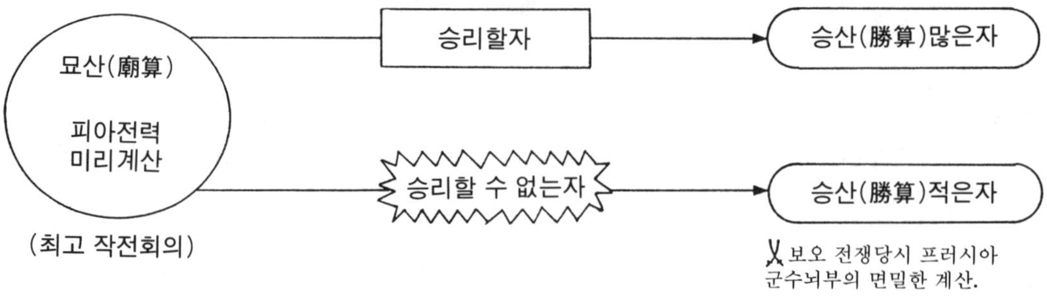

영 문 역

Now the general who wins a battle makes many calculations in his temple ere the battle is fought. The general who loses a battle makes but few calculations beforehand.

원 문	훈 독
다산승 소산불승 多算勝, 少算不勝, 이황어무산호 而況於無算乎? 오이차관지 승부현의 吾以此觀之, 勝負見矣.	다산이면 승하고 소산이면 불승이어든 이황어 무산호아. 오이차 관지하면 승부현의라.

직 역

셈(算)이 많으면(多) 이기고(勝), 셈이(算)이 적으면(少) 이기지(勝)못한다(不). 그런데(而) 하물며(況) 셈(算)이 없는(無)데서야(乎). 나(吾)이것(此) 으로써(以) 이(之)를 보건데(觀), 승부(勝負)본다(見).

- 況(황)—「하물며 황」
- 乎(호)—「어조사 호, 온 호」
- 見(견, 현)—「볼 견, 생각 견, 나타날 현」 여기서는「나타날 현」으로「顯」이나「現」과 같이 쓰인다.

해 설

승산(勝算)이 많은자는 승리하고, 승산이 적은자는 승리하지 못한다. 하물며 승산이 전연 없는자이겠는가(말해 무슨 소용이 있겠는가). 나는 이것으로써 전쟁의 승부를 미리 알수 있다(나타난다).

※ 당시 상황에서 원정에 실패하면 주위의 제후들에 의해 곧바로 침공당해 패망하게 되어 재기불능상태가 된다. 고로 원정결심은 5事·7計·궤도등의 면밀한 검토하에 승산을 따져 안전한 조건하에 행하라는 것이다.

핵심도해

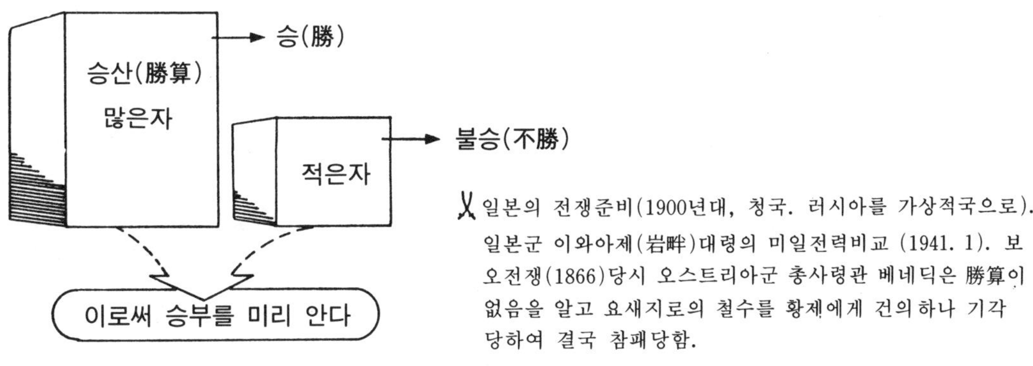

일본의 전쟁준비(1900년대, 청국. 러시아를 가상적국으로). 일본군 이와아제(岩畔)대령의 미일전력비교 (1941. 1). 보오전쟁(1866)당시 오스트리아군 총사령관 베네딕은 勝算이 없음을 알고 요새지로의 철수를 황제에게 건의하나 기각당하여 결국 참패당함.

영 문 역

Thus do many calculations lead to victory, and few calculations to defeat : How much more no calculation at all! It is by attention to this point that I can see who is likely to win or lose.

중국본 註解

주1)

장청오계　용지필승　유지　장불청오계　용지필패　거지
將聽吾計，用之必勝，留之，將不聽吾計，用之必敗，去之.

여기에서 문제가 되는것은 「留」「去」의 대상이 누구인가 하는 것이며, 이 어귀를 통해 손자가 말하고자 하는 진의(眞意)가 무엇인가 하는 것이다. 중국문헌을 대조하여 보다 가까운 뜻을 파악해 본다.

◎ 孫子十家註

曹公曰不能定計則退而去也/孟氏曰將裨將也聽吾計畫而勝則留之違吾計畫而敗則除去之/杜牧曰若彼自備護不從我計形勢均等無以相加用戰必敗引而去故春秋傳曰允當則歸也/陳皞曰孫武以書千闔閭曰聽用吾計榮必能勝敵我當留之不去不聽吾計榮必當負敗我去之不留以此感動庶必見用故闔閭曰子之十三篇寡人盡觀之矣其時闔閭行軍用師多用爲將故不言主而將也/梅堯臣曰武以十三篇千吳王闔閭故首篇以此辭動之謂王將聽吾計而用戰必勝我當留此也王將不聽我計而用戰必敗我當去此也/王晳曰將行也用謂用兵耳言行聽吾此計用兵則必勝我當留行不聽吾此計用兵則必敗我當去也/張預曰將辭也孫子謂今將聽吾所陳之計而用兵則必勝我乃留此矣將不聽吾所陳之計而用兵則必敗我乃去之他國矣以此辭激吳王而求用

◎ 孫子兵法大全

將者，指主將而言，將爲三軍之主；且有「將在外，君命有所不從.」之特權，其關係重大可知. 故選用將帥時，不可不特別注意也. 聽者，接受也. 計者，指始計篇之「計」，即國防計劃也. 將能接受我給子之策畫，用之必可獲勝；否則，必將破壞國策而失敗.

故前者可留之，後者，務去之.

◎ 孫子兵法之綜合研究

戰爭之事，在乎將校得人. 將校(副將以下的軍官)倘若聽從力行我主》將)的計劃，用他必可勝操左劵，這樣就留下以爲手足；反之，不聽從我的計劃，即意氣不投，喜歡自行動，必致憤事，那非辭退不可；因爲這樣，織能上下一致，如身之使臂，臂之使指，進而奪取戰勝之旗.

孫子所謂 「聽」與「不聽」不外是說下級軍官對上級長官的服從問題. …絶對服從…戰時之不服從…

◎ 孫子兵法白話解

「將」，讀平聲，作「如」字，「若」字解. 「將聽吾計」，就是說如若聽從我的計. 「吾」，是 孫子自稱，「計」，是上面所說的五種施政方針和七種敵我比較結果. 「用之必勝，留之」. 那末戰必勝，我就留在此地，以備任命.「將不聽吾計，用之必敗，去之」. 這是可以 這樣說；如果不能聽用我的上述所說的五事七計，縱然是用我亦是必敗.「去之」，就是不幹. 這與唯唯稱是毫無定見的將軍相去眞是脊壤之別了.

이상에서 알 수 있는 것은「將」이라는 글자가 ① 오왕인 합려 ② 일반적인 부대의 총사령관(主將) ③ 좀 다른 해석으로「若 : 만약 약」,「如 : 만일 여」등으로 다양히 해석되고 있으며,「吾」는 ① 孫子 ② 일반적인 예하장수 등으로 해석되고 있고,「聽」의 대상은 ① 오왕인 합려 ② 명령수령자 등으로 해석되고 있으며,「計」는 ① 일반적인 작전계획 ② 군주(정부)의 명령 ③ 오사칠계(五事七計)등으로 해석되고 있다. 다시말해 각 주해서 마다 그 해석하는 방향에 차이가 나는 것이다. 여기에서 분명한 진의(眞意)는 "상하일치(上下一致)된 작전행동, 명령의 절대복종일것이다. 그런 의미에서 볼 때 누가 머물고 누가 떠나버리는 것인가 하는 문제는 대의에 벗어나지만 않는다면 문제될 것이 없는 것으로 보아 기제시된 방향으로 해석했다. 물론 해석을 달리하여「오왕이 손자의 계를 받아들인다면 군사(軍師)로서 머물고, 그렇지 않으면 오왕곁을 떠난다.」라고 할 수도 있다.

— 사마천의 사기(史記)에 나오는 손자 열전 —

손자 무(武)는 제(濟) 나라 사람이다.
병법을 가지고 오왕합려를 만났다.
합려가 말했다.
"그대의 병법 13편을 전부 읽었다. 군대를 정돈하는 것을 시험해 보일수 있는가?"
이어서 손무는 궁중의 미녀 180명을 대상으로 단호히 훈련을 시켰는데 그 모습을 보고 오왕은 손무를 장군으로 임명했다.
→ 위 내용을 볼때 손무가 오왕을 만나기전에 이미 손자병법 13편은 완성되어 있었다.
과연 제1 시계편에 나오는 주1)의 어귀는 오왕을 미리부터 겨냥하여 쓴 것이었을까?
아니면 보편적 병법원리로서 일반적인 장수를 일컫었겠는가?
→손무가 오왕을 찾아간 목적은 장수로 임용되기 위함이다.
그리하여 결국 그뜻을 이루어 장수로 임용되었다. 만약 오왕에게 임용되지 아니했을 경우 손무는 또다시 다른 나라에 가서 역시 같은 방식으로 그나라 왕에게 이미 완성된 병법 13편을 보였을 것이다. 그렇다면 그때에도 과연 장(將)의 대상이 오왕합려를 지칭함 이었을까?

• 새로운 관점에서 해석(7판)

여러관점에서 이 어귀는 해석가능하다. 그러나 시계 제1편이 원정을 결심하는 측면에서 5事7計가 그 기준으로 제시됨을 감안해볼때, 손자의 입장에서 '군주가 손자가 제시한 5事7計의 요소로 잘 비교하여 원정을 결심한다면 반드시 이기게 되니 안심하고 장수로 머물것이요, 만약에 군주(오왕합려가 아니더라도 어느 군주든)가 5事7計의 요소로 피아수준비교없이 무모히 원정을 감행한다면 반드시 질게 뻔하니 손자는 장수로 머물지 않고 떠날 것이다.'고 하는 뜻이다.

전사연구

주2) **出其不意** (출기불의)

워터루(Waterloo)전투

「전쟁의 神」이라는 나폴레옹에게 마지막전장이 되게끔 결정적패배를 초래케한 워터루전투는 실로 「出其不意」의 대표적 전례이다.

엘바섬 유배중 탈출하여 1815년 3월20일 나폴레옹이 파리에 무혈입성(無血入城)하자 나폴레옹타도를 외치고 다시금 영국을 중심으로 70만대군을 결성하게 된다. 이에 나폴레옹은 연합군이 합류전 각개격파할 것을 결심하고 425,000명의 대군을 결성하는데 성공하여 이중 123,500명이 워터루에서 영국군사령관 웰링톤과 프러시아군 사령관 블루헤르의 연합군 107,400명과 대치했다. 1815년 6월 17일을 중심으로한 워터루 전투의 결정적 국면을 본다.

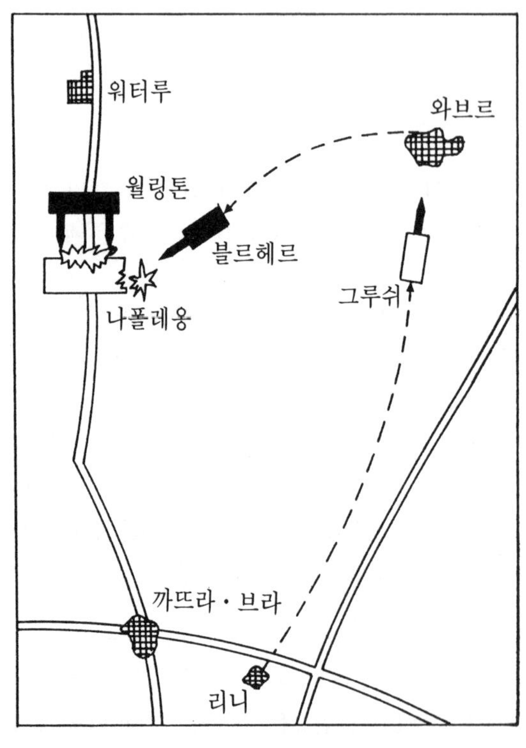

나폴레옹은 부하장군 네이(Ney)에게 웰링톤군을 견제토록 지시했으나(나폴레옹은 이때 웰링톤군의 측방공격을 기도했음) 지나치게 신중을 기한 네이 때문에 웰링톤군을 워터루 방면으로 퇴각케 했다.

나폴레옹은 프러시아의 블루헤르군을 그루쉬로 하여금 추격케 했으나 놓쳐 버렸으며, 블루헤르는 1개 군단만 와브르(Waver)에 잔류시켜 그루쉬군을 유인한 뒤 곧 바로 나폴레옹의 측방을 기습공격했다. 이때 나폴레옹은 측방에서 다가오는 부대가 당연히 나폴레옹의 지원군이라 생각했는데 (블루헤르군은 그루쉬가 이미 추격하여 격파한 것으로 믿고 있었기에) 뜻밖에 블루헤르의 선봉인 뷰로브군단이었으니 그야말로 '出其不意'였던 것이다.

영국의 웰링톤은 전투에 승리하자 그가 있었던 사령부의 지명을 본따 「워터루」전투라 칭했지만 「出其不意」의 주인공 블루헤르는 오히려 그의 공적을 더 크게 평가하여 그가 싸운 지명을 본따서 「라·벨·아리안스」전투라고 불렀으며 지금도 독일에서는 그렇게 부르고 있다. 엘바섬을 탈출한지 100일만에 나폴레옹은 100일천하에 종지부를 찍고 센트·헤레나에 유배되어 1821년 5월 5일 16시 49분에 위암으로 죽었다.

전법연구

전격전(電擊戰)과 '出其不意'

전격전(Blitzkrieg Tactics)은 한마디로 급격한 충격에 의해 적의 심리(心理)를 순간적으로 「마비(痲痺)」시킴으로써 행동의 자유를 구속하여 군사적 목적을 달성하는 것인데, 1차대전이후 유럽을 풍미한 보병과 포병에 전적으로 의존하는 방어지상주의 전략사상에서 과감히 탈피한 새로운 전략이다. 물론 전격전의 양상은 「징기스칸」을 비롯한 고래 명장들에 의해 이미 이루어졌지만 여기서는 기계화부대 특히 전차를 중심으로한 조직적이고 보다 강력한 현대적의미로의 전격전을 의미한다. 현대 전격전의 선구자는 영국의 "풀러" "리델하트" 독일의 "롯쯔" "구데리안" 프랑스의 "드골"등이 있으며 특히 풀러(J·F·C·Fuller)장군은 「Tank in the war」라는 저서를 통해 "인간간의 싸움은 우월한 두뇌(brain)에 의한다."라고 하며 인간의 두뇌와 신경을 마비시키는 「마비전(痲痺戰 : brain warfare)」을 주장함으로써 전격전의 기초이론을 제공했다.

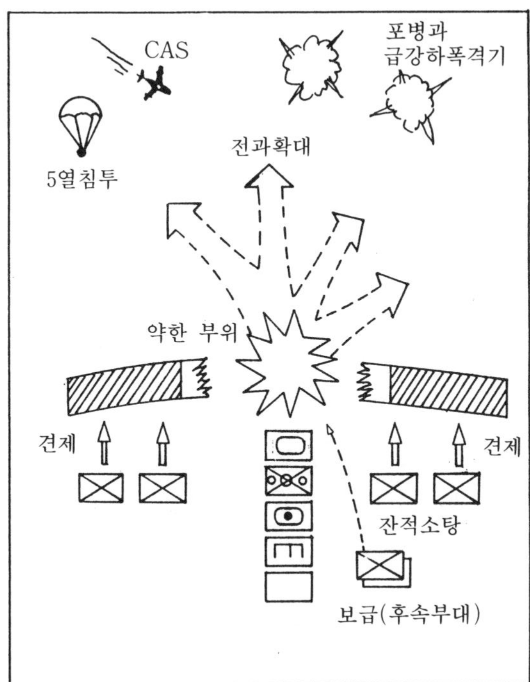

5 열	적의 후방에 사전투입 : 정보수집, 민심교란, 전의 상실 유도
공 군	• 기습적 일격으로 제공권 장악 • 적후방 지휘시설, 통신, 보급소, 예비군 동원 체제 타격 • 심리적충격
돌파부대	• 단일팀(Team)편조 전차+자주포+차량화보병+공병+병참지원부대 • 돌파구형성
전과확대	• 기갑부대가 신속히 침투 전진 • 돌파구 확장 및 적주력 차단·포위 • 급강하폭격기 화력증원
소탕작전	보병이 기갑부대 후속전진하여 포위된 잔적소탕

전격전은 3S(기습 : Surprise, 속도 : Speed, 화력의 우위 : Superiority)로 이루어진다. 1935년 10월 15일 독일의 전격전 요체인 판져사단이 탄생하자 처칠은 후일 "우리가 발명한 전차가 오히려 우리의 패배 원인이 되었다."고 했으니 이것 또한 「出其不意」인 것이다.

중국본 註解

주3) 불가선전야
不可先傳也.

여기에서는 두가지로 크게 해석되어진다. ① 사전에 누설되어서는 안된다. ② 사전에 계획할 수 없다. 즉 미리 대비하여 계획을 세워둘수 없다. 중국문헌을 대조하여 보다 가까운 뜻을 파악해 본다.

◎ 孫子十家註

李筌曰無備不意攻之必勝此兵之要祕而不傳也/社牧曰傳言也此言上之所陳悉用兵取勝之策固非一定之制見敵之形始可施爲不可先事而言也

◎ 孫子兵法大全

不可先傳, 猶言不可以此爲當務之急也. 以不可先傳作祕密解,…

◎ 孫子兵法之綜合研究

要臨機而應變, 在這裏, 到底不能豫先一一傳授的. 亦有解爲：兵家之所以取勝, 因爲所用的是詭道就要絶祕密, 不可於事前漏洩出來, 傳聞於敵人.

◎ 孫子兵法 白話解

「先傳」, 是事先宣說. 因爲使用詭道乃是兵家臨敵制勝的手段運用, 當然不可以在事情沒有做以前就宣揚出去, 假使在事先就宣揚出去,… 所以說：「此兵家之勝, 不可先傳也」. 這是取勝的秘訣, 自然不能事先告訴係啊!

이상에서 알 수 있는 것은 역시 문헌에 따라서 해석이 달라서 두가지의 뜻을 모두 내포하고 있다고 본다. ① 용병이라는 것은 수시로 변화하므로 임기응변적으로 대응하게 되어 사전에 미리 계획할 수 없다. ② 궤도이기때문에 절대비밀에 붙여져서 사전에 밖으로 누설되어서는 안된다.
문맥을 보아 ② 의 해석이 보다 근접한 뜻이 될것으로 본다.

작 전 편 제 이

作戰篇第二

손무가 활동했던 시기의 시대적 좌표를 알아본다. B.C. 약 2,700 년경에 고대 중국의 최초임금 黃帝가 천하를 다스렸고 (이때 저술한 兵法은 13편은 손무에게 많은 영향을 주었다고 함), 그후 여러 세대가 흘러 하(夏)나라가 등장, 걸(桀)왕이 폭정을 일삼아 하(夏)가 타도되어 은(殷나라가 들어섰다. 은(殷)역시 타도되어 주(周)나라가 들어서게된다. 이 주(周)개창시 유명한 강태공 여상(呂尙)이 활동했다. 강태공은 개국공신으로 땅을 할당받아 나라를 창건했는데 그것이 바로 손무가 태어나게 된 齊나라이다. B.C. 1100년 말엽에 주(周)가 들어선 후 천하를 지배하다가 점차 세력을 잃게 되니 드디어 천하패권의 각축전이 시작되어 春秋時代(B.C. 770∼B.C.404), 戰國時代(B.C.403∼B.C.221)로 이어진다. 손무는 춘추시대말기에 태어나 활동했다(B.C.541∼B.C.482). 당시는 봉건제도 말엽으로 그때까지 周만이 王室로 중국을 다스렸고 그 밑에 천하에 산재된 제후(諸侯)가 제후국(諸侯國)을 통치했다. 이들 제후가 쇠퇴해진 주나라를 대신하여 천하패권을 위해 다툰것이다. 손무가 장수로 임용된 吳나라도 물론 이들 제후국중 하나이다.

주요 어귀

兵聞拙速
兵貴勝, 不貴久
知兵之將, 民之司命
國家安危之主也

개 요

「작전(作戰)」이란 시계(始計)편을 통해 원정(전쟁)을 결심하게 될때, 원정시 소요되는 엄청난 전비 · 물자 · 병력에대해 자세히 기술하고 있으며 그렇기 때문에 단기전을 강조하고있다.

오늘날 사용하는 「작전(operation)」의 개념보다 포괄적인 의미를 담고 있으며 시계편에서는 군주와 장수들의 정신적인 면, 국가의 제도등을 다루었지만 작전편에서는 보다 물질인 측면에 치중하여 경제의 중요성을 강조했다. 작전편의 핵심은 ① 전쟁의 무제한적 소모성과 사전 힘든 준비 ② 속전속결 ③ 식량 · 군수품등의 적지획득으로 요약된다. 「졸속(拙速)」으로 표현되는 「단기결전」은 전쟁으로 인한 쓸데없는 낭비를 최소화시킬뿐만 아니라 장병들의 심리적인 측면에서도 대단한 영향을 미치게 된다. 「졸속」에 실패하여 「장기지구전」으로 발전되면 전쟁을 하는 쌍방 모두가 무자비한 유혈(有血)과 통제할 수 없는 자원의 소모로 치닫게 될 것이다. 작전편에서 특히 강조되는 보급문제는 수많은 전례를 통해 그 교훈을 익혀 온바 대단히 중요하다.

제2차세계대전시 독일군의 소련공격, 롬멜의 북아프리카전역, 나폴레옹의 러시아원정, 미국의 남북전쟁시 셔먼부대의 남부지역 행군 등의 전례에서 보면 끊임없이 보급문제때문에 소위 보급전(補給戰 : Supplying war)이 되어온것을 알 수 있다. 이 또한 「久(구) : 지구전」의 폐단이리라.

* 미국 남북전쟁시 북군의 셔먼장군은 군대가 어느정도로 장비를 가볍게 하고서도 이동할 수 있는가를 시험했는데, 남 · 북 캐롤라이나를 통하여 북진을 개시하기에 앞서 셔먼은 자기부대를 출동명령이 떨어지자마자 즉각 이동을 개시할 수 있고, 최소한의 식량으로서도 살아갈 수 있는 기동성있는 기구로 개조했다. 그때는 비록 겨울이었지만 장교들 조차도 모든 야전용 천막과 장구를 버리고 막대기나 나무가지로 캔버스조각을 치고 2인1개조로 야영했다. 그리하여 셔먼부대는 그 유명한 '바다로의 진군'을 성공적으로 수행할 수 있었다.

※춘추 말기에 이르자·생산력의 발달로 국가조직과 규모가 방대해져서 정치와 군사분야는 서서히 분리되어 전문가가 필요하게 되었다. 손무는 이런 과도기에 실병을 지휘하는 장수로 발탁되어 오초전쟁을 치루었다. 과도기적 특성으로 인해 군주는 옛 습관을 버리지 않고 수시로 장수에게 간섭하였기에 손무는 병법에 이를 경고했다.

구 성

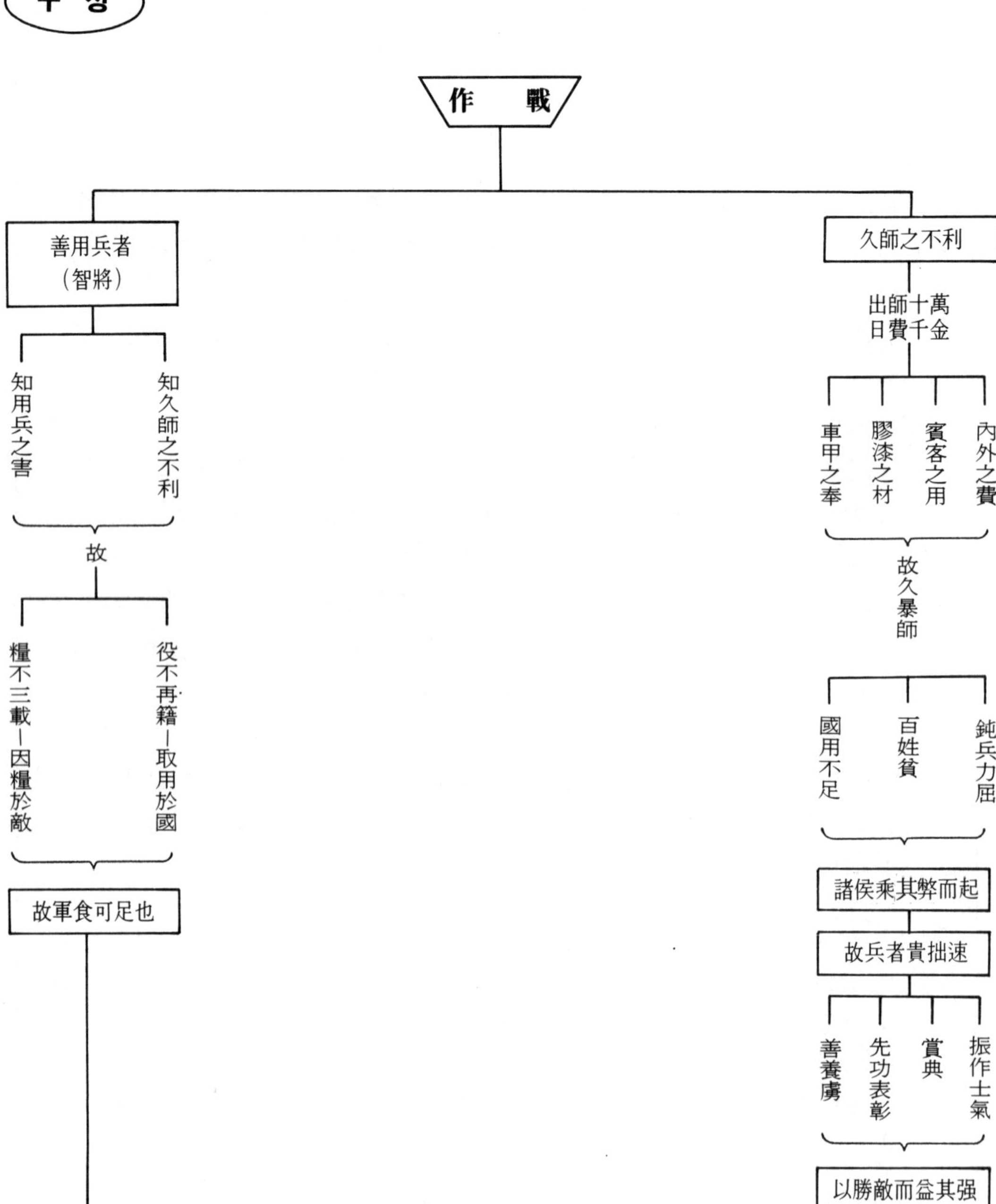
作 戰
善用兵者
(智將)
知用兵之害
知久師之不利
故
糧不三載—因糧於敵
役不再籍—取用於國
故軍食可足也
久師之不利
出師十萬
日費千金
車甲之奉
膠漆之材
賓客之用
內外之費
故久暴師
國用不足
百姓貧
鈍兵力屈
諸侯乘其弊而起
故兵者貴拙速
善養虜
先功表彰
賞典
振作士氣
以勝敵而益其强
兵貴勝 不貴久

원 문

作戰篇 第 二

孫子兵法大全에서

孫子曰：凡用兵之法，馳車千駟，革車千乘，帶甲十萬；千里饋糧，則內外之費，賓客之用，膠漆之材，車甲之奉，日費千金，然後十萬之師擧矣. 其用戰也貴勝；久則鈍兵挫銳，攻城則力屈，久暴師則國用不足，夫鈍兵，挫銳，屈力，殫貨，則諸侯乘其弊而起；雖有智者，不能善其後矣！故兵聞拙速，未睹巧之久也. 夫兵久而國利者，未之有也. 故不盡知用兵之害者，則不能盡知用兵之利也.

善用兵者，役不再籍，糧不三載[주1]，取用於*國，因糧於*敵，故軍食可足也，國之貧於師者遠輸，遠輸則百姓貧；近於*師者貴賣，貴賣則百姓財竭，財竭則急於*丘役，力屈財殫，中原內虛於*家，百姓之費，十去其七；公家之費，破車罷馬，甲冑弓矢，戟盾矛櫓，丘牛大車，十去其六.

故智將務食於敵，食敵一鐘，當吾二十鐘*，萁秆一石，當吾二十*石. 故殺敵者怒也，取敵之利者貨也.[주2] 故車戰[주3]，得車十乘以上，賞其先得者，而更其旌旗，車雜而乘之，卒善而養之，是謂勝敵而益强.

故兵貴勝，不貴久. 故知兵之將，民之司命，國家安危之主也.

* 「손자병법대전」에는 「於」와 「二十」이 「于」와 「廿」로 기입되어 있음. 여기서는 「손자십가주」등 보편적 문헌 기술방법에 따라 「於」「二十」으로 기재함

원정군이라는 점을 인식할때, 원정시 소요되는 엄청난 자원의 소모 때문에 만약 장기전이 되면 자국은 완전히 피폐되어 곧바로 이웃 제후들에 의해 침공당해 패망에 이르게 된다. 고로 철저히 단기전으로 원정을 결말지을것을 강조하고 있으며 원정지까지 자국에서 물자와 병력, 식량을 조달하기가 어렵기 때문에 가능한 원정지에서 이들을 해결토록 종용하고 있다.

<table>
<tr><th>원 문</th><th>훈 독</th></tr>
<tr><td>손 자 왈 범 용 병 지 법
孫子曰：凡用兵之法,
치 차 천 사 혁 차 천 승
馳車千駟, 革車千乘,
대 갑 십 만
帶甲十萬;</td><td>손자왈 : 범용병지법은
치차가 천사이며 혁차가 천승이며,
대갑이 십만이며;</td></tr>
</table>

직 역

손자(孫子) 말하되(曰), 무릇(凡) 용병(用兵)의 법(法)은 치차(馳車)가 천사(千駟), 혁차(革車)가 천승(千乘), 대갑(帶甲)이 십만(十萬)이며,

- 馳車(치차, 치거)－고대의 전차(戰車)로서 장수 한명에 병사 72명을 배치했다고 한다. 소가죽(牛皮)으로 씌워 만듬.
  ＊ 배치되는 병사의 수는 이설이 있음(10명등)
- 革車(혁차, 혁거)－수송용의 작은 수레(치중차)
  乘(승)－駟(사)와 같다. 革(혁)－「가죽 혁」
- 帶甲(대갑)－갑옷을 입은 병사(중무장병)
  帶(대)－「찰 대, 띠 대」, 甲(갑)－「갑옷 갑」

해 설

전쟁을 하려면(用兵) 그 규모가 전차 1,000대, 치중차 1,000대, 무장군 10만명이 있어야 하며,

핵심도해

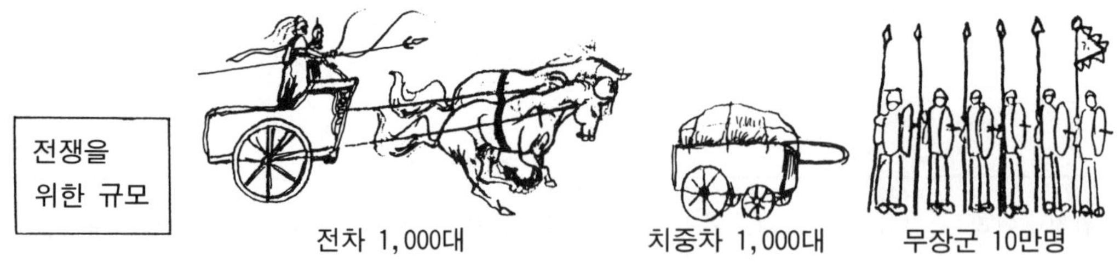

영 문 역

Waging War.

Sun Tzu said: In the operations of war, where there are in the field a thousand swift chariots, as many heavy chariots, and a hundred thousand mailclad soldiers,

원 문	훈 독
천리궤량 즉내외지비 千里饋糧, 則內外之費,	천리궤량이면 즉 내외지비와
빈객지용 교칠지재 賓客之用, 膠漆之材,	빈객지용과 교칠지재와
차갑지봉 일비천금 車甲之奉, 日費千金,	차갑지봉에 일비천금이니
연후십만지사거의 然後十萬之師擧矣.	연후에 십만지사거의니라.

직 역

천리(千里)에 식량(糧)을 보내야(饋)하며, 내외(內外)의 경비(費)와 빈객(賓客)의 용(用), 교칠(膠漆)의 재(材), 차갑(車甲 : 수레와 병기)의 봉(奉 : 보충), 하루(日)에 천금(千金)을 허비(費)한다. 그런후(然後)에 십만(十萬)의 군사(師)가 일어난다(擧).

- 饋(궤)—「보낼 궤」, 則(칙, 즉)—「법칙 칙(측), 본받을 칙, 곧 즉」
- 賓客(빈객)—여기서는 외교관, 특명사(特命使), 밀사를 뜻함
- 膠漆(교칠)—「아교 교」「옻 칠」 고대병기인 활과 기타 병기를 만드는데 쓰이는 아교와 칠
- 車甲의 奉—수레와 병기의 보충, 奉(봉)—「받들 봉」

해 설

천리나되는 먼거리에 식량을 보내야 하며, 국내외에서 사용하는 비용, 외교사절의 접대비, 정비 · 수리용의 자재(材), 군수품의 조달 등 날마다 천금의 큰돈이 소비된다. 그런 후에라야 10만명의 군사를 일으킬수 있다.

핵심도해

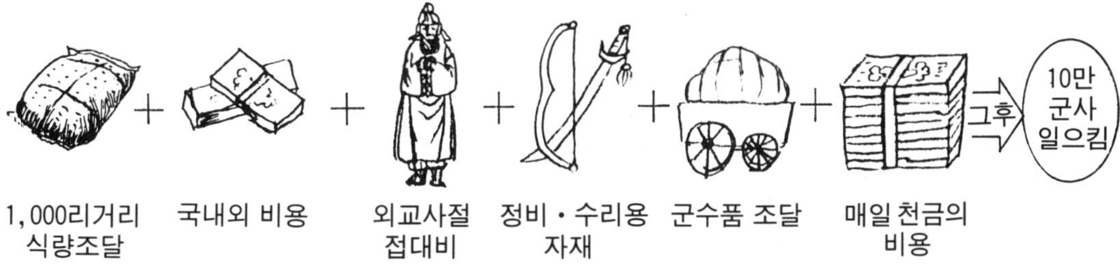

영 문 역

With Prouisions enough to carry them a thousand li, the expenditure at home and at the front, including entertainment of guests, small items such as glue and paint, and sums spent on chariots and armour, will reach the total of a thousand ounces of silvcr per day, Such is the cost of raising an army of 100,000 men.

원 문	훈 독
其用戰也貴勝; (기용전야귀승)	기용전야는 귀승이니
久則鈍兵挫銳, (구즉둔병좌예)	구즉둔병좌예하고
攻城則力屈, (공성즉역굴)	공성하면 즉역굴하고, 구폭사이면
久暴師則國用不足, (구폭사즉국용부족)	즉국용부족이니라.

직 역

그(其) 전쟁(戰)함에(用) 승리(勝)가 귀(貴)하다. 오래 끌면(久 : 장기전) 병기는 무디어지고 (鈍兵)군대는 예기가 꺾이며(挫銳), 성을 공격하면 곧 전력이 다하고(力屈) 오래도록 군사를 드러내 놓으면(久暴師)곧 국가재정(國用)이 부족(不足)해진다.

- 勝(승)-「이길 승, 나을 승, 맡을 승」, 久(구)-「오랠 구, 묵을 구, 가릴 구」
  문헌에 따라 「貴勝」을 「貴速」으로 하여 「신속함을 귀히 한다」라고 해석도 함.

- 鈍(둔)-「둔할 둔, 무딜 둔」, 鈍兵(둔병)-병기가 무디어짐
- 挫(좌)-「꺾일 좌」, 銳(예)-「날카로울 예」, 挫銳(좌예)-날카로움이 꺾임
- 力屈(역굴)-전력이 굽어짐(다함)
- 暴(폭)-「드러낼 폭, 사나울 폭, 나타낼 폭」, 暴師(폭사)-군대를 밖에두는 것

해 설

전쟁을 함에 신속히 끝내 승리하는게 귀한 것이지 장기전을 벌이면 병기가 무디어지고 군대는 예기가 꺾이며(사기저하) 적진을 공격해도 공격력이 약화된다. 장기간 군대를 밖에 나가있게 하면 국가재정이 부족하게 된다.

핵심도해

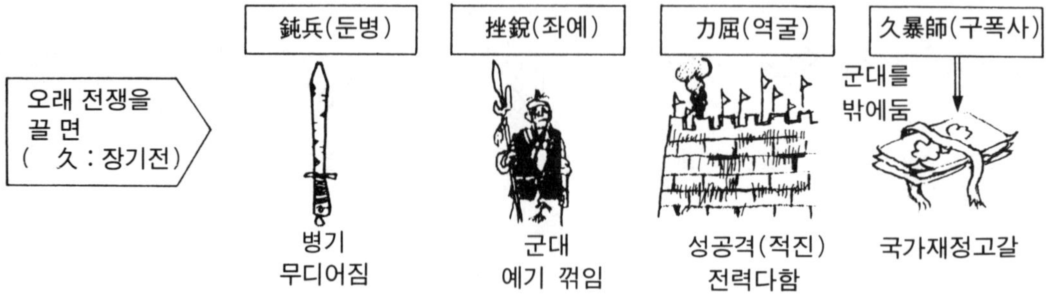

영 문 역

When you engage in actual fighting, if victory is long in coming, the men's weapons will grow dull and their ardour will be damped. If you lay siege to a town, you will exhaust your strength. Again, if the campaign is protracted, the resources of the State will not be equal to the strain.

원 문	훈 독
부 둔 병　좌 예　굴 력　탄 화 夫鈍兵，挫銳，屈力，殫貨，	부둔병좌예하고 굴력 탄화면
즉 제 후 승 기 폐 이 기 則諸侯乘其弊而起；	즉제후가 승기폐하여 이기하리니.
수 유 지 자　불 능 선 기 후 의 雖有智者，不能善其後矣！	수유지자라도 불능선기후의니라.

직 역

대저(夫) 병(兵)을 무디게(鈍)하고 예(銳)를 꺾이게(挫) 하고, 력(力)을 떨어지게(屈) 하고 재정(貨)을 다하면(殫), 곧(則) 제후(諸侯)가 그(其)폐(弊)를 타고(乘) 일어선다(起). 비록(雖) 지자(智者)가 있다(有)하더라도 그(其) 뒤를 잘 할 수 없다(不能).

- 夫(부)－「어조사 부, 사내 부, 남편 부」 여기서는 「어조사 부」
- 殫(탄)－「다할 탄」, 殫貨(탄화)－재정이 다함.
- 諸侯(제후)－국외(局外)의 제후 즉 제3국을 말함
- 乘(승)－「탈 승, 수레 승, 곱할 승」, 弊(폐)－「피폐할 폐」
- 雖(수)－「비록 수, 벌레이름 수」 여기서는 「비록 수」

해 설

대저 병기가 무디어지고 날카로움이 꺾이고(사기가 저하되고) 전력이 약화되고(공격력이 떨어지고) 재정(국고)이 고갈 되면 제3국이 이에 편승하여 침공하고자 일어날 것이다. 그렇게 되면 아무리 지모가 있는 자라도 그것을 수습할 수 없을 것이다.

핵심도해

병기무딤　사기저하　전력약화　재정고갈

영 문 역

Now, when your weapons are dulled, your ardour damped, your strenght exhausted and your treasure spent, other chieftains will spring up to take advantage of your extremity. Then no man, however wise, will be able to avert the consequences that must ensue.

원 문	훈 독
故兵聞拙速,(고병문졸속)	고로 병은 문졸속이나
未睹巧之久也.(미도교지구야)	미도교지구야니라.
夫兵久而國利者,(부병구이국리자)	부병구하여 이국리자는
未之有也.(미지유야)	미지유야니라.

직 역

그러므로(故) 병(兵=전쟁)은 졸속(拙速) 임은 들었어도(聞), 아직(未) 교(巧)의 오래(久)임은 보지(睹) 못했다. 대저(夫) 병(兵)이 오래되어(久) 나라(國) 이롭게(利) 하는 것 아직(未) 없다.

- 拙(졸)－「못날 졸, 졸할 졸, 나 졸」
  * 이「拙(졸)」은 ① 단순한 졸 ② 기교(技巧)가 없는 무조작(無造作) ③ 교(巧)의 지극(至極 : 더 없이 극진함)의 3가지로 구분되어 해석되어지는데 손자의 속전속결(速戰速決 : 단기전) 주의에 입각해 보면 ② 번 (기교가 없는 무조작)에 가깝다.
- 拙速(졸속)－미흡하더라도 빨리 끝내는 것(=속전속결), 손자는「졸(拙)」보다「속(速)」에 더 중점을 두어 단기결전(短期決戰)을 강조 했다.
- 睹(도)－「볼 도」, 巧(교)－「공교할 교」, 久(구)－「오랠 구, 묵을 구, 가릴 구」

해 설

그러므로 전쟁은 다소 미흡한 점이 있더라도 속전 속결해야 한다는 말은 들었어도 교묘한 술책으로 지구전(持久戰 : 오래 끄는 전쟁)을 해야 한다는 것은 보지 못했다. (지구전으로 승리하는 것은 좋지 않다.) 대저 전쟁을 오래 끌어 국가에 이로운 것은 이제까지 없었다.

* 손자는 장기전에 따르는 폐단(재정, 인명등)을 너무나 잘알고 있었기 때문에 철저히 단기결전을 주장하고 있다.

핵심도해

*졸속은 전쟁종결조건과 전후 유리한 지위확보면에서 신중히 검토후 결심해야 한다.

졸속(拙速) 미흡하더라도 속전속결 ＞ 교묘한 술책의 장기전

※손자 : 단기결전주의자

장기전은 국가에 이로움 없다

장기전에 따르는 보급전(Supplying war) : 독일의 모스크바 원정. 롬멜의 북아프리카 전역. 남북전쟁시 셔먼장군의 남부행진. 나폴레옹의 제전역. 슐리펜계획의 과오. 제2차세계 대전시 독일의 실패 프레드릭대왕의 장기 소모전. 장개석의 패배. 보오전쟁(1866)

영 문 역

Thus, though we have heard of stupid haste in war, cleverness has never been associated with long delays. There is no instance of a country having been benefited from prolonged warfare.

원 문	훈 독
故不盡知用兵之害者, 則不能盡知用兵之利也.	고로 부진지 용병지해자는 즉불능진지 용병지리야니라.

직 역

고(故)로 용병(用兵)의 해(害)를 다 모르는 자는, 곧(則) 용병(用兵)의 이(利)를 다 알지 못한다.

- 盡(진)-「모두 진, 다할 진, 마칠 진」 여기서는 「모두 진」=悉
  盡知(진지)-자세하게 다 앎
- 不盡知(부진지)→「不知(부지)」의 강조로 「다 모르는 것」

해 설

그러므로 전쟁(=용병)의 해(害)를 충분히 알지 못하는 자는, 전쟁의 이익(利)을 충분히 알지 못하는 것이다.

* 전쟁은 막대한 재정의 손실과 국가존망의 기로에 서게하는 중요한 대사(大事)이기 때문에 손자는 이러한 전쟁을 축적된 전력(戰力)으로서 단기간에 폭발시켜 결말지을 것을 강조했다. 정교하면서도 단기간에 끝낼 수 있는 방법이 있다면 더욱 좋지만 그것이 만약 장기전으로 연결되면 좋지 않으므로 비록 미흡하지만 오히려 속전속결 방법이 더 좋다는 것이다. 이러한 전쟁의 해(害)를 충분히 이해 할 것을 손자는 강조 했다.

핵심도해

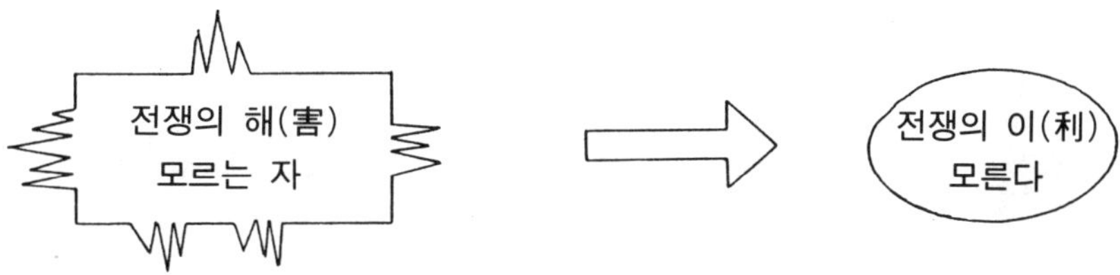

無知에 의한 持久作戰 실패전례 : 1914 여름. 가리첑전투시 오스트리아군의 제3군 사령관, 노일전쟁시 러시아의 자스리치 · 시타케리베르크 · 쿠로파킨, 1914개전초기 오스트리아의 총사령부와 외무성, 1812 러시아군의 지휘부, 1866베멘에서 오스트리아군 베네딕 사령관의 우유부단

영 문 역

It is only one who is thoroughly acquainted with the evils of war that can thoroughly understand the profitable way of carrying it on.

원 문	훈 독
선 용 병 자　역 불 재 적 善用兵者，役不再籍， 량 불 삼 재　취 용 어 국 주1) 糧不三載，取用於國， 인 량 어 적　고 군 식 가 족 야 因糧於敵，故軍食可足也，	선용병자는 역은 불재적하고, 량은 불삼재하니 ；취용어국하고 인량어적이니 고로 군식은 가족야니라.

직 역

용병(用兵)을 잘(善) 하는 자는 역(役)을 두번(再) 빌지(籍) 아니하고, 식량(糧)은 세번(三) 싣지(載) 않는다(不). 용(用)을 나라(國) 안에서 취(取)하고 양식(糧)은 적(敵)에게서 취(因)한다 고(故)로 군식(軍食)은 족(足)하다.

- 役(역)－「부릴 역, 싸울 역, 부역 역」, 籍(적)－「서적 적, 호적 적, 문서 적」
  役不再籍(역불재적)－두번다시 징집하지 않음
- 載(재)－「실을 재」
  ＊주1)참조

해 설

전쟁을 잘하는 자는 (단기간에 전쟁을 수행하므로) 장정을 두번 징병하지 아니하고, 군량을 세번 싣지 아니한다. 무기등의 군용품은 나라안에서 가져오지만, 군량은 적의 것을 빼앗아 쓰기 때문에 고로 군대의 양식은 넉넉할수 있는 것이다.

핵심도해

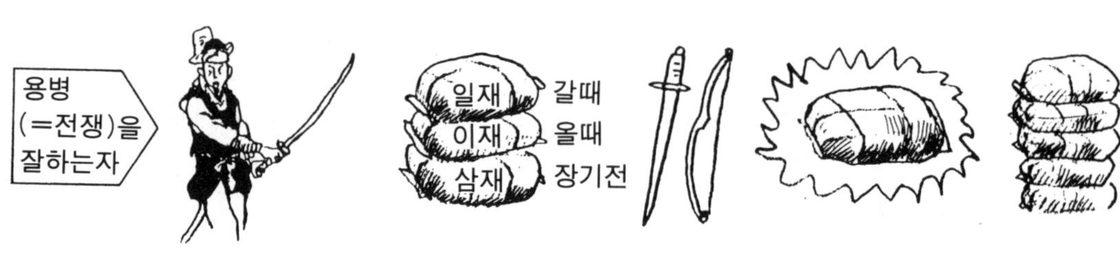

두번 징병 하지 않고　　군량 세번 싣지 않고　　무기등 군용품은 나라에서　　군량은 적의 것을　　고로 항상 군대양식풍부

영 문 역

The skillful soldier does not raise a second levy, neither are his supply-wagons loaded more than twice. Bring war material with you from home, but forage on the enemy. Thus the army will have food enough for its needs.

원 문	훈 독
國之貧於師者遠輸 (국지빈어사자원수) 遠輸，則百姓貧；(원수 즉백성빈)	국지빈어사자는 원수니 원수면 즉 백성빈이니라；

직 역

나라(國)가 사(師=군대)에 가난(貧)해지는 것은 멀리(遠)로 실어 보내기(輸) 때문이니, 멀리 실어보내면(遠輸) 곧(則) 백성(百姓)이 가난(貧)해진다.

- 貧(빈)－「가난할 빈, 모자랄 빈」
  貧於師(빈어사)－군대로 인해 가난해짐(=전쟁때문에 국가가 피폐해짐)
- 輸(수)－「실어낼 수, 질 수」
  遠輸(원수)－멀리 실어보냄

해 설

국가가 전쟁때문에 빈곤해지는 것은 (군대나 군수품 및 식량을) 멀리 보내기 때문이다. 멀리 보내니까 국민은 곧 가난해 진다.

* 출정군(出征軍)의 수가 많아지면 이들을 지원해 주기 위한 군용품등을 멀리 전장까지 수송해주어야 하기 때문에 국내의 세금은 격증하고 장정은 부족하여 국내에서 생산을 담당할 층이 없어지니 더욱더 가난 속에 빠지게 되는 것이다. 악순환 이다.

핵심도해

멀리 실어 보냄

영 문 역

Poverty of the state exchequer causes an army to be maintained by contributions from a distance. Contributing to maintain an army at a distance causes peoples to be impoverished.

원 문	훈 독
近於師者貴賣,(근어사자귀매)	근어사자는 귀매니,
貴賣則百姓財竭,(귀매즉백성재갈)	귀매면 즉 백성재갈하고
財竭則急於丘役,(재갈즉급어구역)	재갈이면 즉 급어구역이니라

직 역

사(師 : 군대)에 가까우면(近) 비싸게(貴) 판다(賣). 비싸게(貴) 팔면(賣) 곧(則) 백성(百姓)들은 재물(財)을 다하고(竭) 재물(財)이 다하면(竭) 곧(則) 구역(丘役)에 급(急)하다.

- 近於師(근어사)—① 군대 주둔지에 가까운 곳 ② 전기(戰期)에 가까움 여기서는 ① 의 해석에 보다 가깝다.
- 貴(귀)—「값비쌀 귀, 귀할 귀」, 賣(매)—「팔 매」
- 竭(갈)—「다할 갈」, 急(급)—「급할급, 빠를 급, 좁을 급」
- 丘役(구역」—공동작업하여 국가에 바치는 부역(賦役)

해 설

군대의 주둔지 근방에는 물가가 오른다. 물가가 오르면 곧 국민들의 재물이 고갈된다. 재물이 고갈되면 부역(=丘役)이 곤란해진다.

* 丘役(구역→부역) : 고대 정전법(井田法)에서는 사방 10리를 「井자」로 나누어 여덟가구가 경작하여 그 가운데 한구역을 공동작업하여 세금으로 바쳤음. 이 공전(公田)이 구역(丘役)이다.

핵심도해

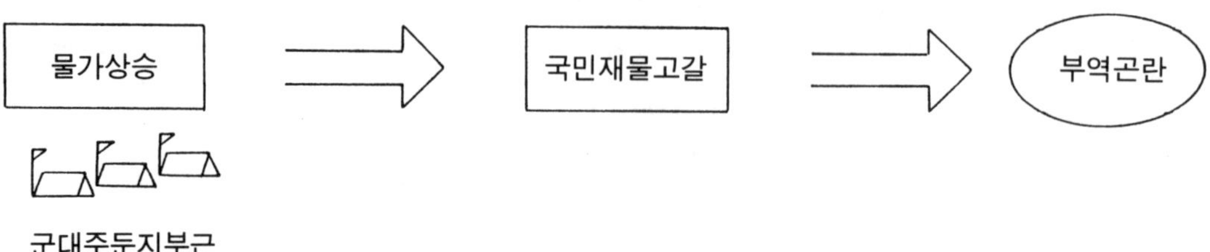

영 문 역

On the other hand, the proximity of an army causes prices to go up, and high prices cause the people's substance to be drained away.

When their substance is drained away, the peasantry will be afflicted by heavy exactions.

원 문	훈 독
力屈財殫, 中原內虛於家, 百姓之費, 十去其七;	역굴재탄이면 중원내허어가이니 백성지비는 십거기칠하며

직 역

힘을 다하고(力屈) 재물을 다하면(財殫) 중원(中原 : 국가)은 안(內)으로 빈다(虛). 백성(百姓)의 돈(費)은 10(十)에 그(其) 7(七)을 제(去)한다.

- 中原(중원)—① 국내 ② 물산(物產)이 많은 풍요한 지방, 여기서는 ① 의 뜻에 가깝다.
- 去(거)—「덜 거, 갈 거, 과거 거」 여기서는 「덜 거」

十去其七(십거기칠)—십(10)에서 그 칠(7)을 던다 (제한다).

해 설

국력이 약화되고 재물이 고갈되면 국내는 텅비게되고 백성들의 수입은 70%나 세금으로 빼앗기게 된다.

＊ 中原內虛於家=家家變成空虛(가가변성공허)

핵심도해

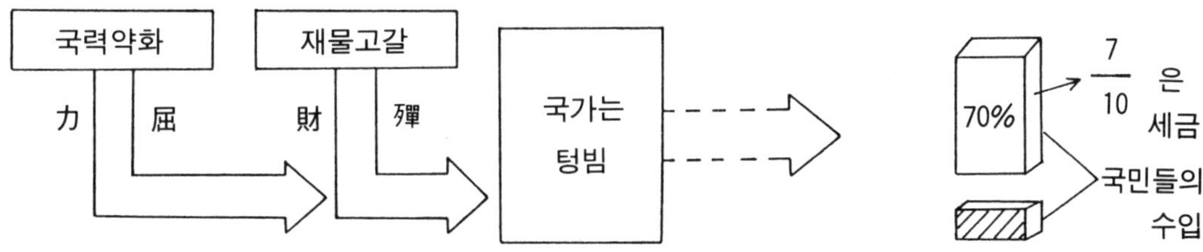

영 문 역

With this loss of subsistance and exaction of strength, the homes of the people will be stripped bare and seven-tenth's of their incomes will be dissipated;

원 문 **훈 독**

원문	훈독
公家之費(공가지비), 破車罷馬(파차피마), 甲冑弓矢(갑주궁시), 戟楯矛櫓(극순모로), 丘牛大車(구우대차), 十去其六(십거기육).	공가지비도 파차피마하고 갑주궁시와 극순모로와 구우대차는 십거기육이니라.

직 역

공가(公家=국가)의 비용(費)은, 수레(車)는 파괴(破)되고 말(馬)은 피로(罷=疲)해 지며, 갑옷(甲)과 투구(冑：주), 활(弓)과 살(矢), 큰창(戟)과 작은방패(楯), 작은창(矛)과 큰방패(櫓), 큰소(丘牛)와 큰수레(大車), 10에 그 6을 제(去)한다.

- 公家(공가)－① 국가 ② 당시 국내 재상 또는 사대부(士大夫)들의 집, 여기서는 ① 의 뜻에 가깝다.
- 破車(파차)－수레(=전차)의 파손
- 罷馬(피마)=疲馬(피마), 罷(피로할 피)→발음이 「피」로 된다.
- 丘牛(구우)－큰 소(丘=큰)

해 설

국가의 재정소비도, 수레가 파괴되고 말은 피로해지며, 갑옷과 투구, 활과 살, 창과 방패, 그리고 수송수단(소와 수레)등의 손실때문에 60%나 잃게 된다.

* 丘牛(구우)：「구역(丘役)에 부리는 소」로 보는 견해도 있음

핵심도해

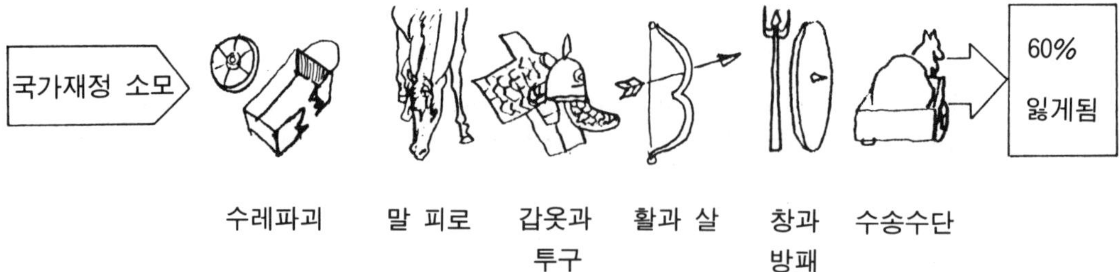

영 문 역

While Government expenses for broken chariots, worn-out horses, breast-plates and helmet, bows and arrows, spears and shields, protective mantlets, draught-oxen and heavy wagons, will amount to six-tenths of its total revenue.

원 문	훈 독
고 지 장 무 식 어 적 故智將務食於敵， 식 적 일 종 당 오 이 십 종 食敵一鍾，當吾二十鍾， 기 간 일 석 당 오 이 십 석 萁稈一石，當吾二十石．	고로 지장은 무식어적이니 식적일종은 당오이십종이오； 기간 일석은 당오이십석이라

직 역

고(故)로 지장(智將)은 힘써(務) 적(敵)에게서 먹는다(食). 적(敵)의 일종 (一鍾)을 식(食)함은 아군(吾)의 이십종(二十鍾)에 해당(當)한다. 기간(萁稈：말먹이) 일석(一石)은 아군(吾)의 이십석(二十石)에 해당(當)된다.

- 務(무)－「힘쓸 무」, 鍾(종)－중국고대의 량의 단위로 1종은 6석(斛) 4두(斗), 當(당)－「당할 당」
- 萁(기)－「콩깍지 기」, 稈(간)－「볏짚 간」, 萁稈(기간)－말먹이
- 石(석)－고대 근량(斤量)단위로 1석은 120근 이며 마량(馬量)양이다.

해 설

그러므로 지략이 뛰어난 장수는 가급적 적지에서 적군의 식량을 탈취하여 먹기를 힘쓴다. 적지의 1종(一鍾)은 자국에서 수송하는 20종과 필적하며 적지의 말먹이(사료) 1석은 자국의 20석에 해당한다.

＊ 여기에서 주의 할 사항은 적지에 있는 양민들의 식량을 마구 약탈하여 민심(民心)을 잃게 되면 결국 큰 피해를 감수해야 함이다.

핵심도해

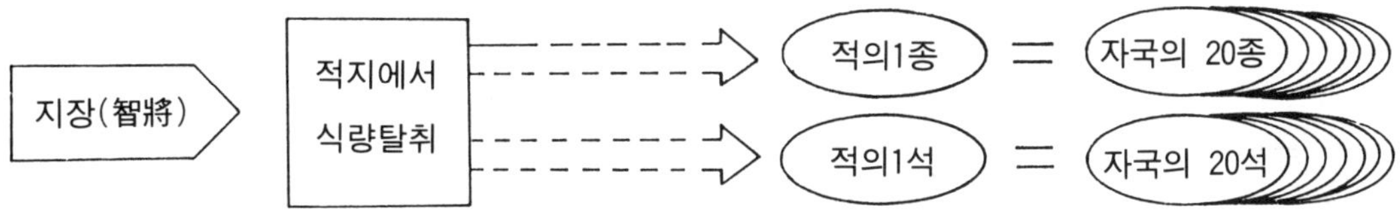

X 중국의 국내전쟁시(1935).
중공군의 전쟁수행방법
나폴레옹의 제전역

영 문 역

Hence a wise general makes a point of foraging on the enemy. One cartload of the enemy's provisions is equivalent to twenty of one's own, and likewise a single picul of his provender is equivalent to twenty from one's own store.

원 문	훈 독
고 살 적 자 노 야 故殺敵者怒也,	고로 살적자는 노야 하고,
취 적 지 리 자 화 야 주2) 取敵之利者貨也.	취적지리자는 화야 니라.
고 거 전 득 거 십 승 이 상 주3) 故車戰得車十乘以上,	고로 거전에 득거십승이상이면,
상 기 선 득 자 賞其先得者,	상기선득자하고,

직 역

그러므로(故) 적(敵)을 죽이는(殺) 것은 노(怒)이며 적(敵)의 리(利)를 취(取)하려면 화(貨)이다. 그러므로(故) 거전(車戰)에서 수레(車) 십승(十乘)이상(以上)을 얻으면(得) 그(其) 먼저(先) 얻은(得) 자에게 상(賞)을 주며,

- 殺(살)－「죽일 살」
  殺敵者怒(살적자노)－적군을 죽이려는 자는 부하들을 격노시킴
- 取敵之利者貨也－ ＊ 주2) 참조
  貨(화)－재화(財貨), 재물, 「조조」는 이를「賞」의 오기로 보고 있음.
- 車戰(거전)－수레로 전투함, 전차전 ＊ 주3) 참조

해 설

적을 죽이려면 병사들의 적개심을 유발 시켜야 하며, 적에게 이득(전리품)을 취하려면 탈취한 자에게는 포상해야 한다. 그러므로 거전(車戰)에서 적의 전거 10대 이상 노획 했으면 먼저 노획한 자에게 상을 준다.

핵심도해 ※원정지에서는 단기전에 필수적이다. 단기전을 위해서는 병사들에게 적극적으로 싸우게 하는 조건(적개심·포상)을 만들어주어야 한다.

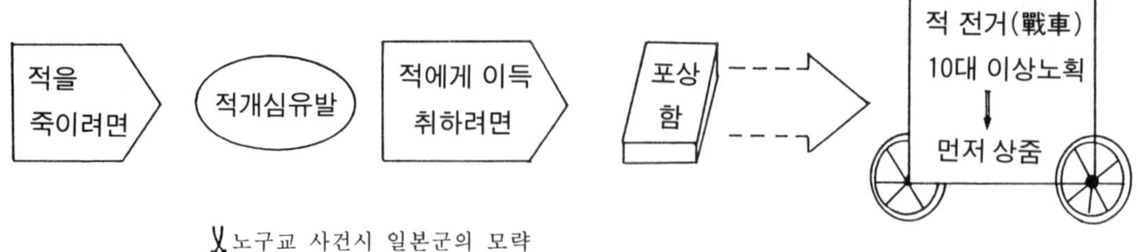

노구교 사건시 일본군의 모략

영 문 역

Now in order to kill the enemy, our men must be roused to anger; that there may be advantage from defeating the enemy, they must have their rewards.

Therefore in chariot fighting, when ten or more chariots have been taken, those should be rewarded who took the first.

원 문	훈 독
이 경 기 정 기 거 잡 이 승 지 而更其旌旗, 車雜而乘之, 졸 선 이 양 지 卒善而養之, 시 위 승 적 이 익 강 是謂勝敵而益强.	이경기정기하고 거잡이승지하며 졸선이양지니, 시위승적이익강 이라.

직 역

그리하여 그 정기(旌旗 : 기)를 바꾸고(更), 전거(車)를 섞어(雜)이를 타고(乘), 졸(卒)은 좋게(善) 이를 기른다(養). 이것을 적에게 이겨(勝) 강(强)을 더한다(益)고 이른다(謂).

- 更(경)-변경, 바꿈, 旌(정)-「기 정」, 雜(잡)-섞어 편입함
- 養(양)-「기를 양, 봉양할 양, 다스릴 양」
  卒善而養之(졸선이양지)-적군의 병사를 잘 대우하여 아군으로 양성함

해 설

그 전차의 기(旌)를 바꾸어 달고 아군의 전차에 편입하여 아군 병사를 태우며, 또 포로는 우대하여 우리 편으로 만든다. 이것이 적을 쳐 이길수록 우리의 전력이 더욱 강해지는 방법이다.

※자국의 원거리에서 지원이 어려운 병력과 물자(전차)의 보충요령이다.

핵심도해

✂정경구 배수진에 승리한 한신이 적장과 적병을 포섭. 제갈량의 칠종칠금 모택동의 3대규율과 8항 주의. 유방에게 한 진희(陳恢)의 진언(적병을 아군에 편승)

영 문 역

Our own flags should be substituted for those of the enemy, and the chariots mingled and used in conjunction with ours. The captured soldiers should be kindly treated and kept. This is called, using the conquered foe to augment one's own strength.

원 문	훈 독
고병귀승 불귀구 故兵貴勝, 不貴久. 고지병지장 민지사명 故知兵之將, 民之司命, 국가안위지주야 國家安危之主也.	고로 병귀승이나 불귀구니라. 고로 지병지장은 민지사명이요, 국가안위지주야니라.

직 역

고로 병(兵)은 이기는(勝) 것은 귀(貴)하게 여기나 오래(久) 가는 것을 귀하게(貴) 여기지 않는다. 그러므로 병(兵)을 아는(知) 장수는 백성(民)의 사명(司命)이요 국가안위(國家安危)의 주인(主)이다.

- 貴(귀)—「귀중할 귀, 귀할 귀」
- 司命(사명)—① 원래 별의 이름이며 사람의 생명을 관장한다는 것 ② 생명을 맡아보는 신(神)으로 굴원(屈原)의 초사(楚辭)에 「대사명(大司命」, 「소사명(少司命」이란 시(詩)가 나오고 있다. 여기서는 백성들의 생사를 맡는 사람을 뜻함.
- 安危之主(안위지주)—국가의 안전과 위험을 결정하는 책임자

해 설

그러므로 전쟁은 속전속결로 승리하는데 가치가 있는 것이지 결코 지구전(오래끌음)을 하는데 가치가 있는 것이 아니다. 그러므로 전쟁의 본질을 잘아는 장수는 국민의 생명을 맡은 자이요 또 국가 안위를 좌우하는 주인공이다.

* 전쟁의 본질 : ① 단기속결 ② 적물자·병력재활용, 즉 이것은 원정군으로서의 작전핵심이다.

핵심도해

영 문 역

In war, then, let your great object be victory, not lengthy campaigns.

Thus it may be known that the leader of armies is the arbiter of the people's fate, the man on whom depends whether the nation shall be in perce or peail.

중국본 註解

주1)

고살적자노야 위적지리자화야
故殺敵者怒也, 取敵之利者貨也.

여기에서 문제가 되는 것은「利」와「貨」의 위치와 그 분명한 뜻이다.「取敵之利者貨也」에 대한 문헌고찰을 해 보기로 한다.

◎ 孫子十家註

曹公曰軍無財士不來軍無賞士不往/杜佑曰人知勝敵有厚賞之利則 昌白刃當矢石而樂以進戰者皆貨財酬勳賞勞之誘也/李筌曰利者益軍寶也/杜牧曰使士見取敵之利者貨財財也謂得敵之貨財必以賞之使人皆有欲各…

◎ 孫子兵法大全

「取敵之利者, 貨也.」…貨者, 賞賜也, 利者, 戰利品也 先得者, 激勵士氣使勉力奮進也.

◎ 孫子兵法之綜合研究

「取敵之利者, 貨也.」…「貨」爲賞賜意.

◎ 孫子兵法 白話解

「取敵之利者, 賞也.」…「賞也」的「賞」字, 有些本子寫作「貨」字, 是不對的. 因爲下文有「賞其先得者」一句, 就可以明白. 曹操註 :「軍無財, 士不來 ; 軍無賞, 士不往」. 由此可見曹公所根據的也是「「賞」字, 不是「貨」字. …「利」, 謂地利貨利財利, 一切戰利品.

여기에서 알 수 있는것은 대부분의 문헌에서는「取敵之利者貨也」라 하여「利」字 다음에「貨」字가 나와있다. 이중에서 유독「孫子兵法白話解」에서만「조조(曹操)」의 주(註)를 근거로 내세우며「貨」字를「賞」字로 제시하고 있다. 정리해보면 글자의 순서는「利」다음에「貨」이며, 이때「貨」의 뜻은「賞」을 의미하고 있다(이는 앞의 문헌에도 명시됨「利」는 모든 류의 전리품(戰利品)을 의미함이니 결국 어귀의 뜻은「적의 전리품을 탈취하는 자에게는 상을 주어야 한다.」라고 할 수 있을것이다. 그 다음에 이어지는 어귀를 보면 적의 전거(戰車)를 노획했을시(즉, 전리품) 상을 주라고 했으니 이 해석을 뒷받침해 주고 있다.

주2) | 양불삼재
糧不三載 |
|---|

여기서 문제가 되는것은「三載」혹은「二載」중에 어느 것이 맞는 표기인가 하는 것이며 아울러 무슨 의미인가 하는 것이다.

◎ 孫子十家註

糧不三載(御覽作再載)/曹公曰籍猶賦也言初賦民便取勝不復歸國發兵也如載糧後遂因食於敵還兵入國不復以糧迎之也/杜佑曰藉猶賦也言初賦人便取勝不復歸國發兵也始載糧遂因食於敵還方人國因糧而動兼惜人力舟車之運不至於三也/張預曰 役謂興兵動衆之役故師卦註曰…糧始出則載之越境則掠之歸國則迓之是不三載也此言兵不可久暴也

◎ 孫子兵法大全

「糧不三載」者，不作第三次之糧食運輸也…

◎ 孫子兵法之綜合研究

「與糧不三載」均是說良將的速戰速決. [糧不三載]春秋時代，軍隊出征時，載糧送至國境. 及凱旋時，則載糧以迎之於國境，僅此兩次，沒有第二次，因爲到了敵國，必須「因糧於敵」.

◎ 孫子兵法白話解

「糧不三載」…其原因也在速戰速決,…

여기에서 알 수 있는것은「손자십가주」에만 유일하게「御覽作再載」라는 기록이 있고 기타 문헌은「三載」로만 되어있다. 세번 싣지 않는다 라는 뜻은 '출정시 한번, 전쟁종료후 복귀시에 한번'해서 두번만 싣는다는 것이며 전쟁중 적지에서는 적들의 식량을 약탈하여 사용함을 얘기했다. 그 이유는 위 문헌에서도 계속 나오듯이 속전속결(速戰速決)때문이다.

주3) 車 戰 (거 전)

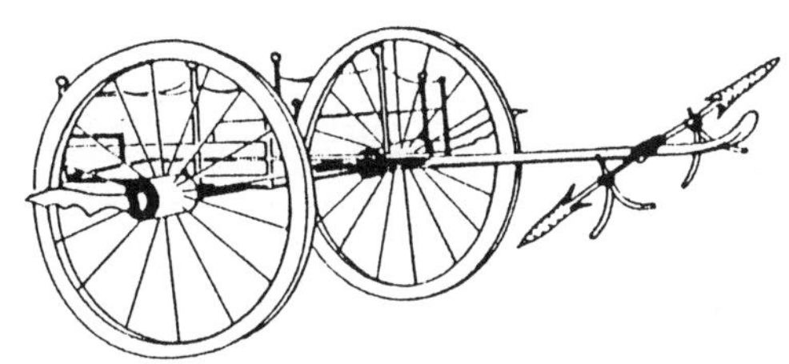
전거(戰車)

사마천의 사기(史記)에는 춘추시대의 전거(戰車)에 대해 기록되어있다.

당시의 군사력은 유사시 동원되는 전거의 수로 표현이 되었는데 천자(天子)는 만승(萬乘), 제후(諸侯)는 천승(千乘)이라 했다. 전거는 그림과 같이 한개의 멍에와 두개의 바퀴로 구성되고 네필의 말이 끌었다.

탑승원은 3명으로 창을 가진 전사(戰士), 마부(馬夫), 활을 쏘는 사수(射手)로 구성되어 그림에서와 같이 나란히 탔다.

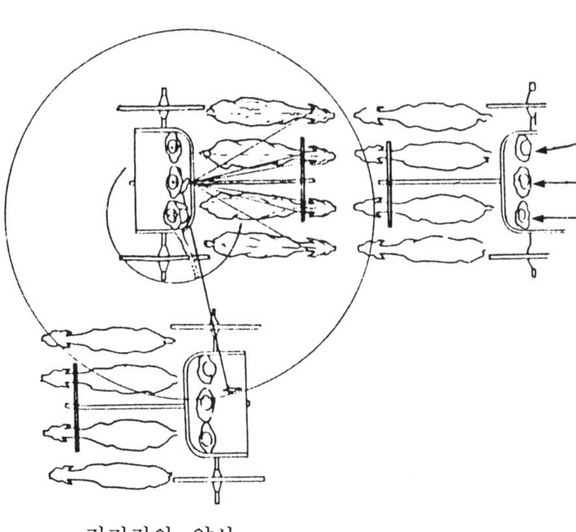

전거전의 양상

전거는 굴대끝에 날을 달아 근접전시 적 전거의 축간(軸間)에 파고들어 바퀴살을 절단시킬 수 있었다. 1승의 전거에는 서민층에서 징발된 보병 10명(異說이 있다)이 따랐는데 이들은 불비한 장비와 훈련으로 허수아비에 불과했다. 전거전은 밀집하고 정연한 진형을 취한 후 서로 마주 달려가 일거에 엇갈려 승패를 좌우하였으므로 단시간내에 승부가 결정되었다.
(밀집대형전법 : 密集隊形戰法).

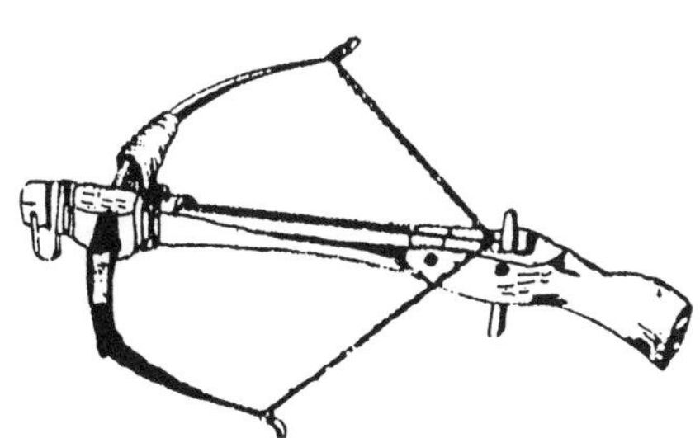
활(弩 : 노, 彈弓 : 탄궁)

방아쇠가 달려있어 시위를 당겨두면 필요시 언제나 발사가능하다.
제5兵勢篇에는 「勢如彍弩」라 하여 세(勢)는 마치 잡아당긴 활(弩)과 같아야 함을 강조했다.

모 공 편 제 삼

謀攻篇第三

손무가 활동했던 오(吳)나라는 동남의 미개민족이라 하여 멸시되어왔었는데 춘추시대후기에 진(晋)나라의 책략으로 갑자기 부상되었다. 즉 중원의 패권을 차지하고자 강대국 초(楚)나라와 대립을 하고 있었던 진은 오나라와 국교를 맺고 군사고문을 보내서 전차기술, 활쏘기, 포진 등 전투요령을 지도하여 점차 세력을 확장시킨후 초나라와 대항하도록 만든 것이다. 그 결과 오나라는 B.C. 584년에 처음으로 초나라를 공격하기 시작했고 두나라는 해마다 서로 공격을 거듭, B.C.504년까지 약 80년간 오초전쟁을 하게 된 것이다. 오왕 합려 즉위 (B.C. 514)2년차에 오자서의 천거로 무명의 손무가 기용되자 (B.C.512 오초전쟁말기)합려, 오자서, 손무의 활약으로 오초전쟁은 오의 승리로 막을 내렸다.

주요 어귀

百戰百勝, 非善之善者也
不戰而屈人之兵, 善之善者也
知彼知己, 百戰不殆
不知彼而知己, 一勝一負
不知彼不知己, 每戰必殆

개 요

「모공(謀攻)」이란 「모계(謀計)」로써 적을 굴복시킨다」는 뜻이다. 이것은 현대적의미로 외교전이라 할 수 있으며 가급적 피를 흘리지 않고 이기는 것을 그 최상으로 삼고있다.

「不戰而屈人之兵 善之善者也」라 하여 손자의 대표적 사상인 「不戰勝」즉 「全」의 사상을 나타내고 있다. 모공편에서 그 유명한 어귀인「知彼知己 百戰不殆」가 나온다. 즉 적과 나를 알아야 백번 싸워도 위태하지 않다고 했다.

모공편의 핵심은 ① 부전승(不戰勝) ② 전력비(戰力比)에 상응한 작전방법선정 ③ 임금과 장수간의 명확한 통수권문제 ④ 정보의 중요성(知彼知己)등으로 나타낼수 있다.

직접적인 무력충돌로 인한 폐해를 방지하기 위해 손자는 최상의 방법으로「伐謀(벌모)」를 들고 있으며 이 벌모란 「적의 모계(謀計)를 공격하여(좌절시켜)우리에게 아예 공격하지 못하도록 또는 우리의 의지에 굴복하도록 하는것」을 말한다. 외교적 또는 유리한 전쟁여건 조성을 통해 적을 굴복시키지 못했다면 최악의 경우에 성(城)을 공격하게 되는데 성공격시 따르는 엄청난 재난에 대해 상세히 기술하였으며 성공격은 대단히 신중을 기해야 함을 주장했다. 나폴레옹의 만투아공략, 몰트케의 파리공략, 스키피오의 카르타고공략등 전례를 통해 공성(攻城)에 따르는 교훈을 도출할 수 있다.

여기에서 주목할만한 것은 군주와 장수와의 명확한 권한 한계문제이다. 손자는 세가지를 들어서 이들간의 잘못되는 과오를 지적했다.

※모공편은 「경제적 에너지 보존·절약 및 관리의 원칙」을 말해주는 대표적인 편이다. 원정을 하되 가장 좋은 방법은 마치 징기스칸이 사용했던 심리전술과도 같이 아예 나에게 대적할 의도조차 품지 못하도록 하여 내 목적을 달성하는 벌모(伐謀)단계이며, 그것이 뜻대로 안되면 적이 믿고 있는 동맹관계를 끊어버려 힘을 약화시켜 내 의지대로 적을 굴복시키는 벌교(伐交)단계이며, 그래도 안되면 야전에서(즉 원정지에서) 적과 부딪치는 유혈단계인 벌병(伐兵)단계이며, 그것도 안되면 최후의 수단으로 적진 깊숙히 들어가서 성을 공격하는 공성(攻城)단계에 들어가는 것이다.

구 성

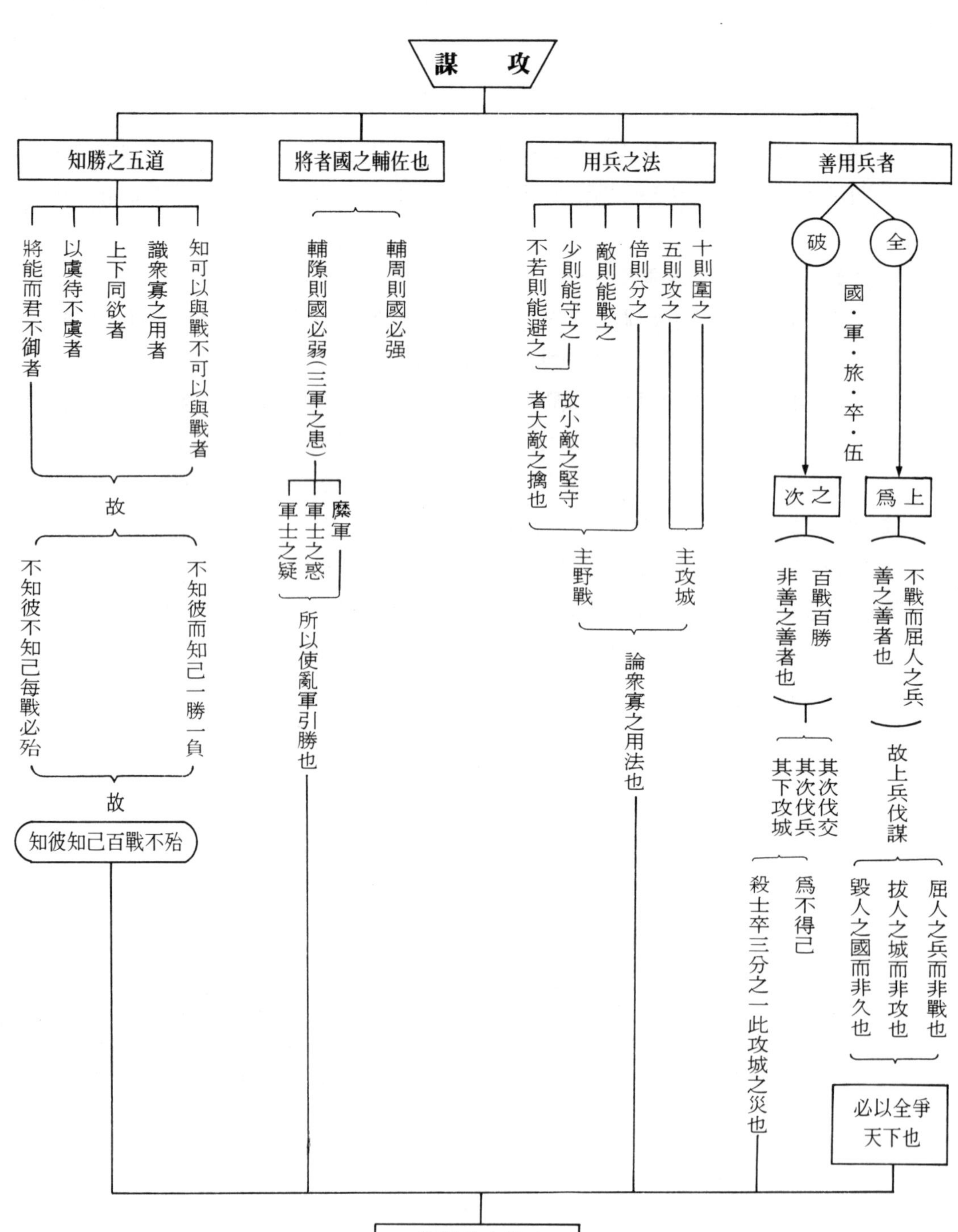

謀 攻
知勝之五道
將者國之輔佐也
用兵之法
善用兵者
知可以與戰不可以與戰者
識衆寡之用者
上下同欲者
以虞待不虞者
將能而君不御者
故
不知彼而知己一勝一負
不知彼不知己每戰必殆
故
知彼知己百戰不殆
輔周則國必強
輔隙則國必弱(三軍之患)
縻軍
軍士之惑
軍士之疑
所以使亂軍引勝也
十則圍之
五則攻之
倍則分之
敵則能戰之
少則能守之
不若則能避之
故小敵之堅守
者大敵之擒也
主攻城
主野戰
論衆寡之用法也
破
全
國·軍·旅·卒·伍
爲上
次之
不戰而屈人之兵
善之善者也
百戰百勝
非善之善者也
故上兵伐謀
其次伐交
其次伐兵
其下攻城
屈人之兵而非戰也
拔人之城而非攻也
毁人之國而非久也
必以全爭天下也
爲不得已
殺士卒三分之一此攻城之災也
此謀攻之法也

원 문

謀攻篇 第 三

孫子兵法大全에서

孫子曰：凡用兵之法，全國爲上[주1)]，破國次之；全軍爲上，破軍次之；全旅爲上，破旅次之；全卒爲上，破卒次之；全伍爲上，破伍次之．是故百戰百勝，非善之善者也；不戰而屈人之兵，善之善者也．

故上兵伐謀，其次伐交，其次伐兵，其下攻城，攻城之法，爲不得已．修櫓轒轀，具器械，三月以後成；距堙，又三月而後已；將不勝其忿，而蟻附之，殺士卒三分之一，而城不拔者，此攻之災也．故善用兵者，屈人之兵，而非戰也；拔人之城，而非攻也；毁人之國，而非久也．必以全爭於天下．故兵不鈍，而利可全，此謀攻之法也．故用兵之法，十則圍之，五則攻之，倍則分之，敵則能戰之，少則能逃之，不若則能避之．故小敵之堅，大敵之擒也．

夫將者，國之輔也，輔周則國必强，輔隙則國必弱．[주2)] 故軍之所以患於君者三：不知軍之不可以進而謂之進，不知軍之不可以退而謂之退，是謂縻軍．不知三軍之事，而同三軍之政，則軍士惑矣．不知三軍之權，而同三軍之任，則軍士疑矣．三軍旣惑且疑，則諸侯之難至矣，是謂亂軍引勝．

故知勝有五：知可以與戰不可以與戰者勝；識衆寡之用者勝；上下同欲者勝；以虞待不虞者勝；將能而君不御者勝．此五者，知勝之道也．故曰：知彼知己，百戰不殆；不知彼而知己，一勝一負；不知彼不知己，每戰必殆．

*夫戰勝攻取，而不修其功者凶，命日費留．故明君慮之．良將修之．非利不動，非得不用，非危不戰．君不可以怒而興師，將不可以慍而致戰，合於利而動，不合於利而止．怒可以復喜慍可以復悅，亡國不可以復存，死者不可以復生．故明君愼之，良將儆之，此安國全軍之道也．

* 夫戰勝攻取로 시작되는 □속의 글귀는 제12편 火攻에 포함되나 적지 않은 문헌에서 제3편 謀攻에 게재함이 마땅하다고 주장하기 때문에 참고적으로 □ 위치에 게재해둔다.「손자병법대전」에는 물론「화공편」에 게재되어 있다.

원 문	훈 독
손 자 왈　범 용 병 지 법 孫子曰 ：凡用兵之法 ,	손자왈, 범 용병지법은
전 국 위 상　파 국 차 지 全國爲上， 破國次之； 주1)	전국은 위상이요 파국은 차지이며
전 군 위 상　파 군 차 지 全軍爲上，破軍次之；	전군은 위상이요 파군은 차지이며
전 여 위 상　파 여 차 지 全旅爲上，破旅次之 ；	전여는 위상이요 파여는 차지이며
전 졸 위 상　파 졸 차 지 全卒爲上， 破卒次之 ；	전졸은 위상이요 파졸은 차지이며
전 오 위 상　파 오 차 지 全伍爲上，破伍次之.	전오는 위상이요 파오는 차지이다.

직 역

손자 말하되(曰), 무릇 용병(用兵)의 법은 나라(國)를 온전히(全)하는 것이 상(上)이고 나라를 깨뜨리는것(破)이 다음(次)이다. 군(軍)은 온전히 하는 것이 상(上)이고 군을 깨뜨리는 것이 다음이다. 여(旅)를 온전히 하는것이 상(上)이고 여를 깨뜨리는 것이 다음이다. 졸(卒)을 온전히 하는것이 상(上)이고 졸을 깨뜨리는 것이 다음이다. ＊주1) 참조

- 全(전)－「온전할 전, 갖출 전, 전부 전」
- 破(파)－「깨뜨릴 파, 쪼갤 파」
- 軍(군)－12,500명, 師(사)－ 2,500명, 旅(여)－500명, 卒(졸)－100명 (「卒」을 흔히 1명의 졸개로 잘못 알고 있음), 伍(오)－5명

해 설

대체로 전쟁을 하는 방법은 국(國), 군(軍), 여(旅), 졸(卒), 오(伍)를 온전한 채 두고 굴복시키는 것이 최상의 방법이고 그것을 깨뜨려서(파괴하여) 얻는 것은 차선(次善)의 방법이다. ＊ 손자의 「全」의 사상

핵심도해

영 문 역

Attack by Stratagem

Sun Tzu said: In the practical art of war, the best thing of all is to take the enemy's country whole and intact; to shatter and destroy it is not so good. So, too, it is better to capture an army entire than to destroy it, capture a regiment, a detachment or a company entire than to destroy them.

원 문	훈 독
시 고 백 전 백 승 是故百戰百勝,	시고로 백전백승이
비 선 지 선 자 야 非善之善者也;	비선지선자요,
부 전 이 굴 인 지 병 不戰而屈人之兵,	부전이 굴인지병이
선 지 선 자 야 善之善者也.	선지선자야라.

직 역

이런(是) 고(故)로 백전백승(百戰百勝)은 선(善)의 선(善)한 것이 아니다(非). 싸우지 않고(不戰) 병(兵)을 굴복(屈)시키는 것이 선(善)의 선(善)한 것이다.

- 是(시)—「이 시」, 屈(굴)—「굽힐 굴」
- 百戰百勝(백전백승)—백번 싸워서 백번 이김.
- 善之善者(선지선자)—최선의 방법.
- 屈人之兵(굴인지병)—적군을 굴복시킴.

해 설

그러므로 백번 싸워 백번 승리하는 것이 결코 최선의 방법이 아니고 싸우지 않고도 적을 굴복시키는 것이 최선의 방법이다.

* 손자의 유명한 「不戰勝(부전승)」사상이다. 전투행위라는 파괴적 행위를 하지 않고도 목적한 바 승리를 얻을 수 있는 것이야말로 최상의 방법이 아니겠는가. 「全」의 사상과 일치한다.

핵심도해

* 不戰勝이란 용어는 없다. 싸우지 않고도 내뜻(원정목적 즉 적국굴복)을 성취할 수 있는 차원이 바로 不戰으로 勝(성취)한다는 의미이다.

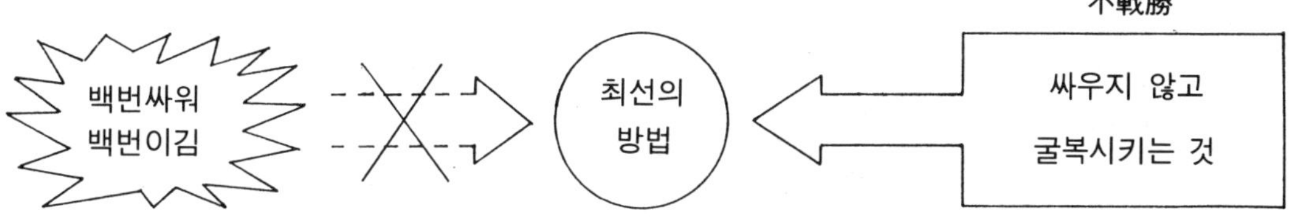

히틀러의 체코 무혈점령(1938. 11)

영 문 역

Hence to fight and conquer in all your battles is not supreme excellence; supreme excellence consists in breaking the enemy's resistance without fighting.

원 문	훈 독
고 상 병 벌 모　기 차 벌 교 故上兵伐謀，其次伐交， 기 차 벌 병　기 하 공 성 其次伐兵，其下攻城， 공 성 지 법　위 부 득 이 攻城之法，爲不得已.	고로 상병은 벌모요 기차는 벌교이며, 기차는 벌병이요 기하는 공성이니라. 공성지법은 위부득이니라.

직 역

그러므로(故) 상병(上兵)은 모(謀)를 친다(伐). 그 다음은 교(交)를 친다(伐). 그 다음은 병(兵)을 친다(伐). 그 아래는 성(城)을 친다. 공성(攻城)의 법은 부득이(不得已)한 때문이다.

- 伐(벌)—「칠 벌, 벨 벌, 공(攻)벌」, 謀(모)—「꾀 모」

해 설

그러므로 최상의 전쟁방법은 적이 전쟁하려는 의도를 분쇄하는 것이고(=적의 계획, 적의 계략을 치고), 그 다음은 적의 동맹관계(=적의 외교관계)를 끊어 고립시키는 것이며, 그 다음은 적의 군사(=兵)을 치는 것이며, 최하의 방법은 적의 성(城)을 공격하는 것이다. 성을 공격하는 방법은 부득이한 경우에만 쓴다.

* 손자는 가능한 전투행위를 피하는 것이 최상의 방법이라 했고 어쩔 수 없을 때 야전에서의 전투행위를 하도록 했다.

핵심도해

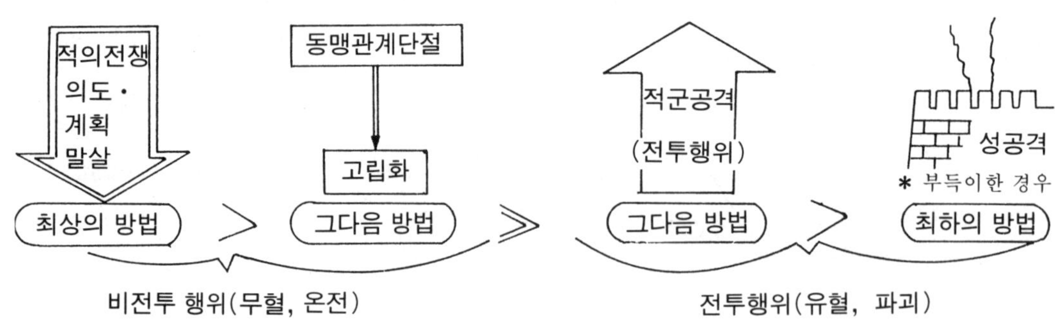

비스마르크의 계략

영 문 역

Thus the highest form of generalship is to baulk the enemy's plans: the next best is to prevent the junction of the enemy's forces: the next in order is to attack the enemy's army in the field; and the worst policy of all is to besiege walled cities. The rule is, not to besiege walled cities if it can possibly be avoided.

원 문	훈 독
수 로 분 온　구 기 계 修櫓轒轀, 具器械,	수로분온과 구기계에
삼 월 이 후 성　거 인 三月而後成; 距堙,	삼월이후에 성이니 거인이면
우 삼 월 이 후 이　장 불 승 기 분 又三月而後已; 將不勝其忿,	우삼월이후에 이니라. 장불승기분하여
이 의 부 지　살 사 졸 삼 분 지 일 而蟻附之, 殺士卒三分之一,	이의부지하면 살사졸삼분지일이나
이 성 불 발 자　차 공 지 재 야 而城不拔者, 此攻之災也.	이성불발자하니 차는 공지재야니라.

직 역

노(櫓),분온(轒轀)을 수리(修)하고 기계(器械)를 갖추는데(具) 석달 후에 이루어지고(成), 거인(=흙산) 또 석달 후에 마친다. 장수가 그 분(忿)을 이기지 못하고 이에 의부(蟻附)하여 병사들 삼분의 일을 죽이고 그리고도 성(城)을 뺏지(拔) 못하는 것 이것이 공(攻)의 재앙(災)이다.

- 修(수)－「고칠 수, 닦을 수」, 櫓(로)－「방패 로」, 轒轀(분온)－성을 공략하는 병거(수레, 바퀴 네개 달린 전차)
- 距堙(거인)－성벽에 붙여 만든 흙산, 蟻附(의부)－개미떼처럼 성벽에 기어오르게 함

해 설

방패나 분온 수리, 공성용 장비준비에 3개월이 걸리고 흙산 쌓는데 또 3개월이 걸린다. 장수가 분을 이기지 못하고 앞의 준비도 없이(6개월) 병사들을 성벽에 기어오르게 하면 그중 3분이 1이 죽고도 그 성을 함락시키지 못하니 이것이 성(城)공격의 재앙이다.

핵심도해

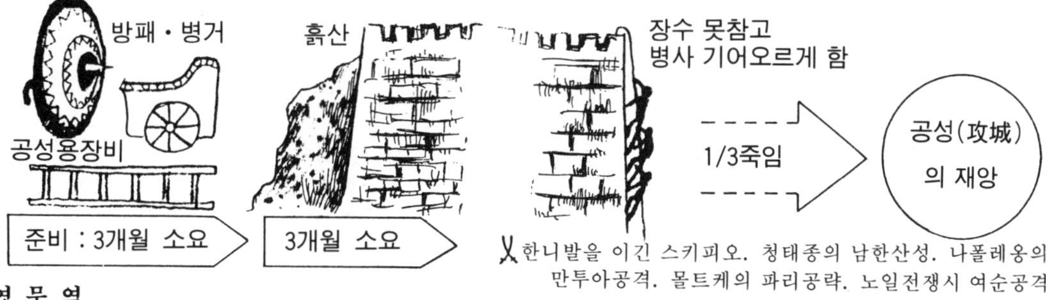

※한니발을 이긴 스키피오. 청태종의 남한산성. 나폴레옹의 만투아공격. 몰트케의 파리공략. 노일전쟁시 여순공격

영 문 역

The preparation of mantlets, movable shelters, and various preparation of mantlets, movable shelters, and various implements of war, will take up three whole months; and the piling up of mounds over against the walls will take three months more.

The general, unable to control his irritation, will launch his men to the assault like swarming ants, with the result that one third of his ,men are slain, while the town remains untaken. Such are the disastrous effects of a siege.

원 문 / **훈 독**

원 문	훈 독
고 선 용 병 자　굴 인 지 병 故善用兵者，屈人之兵，	고로 선용병자는 굴인지병 하되
이 비 전 야　발 인 지 성 而非戰也； 拔人之城，	이비전야하며, 발인지성하되
이 비 공 야　훼 인 지 국 而非攻也； 毁人之國，	이비공야하며, 훼인지국하되
이 비 구 야　필 이 전 쟁 어 천 하 而非久也・必以全爭於天下.	이비구야니라, 필이전쟁어천하하니
고 병 불 둔　이 리 가 전 故兵不頓，而利可全，	고로 병불둔하고 이리가전이니
차 모 공 지 법 야 此謀攻之法也.	차는 모공지법야니라.

직 역

고로 병(兵)을 선용(善用)하는 것은 적의 병(兵)을 굽히되(屈) 싸우지는 않는다. 적의 성을 빼앗되 공격하지는 않는다. 적국을 무너뜨리되(毁) 지구전으로는 아니다. 반드시 온전함으로써 천하를 다툰다. 고로 병을 둔(頓)하게 하지 않고 이(利)를 온전케 할 수 있다. 이것이 모공(謀攻)의 법(法)이다.

● 毁(훼)—「헐 훼, 비방할 훼」 여기서는 「헐 훼」, 頓(둔)—「무딜 둔, 가지런할 돈」 利可全(리가전)—이득을 온전히 취할 수 있음.

해 설

그러므로 전쟁에 능한 자는 적의 병사를 굴복시키지만 전투를 감행하지 않으며 성을 함락시키지만 구태어 공격하지 않는다. 적국을 허물어 뜨리지만 장기전은 하지 않는다. 반드시 온전함으로 천하의 승부를 다툰다. 그러므로 병력의 손실도 없이(兵不頓) 그 이익을 온전히 할 수 있으니 이것이 모공(모략으로서 치는)의 법이다.

핵심도해

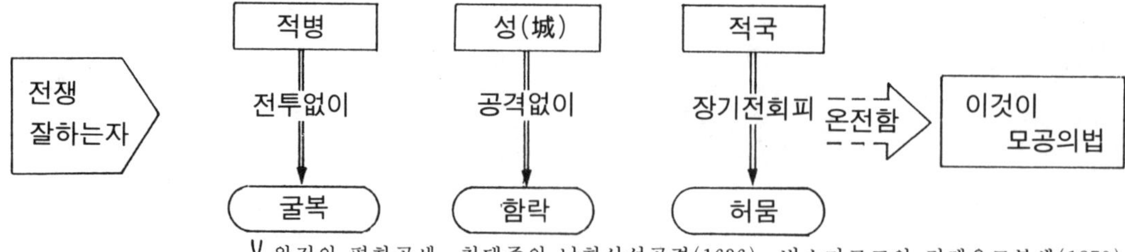

✂ 왕건의 평화공세. 청태종의 남한산성공격(1636). 비스마르크의 전쟁음모분쇄(1870).

영 문 역

Therefore the skillful leader subdues the enemy's troops without any fighting; he captures their cities without laying siege to them; he overthrows their kingdom without lengthy operations in the field.

With his forces intact he will dispute the mastery of the Empire, and thus, without losing a man, his triumph will be complete. This is the method of attacking by stratagem.

원 문

고 용 병 지 법 　 십 즉 위 지
故用兵之法, 十則圍之,
오 즉 공 지 　 배 즉 분 지
五則攻之, 倍則分之,
적 즉 능 전 지 　 소 즉 능 도 지
敵則能戰之, 少則能逃之,
불 약 즉 능 피 지 　 고 소 적 지 견
不若則能避之 · 故少敵之堅,
대 적 지 금 야
大敵之檎也.

훈 독

고로 용병지법은 십즉위지하고 오즉공지하고 배즉분지하고 적즉능전지하고 소즉능도지하고 불약즉능피지니라. 고로 소적지견은 대적지금야니라.

직 역

그러므로 용병(用兵)의 법(法)은 열(十)이면 곧 이를 에우고(圍), 다섯(五)이면 곧 이를 공격(攻)하고, 갑절(倍)이면 곧 이를 나누고(分), 필적(상당)하면 곧 능히 이와 싸우고, 적으면(少) 곧 능히 이를 지키고(逃=守), 그만 못하면 곧 능히 이를 피(避)한다. 그러므로 소적(少敵)이 굳게(堅) 지키면 대적의 사로잡힘(檎)이된다.

- 圍(위)—「에울 위, 둘레 위」, 逃(도)—「도망할 도, 달아날 도」, 중국원문(唐經武編著)에 따르면 逃→守(지킬 수)로 표기되어 「지킨다」는 뜻으로 해석
- 不若(불약)=不及, 매우 열세라는 뜻,
- 堅(견)—「굳을 견, 굳셀 견, 강할 견」
- 檎(금)—「사로잡을 금」

해 설

작전하는 방법은 적보다 병력이 10배이면 포위 가능하고, 5배이면 일방적인 공격 가능하고, 2배이면 분할활용 가능하고, 비등하면 능력을 다해 싸우고, 이편이 적으면 방어에 힘쓰며, 만약 지킬 수 없으면 교전을 피한다. 소수의 병력으로 끝까지 버티어 싸우면 결국은 강대한 적군의 포로가 된다.

핵심도해

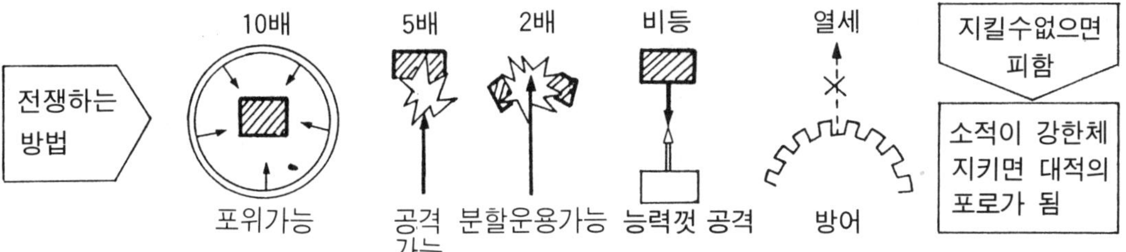

영 문 역

It is the rule in war, if our forces are ten to the enemy's one, to surround him; if five to one, to attack him; if twice as numerous, to divide our army into two.

If equally matched, we can offer battle; if slightly in--ferior in numbers, we can avoid the enemy; if quite unequal in every way, we can flee from him. Hence, though an obstinate fight may be made by a small force, in the end it must be captured by the larger force.

원 문	훈 독
夫將者, 國之輔也, 輔周 주2)則國必强, 輔隙則國必弱.	부장자는 국지보야니 보주 즉국필강하고 보극즉 국필약이니라

직 역

말하자면 장수(將)는 나라(國)의 보(輔)이다. 보(輔)가 주도(周)하면 곧(則) 나라(國)는 반드시(必) 강(强)하고, 보(輔)에 틈(隙)이 있으면 곧(則) 나라(國)는 반드시(必) 약하다(弱).

- 輔(보)-「도울 보」, 수레의 덧방나무, 즉 수레 양쪽 옆에서 바퀴가 빠져나가지 않도록 버티는 나무(군주를 보좌하는 중신을 뜻함)
- 周(주)-「주밀할 주, 두루 주, 둘레 주」여기서는 「주밀할 주=친할 주」
- 隙(극)-「틈극」

해 설

장수는 국가(=통치자)를 보좌하는 중요한 자이다. 보좌가 완전하면 (장수와 임금이 친밀하면) 국가가 강대해 질것이요 보좌가 불완전하면 국가는 반드시 약해진다.

*주2)참조　　* 상하간 역할분담이 확실해야 국력이 강화됨

*손무당시 춘추시대 말기는 정치와 군사가 분리되는 과도기였다.
軍政일치에 습관화된 당시 군주가 자주 軍事에 간섭했기 때문에 손무는 이를 경고한 것이다.

핵심도해

나라 : 차체(車體)

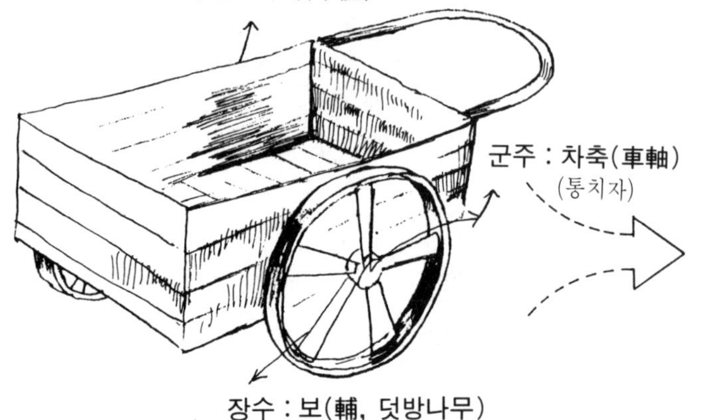

보좌긴밀 → 나라강대

✂탄넨베르크 섬멸전에서의 힌덴부르크와 루덴도르프 · 유비와 제갈공명 · 블루헤르와 그나이제나우

보좌불완전 → 나라 약화

✂탄넨베르크 섬멸전에서의 찌린스키와 삼소노프 · 보오전쟁초기 몰트케의 고심 · 청일전쟁시 일본군총사령부의 고심 · 노일전쟁시 각 군사령관의 고심

영 문 역

Now the general is the bulwark of the state:if the bulwark is complete at all points, the state will be strong; if the bulwark is defective, the state will be weak.

원 문	훈 독
고 군 지 소 이 환 어 군 자 삼 故軍之所以患於君者三： 부 지 군 지 불 가 이 진 이 위 지 진 不知軍之不可以進而謂之進, 부 지 군 지 불 가 이 퇴 이 위 지 퇴 不知軍之不可以退而謂之退, 시 위 미 군 是謂縻軍.	고로 군지소이환어군자삼이니라. 부지군지불가이진하여 이위지진하고 부지군지불가이퇴하여 이위지퇴하 나니 시위미군이니라

직 역

그러므로 군(軍)에 대해 임금(君)이 근심(患)끼치는 일 세가지 있다. 군(軍)의 나갈 수 없음을 모르고 이에 나가라하고, 군의 물러설수 없음을 모르고 이에 물러나라 한다. 이것을 미군(縻軍 : 군을 속박)이라 이른다.

● 患 (환)-「근심 환」, 謂(위)-「이를 위」, 縻(미)-「얽어맬 미」縻軍(미군)-군대를 얽매어 속박하는 것 (縻=비망 〈鼻綱〉)

해 설

그러므로 통치자(=임금)가 군대에 근심끼치는 (=위태롭게 하는)일 세가지가 있다. ① 군대가 진격해서는 안되는 것을 알지도 못하고 진격하라고 명령하며 군대가 후퇴해서는 안되는 것을 알지도 못하고 후퇴하라고 명령하는 것이다. 이것을 군을 속박하는 일이다라고 하는것이다. ※ 역할분담 부적절사례 3가지

* 장수에게 부여되어야 할 고유권한인 작전에 대한 간섭

핵심도해

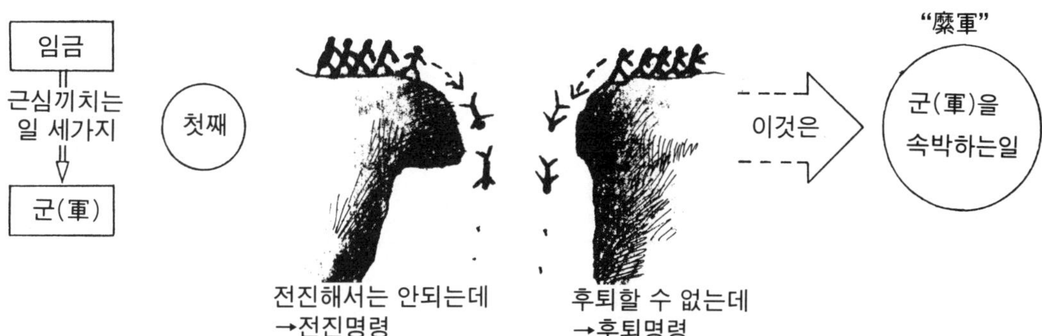

※히틀러의 소련침공시 독단지휘・롬멜에 대한 불신. 1806년의 프러시아군. 노일전쟁시 쿠로파트킨. 보불전쟁시 바제느와 마크마옹. 미국남북전쟁 초기의 북군. 1915년 갈리포리 작전시 영국군. 1914년 가리쳉전투시 오스트리아군

영 문 역

There are three ways in which a ruler can bring misfortune upon his army :

(1) By commanding the army to advance or to retreat, being ignorant of the fact that it cannot obey. This is called hobbling the army.

원 문	훈 독
부 지 삼 군 지 사　이 동 삼 군 지 정 不知三軍之事，而同三軍之政， 즉 군 사 혹 의　부 지 삼 군 지 권 則軍士惑矣. 不知三軍之權， 이 동 삼 군 지 임　즉 군 사 의 의 而同三軍之任，則軍士疑矣.	부지삼군지사하고 이동삼군지정은 즉군사혹의하고 부지삼군지권하고 이동삼군지임이면 즉군사의의니라

직 역

삼군(三軍)의 일(事) 모르고(不知), 삼군의 정사(政)를 같이(同)하면, 곧 군사(軍士)는 망서리게(惑) 된다. 삼군(三軍)의 권(權)을 모르고, 삼군의 임(任)을 같이하면 곧 군사는 의심(疑)한다.

- 政(정)—「정사 정, 바르게할 정」, 惑(혹)—「미혹할 혹, 헤맬 혹」
- 權(권)—「권세 권, 평할 권」, 疑(의)—「의심할 의」

해 설

② 삼군의 내부사정을 알지도 못하면서 군사행정에 간섭하여 군내부를 혼란(=미혹)스럽게 만든다. ③ 또 지휘체제를 무시하고 군령에 간섭하여 군대내부에 불신감을 조성하는 일이다.

* 三軍之權(삼군지권)—군령(軍令 : 명령계통)
* 同(동)—干涉(간섭), 和同(화동)

핵심도해

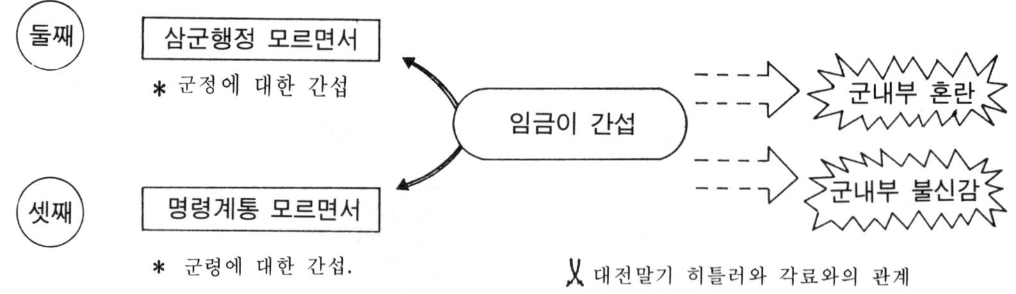

대전말기 히틀러와 각료와의 관계

영 문 역

(2) By attempting to govern an army in the same way as he administers a kingdom, being ignorant of the conditions which obtain in an army. This causes restlessness in the soldier's minds.

(3) By employing the officers of his army without discrimination, through ignorance of the military principle of adaptation to circumstances. This shakes the confidence of the soldiers.

원 문	훈 독
삼 군 기 혹 차 의 三軍旣惑且疑, 즉 제 후 지 난 지 의 則諸侯之難至矣, 시 위 난 군 인 승 是謂亂軍引勝.	삼군이 기혹차의하면 즉제후지난지의니라. 시위난군인승이니라.

직 역

삼군(三軍)이 이미(旣) 미혹(惑)하고 의심(疑)하면, 곧 제후(諸侯)의 난(難)이 이른다. 이를 군(軍)을 어지럽혀(亂) 승(勝)을 이끈다(引)라고 이른다(謂).

- 三軍(삼군)－당시 중국의 군사편성으로 상군(上軍), 중군(中軍), 하군(下軍), 1개군(軍)은 12,500명이다.
- 旣(기)－「이미 기」, 且(차)－「또 차」, 引(인)－「끌 인」

해 설

통치자가 군대내부에 혼란이나 의심을 초래케하면 다른국가의 침략을 받게될것 이니, 이것은 스스로를 혼란케하여 적에게 승리를 주게되는 자멸 행위이다.

＊ 引勝(인승)－① 적에게 승리를 초래케 한다 ② 이편이 승리를 거두거나 장기화, 여기서는 ①에 가깝다. ※ 역할분담 부적절사례 3가지 발생시 초래되는 결과임

핵심도해

누구의명령에 의해 움직여야 하는지
갈피를 못잡음 : 지휘의 부재

X 봉천회전시 제1,3,4군에 대한 간섭·워터루 전투시 데를롱군. 소련군의 백러시아해방전(1944.6)에서의 독일군 자멸대기 : 당시 폴란드내부의 지하조직에 의한 민중봉기로 극도의 혼란초래

영 문 역

But when the army is restless and distrustful, trouble is sure to come from other feudal princes. This is simply bringing anarchy into the army, and flinging victory away.

원 문	훈 독
고 지 승 유 오 故知勝有五：	고로 지승유오니
지 가 이 여 전 불 가 이 여 전 자 승 知可以與戰不可以與戰者勝；	지가이여전과 불가이여전자는승,
식 중 과 지 용 자 승 識衆寡之用者勝；	식중과지용자는 승,
상 하 동 욕 자 승 上下同欲者勝；주3)	상하동욕자는 승,
이 우 대 불 우 자 승 以虞待不虞者勝；	이우대불우자는 승,
장 능 이 군 불 어 자 승 將能而君不御者勝；	장능이군불어자는 승,
차 오 자 지 승 지 도 야 此五者，知勝之道也.	차오자는 지승지도야니라.

직 역

그러므로 승리를 아는것 다섯있다. ① 그로써 더불어 싸울수 있고, 그로써 더불어 싸울수 없음을 아는자는 이긴다. −싸울수 있는 경우, 없는 경우 명확히 구분 ② **중과(衆寡)의 용(用)을 아는자 이긴다.** − 집중과 절약의 용병법을 아는자는 승리 ③ **상하(上下)하고자 함을 한가지로 하는 자는 이긴다.** −상하일심동체 ④ **우(虞)로써 불우(不虞)를 기다리는자 이긴다.** −만반의 준비를 갖추어놓고 갖추지못해 허술한 적을 기다려 상대하는자 이김 ⑤ **장수가 능하고 임금이 제어하지 않는자 이긴다.** −통치자 간섭않아야 함 **이 다섯가지는 승리를 아는 길이다.** ※주3)참조

● 寡(과)−「적을 과」, 虞(우)−「갖출 우, 나라이름 우」, 御(어)−「어거할 어」

핵심도해

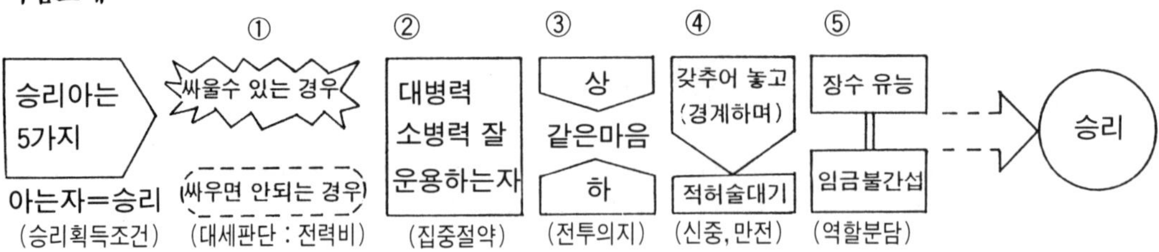

영 문 역 Thus we may know that there are five essentials for victory: (1) He will win who knows when to fight and when not to fight. (2) He will win who knows how to handle both superior and inferior forces. (3) He will win whose army is animated by the same spirit throughout all ranks. (4) He will win who, prepared himself, waits to take the enemy unprepared. (5) He will win who has military capacity and is not interfered with by the sovereign. Victory lies in the knowledge of those five points.

원 문	훈 독
고 왈 　지 피 지 기 　백 전 불 태 故曰：知彼知己，百戰不殆； 부 지 피 이 지 기 　일 승 일 부 不知彼而知己，一勝一負； 부 지 피 부 지 기 　매 전 필 태 不知彼不知己，每戰必殆.	고로 왈 지피지기면 백전불태하고 부지피이지기면 일승일부하며 부 지피부지기면 매전필태니라

직 역

그러므로(故) 말하되(曰), 저(彼=적)를 알고(知) 나(己)를 알면(知) 백번 싸워 위태(殆)하지 않다(不). 저(彼=적)를 모르고(不知) 나를 알면 한번 이기고(勝) 한번 진다(負). 저(彼=적)도 모르고 나(己)도 모르면 매번 싸워 반드시 위태(殆)하다.

● 彼(피)—「저 피, 저편 피」, 殆(태)—「위태할 태, 자못 태」
● 負(부)—「패할 부, 짐질 부, 빚질 부」 여기서는 「패할 부」
　＊「孫子十家註」에는 「御覽」에 「知己知彼」라고 한것을 「誤」라고 명시해 놓았다.

해 설

그러므로 저편(=적군)의 능력과 의도를 알고 이편(=아군)의 그것을 알고 있으면 백번 싸워도 위태롭지 않다. 저편의 능력과 의도를 알지 못하고 이편의 그것만 알고 있으면 한번은 승리하고 한번은 패배한다. 저편의 능력과 의도도 모르고 이편의 그것도 모른다면 전쟁할때마다 반드시 위태롭다(=패배한다).

핵심도해

＊일반적으로 이 어귀는 정보의 중요성에 대한 명귀로 알려져 있다. 그러나 너무나 포괄적이며 애매하기 때문에 바로 앞의 어귀인 知勝有五를 아는 것이 바로 知의 대상이 아닌가 분석해 본다.

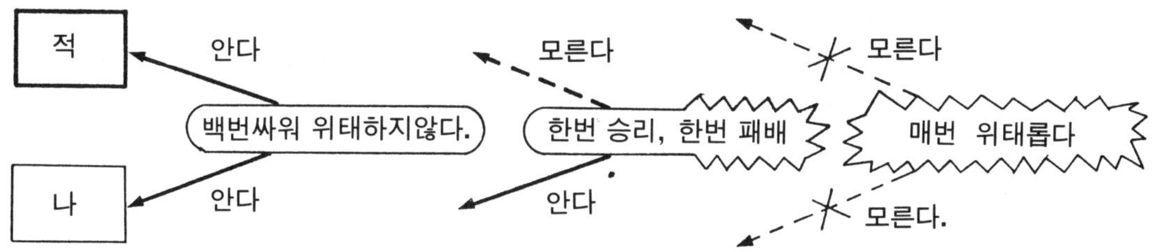

✗ 미드웨이 해전. 탄넨베르크 섬멸전. 마르느의 기적

영 문 역

Hence the saying : If you know the enemy and know yourself, you need not fear the result of a hundred battles. If you know yourself but not the enemy, for every victory gained you will also suffer a defeat. If you know neither the enemy nor yourself, you will succumb in every battle.

중국본 註解

주1) 全國爲上, 破國次之,

(전국위상 파국차지)

여기에서 문제가 되는 것은「全」의 대상이다. 다시 말해 온전하게 하는 대상이 我國이냐 敵國이냐하는 문제이다.

◎ 孫子十家註

曹公曰興師深入長驅距其城郭絶其內外敵擧國來服爲上以兵擊破敗而得之其次也/杜佑曰敵國來服爲上以兵擊破爲次/賈林曰全得其國我國亦全乃爲上

◎ 孫子兵法大全

全者, 保全也M破者, 破損也・全與破均指我軍而言

◎ 孫子兵法之綜合硏究

…即敵國的全存佔領, 敵軍的全存屈服爲善中之善…

◎ 孫子兵法白話解

「國」,「軍」,「旅」,「卒」,「伍」, 都是指我方, 不是指敵方.

여기에서 알 수 있는 것은「全」의 대상이 ① 적국(孫子兵法之綜合硏究) ② 아국(孫子兵法白話解, 孫子兵法大全) ③ 양국모두(孫子十家註)의 3가지로 해석되어지고 있다. 모두 다 타당하다고 본다. 그러나 전쟁의 비참한 결과를 놓고 볼 때에는 우선적으로 보존되어야 할 대상은 적국보다는 아국이 되어야 한다는 것에는 이의가 없을 것이다. 그래서「孫子兵法白話解」에서는 이점을 분명히 하고 있다. 즉 적국이 아니고 아국을 지칭함이다고 하는 해석이다. 여기에서 다시 더 생각해볼것이 있는데 그렇다면「적국」을 온전히 한다고 하는 경우에는 어떤 것을 상정할 수 있느냐 하는 것이다. 곧 이어 연결되는「上兵代謀」라는 어귀와 손자의 근본사상인「不戰勝」에 비추어볼때 결국 적국을 온전하게 두고서도 목적을 달성 (무혈점령, 적의 공격의지 좌절유도등)할수 있다면 아국도 온전히 보존되어진다는 논리가 성립된다. 어차피 적국을 깨뜨리려 한다면 아국도 손상을 입게 되니 이는「全」에 위배된다. 이런 의미로 볼때에는 굳이 아국・적국 따짐없이 통칭하여「나라(國)를 온전하게 하는것」의해석도 대의(大意)에 어긋남이 없으리라 보는 것이다.

전사연구

주2) 輔周則國必强, 輔隙則國必弱.

탄넨베르크(Tannenberg)섬멸전

장수와 참모간 또는 장수와 장수간에 얼마만큼 긴밀한가에 따라 엄청난 결과를 초래한 대표적인 전례인 탄넨베르크섬멸전이다.

독일군 지휘부의 인간관계

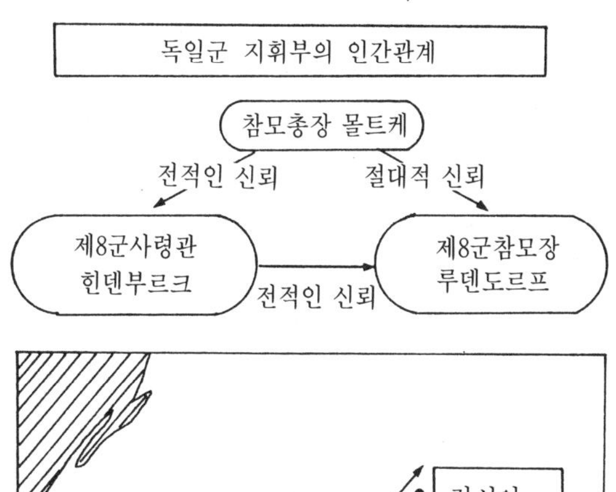

러시아군 지휘부의 인간관계

방면군사령관
찌린스키

찌린스키의 통솔력 부족으로 신뢰심 결여

원만치 못함

제1군사령관
레넨캄프

노일전쟁
시부터

제2군사령관
삼소노프

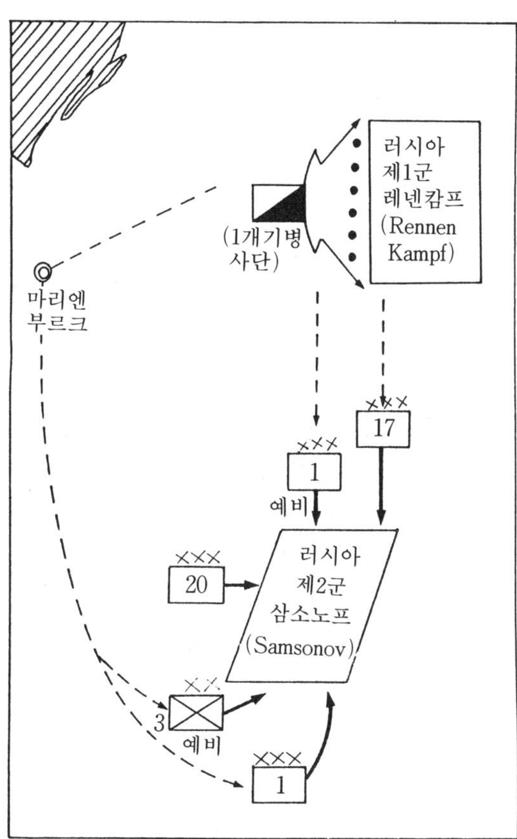

러시아군은 독일군의 예측을 뒤엎고 동부전선에서 독일국경을 넘었다. 1914년 8월26일 결정적 섬멸전이 되기까지의 기동양상은 다음과 같다.

독일제8군 작전참모 호프만(Hoffman)중령과 참모장 루덴도르프(Ludendorff), 사령관 힌덴부르크(Hindenburg)의 일치된 작전개념에 의해 불과1개기병 사단으로 하여금 러시아제1군을 차장·견제

철도를 통해 독일군 1군단과 제3예비사단을 우회이동시키고, 제1예비군단과 제17군단을 남향기동시킨후 그동안 견제임무를 수행중이었던 제20군단과 함께 러시아 제2군을 포위망내 몰아넣어서 이를 섬멸했다. 이 결과 러시아군 125,000명의 사상자와 90,000명이 포로가 되었으며 삼소노프는 자살했고 레넨캄프는 군적(軍籍)을 박탈당했다.

불과 1개사단으로 하여금 러시아 제1군을 견제케하고 9개사단을 과감히 집중운용하여 러시아 제2군을 철저히 궤멸시킨 독일군 수뇌부의 놀라운 계획은 상호'신뢰'에 기인한다.

전사연구

주3) 上下同欲者勝 (상하동욕자승)

「상하가 바라는 바가 같으면 승리한다.」고 하는 손자의 병법에 비추어 보아 고래로 유명한 카르타고의 「한니발」과 프랑스의 「나폴레옹」의 명연설을 통해 그들이 부하를 어떻게 장악하기 위해 노력했는가를 알아 본다.

한니발(Hannibal)의 명연설

알프스횡단작전 (B·C·218년 10월)	"제군들! 우리는 이미 험난한 피레네산맥을 넘고, 로느의 큰강을 건너서 드디어 적국의 북쪽 관문인 알프스로 향하고 있다. 아무리 알프스가 높다고 하나 역시 산임에는 틀림없다. 산이 높다해도 하늘보다는 낮으며, 거기에는 사람도 살고, 나그네의 왕래도 있는 것이다. 사람이 여행하는 곳을 사람의 집단인 우리 군대가 못갈리는 없다. 그러니 우리들의 용기를 알프스로 시험해보자!"
알프스횡단후 시실리진격 직전 (B·C·218년 11월)	"제군들! 로마인은 우리의 숙적이다. 죽이느냐 아니면 죽느냐의 문제이다. 그들은 천하의 강병이라고 자칭하지만, 우리가 정복했던 가리아인에게도 참패 당했지 않았는가. 그러니 승리는 우리의 것이다. 희망과 용기를 가지고 진격하라! 우리의 조상이 빼앗겼던 시실리와 살루지니아를 탈환하자! 로마의 광대한 영토와 로마인의 무한한 재화를 우리가 갖자!"
칸네섬멸전 직전(B·C·216년 8월)	"용감한 장병들이여! 우리는 神에게 감사해야 한다. 보라! 적은 강 건너로 옮기지 않았는가. 저 대평원이야말로 우리의 기병들이 마음껏 그 우수성을 발휘할 수 있는 절호의 무대인 것이다. 신은 용감한 자에게 행운을 가져다 준다. 우리가 알프스를 넘고 그동안 계속 이겨온 것은 우리의 용기에 대한 신의 축복이다. 이제 또 승리할 곳이 주어졌다. 용감하게 싸워서 신에게 보답하자. 전쟁에서 승리만큼 멋있는 것은 없다. 우리는 지금까지 많은 전리품을 얻었다. 그러나 로마의 재물은 우리가 가지고 있는 것과는 비교 안된다. 자, 싸워라! 그리고 이겨라!"

※ 이리하여 역사적으로 유명한 칸네섬멸전이 탄생된것이었다.

나폴레옹(Napoléon)의 명연설

이탈리아작전 직전(1796년 3월)

"친애하는 제군! 제군들에게는 먹고싶어도 빵이 없고, 입고 싶어도 옷이 없으며, 밤 이슬을 가려 줄 집도 없는 상태에서도 총을 베개삼아 동굴에서 자면서까지 조국을 위해 잘 싸워왔다. 그럼에도 불구하고 프랑스정부는 재정이 곤란하여 제군들의 그러한 놀라운 용기와 공적에 대해서 아무런 보상을 하지 못했다. 그러나 앞으로는 다르다. 나는 제군들과 더불어 지구상에서 가장 부유하다는 롬바르디의 대평원으로 진격한다. 넓다란 들판의 풍요한 결실, 번영한 여러 도시에 산더미 처럼 쌓여있는 금은보화, 그 모든것을 제군들이 마음대로 가져도 좋다. 제군들! 제군들은 지금 굶주리며 추위에 떨고 있지만 나와 함께 조금만 참자! 나와 함께 진격하자. 우리가 가는 곳에 번영과 부가 있다. 자! 진격의 용기를 내라!"

몽테노트전승후 오스트리아주력 공격직전(1796년 4월)

"옛날 카르타고의 한니발은 알프스를 횡단했는데 우리는 지금 알프스를 우회했다. 제군들은 앞서는 궁핍으로 고생했지만 이제부터는 희망이 달성되었다. 우리는 15일간에 여섯차례 싸워서 모두 승리하여 21개의 군기(軍旗)와 55문의 대포, 그리고 1만5천명의 포로를 얻었다. 제관들은 포(砲)도 없이 싸웠고, 다리도 없는 강을 건넜으며, 빵도 없이 숙영했고, 술도 없이 사기는 왕성했다. 제관들이 아니면 어찌 그런 고생을 참겠는가. 앞으로의 할일의 웅대함은 지금까지와는 비교도 안된다. 포도주가 흐르는 포(Po)강은 아직 우리 손에 없다. 다이어먼드로 장식된 미라노의 도시는 아직 저멀리 있다. 옛날 영웅의 땅 로마는 우리의 사절을 죽인 무법자가 유린하고 있지 않은가. 우리들 몽테노트의 승리자는 더욱 전진하여 프랑스의 명예를 드높일 의무가 있다. 나는 다시 제군들을 승리로 이끌겠다. 친애하는 제군들이여! 나와함께 가자!"

이집트 원정시 나일강결전 직전(1798년 7월)

"…장병들이여! 4천년의 성상(星霜)은 저 피라밋의 꼭대기에서 제군들의 움직임을 엄숙히 지켜보고 있다!…"

※ 공동의 목표를 알리고「상하동욕」이 되게한후 적을 욕하고(적개심), 매혹적인 상을 내건다. 한니발의 독특한 연설과 일맥상통한다.

군 형 편 제 사

軍形篇第四

손무는 오자서에 의해 오왕합려에게 천거되어 활약했다. 오자서가 없었다면 그의 진가가 묻혀버릴수도 있었을 것이다. 오자서는 楚나라 대부인 오사(吾奢)의 둘째아들로 태어났는데 오사는 본디 초나라 장왕을 보필하여 패자로 밀어올린 명신 오거의 자손으로서 초나라에서 중요한 자리를 굳히고 있었다. 그러나 오자서의 아비 오사는 간신 비무기의 모함으로 평왕에게 비명에 죽었으며 B.C.522년에 오자서 일가는 뿔뿔이 흩어지게 되었다. 오자서가 최초 송나라로 망명하자 그의 성격을 아는 그의 아비 오사는 당시 옥중에서 「마침내 나라는 무서운 병화(兵禍)에 시달릴 것이다.」라고 예언했다.
이후 다시 오(吳)나라로 망명한 오자서는 용감한 사나이 전제(專諸)를 발견, 당시 오나라 요왕의 사촌형 공자광에게 추천 그의 심복으로 만든 후 때마침 초나라 정벌에 실패하여 낙심한 요왕 위로연에 전제를 자객으로 투입 요왕을 살해하고 공자광을 오왕에 오르게 한다. 그가 바로 합려이다. 이때 마침 오나라 초야에 묻힌 손무를 발견 합려에게 기용시키니 드디어 오자서는 16년만에 오나라의 힘을 빌어 초나라에 복수를 하게 된 것이다.

주요 어귀

勝兵先勝 而後求戰
敗兵先戰 而後求勝
若決積水於千仞之谿者形也

개 요

「군형(軍形)」이란 군(軍)의 형(形) 즉 군의 전투태세를 말하는 것이다. 군형이라는 편명(篇名)을 붙이게 된 것은 군형편 마지막 귀절인 “勝者之戰人 若決積水於千仞之谿者「形也」” (이기는 자가 사람을 싸우게하기를 막아둔 물을 둑을 끊어 천길계곡으로 쏟아지게 하는 것과 같게 할 수 있음은 군(軍)의 형(形)을 그렇게되도록 배치했기 때문이다.)에서 「形」을 따온것이다.

이 군형편에서는 우선 전투에 패하지 않을 태세를 갖추어놓고 적군의 약점을 공격하라고 하라고 했고, 군(軍)의 힘을 최대로 발휘하기 위해서는 그 형태상 그 힘을 발휘하지 않으면 안되도록 배치해야하며 이것을 형(形)」이라 했다. 그러므로 전투태세에 따라 그 힘의 강하고 약함이 달라진다. 군의 행동을 어떠한 형태에 담을 것인가(어떠한 자세를 취할 것인가)하는것이 바로 군형인것이다.

‘진실로 전투를 잘하는 자는 그 전투를 이겨놓고도 세상사람들에 의해 명장(名將)이라는 칭송을 듣지 못하는 자이다’라고 하는 어귀는 대단히 의미있는 얘기이다. 그 말의 진의는 이러하리라. 즉 너무나 교묘히, 그리고 이길 수 밖에 없는 만반의 승리태세를 갖춘후 세상사람들이 모를 수 밖에 없는 신속하고 자연스러운 양상으로 이기게 되므로 미처 세상사람들이 그 승리를 감지하지 못함이기 때문일 것이다. 얼마나 고차원적인 승리인가.

※여기에서 특별히 주의해야 할 것은 군형(軍形)은 단순히 부대를 배치하는 그것만은 아니다. 잘 조직된 부대배치외에 여러 전력 발휘요소(보급지원, 사기계책등)들을 응집하여 최대의 전력이 발휘되도록 조성된 태세를 의미하는 것이다. 쉬운 예로 전투준비태세와 같은 개념이다. 이러한 태세를 기반으로 하여 외적으로 힘이 표출되어 적 부대를 실질적으로 깨뜨리는 단계는 이 다음 편인 병세(兵勢)이다. 즉 군형을 기반으로 병세가 발휘되는 것이다.

구 성

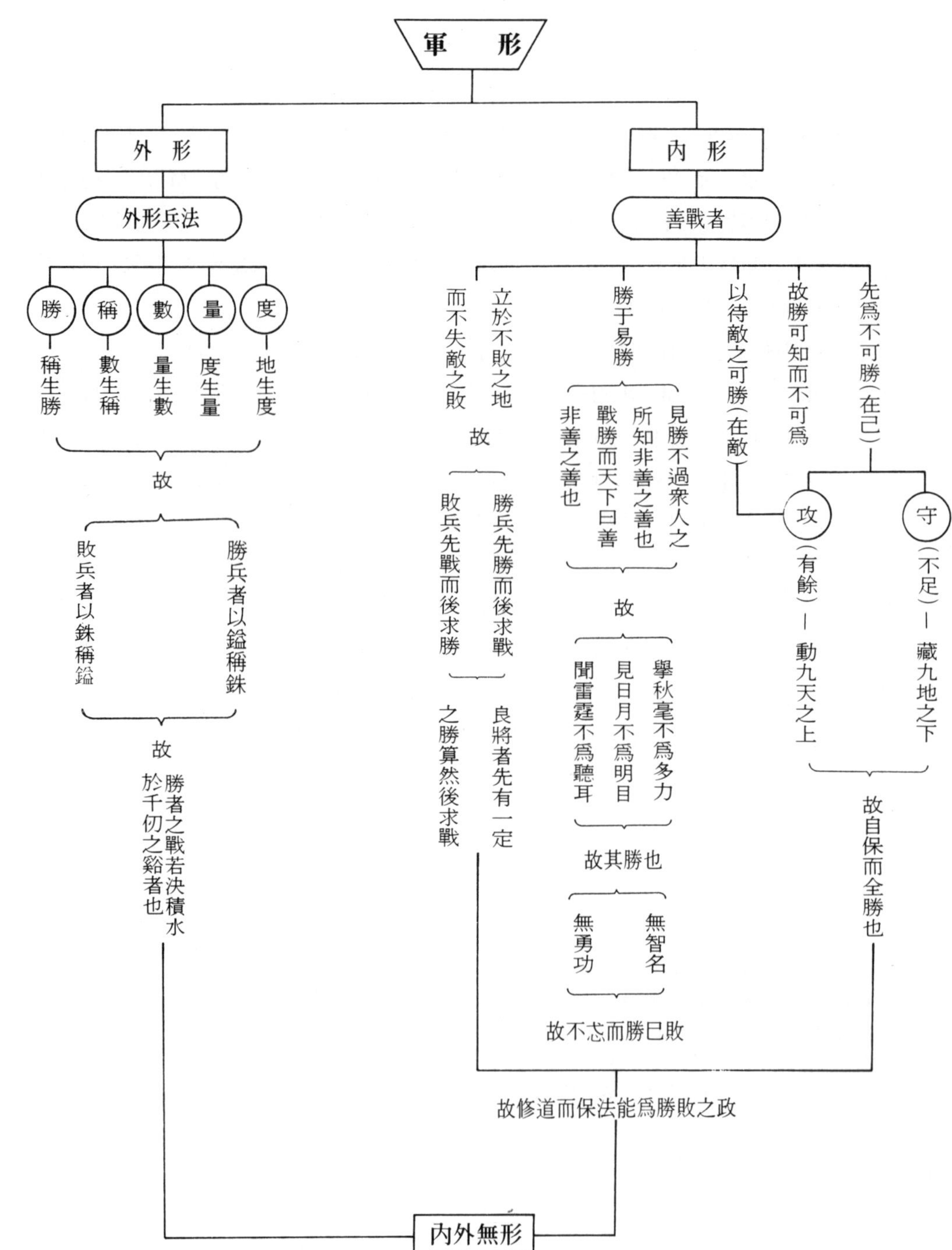

軍 形
外 形
內 形
外形兵法
善戰者
勝
稱
數
量
度
稱生勝
數生稱
量生數
度生量
地生度
故
勝兵者以鎰稱銖
敗兵者以銖稱鎰
故
勝者之戰若決積水於千仞之谿者也
立於不敗之地而不失敵之敗
故
勝兵先勝而後求戰
敗兵先戰而後求勝
良將者先有一定之勝算然後求戰
勝于易勝
見勝不過衆人之所知非善之善也
戰勝而天下曰善非善之善也
故
擧秋毫不爲多力
見日月不爲明目
聞雷霆不爲聽耳
故其勝也
無智名
無勇功
故不忒而勝已敗
以待敵之可勝(在敵)
故勝可知而不可爲
先爲不可勝(在己)
攻
守
(有餘) — 動九天之上
(不足) — 藏九地之下
故自保而全勝也
故修道而保法能爲勝敗之政
內外無形

원 문

軍形篇 第 四

孫子兵法大全에서

孫子曰：昔之善戰者，先爲不可勝，以待敵之可勝；不可勝在己，可勝在敵．故善戰者，能爲不可勝，不能使敵必可勝．故曰：勝可知，而不可爲．不可勝者，守也，可勝者，攻也．守則不足，攻則有餘．주1) 善守者，藏於九地之下； 善攻者，動於九天之上，故能自保而全勝也．

見勝，不過衆人之所知，非善之善者也．戰勝，而天下曰善，非善之善者也．故擧秋毫，不爲多力；見日月，不爲明目；聞雷霆，不爲聰耳．古之所謂善戰者，勝於易勝者也；故善戰者之勝也，無智名，無勇功．故其戰勝不忒；不忒者，其所措必勝，勝已敗者也．故善戰者，立於不敗之也，而不失敵之敗也．是故勝兵先勝，而後求戰；敗兵先戰，而後求勝．善用兵者，修道而保法，故能爲勝敗之政．

兵法：「一曰度，二曰量，三曰數，四曰稱，五曰勝，地生度，度生量，量生數，數生稱，稱生勝」．故勝兵若以鎰稱銖，敗兵若以銖稱鎰，勝者之戰，若決積水於千仞之谿者，形也．

원 문	훈 독
孫子曰(손자왈)： 昔之善戰者(석지선전자), 先爲不可勝(선위불가승), 以待敵之可勝(이대적지가승)；	손자왈 석지선전자는 선위불가승하고 이대적지가승이니라.

직 역

손자(孫子) 말하되(曰), 옛날(昔)의 잘(善) 싸우는(戰) 자(者)는 먼저(先) 이길수 없음을 하고, 그로써 적(敵)에게 가히 이기기를 기다린다(待).

- 昔(석)—「옛 석, 어제 석」, 待(대)—「기다릴 대」
- 爲不可勝(위불가승)—적이 아군을 이길수 없도록 해놓은 태세
- 待敵之可勝(대적지가승)—가히 적에게 이길 수 있는 기회를 기다리는것 (적의 헛점을 기다리는 것)

해 설

옛날 용병을 잘하는 장수는 먼저 적이 승리하지 못하도록 만전의 태세를 갖추고, 이편이 승리할 수 있는 기회를 기다렸다.

* 이 내용에서 손자는 공격보다 방어(防禦)에 중점을 둔것을 알 수 있다. 唐經武編箸「孫子兵法最新解」에 보면 「준비를 주밀(主密)하게하고, 내부를 잘다스려, 적의 헛점이 있기를 대기하라.」라고 했으며 이어서 아군이 만전을 기하는 준비 내용과 적의 헛점 발생요인을 기술해 두고 있다.

핵심도해

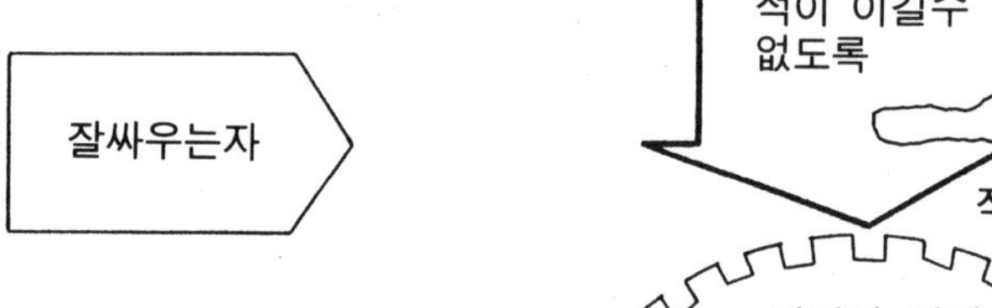

임진왜란시 풍신수길의 군사력 · 스탈린그라드 공방전에서의 소련군

영 문 역

Tactical Dispositions

Sun Tsu said： The good fighters of old, first put themselves beyond the possibility of defeat, and then waited for an opportunity of defeating the enemy.

원 문	훈 독
不可勝在己, 可勝在敵. 故善戰者, 能爲不可勝, 不能使敵必可勝 · 故曰 : 勝可知, 而不可爲.	불가승은 재기하고 가승은 재적이니 고로 선전자는 능위불가승이나 불능사적필가승이니라. 고로 왈 승가지나 이불가위니라.

직 역

이길(勝) 수 없음(不可)은 나(己)에게 있고(在), 이길(勝) 수 있음(可)은 적(敵)에게 있다(在). 그러므로 선전(善戰)하는 자(者)는 능히 이기지 못하게 할 수 있으나 적으로 하여금 아군이 반드시 이길 수 있도록 할 수는 없다. 그러므로 말하되 승(勝)은 알것이나 그렇게 할 수는 없다.

- 사(使)—「부릴 사, 하여금 사. 가령 사」 여기서는「하여금 사」
- 不可爲(불가위)—승리하게 할 수는 없음

해 설

적이 이기지 못하게 하는것은 나에게 달려있고, 내가 이기는 것은 적에게 달려 있다. 그러므로 용병을 잘 하는 장수는 능히 적이 승리하지 못하도록 할 수 있지만, 적으로 하여금 이편이 반드시 승리할 수 있도록 할 수는 없는 것이다. (내뜻대로 적을 그렇게 만들기는 어려운 것이다.) 그러므로 가히 이기는 것은 알수 있으나 그렇게 하지는 못한다.

핵심도해

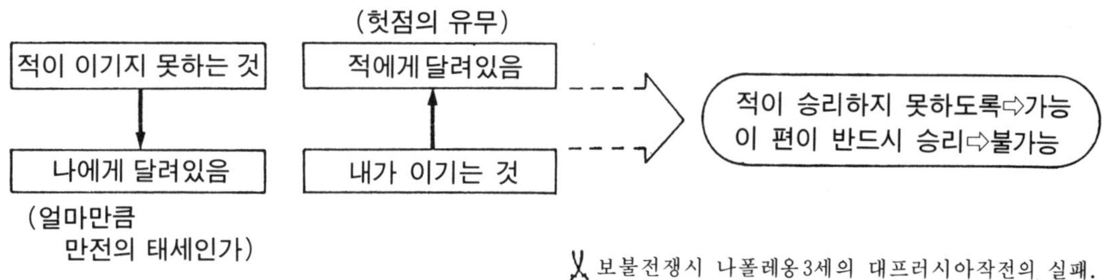

✂ 보불전쟁시 나폴레옹3세의 대프러시아작전의 실패.

영 문 역

To secure ourselves against defeat lies in our own hands, but the opportunity of defeating the enemy is provided by the enemy himself.

Thus the good fighter is able to secure himself against defeat, but cannot make certain of defeating the enemy.

Hence the saying : One may know how to conquer without being able to do it.

원 문	훈 독
불가승자 수야 不可勝者, 守也, 가승자 공야 可勝者, 攻也. 수즉부족 공즉유여 주1)守則不足, 攻則有餘.	불가승자는 수야하고 가승자는 공야니, 수즉부족하고 공즉유여니라.

직 역

이길(勝)수 없는(不可)자(者)는 지킨다(守). 이길(勝)수 있는(可)자(者)는 공격한다(攻). 지키(守)는 것은 곧(則) 부족(不足)하기 때문이요. 공격함(攻)은 곧(則) 여유(餘)가 있기(有) 때문이다.

● 守(수)－「지킬 수, 원님 수, 살필 수」 여기서는「지킬 수」
● 餘(여)－「남을 여, 딴일 여」 여기서는「남을 여」

해 설

두가지로 해석된다. 주1)참조

① 이길수 없는 자는 방어하고 이길수 있는자는 공격한다.
방어하는것은 곧 힘이 부족하기 때문이고 공격하는 것은 힘이 남음이라.

* 孫子十家註：「守者力不足, 攻者力有餘」

② 적이 아군을 이길 수 없는 것은 아군이 방어하기 때문이고, 아군이 적을 이길수 있는것은 공격할 빈틈이 있기 때문이다.
방어(守)를 하면 모든 곳에 대비해야하므로 병력이 부족해지고, 공격(攻)을 하면 적의 헛점을 발견, 집중투입이 가능하므로 병력의 여유가 있다.

* 孫子兵法大全

※ 출토된 죽간에 따르면 위내용과 상이하니 주1)을 참조할것

핵심도해

※①의 해석에 의해 도해함.

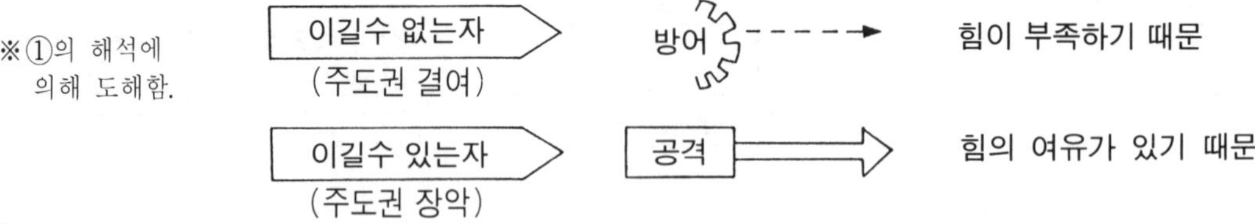

✂공격과 방어가 交錯된 전례： 요양회전과 봉천회전시 일본의 만주군, 1914.10. 와익세르江畔에서의 러시아군, 1914,8 렌베르크 회전후 오스트리아군, 沙河회전, 굼빈넨회전, 탄넨베르크섬멸전, 오스테르리츠 전역, 로스바하 전역, 헬만스타트 전역.

영 문 역

Security against defeat implies defensive tactics; ability to defeat the enemy means taking the offensive.

Standing on the defensive indicates insufficient strength; attacking, a superabundance of strength.

원 문	훈 독
善守者(선수자), 藏於九地之下(장어구지지하)!	선수자는 장어구지지하하고
善攻者(선공자), 動於九天之上(동어구천지상),	선공자는 동어구천지상이니
故能自保而全勝也(고능자보이전승야).	고로 능자보이전승야니라.

직 역

잘(善) 지키는(守) 자(者)는 구지(九地)의 아래(下)에 감추고(藏), 잘(善) 공격(攻)하는 자(者)는 구천(九天)의 위(上)에 움직인다(動). 그러므로 능히 스스로(自) 보전(保)하고 승(勝)을 온전(全)하게 한다.

- 藏(장)—「감출 장, 곳집 장, 간직할 장」 여기서는 「감출 장」
- 九地(구지)—「九」는 중국에서는 수(數)의 극치라 생각하며 「九地」는 지하의 가장 깊은 곳을 뜻한다.
- 九天(구천)—「가장 높은 곳」의 뜻으로, ① 태음천(太陰天) ② 진성천(辰星天) ③ 태백천(太白天) ④ 태양천(太陽天) ⑤ 형혹천(熒惑天) ⑥ 세성천(歲星天) ⑦ 진성천(鎭星天) ⑧ 항성천(恒星天) ⑨ 종동천(宗動天)의 아홉가지 天

해 설

방어를 잘하는자는 그의 병력을 땅속 깊숙히 감춘것 같이 하여 적에게 공격을 할 틈을 주지않으며, 또 공격을 잘하는 자는 높은 하늘에서 움직이는 것 같이하여 적에게 방어할수 있는 틈을 주지 않는다 그러므로 이편의 병력을 능히 보존하고 완전한 승리를 얻을 수 있는 것이다.

핵심도해

영 문 역

The general who is skilled in defense hides in the most secret recesses of the earth; he who is skilled in attack flashes forth from the topmost heights of heaven. Thus on the one hand we have ability to protect ourselves; on the other, a victory that is complete.

원 문

見勝，不過衆人之所知，
非善之善者也.
戰勝，而天下曰善，
非善之善者也.

훈 독

견승불과중인지소지는
비선지선자야하며
전승이천하왈선은
비선지선자야니라.

직 역

승(勝)을 보는(見)것이 중인(衆人)이 아는(知) 바(所)에 지나지 않음은(不過) 선(善)의 선한것이 아니다. 싸움(戰)에 이겨(勝) 천하(天下)에 선(善)하다고 하는 것은 선(善)의 선(善)한것이 아니다.

- 過(과)–「지날 과」, 衆(중)–「무리 중」
- 善之善者(선지선자)–최선의 것.
- 衆人之所知(중인지소지)–여러사람들이 아는 바임.
- 天下曰善(천하왈선)–세상사람들이 잘했다고 말함.

해 설

누가 보아도 쉽게 알 수 있는 승리는 최선의 승리가 아니다. 전쟁에 승리하되 세상사람들이 잘 했다고 칭찬하는 그런 승리는 최선의 승리가 못되는 것이다.

핵심도해

장개석과 2.28사건(추악한 승리로 평가됨)

영 문 역

To see victory when it is within the ken of the common herd is not the acme of excellence. Neither is it the acme of excellence if you fight and conquer and the whole Empire says, "Well done!"

원 문	훈 독
고 거 추 호 　불 위 다 력 故擧秋毫, 不爲多力;	고로 거추호는 불위다력이며
견 일 월 　불 위 명 목 見日月, 不爲明目;	견일월은 불위명목이오
문 뢰 정 　불 위 총 이 聞雷霆, 不爲聰耳.	문뢰정은 불위총이이라.

직 역

그러므로 추호(秋毫 : 짐승털)를 드는(擧) 것은 많은(多) 힘(力)이라 하지않고, 일월(日月 : 해와 달)을 보는것은 밝은 눈(明目)이라 하지않고, 뇌정(雷霆 : 천둥)을 듣는(聞) 것을 밝은 귀(聰)라 하지 않는다.

- 秋(추)—「가을 추, 성 추」, 毫(호)—「가는털 호, 붓 호, 조금 호」, 秋毫(추호)—가을에 바뀌 나는 짐승의 털, 대단히 미소(微小)함을 뜻함
- 雷(뢰)—「우뢰 뢰」, 霆(정)—「벼락 정」
- 聰(총)—「귀밝을 총, 총명할 총」

해 설

그러므로 가는 털을 들었다고해서 힘이 세다고 하지않고, 해와달을 보았다고 해서 눈이 밝다고 하지않고, 천둥소리를 들었다고 해서 아무도 귀가 밝다고 하지않는다.

＊ 누구나 할 수 있음이라 !

핵심도해

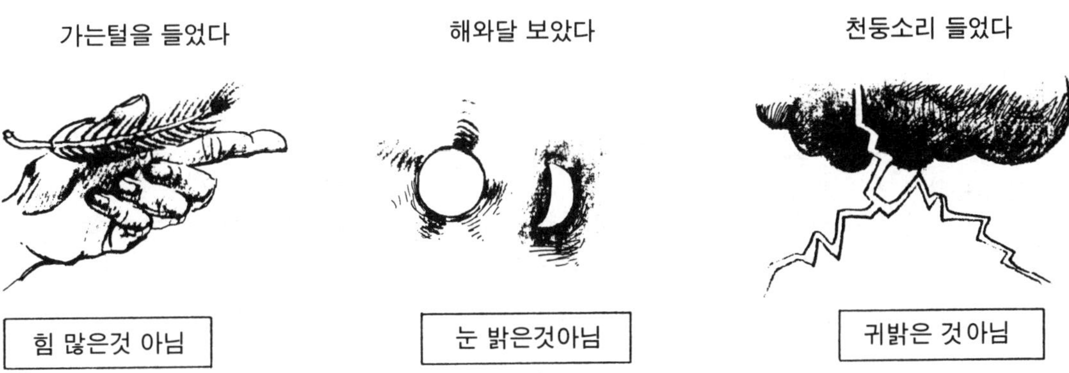

영 문 역

To lift an autumn hair no sign of great strength; to see sun and moon is no sign of sharp sight; to hear the noise of thunder is no sign of a quick ear.

원 문	훈 독
고지소위선전자 古之所謂善戰者, 승어이승자야 勝於易勝者也; 고선전자지승야 무지명 故善戰者之勝也, 無智名, 무용공 無勇功.	고지소위선전자는 승어이승자야라. 고로 선전자지승야에 무지명하고 무용공이니라.

직 역

옛날(古)의 이른바(所謂) 잘 싸우는 자는 이기기(勝) 쉬운(易)데 이기는(勝) 자(者)이다. 그러므로 잘 싸우는자의 이김은 지명(智名)도 없고(無) 용공(勇功)도 없다.

- 勝於易勝(승어이승)—이기기 쉬운것을 이김
- 智名(지명)—지혜(智)와 이름(名)
- 勇功(용공)—용기(勇)와 공적(功)

해 설

옛날의 이른바 전투를 잘하는 자는 먼저 이길수 있는 여건을 만든후에 자연스럽게 이기는 자이다. 따라서 전투를 잘하는 자의 승리에는 지모(智謀)나 용감하다는 공적 따위가 눈에 띄지 않는 것이다.

* 명장들은 세인들이 보지 못하는 「승리의 맥」을 보기 때문에 세인들이 그것을 인식하지 못한 가운데 승리를 거두게되므로 세인들의 칭찬이 있을 수 없다. 이미 패배할 수 밖에 없는 지경에 둔 적과 싸우기 때문이다.

핵심도해

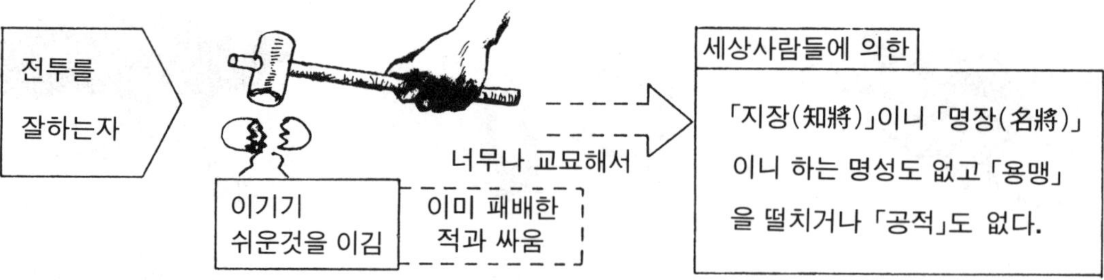

1914년 독일의 프랑스 선택.
1914년 독일제8군이 레넨캄프군 선택

※ 진정한 명장의 개념 소진의 합종(合縱)

영 문 역

What the ancients a clever fighter is one who not only wins, but excels in winning with ease.

Hence his victories bring him neither reputation for wisdom nor credit for courage.

원 문	훈 독
故其戰勝不忒; 不忒者, 其所措必勝, 勝已敗者也.	고로 기전승불특하니 불특자는 기소조필승이니 승이패자야니라

직 역

그러므로(故) 그(其) 싸움(戰)에 이김은(勝) 틀림(忒)이 없고(不) 틀림(忒)이 없는(不) 자(者)는 그(其) 조처(措)하는 바(所) 반드시(必) 이긴다(勝). 이미(已) 패한 자에게 이기는 것이다.

- 忒(특)—「어긋날 특」, 不忒(불 특)—틀리지 않음 즉 하는 일에 틀림이 없다는 뜻
- 措(조)—「베풀 조」
- 所措(소조)—조처하는바 생각하고 처리하는것

해 설

그러므로 그 전쟁의 승리에는 틀림이 없고 (오산이 없다) 틀림이 없는것은 그의 조처하는 바가 반드시 승리하게 되어 있는 것이니, 이미 패한 자에게 승리하는 것이기 때문이다. —처음부터 패자와 싸우고 있기 때문이다.

핵심도해

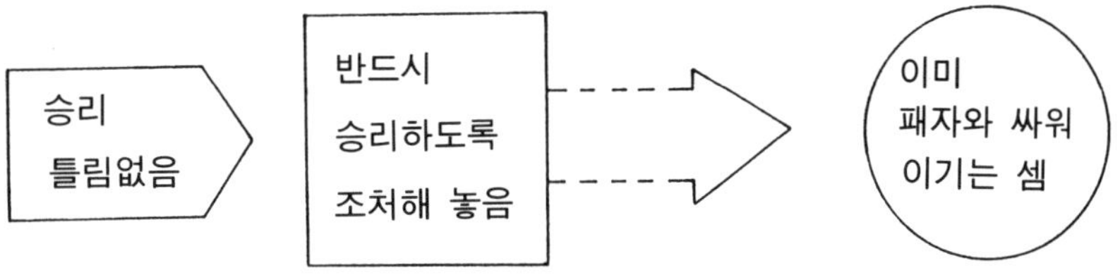

普墺戰爭(1866)에서 프러시아군은 이미 오스트리아군과 이길수 밖에 없는 전쟁을 했음

영 문 역

He wins his battles by making no mistakes.

Making no mistakes is what establishes the certainty of victory, for it means conquering an enemy that is already defeated.

원 문	훈 독
고선전자 입어불패지지 故善戰者, 立於不敗之地, 이불실적지패야 而不失敵之敗也. 시고승병선승 이후구전 是故勝兵先勝, 而後求戰; 패병선전 이후구승 敗兵先戰 而後求勝.	고로 선전자는 입어불패지지하여 이불실적지패야니라. 시고로 승병은 선승이후구전하고 패병은 선전이후구승이니라.

직 역

그러므로(故) 잘(善) 싸우는(戰) 자(者)는 불패(不敗)의 땅(地)에 서고(立), 그리하여 적(敵)의 패(敗)를 잃지(失) 않는다. 이런 고로, 승병(勝兵)은 먼저(先) 이기고(勝) 뒤(後)에 싸움(戰)을 구(求)하고, 패병(敗兵)은 먼저(先) 싸우고(戰) 뒤(後)에 승(勝)을 구(求)한다.

- 不敗之地(불패지지)—패하지 않는 처지(지형뿐만아니라 기타 형세까지)
- 不失適之敗(불실적지패)—적의 실패를 놓치지 않음

해 설

그러므로 전쟁을 잘하는 자는 처음부터 패배하지 않을 태세를 갖추고, 적을 패배시킬수 있는 기회를 놓치지 않았다. 이런 까닭에 승리하는 군대는 먼저 이기고 (승산이 확실할 때) 그후에 전쟁을 시작하고, 패배하는 군대는 덮어놓고 전쟁을 시작하고 그 후에 승리를 찾으려한다.

핵심도해

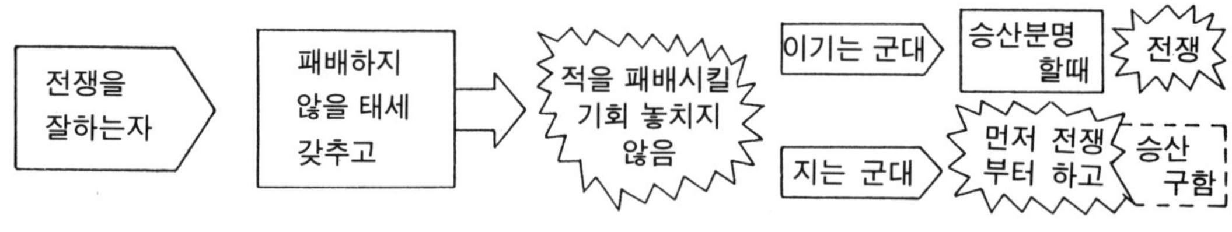

마르느의 기적(1914. 9)

영 문 역

Hence the skillful fighter puts himself into a position which makes defeat impossible, and does not miss the moment for defeating the enemy.

Thus it is that in war the victorious strategist seeks battle after the victory has been won, whereas he who is destined to defeat first fights and afterwards looks for victory.

원 문	훈 독
善用兵者(선용병자), 修道而保法(수도이보법), 故能爲勝敗之政(고능위승패지정).	선용병자는 수도이보법이니 고로 능위승패지정이니라.

직 역

용병(用兵)을 잘(善)하는자(者)는, 도(道)를 닦고(修) 법(法)을 보전(保)한다. 그러므로(故) 능(能)히 승패(勝敗)의 정(政)을 한다.

- 修(수)－「닦을 수, 고칠 수, 꾸밀 수」여기서는「닦을 수」
- 수도(修道)－「道」를 갈고 닦는것. 여기서「道」란 고대중국의 병법원리를 말하는데 손자병법 제1시계편에 나오는 5사(五事)의 그 첫번째「道」를 의미하고, 보법(保法)의「法」도 5사(五事) 중의 「法」을 말한다. 「보법」이란「법을지켜 보존함」을 뜻한다.
- 勝敗之政(승패지정)－승패의 지배권 즉 승패의 열쇠를 가진다는 뜻.

해 설

용병을 잘하는 자는 상하 일치를 도모하며 군대의 편제, 규율 및 병참을 갖추는 자이다. 그러므로 그는 능히 승패를 자유자재로 결정하는 것이다.

※5事에서 道·將·法은 수준 미달시 임의로 육성배양가능하다고 했다. 여기서 善用兵者는 將이라 할 수 있으며 道·法이 제시되고 있다.

핵심도해

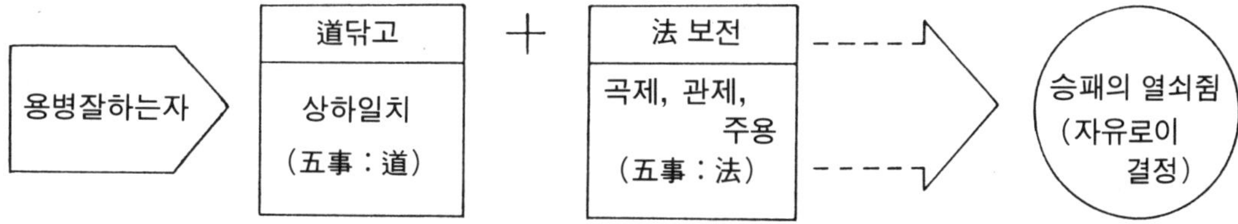

영 문 역

The consummate leader cultivates the moral law, and strictly adheres to method and discipline; thus it is in his power to control success.

원 문	훈 독
병법 일왈도 이왈량 兵法: 一曰度, 二曰量,	병법에 일왈도이요. 이왈량이요
삼왈수 사왈칭 오왈승 三曰數, 四曰稱, 五曰勝,	삼왈수요 사왈칭이요 오왈승이니라.
지생도 도생량 량생수 地生度, 度生量, 量生數,	지생도하고 도생량하고 량생수하고
수생칭 칭생승 數生稱, 稱生勝.	수생칭하고 칭생승이니라.

직 역

병법(兵法)은 1에 말하되(曰) 도(度), 2에 말하되 양(量), 3에 말하되 수(數), 4에 말하되 칭(稱), 5에 말하되 승(勝)이니라. 지(地)는 도(度)을 낳고(生), 도(度)는 양(量)을 낳고(生), 양(量)은 수(數)를 낳고(生), 수(數)는 칭(稱)을 낳고(生), 칭(稱)은 승(勝)을 낳는다(生).

- 度(도, 탁)-「법도 도, 자 도, 헤아릴 탁」, 여기서는 길이를 재는 것 . 즉 지형의 장단(長短)을 재는것.
- 量(량)-「용량 량, 헤아릴 량」, 분량을 계산하는 것으로 자원의 많고 적음
- 數(수)-「셈할 수, 몇 수」, 여기서는 인구의 수
- 稱(칭)-「저울질할 칭, 일컬을 칭」여기서는 전력(戰力)의 우열을 비교한다는 뜻.

해 설

병법에 첫째는 지형의 계측, 둘째는 자원, 셋째는 인구, 넷째는 전력의 평가, 다섯째는 승리라 했다. 토지넓이를 계측하여(度), 인구나 물량을 판단하고(量), 판단된 량에 따라 군사력이 결정되고(數), 군사력을 상호 비교하여(稱), 승리를 예측한다(勝).

핵심도해

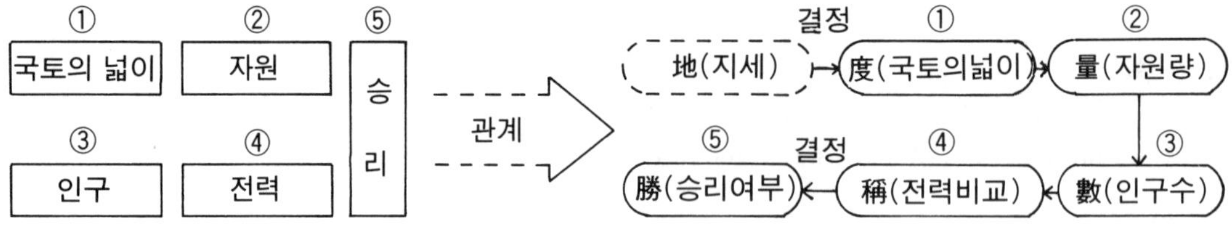

영 문 역

In respect of military method, we have, firstly, Measurement; secondly, Estimation of quantity; thirdly, Calculation; fourthly, Balancing of chances; fifthly, Victory.

Measurment owes its existence to Earth; Estimation of quantity to Measurement; Calculation to Estimation of Quantity; Balancing of chances to Calculation; and Victory to Balancing of chances.

원 문	훈 독
故勝兵若以鎰稱銖. (고 승 병 약 이 일 칭 수) 敗兵若以銖稱鎰. (패 병 약 이 수 칭 일)	고로 승병은 약이일칭수하고 패병은 약이수칭일이니

직 역

그러므로 승병(勝兵)은 일(鎰)로써 수(銖)를 재는(稱) 것과 같고(若), 패병(敗兵)은 수(銖)로써 일(鎰)을 재는(稱) 것과 같다.

- 若(약)－「같을 약, 너 약, 만약 약」여기서는「같을 약」
- 鎰(일)－「무게 일」, 당시 중량의 단위로 24수(銖)가 양(兩), 24양이 일(鎰)
- 銖(수)－「무게 수」

해 설

그러므로 승리하는 군대는 (무거운) 일(鎰)의 무게로(가벼운) 수(銖)를 저울질하는 것과 같으며, 패배하는 군대는 (가벼운) 수(銖)의 무게로 (무거운) 일(鎰)의 무게를 저울질하는 것과 같다.

＊ －수(銖)는 일(鎰)보다 576분의 1정도로 가볍다. 위의 뜻은 이와같이 현격한 차이의 전력(戰力)으로 싸운다면 우세한 편이 반드시 이긴다는 것이며, 일(鎰)과 수(銖)와 같은 엄청난 차이의 상황을 만들어 이긴다는 것이다.

핵심도해

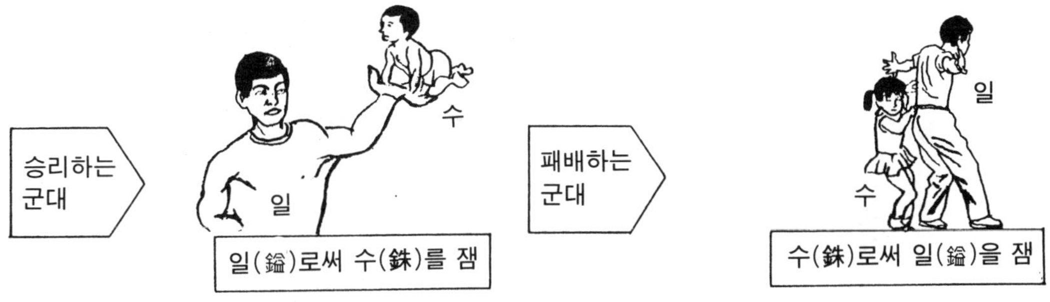

영 문 역

A victorious army opposed to a routed one, is as a pound's weight placed in the scale against a single grain.

원 문	훈 독
승자지전 약결적수어 勝者之戰, 若決積水於 천인지계자 형야 千仞之谿者, 形也.	승자지전은 약결적수어 천인지계자 형야니라.

직 역

승자(勝者)의 싸움(戰)은 적수(積水)를 천길(千仞)의 계곡(谿)에 터(決) 놓은 것과 같은(若) 형상(形)이다.

- 決(결)－「물터놓을 결, 결단할 결」여기서는「물터놓을 결」
- 積水(적수)－모여서 고인물, 決積水(결적수)－고인물을 따놓음
- 仞(인)－「길 인」, 길이, 8척을 1인(仞)이라함
- 谿(계)－「골짜기 계」, 千仞之谿(천인지계)－천길되는 골짜기

해 설

승리하는 군대는 싸우게하기를 마치 막아둔 물을 터뜨려서 천길계곡으로 쏟아지게 하는 것과 같게 하는 것이니 이것을 형(形)이라 한다.

* 군의 형세를 그렇게 배치했기 때문이다.「形」의 글자 처음 등장
* 본편을「군형편(軍形篇)」이라 부르는 것은 여기에서 인용한 것이다.
* 군형(軍形)의「形」자체만으로는 힘을 발휘하지 못한다. 뒷편의「勢(세)」와 합쳐질때 비로소 동적으로 전환되어 힘을 발휘하는 것이다.

핵심도해

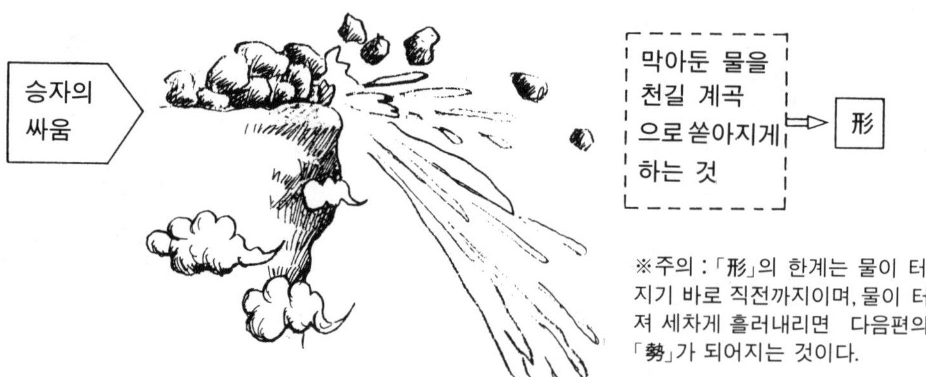

영 문 역

The onrush of a conquering force is like the bursting of pent-up waters into a chasm a thousand fathoms deep. So much for tactical dispositions.

중국본 註解

주1) **守則不足, 攻則有餘** (수즉부족 공즉유여)

여기에서 문제가 되는 것은 「不足」과 「有餘」에 대한 명확한 개념이다.

◎ 孫子十家註

曹公曰吾所以守者力不足也所以攻者力有餘也/李筌曰力不足者可以守力有餘者可以攻也/梅堯臣曰守則知力不足攻則知力有餘

◎ 孫子兵法大全

「守」者, 每感無處不應守, 卽無處不需兵, 乃感兵「不足」; 「攻」者, 已發現敵之隙弱與可乘之機會 故常覺兵力「有餘」裕也.

◎ 孫子兵法之綜合研究

兵力的有餘或不足, 是相對的, 不是絶對的. …兵力不足而守, …兵力不足是弱, 兵力有餘是强.

◎ 孫子兵法白話解

「吾所以守者, 力不足也, 所以攻者, 力有餘也.」…「守」是因爲兵力不足 「攻」是因爲兵力有餘.

위 문헌의 분석결과 다음 두가지의 해석이 공히 가능하다.

①「守」: 兵力(혹은力)이 부족하기 때문, 「攻」: 兵力(혹은力)이 남기때문(여유가 있기때문)

②「守」: 모든 곳에 대응할 수 있도록 병력을 배치해야되므로 병력이 부족하게 된다(혹은 힘이 분산되어 부족하게된다).

「攻」: 적의 헛점을 발견하여 그 약점에 병력을 집중투입하기 때문에 병력의 여유가 생긴다.

본 책자에는 ①의 해석을 따랐지만 ②의 해석도 타당하다.

※1972년 4월 은작산 한무제 묘에서 출토된 손자병법 죽간에 따르면 주1)의 「守則不足, 攻則有餘」 어귀가 「守則有餘, 攻則不足」으로 되어있음.
즉 「방어하면 여유가 있고 공격하면 부족하다」라 해석 되어지는데 이 부분은 앞으로의 연구결과에 따름.

병세편제오
兵勢篇第五

周 당시 사회제도는 봉건(封建)제도이다. 봉건제도는 최고통치자인 周王室이 친족관계나 기타 관계로 연계된 예하 제후(諸侯)들에게 토지와 권력을 일부 할당해주고 일정한 의무를 지도록 하는 제도이다. 이러한 제후는 사실상 주왕실의 통제를 받지 않고 거의 독립적 통치제도를 갖추고 나름대로 세력을 형성했다. 당시 계급제도는 周王室·諸侯·卿大夫·士·庶人·奴隸(주로 전쟁포로)로 구성되어 있었다. 제후중에서도 작위가 5등급 즉 公·侯·伯·子·男으로 나뉘어졌는데 이 중 서열이 낮은 子의 작위를 받은 제후에 바로 손무가 참여했던 전쟁의 주역국인 吳·楚가 포함되어 있었고 이들은 미개국으로 蠻夷라 불려졌다.

周의 平王이 洛邑으로 東遷한 이후 東周시대가 시작되어 (B.C. 770) 소위 춘추전국시대가 시작되었다. 정치적으로 볼때 춘추시대에는 대체로 봉건제도가 유지되었으나, 전국시대에 와서는 붕괴되어 제후들은 軍國主意를 강행했다. 춘추시대에는 대체로 140국의 제후국(또는 170국)이 있었다고 하며 역사적으로 위치와 행적을 고증할 수 있는 제후국은 齊·宋·楚·吳·越·魯·曹·衛·鄭·陳·蔡·晋·秦등 십여개국에 불과하다.

주요 어귀

以正合 以奇勝
奇正之變
如轉圓石於千仞之山者

개 요

「병세(兵勢)」란「군이 적을 압도하는 위력과 형세」이다. 여기서「勢(세)」란「힘이 움직이는 기세」를 의미한다. 병세편에서는 전쟁은 군(軍)의 세(勢)를 잘 구사하는것이 중요하다는 것을 말하고 있다. 힘은 정지되면 발휘치 못하고 움직여야 밖으로 나타난다.

전쟁은 힘의 대결이다. 힘을 최대한으로 발휘하기 위해서는 군대에 세(勢)를 부여해야 한다. 손자는 병세편에서 세(勢)를 발휘케하는「힘의 육성과 축적」그리고 그 힘을 정적인 상태에서 동적인 상태로「전화(轉化)」시키고「세(勢)를 형성시키는 과정」을 기술했다.

본편에서는 유명한 기정법(奇正法)이 나오며「기(奇)」와「정(正)」의 변화 활용을 함축성있게 설명했다. 전편인 군형(軍形)과 본편인 병세(兵勢)는「形」과「勢」가 서로 관계되어,「形」의 내부에 잠재되어 있는「勢」가「形」의 발동과 동시에(정→동) 그 활동을 개시한다고 했다.

여기서 주목할 것은「正」에 대한 개념이다. 손자는 이 병세편에서「奇(기)」에 대해 대부분 언급했지만 그것은「正」이 이미 전편인 군형편까지 계속 강조되어 왔기 때문이라는 것을 알아야한다. 즉 모든 힘의 기본은「正」에 있다.「正의 힘」이 부족할 시에는 아무리「奇(기)」가 다양하다 하더라도 전투 그 자체가 어렵다. 병세편의 편명은 古文孫子에서는 '勢篇第五'로 명시되어 있다.

※앞편인 군형(軍形)에서 잘 갖추어진 충실한 전투준비태세를 기반으로 이제 실질적으로 외부로 그 힘이 표출되어 적부대를 깨뜨리는 병세 단계에 이르렀다. 최대의 세(勢)가 발휘되기 위해서는 선결조건으로 그러한 세가 발휘될 수 있는 군형(軍形)이 뒷받침되어야 함은 두말할 나위가 없다.

구 성

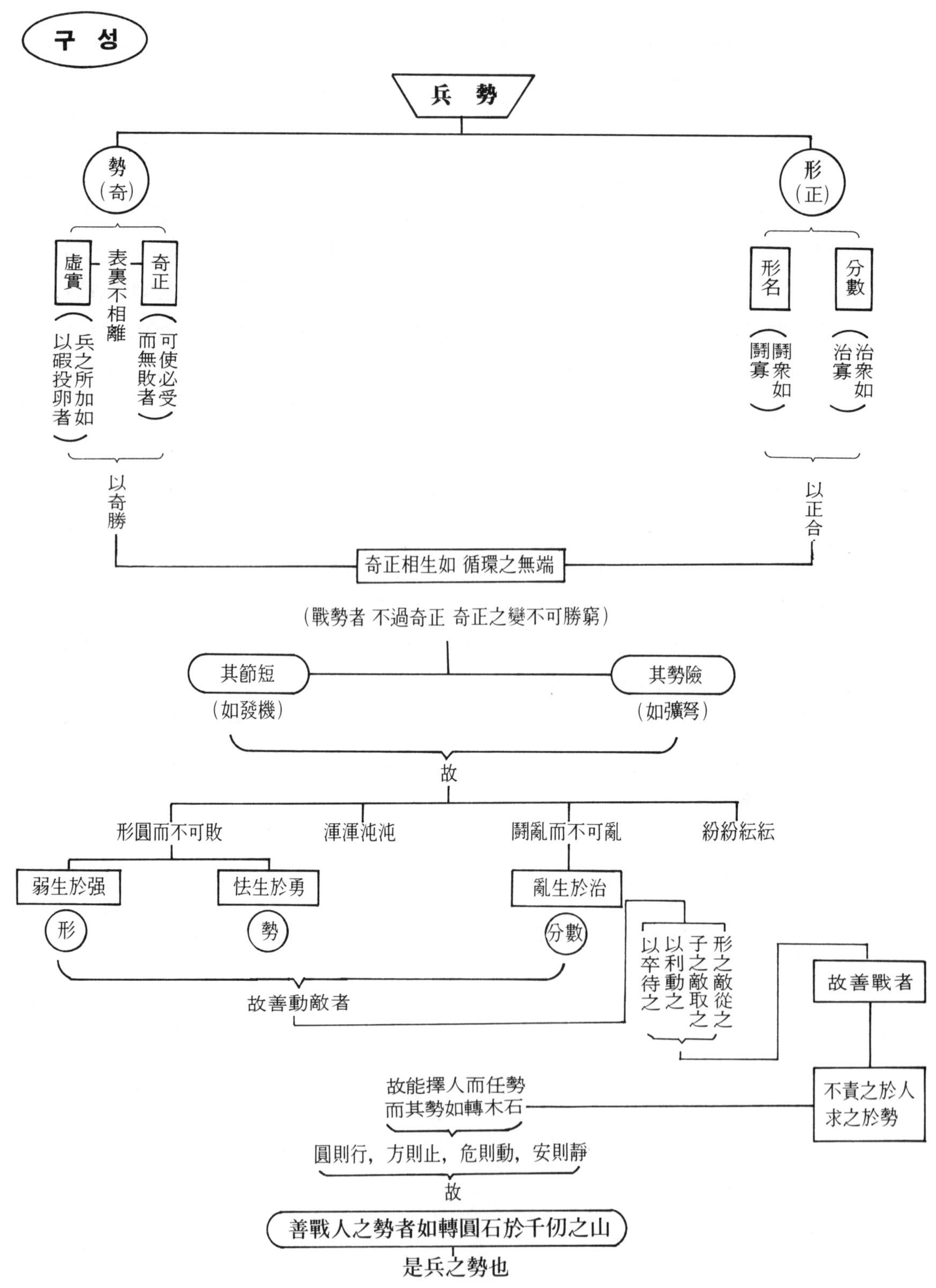
兵勢
勢(奇)
形(正)
虛實
表裏不相離
奇正
(兵之所加如以碫投卵者)
(可使必受而無敗者)
形名
分數
(鬪衆如鬪寡)
(治衆如治寡)
以奇勝
以正合
奇正相生如 循環之無端
(戰勢者 不過奇正 奇正之變不可勝窮)
其節短
(如發機)
其勢險
(如彍弩)
故
形圓而不可敗
渾渾沌沌
鬪亂而不可亂
紛紛紜紜
弱生於强
怯生於勇
亂生於治
形
勢
分數
故善動敵者
形之敵從之
子之敵取之
以利動之
以卒待之
故善戰者
不責之於人
求之於勢
故能擇人而任勢
而其勢如轉木石
圓則行，方則止，危則動，安則靜
故
善戰人之勢者如轉圓石於千仞之山
是兵之勢也

원 문

兵勢篇 第 五

孫子兵法大全에서

孫子曰：凡治衆如治寡，分數是也.鬪衆如鬪寡，形名是也. 三軍之衆，可使必受敵而無敗者，奇正是也. 兵之所加，如以碫投卵者，虛實是也. 凡戰者，以正合，以奇勝.[주1] 故善出奇者，無窮如天地，不竭如江河，終而復始，日月是也；死而復生，四時是也. 聲不過五，五聲之變，不可勝聽也. 色不過五，五色之變，不可勝觀也. 味不過五，五味之變，不可勝嘗也. 戰勢，不過奇正，奇正之變，不可勝窮也. 奇正相生，如循環之無端，孰能窮之哉！

激水之疾，至於漂石者，勢也. 鷙鳥之疾，至於毁折者，節也. 是故善戰者，其勢險，其節短，勢如彍弩，節如發機.

紛紛紜紜，亂鬪，而不可亂也，渾渾沌沌，形圓，而不可敗也. 亂生於治，怯生於勇，弱生於强. 治亂，數也. 勇怯，勢也. 强弱，形也. 故善動敵者，形之，敵必從之[주2]； 予之，敵必取之； 以利動之，*以卒待之. 故善戰者，求之於勢，不責於人，故能擇人而 任勢； 任勢者，其戰人也，如轉木石，木石之性，安則靜，危則動，方則止，圓則行. 故善戰人之勢，如轉圓石於千仞之山者，勢也.

* 「손자병법대전」에는 「以實待之」로 되어있다. 그러나 대부분의 문헌에서와 같이 「以卒待之」로 표기했다.

실질적 위력발휘로서 「勢」에 대해 특히 유의할 것이 있다. 만약 원시적이고 무절제하게 「勢」가 발휘된다면 전력에는 아무런 도움을 주지 못한다. 이러한 「勢」는 반드시 절제되고 잘 통제된 상태로 발휘되어야 戰勝에 기여할 수 있는데 그래서 지휘관은 分數(전투편성)와 形名(지휘통제수단)등의 각종수단을 통해 이를 절제하는 것이다. 절제되고 경제적인 「勢」의 사용은 지휘관의 중요한 책무가 될 것이다. 통제되지 않는 「勢」의 발휘는 오히려 조직을 망칠 수 있음을 숙고해야 한다.

원 문	훈 독
孫子曰(손자왈): 凡治衆如寡(범치중여과), 分數是也(분수시야). 鬪衆如鬪寡(투중여투과), 形名是也(형명시야).	손자왈, 범치중여과는 분수가 시야요, 투중여투과는 형명이 시야니라.

직 역

손자(孫者) 말하되(曰). 무릇(凡) 중(衆)을 다스림은(治) 과(寡)를 다스림과 같은(如) 것은 분수(分數)이것(是)이다. 중(衆)을 싸우게(鬪) 함과 과(寡)를 싸우게(鬪) 함과 같은(如)것은 형명(形名)이것(是)이다.

- 治(치)—「다스릴 치」, 治衆(치중)—많은 군사들을 다스림.
- 分數(분수)—적은수로 나눔, 「분(分)」은 군(軍)의 관제, 「수(數)」는 군의 편성이나 병력수. 즉 세분화된 군대 조직및 편성
- 形名(형명)—「형(形)」은 사람의 시각에 호소해서 명령을 전달하는 도구 즉 깃발, 연기등 이며 「명(名)」은 사람의 청각에 호소하여 명령을 전달하는 종이나 북 등, 즉 지휘수단

해 설

다수의 군사들을 통솔하면서도 소수의 군사들을 통솔하듯이 (쉽게)하는것은 군사들을 나누어 편성하기 때문이다. 또 다수의 군사들을 싸우게 하면서도 소수의 군사들을 싸우게 하는것과 같이 하는것은 호령(號令)의 신호를 사용하기 때문이다.

핵심도해

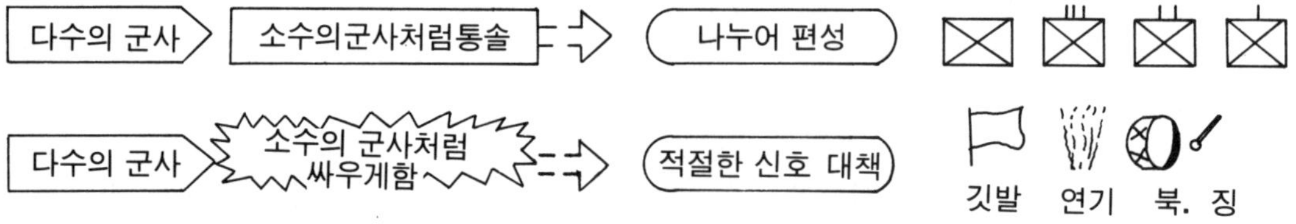

영 문 역

Energy

Sun Tsu said: The control of a large force is the same in principle as the control of a few men: it is merely a question of dividing up their numbers. Fighting with a large army under your command is nowise different from fighting with a small one: it is merely a question of instituting signs and signals.

원 문	훈 독
三軍之衆(삼군지중), 可使必受敵(가사필수적) 而無敗者(이무패자), 奇正是也(기정시야). 兵之所加(병지소가), 如以碬投卵者(여이하투란자), 虛實是也(허실시야).	삼군지중이 가사필수적하여 이무패자는 기정이 시야니라. 병지소가에 여이하투란자는 허실이 시야니라.

직 역

삼군(三軍)의 중(衆), 반드시(必) 적(敵)을 받아(受) 패(敗)가 없게(無) 할수 있는 것은 기정(奇正)이것이다. 병(兵)의 더하는(加) 바(所), 숫돌(碬 : 하)로써 알(卵)에 던지는(投) 것과 같은(如) 것은 허실(虛實)이것이다.

- 受敵(수적)－적을 만남, 碬(하)－「숫돌 하」, 投(투)－「던질 투」
- 卵(란)－「알 란」, 虛實(허실)－충실함으로 헛점을 침

해 설

삼군의 군사가 적과 마주쳐서 반드시 패하는 일이 없는것은 기(奇)와 정(正)의 전술을 사용하기 때문이다. 병력을 적군에게 가할때 마치 숫돌로써 알에 던지는 것과 같이 하는것은 실(實 : 태세의 충실)로써 허(虛 : 헛점)를 치기 때문이다.

핵심도해

* 周당시 兵制는 周王室이 6軍, 大國이 3軍, 中國이 2軍, 小國이 1軍이었고, 1개軍은 兵車약2천승이었다.

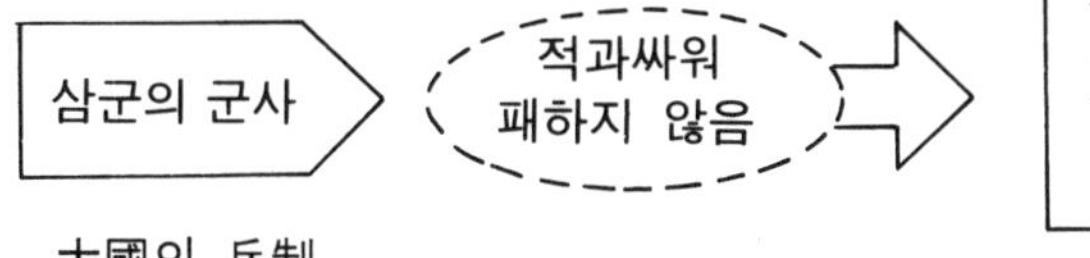

奇(기)
正(정)
사용

전투전개

숫돌로 알을 침
허실
숫돌(實)
알(虛)

※유방과 한신의 장감공략

영 문 역

To ensure that your whole host may withstand the brunt of the enemy's attack and remain unshaken–this is effected by maneuvers direct and indirect.

That the impact of your army may by like a grindstone dashed against an egg–that is effected by the science of weak points and strong.

원 문	훈 독
凡戰者, 以正合, 以奇勝주1). 故善出奇者, 無窮如天地, 不竭如江河,	범전자는 이정합하고 이기승이니라. 고로 선출기자는 무궁여천지하고, 불갈여강하니라

직 역

무릇(凡) 싸움(戰)은 정(正)으로써 합(合)하고 기(奇)로써 이긴다(勝). 고로 기(奇)를 잘(善) 내는(出)자(者)는 무궁(無窮)하기 천지(天地)와 같고(如), 다하지(竭：마르지)않기(不) 강하(江河)와 같다(如). 주1) 참조

- 窮(궁)−「다할 궁」, 竭(갈)−「다할 갈」
- 以正合(이정합)−여기서는「合(합)」은「對(대)」와 같이 해석하여 正力으로 적과 맞서는 것을 뜻함
- 天地(천지)−하늘과 땅의 조화.
- 江河(강하)−양자강(楊子江)과 황하(黃河)로서 중국에서 제일 큰 강을 뜻하나 그냥「큰 강」이라고 봐도 됨.

해 설

모든 전쟁은 정력(正力)으로써 대치하고 기계(奇計)로써 승리한다. 고로 잘 기계를 구사하는 자는 그 기계가 천지(天池)와 같이 무궁하고 강하(江河)와 같이 마르지 않는다.

* 손자병법의 핵심적 어구인「기정(奇正)」은 깊이 통찰하여 이해해야 한다. 기정(奇正)은 두 개로 구분된 별개의 것이 아닌 본질상 동일체이며 이것이 손자병법의 오묘한 특징중 하나이다. 정(正)은「5사, 7계, 상법(常法), 정통, 전형, 근본」이며 기(奇)는「궤도, 변법(變法), 비정통, 비전형, 운용」으로 볼 수 있다. 정(正)을 바탕으로 기(奇)가 발산된다. 혹자는「正」이 추가된「故善出奇正者」라고도 주장함.

핵심도해

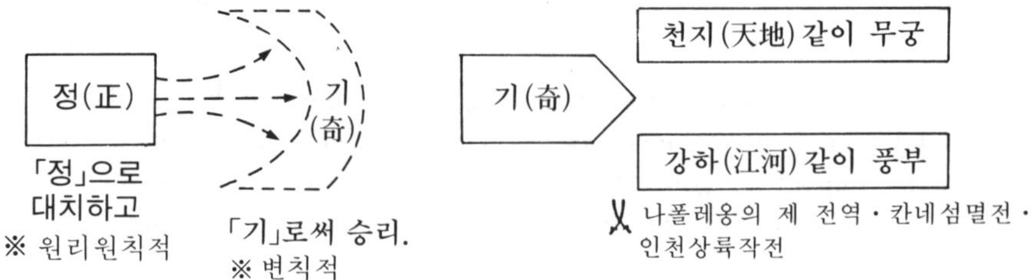

영 문 역

In all fighting, the direct method be used for joining battle, but indirect methods will be needed in order to secure victory.

Indirect tactics, efficiently applied, are inexhaustible as Heaven and Earth, unending as the flow of rivers and streams;

원 문	훈 독
종 이 부 시　　일 월 시 야 終而復始，日月是也；	종이부시는 일월이 시야요.
사 이 부 생　　사 시 시 야 死而復生，四時是也.	사이부생은 사시가 시야니라.
성 불 과 오　　오 성 지 변 聲不過五，五聲之變，	성불과오나 오성지변
불 가 승 청 야 不可勝聽也.	불가승청야요.

직 역

끝나고(終)다시(復) 시작(始)하는 것은 해(日)와 달(月)이것(是)이다. 죽고(死) 다시(復) 사는(生)것은 사시(四時) 이것(是)이다. 소리(聲)는 다섯(五)에 지나지 않으나 오성(五聲)의 변화(變)는 다 들을(聽) 수 없다(不可).

- 終(종)—「마칠 종」, 復(복, 부)—「회복할 복, 거듭할 복, 다시 부」, 여기서는「다시 부」
- 聲(성)—「소리 성, 말 성, 노래 성」
- 終而復始(종이부시)—해와달이 서쪽으로 졌다가 다시 동쪽으로 나오듯 끊임없이 나타난다는 말.
- 四時(사시)—사계절
- 五聲(오성)—중국음악의 음계(音階)인 궁(宮)·상(商)·각(角)·치(徵)·우(羽)이며 우리나라의 아악(雅樂)은 이를 기초로함

해 설

해와 달처럼 사라졌다가 다시 나타나며, 4계절 처럼 지나갔다가 다시오는것과 같다. 소리의 기본은(궁·상·각·치·우)5가지에 지나지 않지만 그 5가지가 변하는 것은 이루 다 들을 수가 없다.

핵심도해

영 문 역

like the sun and moon, they end to begin anew; like the four seasons,they pass but to return once more.

There are not more than five musical notes, yet the combinations of these five give rise to more melodies than can ever be heard.

원 문	훈 독
色不過五, 五色之變, 不可勝觀也. 味不過五, 五味之變, 不可勝嘗也.	색불과오이나 오색지변은 불가승관야요. 미불과오이나 오미지변은 불가승상야니라.

직 역

빛(色)은 다섯(五)에 지나지(過) 않으나(不), 오색(五色)의 변화(變)는 다 볼(觀) 수 가 없는 것이다. 맛(味)은 다섯(五)에 지나지 않으나, 오미(五味)의 변화(變)는 다 맛볼(嘗) 수 없다.

- 色(색)—「빛 색, 낯 색, 색정 색」
- 變(변)—변화
- 五味(오미)—단맛(감 : 甘)· 신맛(산 : 酸)·짠맛(함 : 鹹)·매운맛(신 : 辛)·쓴맛(고 : 若)
- 五色(오색)—청(靑)·적(赤)·백(白)·황(黃)·흑(黑)
- 嘗(상)—「맛볼 상, 일찍 상, 시험할 상」 여기서는 「맛볼 상」

해 설

원색은 다섯가지에 불과하지만 그것의 변화는 실로 헤아릴수없어 다 볼 수 없는 것이며, 맛의 기본은 다섯가지에 불과하지만 그것의 변화는 실로 헤아릴 수 없어 다 맛볼 수 없는 것이다.

핵심도해

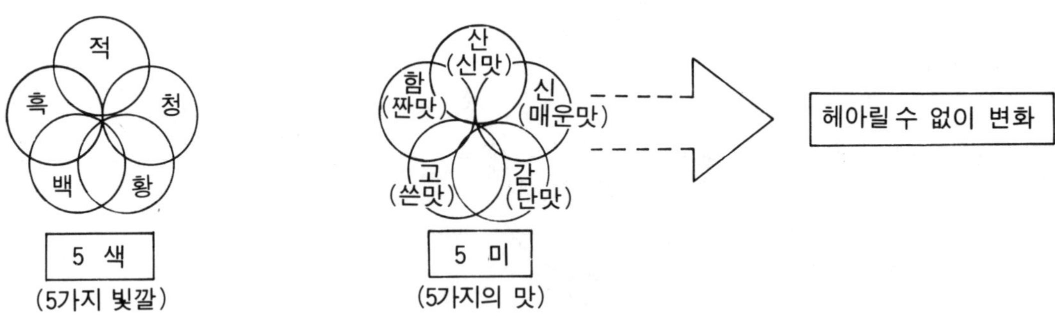

영 문 역

There are not more than five primary colors, yet in combination they produce more hues than can ever be seen.

There are not more than five cardinal tastes, yet combinations of them yield more flavours than can ever be tasted.

원 문	훈 독
戰勢, 不過奇正,	전세불과기정이나
奇正之變, 不可勝窮也.	기정지변은 불가승궁야니라.
奇正相生, 如循環之無端,	기정상생은 여순환지무단이니
孰能窮之哉!	숙능궁지재리요.

직 역

전세(戰勢)는 기정(奇正)에 지나지 않으나, 기정(奇正)의 변화(變)는 다 궁구(窮)할 수 없다. 기정(奇正)이 상생(相生)하는 것은, 순환(循環)의 끝(端)이 없음(無)과 같다(如). 누가(孰) 능히(能) 이를 다할(窮) 것인가.

- 窮(궁)—「다할 궁, 궁구할 궁, 궁할 궁」
- 循(순)—「돌 순」, 環(환)—「고리 환」, 端(단)—「끝 단」
- 孰(숙)—「누구 숙」, 哉(재)—「어조사 재」

해 설

전쟁의 형세를 결정짓는 것도 기(奇: 奇計)과 정(正: 正力)에 불과하지만, 이 기정법의 변화에서 나오는 전략전술은 이루다 헤아릴수 없이 많다. 기(奇計)와 정(正力)이 서로 낳고 낳음은 도는 고리와 같이 끝이 없으니 누가 능히 다 알수 있으랴?

핵심도해

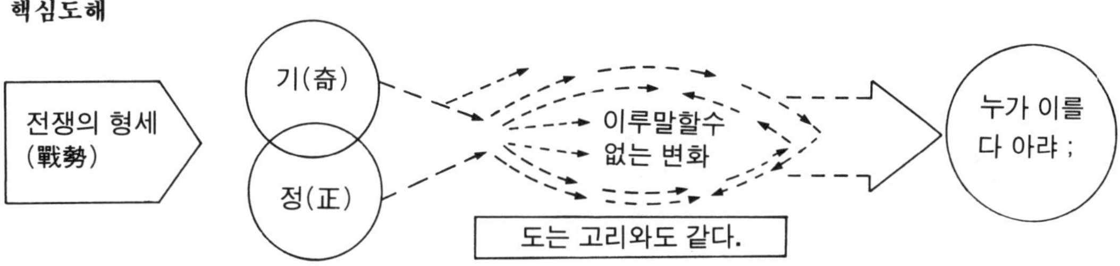

영 문 역

In battle, there are not more than two methods of attack-the direct and indirect; yet these two in combination give rise to an endless series of maneuvers. The direct and indiret lead on to each other in turn. It is like moving in a circle—you never come to an end. Who can exhaust the possibilities of their combination?

원 문

훈 독

원문	훈독
激水之疾，至於漂石者，勢也. 鷙鳥之疾，至於毁折者，節也. 是故善戰者，其勢險，其節短， 勢如彍弩，節如發機.	격수지질하여 지어표석자는 세야요, 지조지질하여 지어훼절자는 절야니라. 시고로 선전자는 기세험하고 기절 단이니 세여확노하고 절여발기니라.

직 역

격수(激水)의 급한것(疾)이 돌(石)을 뜨게(漂) 이르는것(至)은 세(勢)이다. 지조(鷙鳥 : 독수리)의 급한(疾)것이 훼절(毁折)에 이르는(至) 것은 절(節)이다. 그러므로 잘 싸우는 자는 그 세(勢)가 험(險)하고, 그 절(節)이 짧다(短). 세(勢)는 노(弩 : 석궁)를 당긴(彍)것과 같고, 절(節)은 기(機 : 노궁의 방아쇠)를 발(發)함과 같다.

- 激水(격수)—격류(激流), 사납게 흐르는 물. 疾(질)—「빠를 질, 병 질」
- 漂(표)—「뜰 표」, 鷙鳥(지조)— 독수리, 몹시 사나운 새매. 毁(훼)—「헐 훼」
- 毁折(훼절)—습격하여 목뼈를 꺾고 날개를 꺾는것.
- 彍(확)—「당길 확」, 弩(노)—「세뇌 노」, 機(기)—「틀 기, 고동 기」

해 설

거세게 흐르는 물이 빨라서 돌을 떠내려가게 하는 것은 기세요, 독수리가 빨리 날아 새의 목을 부수고 날개를 꺾는 것은 절도이다. 그러므로 전쟁을 잘하는 자는 그 기세가 맹렬하고(험하고) 그 절도가 짧다. 기세는 쇠뇌(돌활)을 당긴 것 같고 절도는 발사기를 쏘는 것과 같다.

＊ 모든 전력(戰力)을 축적하여 대기하다가 결정적 시기에 집중투입하여 최대전투력 발휘

핵심도해

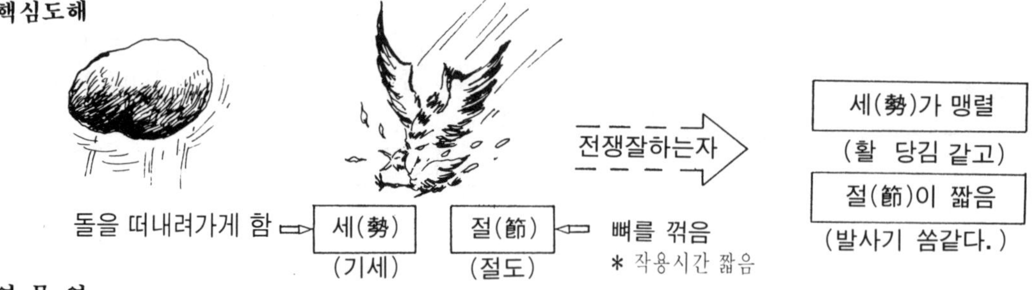

영 문 역

The onset of troops is like the rush of a torrent which will even roll stones along its course.

The quality of decision is like the well-timed swoop of a falcon which enables it to strike and destroy its victim.

Therefore the good fighter will be terrible in his onset, and prompt in his decision.

Energy may be likened to the bending of a cross–bow; decision, to the releasing of the trigger.

원 문	훈 독
분 분 운 운　란 투　이 불 가 란 야 紛紛紜紜，亂鬪，而不可亂也. 혼 혼 돈 돈　형 원　이 불 가 패 야 渾渾沌沌，形圓，而不可敗也.	분분운운란투하되 이불가란야하고 혼혼돈돈형원하되 이불가패야니라.

직 역

분분운운(紛紛紜紜) 싸움(鬪)이 어지럽지만(亂), 어지럽힐(亂) 수 없고(不可), 혼혼돈돈(渾渾沌沌) 형상(形 : 모양)은 둥글지만(圓), 패(敗)할 수는 없다.

- 紛(분)-「어지러울 분, 번잡할 분」, 紜(운)-「엉클어질 운」 紛紛紜紜(분분운운)-어지럽게 엉클어진 모양, 기치가 뒤섞여 어지러운 모양
- 渾(혼)-「섞일 혼」, 沌(돈)-「혼탁할 돈」 渾渾沌沌(혼혼돈돈)-뒤섞여 혼란한 모양, 군(軍)의 행렬이 정연하지 않고 어지러운 모양
- 亂鬪(란투)-싸움이 혼란됨.
- 形圓(형원)-군의 진형(陣形)이 둥근것, 당시 진법(陣法)은 「井(정)」자 모양으로 열(列)지어 방형(方形)이 되는게 원칙인데 진형이 둥글게 되었다는 것은 무질서하게 어지러운 상태.

해 설

아무리 싸움이 어지러워져 난전(亂戰)처럼 보이지만, 아군은 대오를 혼란시키지 않고 질서있게 싸우며, 뒤섞여 싸워 혼전(混戰)이 되어 진형(陣形)이 원칙을 떠난 원형(圓形)이 되더라도 패하지 않는다.

핵심도해

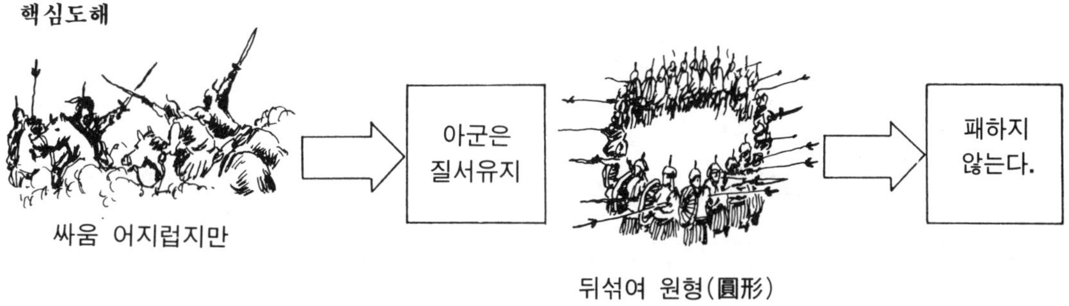

영 문 역

Amid the turmoil and tumult of battle, their may be seeming disorder and yet no real disorder at all, amid confusion and chaos, your array may be without head or tail, yet it will be proof against defeat.

원 문	훈 독
난생어치 겁생어용 難生於治, 怯生於勇, 약생어강 치란 수야 弱生於强. 治亂, 數也, 용겁 세야 강약 형야 勇怯, 勢也. 强弱, 形也.	난생어치하고 겁생어용하고 약생어강이니 치란은 수야요 용겁은 세야요 강약은 형야니라.

직 역

난(亂)은 치(治)에서 나고(生), 겁(怯)은 용(勇)에서 나고(生), 약(弱)은 강(强)에서 난다(生). 치란(治亂)은 수(數)이다. 용겁(勇怯)은 세(勢)이다. 강약(强弱)은 형(形)이다.

● 治(치)—「다스릴 치」, 怯(겁)—「겁낼 겁」, 勇(용)—「날랠 용」

해 설

혼란한 것 같이 보이는것은 실은 다스려진데서 나온 것이고, 비겁한것 같이 보이는 것은 실은 용기에서 나온것이며, 약한것같이 보이는 것은 실은 강한데서 나온 것이다. 질서가 유지되거나 혼란에 빠지는 것은 군의 조직(편성)문제이고 용감하거나 비겁하게 되는 것은 전세(戰勢)의 문제이며 강하고 약함은 군의 태세(形)문제이다.

핵심도해

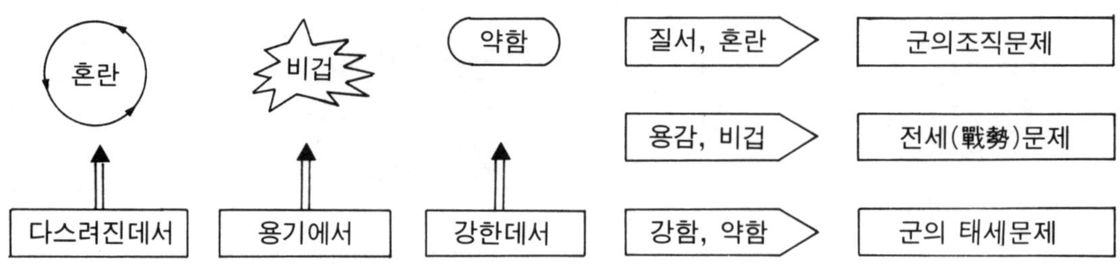

영 문 역

Simulated disorder postulates perfect discipline; simulated fear postulates courage; simulated weakness postulates strength.

Hiding order beneath the cloak of disorder is simply a question of subdivision; concealing courage under a show of timidity presupposes a fund of latent energy; masking strength with weakness is to be effected by tactical dispositions.

원 문	훈 독
故善動敵者, 形之, 敵必從之[주2]; 予之, 敵必取之; 以利動之, 以卒待之.	고로 선동적자는 형지에 적필종지하고 여지에 적필취지하여 이리동지하고 이졸대지니라.

직 역

그러므로(故) 적(敵)을 잘(善) 움직이게(動) 하는 자는 이에 나타내면(形) 적(敵)이 반드시(必) 좇고(從), 이를 주면(予) 적(敵)이 반드시(必)이를 가진다(取). 이(利)로써 이를 움직이고(動), 졸(卒)로써(以) 이를 기다린다(待). * 주2) 참조

- 從(종)-「좇을 종」, 予(여)-「줄 여, 나 여」
- 待(대)-「기다릴 대」

해 설

그러므로 적을 능숙하게 조종할 줄 아는 자는 이편이 불리한 채 위장하여 적이 반드시 그 계략에 말려들게 하고 (좇게하고), 적에게 무엇인가 주는 척 하여 그것을 취하려고 덤벼들게 만든다. 이익을 미끼로 적을 유혹하여 움직이게만들고, 공격할(기습할)기회를 기다리는 것이다.

* 卒(졸)-「군사」라 해석하지 말고 「急突」즉 「기습적으로 공격」하는것으로 봐야함
* 「以卒待之」를 「以本待之」라 하여 「충실한 태세로써 기다림」으로도 해석함.

핵심도해

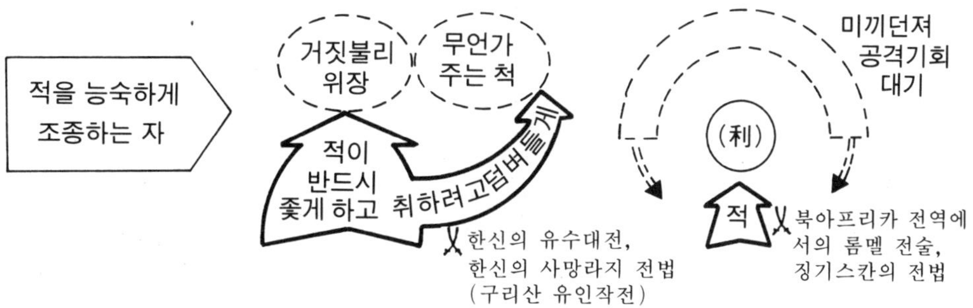

영 문 역

Thus one who is skillful at keeping the enemy on the move maintains deceitful appearances, according to which the enemy will act.

By holding out baits, he keeps him on the march; then with a body of picked men he lies in wait for him.

원 문	훈 독
고 선 전 자 구 지 어 세 故善戰者，求之於勢， 불 책 어 인 不責於人， 고 능 택 인 이 임 세 故能擇人而任勢；	고로 선전자는 구지어세하고 불책어인이니 고로 능택인이임세니라.

직 역

그러므로(故) 잘(善) 싸우는(戰) 자(者)는, 이를 세(勢)에서 구(求)하고 사람(人)에 책(責)하지 않는다. 그러므로 능히 사람(人)을 가려서(擇) 세(勢)를 맡기는(任) 것이다.

- 責(책)—「구할 책, 꾸짖을 책」, 여기서는 「꾸짖을 책」
- 擇(택)—「가릴 택」

해 설

그러므로 전쟁을 잘하는 자는 승리를 세(勢)에서 찾고 사람(人 : 병력수, 자질)에게는 구하지 않는다. 그리하여 능히 인재를 택하여 적재 적소에 배치하고 나머지는 세(勢)에 맡기는 것이다. (적재적소에 배치하여 「세」를 맡긴다라고도 해석함)

핵심도해

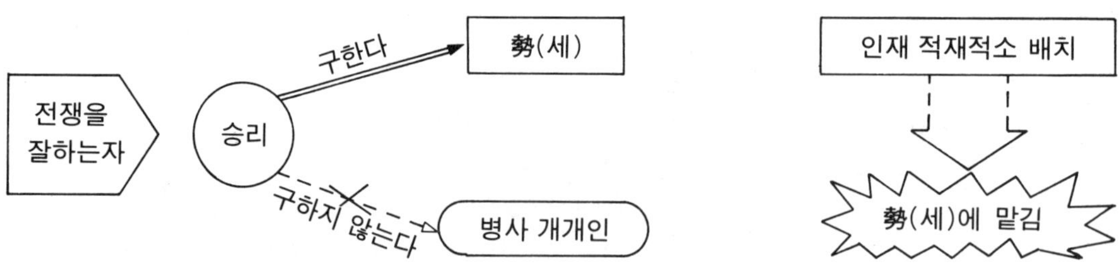

영 문 역

The clever combatant looks to the effect of combined energy, and dose not require too much from individuals. Hence his ability to pick out the right men and to utilize combined energy.

원 문	훈 독
任勢者(임세자), 其戰人也(기전인야), 如轉木石(여전목석), 木石之性(목석지성), 安則靜(안즉정), 危則動(위즉동), 方則止(방즉지), 圓則行(원즉행).	임세자는 기전인야에 여전목석이니 목석지성은 안즉정하고 위즉동하며 방즉지하고 원즉행이니라.

직 역

세(勢)에 맡기는(任) 자는 그(其) 사람(人)을 싸우게(戰) 하는 것을 목석(木石)을 굴리(轉)는 것과 같이(如) 한다. 목석(木石)의 성(性)은 편안하면(安) 고요하고(靜), 위태하면(危) 움직이고(動), 모나면(方) 그치고(止), 둥글면(圓) 간다(行)

- 轉(전)－「구를 전」, 靜(정)－「고요 정」, 危(위)－「위태할 위」
- 方(방)－「모 방」, 止(지)－「그칠 지」, 行(행)－「갈 행」

해 설

세(勢)에 맡긴다는 것은 군대를 싸우게 하되 통나무나 돌을 굴리는 것처럼 하는 것이다. 통나무나 돌의 성질은 안정한 곳에 두면 정지(靜止)하고 위태한 곳에 두면 움직인다. 모나면 정지하고 둥글면 굴러간다.

핵심도해

※자체 모양을 둥글게 만들고(적재적소배치를 통해 사기·전의 고양) 그후 바탕을 기울여(死地에 던져) 어쩔 수 없이 움직이게 (싸우게)만든다.

나무나 돌의 성질

- 安－병세안정→병사심리 안정, 정숙
- 危－병세결함→병사심리 불안, 동요
- 方－정공법 위주→변화제한, 정지
- 圓－기정활용→변화다양, 기동

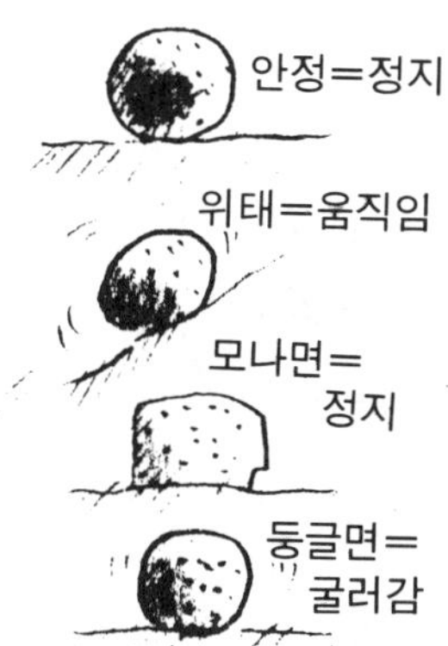

영 문 역

When he utilizes combined energy, his fighting men become as it were like unto rolling logs or stones. For it is the nature of a log or stone to remain motionless on level ground, and to move when on a slope; if four cornered, to come to a standstill but if round-shaped to go rolling down.

원 문	훈 독
故善戰人之勢,(고선전인지세) 如轉圓石於千仞之山者,(여전원석어천인지산자) 勢也.(세야)	고로 선전인지세는 여전원석어천인지산자하니 세야니라.

직 역

그러므로(故) 사람(人)을 잘(善) 싸우게(戰) 하는 세(勢)는, 둥근(圓) 돌(石)을 천길(千仞)의 산(山)에서 굴리는(轉) 것과 같이(如) 하는 것이니 세(勢)다.

● 轉(전)—「구를 전」, 仞「(길 인)」

해 설

그러므로 잘 싸우게 하려면 천길 낭떠러지에서 둥근돌을 굴리듯 전세(戰勢)를 그렇게 만들어야 하는 것이다.

* 손자는「勢(세)를 단순한 동적(動的)인 기변(奇變)만을 뜻하지 않고 그 근본적인 저변에는 정적(靜的)인 상태의「형(形)」와 일정한「체(體)」를 견지하면서「용(用)」이 전환하는 것이라 보았다.

핵심도해

영 문 역

Thus the energy developed by good fighting men is as the momentum of a round stone rolled down a mountain thousands of feet in height. So much on the subject of energy.

전사연구

주1) **以正合, 以奇勝.** (이정합, 이기승)

한니발의 칸네(Cannae)섬멸전

카르타고의 명장 한니발은 무궁무진한 기정법(奇正法)을 구사하여 트라시메네(Trasimene)호 전투에서 로마군을 격파하고 다시 진군하여 로마의 중심부를 향해 기동하던 중 이탈리아의 칸네일대에서 다시금 로마의 주력군과 대치했다. 한니발은 로마군의 지휘권이 성격이 급한 바로(Varro)와 신중론자인 파울루스(Paulus)의 두 집정관에 의해 하루씩 교대되어지는 것을 간파하고 성격이 급한 바로가 지휘를 맡게되자 이들을 전투로 유인코자 칸네부근의 곡창지대를 습격하니 드디어 로마는 칸네에서 한니발과 접전하기에 이르렀다.

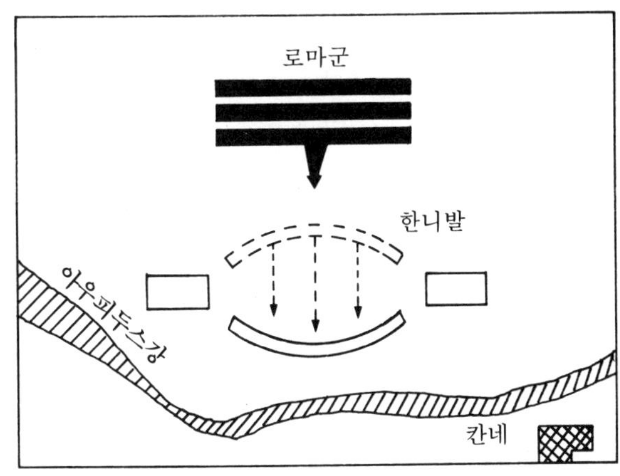

바로는 최초 숫적우위를 이용하여 한니발군을 포위하려했으나 불가능함을 알고 전 전열(全戰列)을 재조정하여 밀집대형으로 강화하였으며 한니발의 유인작전에 휘말려 성급히 전진을 재촉했다.

한니발은 비교적 약세인 중앙부대를 계획적으로 서서히 후퇴시켜 바로군을 유인(이때 바로는 더욱 광분하여 제2전열의 각 소대를 제 1전열 간격사이로 밀어넣음으로써 기동성을 크게 제한 시킨 결과를 초래함)

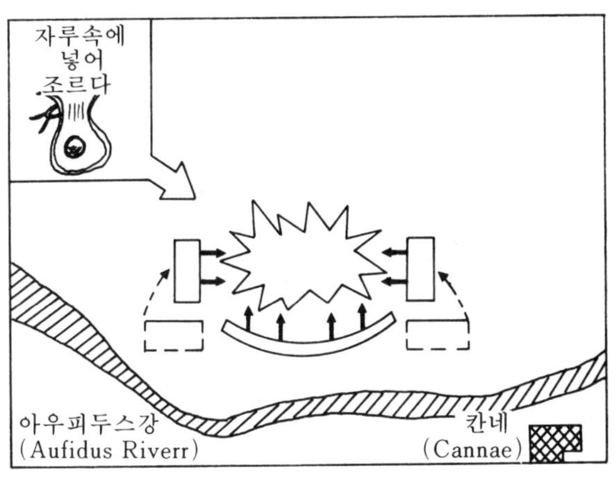

결정적시기에 한니발은 중앙부대의 퇴각을 중지시키고 동시에 양익부대를 기동시켜 중앙부대와 함께 포위망내 완전히 들어온 바로군을 향해 총공격, 기병부대는 바로군의 기병부대를 격파 시키고 곧바로 바로군의 배후로 기동시키니 좌.우.배후에서 전면 공격당한 바로군은 완전 섬멸되다.

이 전투로 72,000명의 바로군중에서 무려 60,000여명이 전사하게되는 실로 가공할 섬멸전이 된것이다. 변화무쌍한 기정법을 구사하는 한니발의 용병(用兵)의 극치이다.

주2) | 形之, 敵必從之.

(형지 적필종지)

징기스칸의 납와전법(拉瓦戰法)

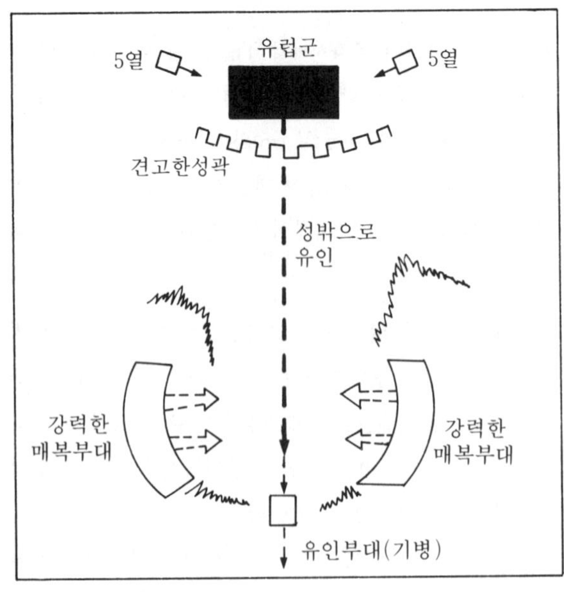

견고한 성에 있는 유럽군을 소수의 병력으로 유인하여 격멸시키는 주머니전법

- 제1단계 : 5열을 사전에 성내에 침투시켜 유언비어, 테러등 심리전 전개
- 제2단계 : 소수기병으로 성을 공격하고 나약한 모습으로 위장, 후퇴함으로써 성곽내 적병을 유인
- 제3단계 : 미리 포진한 강력한 정예부대로 하여금 유인되어 자루속에 들어간 유럽군 급습, 포위섬멸

롬멜의 유인전술(誘引戰術)

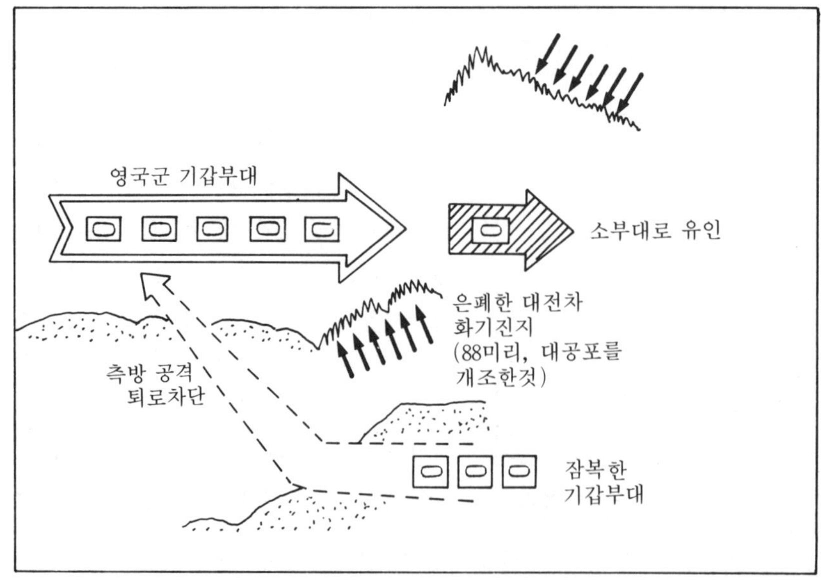

사막의 여우 롬멜(Erwin Rommel)은 기동전(機動戰)에 대한 비상한 영감(靈感)과 기습작전에 대한 독특한 직감력(直感力)을 구비하여 「奇正法」의 극치를 이루었다.

허 실 편 제 육

虛實篇第六

손무는 B.C.541년에 태어나 B.C.482년 59세의 나이로 죽었다(물론 이 연대는 정확하지는 않다.). B.C.512년 오왕합려(B.C.514즉위)에게 장수로 발탁되었으니 그때의 나이가 만 29세이다. 놀라운 것은 발탁당시 이미 손자병법 13편을 막 완성했다는 것이다. 30세 이전에 불후의 명작이 만들어졌으니 느끼는 바 크다. 여기서 또 새로운 발견은 손무가 오나라 땅에 기거하면서 병법을 마지막으로 완성해서인지 손자병법속에는 오나라를 의식하는 듯한 어귀가 등장한다〔허실 6편의 월인지병수다(越人之兵雖多), 구지 11편의 오월동주(吳越同舟)〕. 어쩌면 손무는 가능하면 현재 망명하여 머물고 있는 오나라에서 장수로 기용되어지기를 기대했을 지도 모른다(필자주). 여기서 또 특이한 발견은 오왕합려 즉위를 제공해준 자객 전제의 용감성에 대해 이미 구지 11편(諸劌之勇)에 등장했다는 것이다. 손무가 오왕합려즉위(B.C.514)2년후 등용되었으니 이 또한 손무의 저의를 간파할 수 있는 어귀라 볼 수 있다(필자주).

주요 어귀

衝其虛也
我衆而敵寡 能以衆擊寡者
兵形象水
避實而擊虛

개 요

「허실(虛實)」에서 「허(虛)」는 「빈틈(약점)」을 의미하고 「실(實)」은 「충실함(강점)」을 뜻한다. 손자는 허실편에서 준비된 「실(實)」로써 준비되지 않아 헛점이 많은 「허(虛)」를 쳐야 승리한다고 말하고 있다.

본편은 전편인 병세(兵勢)편과 더불어 예로부터 가장 훌륭한 명편(名篇)으로 알려져 있다. 아군의 실(實)로써 적의 허(虛)를 치기 위해서는 항상 전쟁의 주도권(主導權)을 장악하여, 적을 조종하되 적에게 조종을 당하지 않아야 한다고 했다. 그래서 전쟁의 요결(要訣)로 「실(實)」을 피해서「허(虛)」를 치는것이 강조되어졌고 이를 위해서는 마치 「물(水)」과 같이 그때그때의 상황에 따라 변화무쌍하게 변화하는 용병술(用兵術)이 요구되어지는 것이다.

「兵形象水(병형상수)」라는 어귀는 본편의 대표적인 어귀가 되며 「致人而不致於人(치인이불치어인)」의 명귀도 주도권장악을 강조하는 대표적인 어귀이다.

古文孫子에는 편명을 「虛實篇第六」으로 하고 있다.

* 제1차세계대전당시 독일군의 제2군 사령관이었던 뷰로브(Bülow)장군은 당시 참모총장이었던 소몰트케의 신망을 한몸에 받고 있었던 장군이었고 장차 참모총장 재목으로 꼽을 정도로 능력을 인정받았지만, 1914년 여름 부터 시작된 쌍블, 상캉탕, 마르느등지의 대회전에서 철저히 패함으로써 실전에서의 「虛」를 여지없이 보여주었다. 그 후 그는 전술적(戰術的) 능력만 있고 전략적(戰略的)식견은 없다는 지탄(指彈)을 받게되었으며 平時名將으로 불리워졌다.

* 원정군은 늘 불리한 조건(전투지속능력제한, 사기저하, 지형미숙지의 불리점등)에서 전투를 하게된다.
그래서 이러한 불리점을 극복하여 상대적으로 유리한 적국과의 전투에서 승리하기 위해서는 무엇보다도 虛實을 잘 활용하여 주도권을 장악하기에 주력해야 한다. 주도권 장약은 戰勝의 생명이요 핵심이다.

구 성

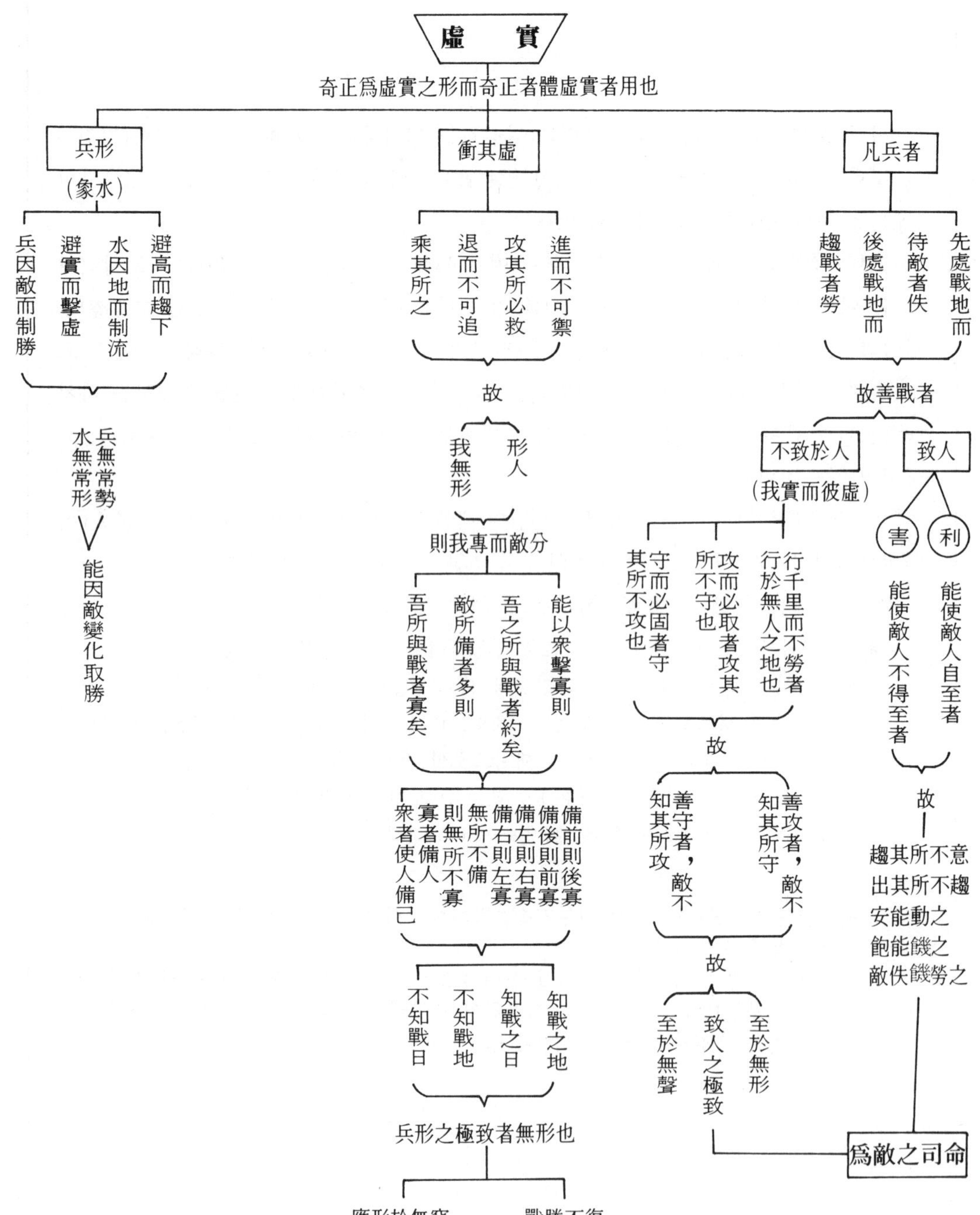
虛 實
奇正爲虛實之形而奇正者體虛實者用也
兵形
(象水)
避高而趨下
水因地而制流
避實而擊虛
兵因敵而制勝
兵無常勢
水無常形
能因敵變化取勝
衝其虛
進而不可禦
攻其所必救
退而不可追
乘其所之
故
形人
我無形
則我專而敵分
能以衆擊寡則
吾之所與戰者約矣
敵所備者多則
吾所與戰者寡矣
備前則後寡
備後則前寡
備左則右寡
備右則左寡
無所不備
則無所不寡
寡者備人
衆者使人備己
知戰之地
知戰之日
不知戰地
不知戰日
兵形之極致者無形也
應形於無窮
戰勝不復
凡兵者
先處戰地而
待敵者佚
後處戰地而
趨戰者勞
故善戰者
不致於人
(我實而彼虛)
行千里而不勞者
行於無人之地也
攻而必取者攻其
所不守也
守而必固者守
其所不攻也
故
善攻者，敵不
知其所守
善守者，敵不
知其所攻
故
至於無形
致人之極致
至於無聲
致人
害
利
能使敵人自至者
能使敵人不得至者
故
趨其所不意
出其所不趨
安能動之
飽能饑之
敵佚饑勞之
爲敵之司命

원 문

虛實篇 第六

孫子兵法大全에서

孫子曰：凡先處戰地而待敵者佚，後處戰地而趨戰者勞．故善戰者，致人而不致於人．能使敵人自至者，利之也；能使敵人不得至者，害之也．故敵佚能勞之，飽能餓之，安能動之．

出其所不趨，趨其所不意；行千里而不勞者，行於無人之地也；攻而必取者，攻其所不守也；守而必固者，守其所不攻也．故善攻者，敵不知其所守；善守者，敵不知其所攻．微乎微乎！至於無形；神乎神乎！至於無聲，故能爲敵之司命．進而不可禦者，衝其虛也；退而不可追者，速而不可及也．故我欲戰，敵雖高壘深溝，不得不與我戰者，攻其所必救也；我不欲戰，雖畫地而守之，敵不得與我戰者，乖其所之也．故形人而我無形，則我專而敵分[주1]；我專爲一，敵分爲十，是以十攻其一也；則我衆而敵寡，能以衆擊寡，則吾之所與戰者，約矣．吾所與戰之地不可知，不可知，則敵所備者多，敵所備者多，則吾之所與戰者寡矣．故備前則後寡，備後則前寡，備左則右寡，備右則左寡，無所不備，則無所不寡，寡者，備人者也；衆者，使人備己者也．故知戰之地，知戰之日，則可千里而會戰．不知戰地，不知戰日，則左不能救右，右不能救左，前不能救後，後不能救前,而況遠者數十里，近者數里乎？以吾度之，越敵人之兵雖多，亦奚益於勝敗哉？ 故曰：勝可爲也，敵雖衆，可使無鬪．

故策之而知得失之計，作之而知動靜之理，形之而知死生之地，角之而知有餘不足之處．故形兵之極，至於無形，無形，則深間不能窺，智者不能謀；因形而措勝於衆，衆不能知，人皆知我所以勝之形，而莫知吾所以制勝之形[주2]；故其戰勝不復，而應形於無窮．夫兵形象水，水之形，避高而趨下；兵之形，避實而擊虛；水因地而制流，兵因敵而制勝．故兵無常勢，水無常形；能因敵變化而取勝者，謂之神．故五行無常勝，四時無常位，日有短長，月有死生．

원 문	훈 독
손 자 왈 범 선 처 전 지 孫子曰, 凡先處戰地	손자왈, 범선처전지하여
이 대 적 자 일 후 처 전 지 而待敵者佚, 後處戰地	이대적자는 일하고 후처전지
이 추 전 자 로 고 선 전 자 而趨戰者勞. 故善戰者,	이추전자는 로니라, 고로 선전자는
치 인 이 불 치 어 인 致人而不致於人.	치인하되 이불치어인하니라.

직 역

손자 말하되, 무릇(凡) 먼저(先) 전지(戰地)에 있고(處) 적(敵)을 기다리는(待) 자(者)는 일(佚 : 편하다)하고, 늦게(後) 전지(戰地)에 있어(處) 싸움(戰)에 달리는(趨) 자(者)는 수고(勞)롭다. 그러므로(故) 잘(善) 싸우는(戰) 자(者)는 남(人)을 이르게(致)하되 남(人)에게 이름(致)받지 않는다(不).

- 處(처)—「곳 처, 살 처, 있을 처」
- 佚(일)—「편안할 일」
- 待(대)—「기다릴 대, 대할 대, 막을 대」
- 趨(추)—「달릴 추」, 致(치)—「나아갈 치, 이를 치」

* 혹자는 「先處」를 「先據」라고 표기하여 먼저 점령하고 대기한다는 뜻으로 해석하고 있음

해 설

먼저 싸움터에 가서 자리잡고 적을 기다리는 군대는 편안하고, 뒤늦게 싸움터에 달려가 싸우는 자는 피로하다. 그러므로 전쟁을 잘하는 자는 적을 조종(=致)하되 적에게 조종 당하지 않는다.(=적을 이르게하되 이름받지 않는다라고도 해석가능)

* 致人(치인)—적을 마음대로 조종한다는 뜻이니 주도권을 장악하여 다스린다는 뜻이 됨

핵심도해

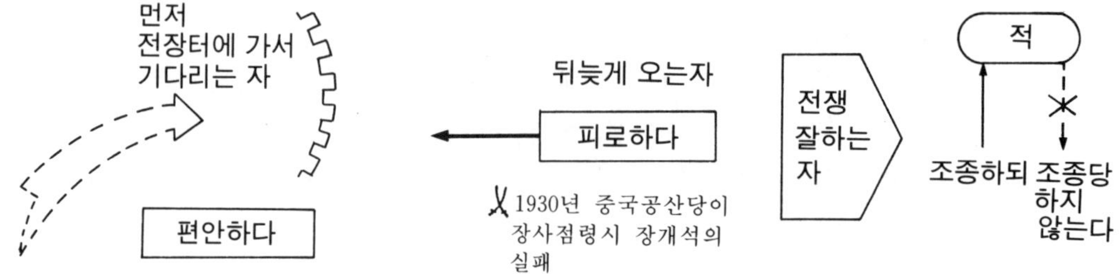

영 문 역

Weak Points and Strong.

Sun Tzu said: whoever is first in the field and awaits the coming of the enemy, will be fresh for fight; whoever is second in the field and has to hasten to the battle, will arrive exhausted.

Therefore the clever combatant imposes his will on the enemy, but does not allow the enemy's will to be imposed on him.

원 문	훈 독
능사적인 자지자 이지야 能使敵人 自至者, 利之也 ; 능사적인 불득지자 해지야 能使敵人 不得至者, 害之也. 고적일능로지 포능기지 故敵佚能勞之, 飽能饑之, 안능동지 安能動之.	능사적인자지자는 이지야요 능사적인불득지자는해지야요 고로 적일능로지하고 포능기지하고 안능동지니라.

직 역

능(能)히 적인(敵人)으로 하여금(使) 스스로(自) 이르게(至)하는것은 이를 이(利)롭게 하기 때문이다. 능히 적인으로 하여금 스스로 이르지를 못하게 하는것은 이를 해(害)하기 때문이다. 그러므로 적(敵)이 편안(佚)하면 이를 능히 수고롭게(勞)하고, 배부르면(飽) 능히 이를 주리게(饑)하고, 안정(安)되어 있으면 능히 이를 움직이게(動) 만든다.

- 至(지)-「이를 지」, 害(해)-「해로울 해」, 飽(포)-「배부를 포」
- 饑(기)-「주릴 기」

해 설

적군으로 하여금 스스로 오게하는 방법은 (=공격해 오도록 하려면) 이익을 보여주어야 하고 (=이가 있을 듯 보여야 하고), 능히 적군으로 하여금 오지 못하게 하는 방법은 피해가 있음을 보여주어야 한다. 그러므로 적이 편안하면 이를 피로하게 만들고, 배부르게 먹고 있으면 굶주리게 만들며, 안정되어 있으면 동요되게 만들어야 한다. ※내가 주도권을 장악한 상태에서 적의 진퇴·허실을 조종하는 단계이다.

핵심도해

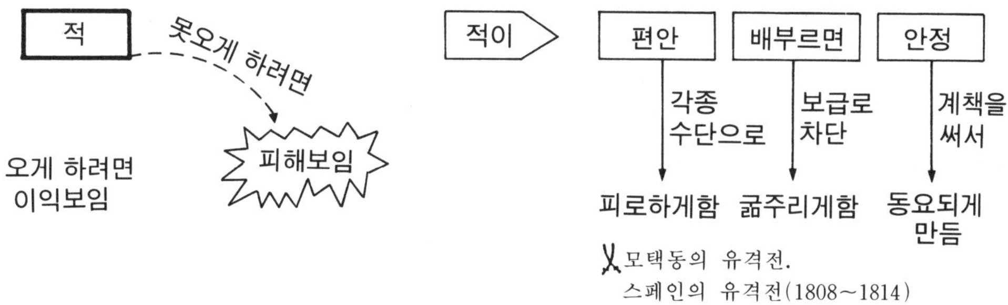

영 문 역

By holding out advantages to him, he can cause the enemy to approach of his own accord; or by inflicting damage, he can make it impossible for the enemy to draw near.

If the enemy is taking his ease, he can harass him; if well supplied he can starve him out; if quietly encamped, he can force him to move.

원 문	훈 독
출 기 소 불 추　추 기 소 불 의 出其所不趨，趨其所不意；	출기소불추하고 추기소불의니라
행 천 리 이 불 로 자　행 어 무 인 行千里而不勞者，行於無人	행천리이불로자는 행어무인
지 지 야　공 이 필 취 자 之地也； 攻而必取者，	지지야요 공이필취자는 공기소불
공 기 소 불 수 야 攻其所不守也；	수야요 수이필고자는
수 이 필 고 자　수 기 소 불 공 야 守而必固者，守其所不攻也.	수기소불공야니라.

직 역

그(其) 달리지(趨) 않는(不) 바(所)에 나가고(出), 그 뜻(意)하지 않는 바(所)에 달린다(趨). 천리(千里)를 가도(行) 피로하지 않는 자는 사람(人)이 없는(無) 곳을 가기(行) 때문이다. 쳐서(攻) 반드시(必) 갖는(取)것은 그(其) 지키지 않는 바를 치기 때문이다. 지켜서(守) 반드시(必) 굳는것(固)은 그 치지(攻) 않는 바를 지키기(守) 때문이다.

● 趨(추)-「달릴 추」, 固(고)-「굳을 고, 막힐 고, 굳이 고」

해 설

적이 달려가지 않을 곳으로 나아가고(=수비가 약한곳으로) 적들의 뜻하지 않는 곳으로 달려간다(=공격한다). 천리를 가도 피로하지 않는 것은 사람의 없는곳(=적의 저항이 없는 곳)으로 가기 때문이다. 공격하여 반드시 빼앗는 것은 그 지키지 않는 곳을 공격하기 때문이고 수비함이 반드시 지킴은(=방어가 견고한 것은) 적이 공격할 수 없도록 지키기 때문이다.

핵심도해

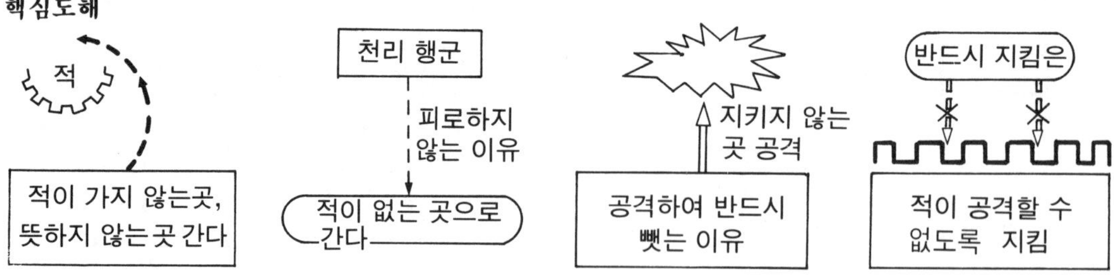

영 문 역

Appear at points which the enemy must hasten to defend; march swiftly to places where you are not expected.

An army may march great distances without distress if it marches through country where the enemy is not.

You can be sure of succeeding in your attacks if you attack places which are not defended. you can insure the safety of your defense if you hold only positions that cannot be attacked.

원 문	훈 독
고선공자 적부지기소수 故善攻者，敵不知其所守；	고로 선공자는 적부지기소수하고
선수자 적부지기소공 善守者，敵不知其所攻.	선수자는 적부지기소공이니라.
미호미호 지어무형 微乎微乎！ 至於無形；	미호미호여 지어무형이로다.
신호신호 지어무성 神乎神乎！ 至於無聲，	신호신호여 지어무성이로다.
고능위적지사명 故能爲敵之司命.	고로 능위적지사명이니라.

직 역

그러므로(故) 잘(善) 공격(攻)하는 자(者)는 적(敵)이 그(其) 지킬(守) 곳을 모른다(不可). 잘(善) 지키는(守) 자(者)는 적(敵)이 그(其) 공격(攻)하는 곳(所)을 모른다. 은밀(微)하고 은밀(微)해서, 형(形)이 없음(無)에 이르고(至), 신기(神)하고 신기(神)해서 그 소리(聲)가 없음(無)에 이른다(至). 그러므로 능히 적(敵)의 사명(司命)이다.

- 微(미)－「작을 미, 숨을 미, 천할 미」, 乎(호)－「어조사 호」, 微乎(미호)－미묘하다, 정묘하여 알수 없다.
- 神(신)－「신비할 신, 귀신 신」, 神乎(신호)－신비하여 알 수 없음.
- 司(사)－「맡은 사」, 司命(사명)－사람의 목숨을 맡는 별, 즉 생사를 맡았다는 뜻.

해 설

그러므로 공격을 잘 하는 자는 적이 어디를 방어할 지 모르게 하고, 방어를 잘 하는 자는 적이 어디를 공격할 지 모르게 한다. 따라서 전승(戰勝)의 중요한 점이란 너무나 미묘하여 보이지 않으며 너무나 신비하여 들리지 않는다. 그리하여 능히 적의 생사를 맡아 다스리게 되는 것이다(적의 운명을 쥐고 있는 것이다).

핵심도해

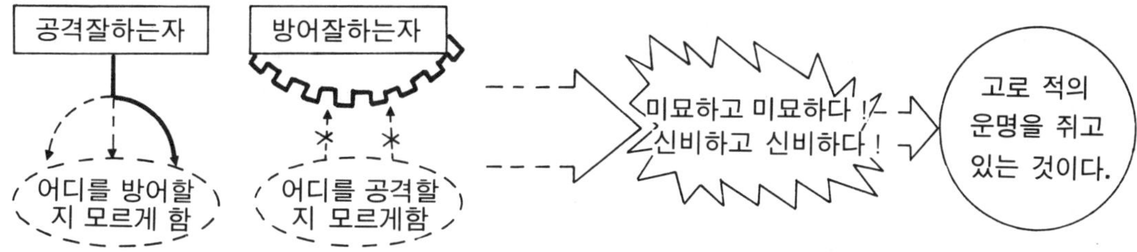

※방어시 형태를 보이지 않게(無形)공격시 기척도 없이(無聲)

영 문 역

Hence the general is skillful in attack whose opponent does not know what to defend; and he is skillful in defense whose opponent does not know what to attack.

O divine art of subtlety and secrecy! Through you learn to be invisible, through you inaudible; and hence hold the enemy's fate in our hands.

원 문	훈 독
진 이 불 가 어 자　충 기 허 야 進而不可禦者，衝其虛也； 퇴 이 불 가 추 자　속 이 불 가 급 야 退而不可追者，速而不可及也.	진이불가어자는 충기허야요 퇴이불가추자는 속이불가급야니라.

직 역

나아가되(進) 막지(禦) 못함(不可)은 그(其) 허(虛)를 찌름(衝)에 있고, 물러가되(退) 따를 수(追) 없는 것은 빨라서(速) 미치지(及) 못함(不可)에 있다.

- 禦(어)－「막을 어」, 衝(충)－「찌를 충, 부딪칠 충, 사북 충」
- 虛(허)－「빌 허」, 退(퇴)－「물러갈 퇴」, 追(추)－「쫓을 추」
- 及(급)－「미칠 급」
- 進而不可禦(진이불가어)－진격하되 방어할 수 없음
- 衝其虛(충기허)－적의 헛점을 찌름
- 退而不可追(퇴이불가추)－후퇴하되 추격하지 못함

해 설

공격을 막지 못함은 그 헛점을 찔러 공격하기 때문이요, 아군의 후퇴를 적이 추격하지 못함은 그 행동이 신속하여 적이 뒤쫓지 못하기 때문이다.

핵심도해

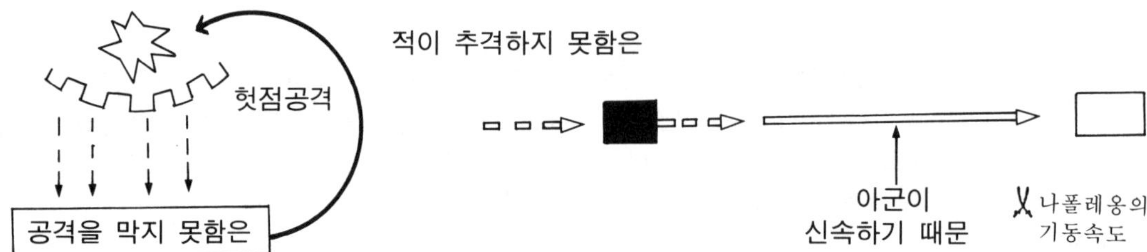

⚔추격작전 실패 전례 : 1866 보오전쟁시 나호드와 케니히그레츠 회전 후 프러시아군, 1870 보불전쟁시 와이센부르크·우엘트·스피츠헤룬 전투후 프러시아군, 워터루전역시 그루쉬군, 1914 굼빈넨회전 후 레넨캄프군의추격, 1914와 익세르에서의 추격, 코마로우회전후 오스트리아군, 마르느에서의 독일 제1·3군이 추격, 1914.8 가리쳉 에서의 러시아 제3군의 추격, 1914.9 부그에서의 러시아 제5군의 추격, 1914 로즈회전시 러시아군

영 문 역

You may advance and be absolutely irresistible, if you make for the enemy's weak points; you may retire and be safe from pursuit if your movements are more rapid than those of the enemy.

원 문	훈 독
고 아 욕 전 적 수 고 루 심 구 故我欲戰, 敵雖高壘深溝,	고로 아욕전이면 적수고루심구라도
부 득 불 여 아 전 자 공 기 소 필 구 야 不得不與我戰者, 攻其所必救也;	부득불여아전자는 공기소필구야
아 불 욕 전 수 획 지 이 수 지 我不欲戰, 雖畫地而守之,	아불욕전이면 수획지이수지라도
적 부 득 여 아 전 자 괴 기 소 지 야 敵不得與我戰者, 乖其所之也.	적부득여아전자는 괴기소지야니라

직 역

그러므로(故) 나(我) 싸우고자(欲戰) 하면 적이 비록(雖) 루(壘 : 성루)를 높이고(高) 구(溝 : 개천)를 깊이(深) 한다해도 싸우지 않을 수 없음은 그 반드시 구원(救)하는 곳을 치기(攻) 때문이다. 나(我) 싸우고자 하지 않으면 비록(雖) 땅(地)에 그어놓고(畫) 이를 지킨다(守)해도 적이 나와 더불어(與) 싸울 수 없음은 그 가는 바에 어긋나기(乖) 때문이다.

- 雖(수)－「비록 수」 壘(루)－「진 루」 溝(구)－「도랑 구」 畫(획, 화)－「그을 획, 그림 화」, 乖(괴)－「어그러질 괴」
- 必救(필구)－반드시 구원해야 할것

해 설

그러므로 내가 싸우고자 마음 먹으면 적이 아무리 높은 성루를 쌓고 참호를 깊게 파서 지킨다해도 싸울 수 밖에 없는것은 그들이 반드시 구출해야 하는 급소를 공격하기 때문이다. 내가 싸움을 원치 않을 때는 비록 땅위에 선을 그어놓고 지킬지라도(방어 태세가 허술히 보이게 하더라도) 적이 공격못하는 것은 그들이 바라는 바를 이루지 못하도록 만들어 놓기 때문이다(적으로 하여금 아군이 어떤 기만책을 쓰고있다고 의심케 하거나, 엉뚱한 방향으로 유도하는 등의 제활동을 통해).

핵심도해

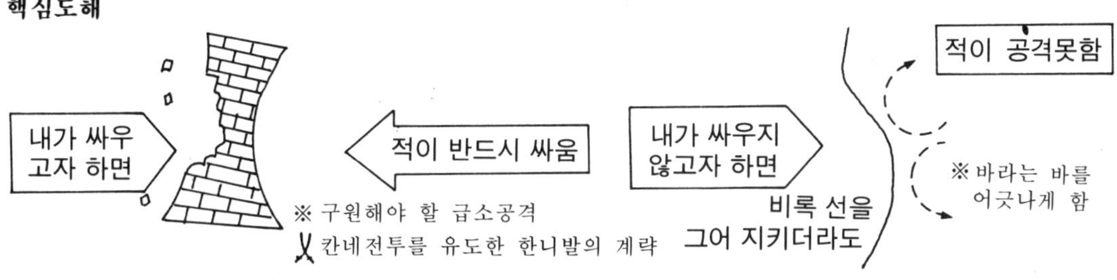

영 문 역

If we wish to fight, the enemy can be forced to an engagement even though he is sheltered behind a high rampart and a deep ditch. All we need to do is to attack some other place which he will be obliged to relieve.

If we do not wish to fight, we can prevent the enemy from engaging us even though the lines of our encampment be merely traced on the ground. All we need to do is to throw something odd and unaccountable in his way.

원 문	훈 독
고 형 인 이 아 무 형 즉 아 전 이 적 분 故形人而我無形, 則我專而敵分; 주1) 아 전 위 일 적 분 위 십 시 이 십 공 我專爲一, 敵分爲十, 是以十攻 기 일 야 즉 아 중 이 적 과 其一也; 則我衆而敵寡, 능 이 중 격 과 즉 오 지 소 여 전 能以衆擊寡, 則吾之所與戰 자 약 의 者, 約矣.	고로 형인이아무형이면 즉아전이 적분이니라. 아전위일하고 적분위십하면 시이십공기일야니라. 즉 아중이적 과하여 능이중격과면 즉오지소여전 자는 약의니라.

직 역

그러므로 남(人)을 드러나게(形) 하고 나(我)는 드러나는(形) 게 없으면(無), 즉(則) 나는 오로지(專) 할 수 있고(=집중, 집결) 적(敵)은 나뉘어(分)진다. 나는 오로지(專) 해서 하나(一)가 되고(爲), 적은 나뉘어(分) 열(十)이 되면, 이것(是)은 열(十)로써(以) 그(其) 하나(一)를 공격(攻)하는 것이다. 즉, 나는 중(衆)이고 적은 과(寡)이다. 능히 중(衆)으로써 과(寡)를 치면(擊) 곧 나와 더불어(與) 싸우는 자는 약(約)이다.

- 形人(형인)—남의 형태를 보이게 함, 專(전)—「오로지 전」, 집중을 뜻함.
- 寡(과)—「적은 과」, 約(약)—「간략할 약, 약속할 약」

해 설

그런 까닭에 적의 형태를 드러나게 하고(=노출시키고), 이편의 형태를 보이지 않게하면 이편은 집중할 수 있고 적은 분산하게 된다. 이편은 하나(1)로 집중하고 적은 열(10)로 분산하면, 결과적으로 열사람이 한사람을 공격하는 것과 같다. 즉, 이편은 많고 적은 적다. 다수로 소수를 공격한다면 이편이 상대하여 싸움할것은 쉬워진다(=경이하다. 간략해진다). * 주1)참조

핵심도해

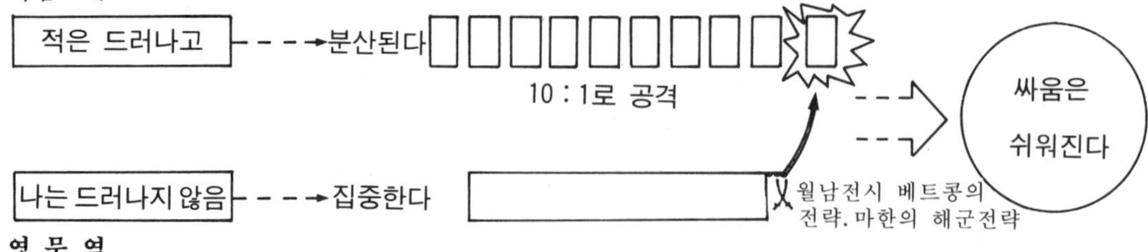

영 문 역

By discovering the enemy's dispositions and remaining invisible ourselves, we can keep out forces concentrated while the enemy must be divided.

we can form a single united body, whille the enemy must split up into fractions. Hence there will be a whole pitted against separate parts of a whole which means that we shall be many to the enemy's few.

And if we are thus able to attack an inferior force with a superior one, our opponents will be in dire straits.

원 문	훈 독
오 소 여 전 지 지 불 가 지 　불 가 지 吾所與戰之地不可知, 不可知, 즉 적 소 비 자 다 　적 소 비 자 다 則敵所備者多, 敵所備者多, 즉 오 소 여 전 자 과 의 則吾所與戰者寡矣.	오소여전지지를 불가지니 불가지면 즉적소비자다니라. 적소비자다면 즉오소여전자과의 니라.

직 역

나(吾)와 더불어(與) 싸우는(戰) 바(所) 땅(地)을 알(知) 수 없다. 알(知) 수 없으니(不可) 즉(則) 적의 갖추는(備) 바(所)가 많다(多). 적 갖추는(備) 바(所) 많으면(多) 즉 나(吾)와 더불어(與) 싸우는(戰) 바(所)의 자는 적다(寡).

- 備(비)-「갖출 비, 방비할 비, 족할 비」
- 寡(과)-「적을 과, 과부 과, 나 과」 여기서는 「적을 과」

해 설

어디서 싸울것인가를 알지 못하면 적의 수비할 곳이 많아진다. 적이 수비할 곳이 많아지면 아군과 상대하여 전투를 할 적의 병력은 적어진다.

핵심도해

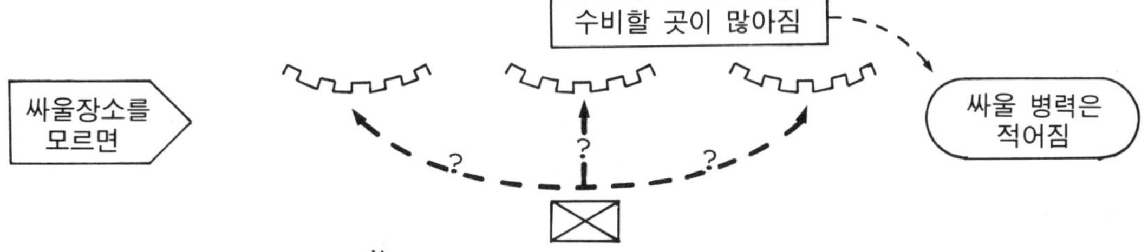

※남북전쟁시 셔먼장군의 기동로(대용목표).
나폴레옹의 기동로 (1800)마렝고, (1805)울름, (1806)예나.

영 문 역

The spot where we intend to fight must not be made known; for then the enemy will have to prepare against a possible attack at several different points; and his forces being thus distributed in many directions, the numbers we shall have to face at any given point will be proportionately few.

원 문	훈 독
고 비 전 즉 후 과 　 비 후 즉 전 과 故備前則後寡, 備後則前寡,	고로 비전즉후과하고 비후즉전과하며
비 좌 즉 우 과 　 비 우 즉 좌 과 備左則右寡, 備右則左寡,	비좌즉우과하고 비우즉좌과하여
무 소 불 비 　 즉 무 소 불 과 無所不備, 則無所不寡,	무소불비면 즉무소불과니라.
과 자 　 비 인 자 야 　 중 자 寡者, 備人者也; 衆者,	과자는 비인자야요 중자는
사 인 비 기 자 야 使人備己者也.	사인비기자야니라.

직 역

그러므로 앞(前)을 갖추면(備) 뒤(後)가 적어지고(寡), 뒤(後)를 갖추면(備) 앞(前)이 적어지고(寡), 왼쪽(左)을 갖추면 오른쪽(右)이 적어지고(寡), 오른쪽(右)을 갖추면 왼쪽(左)이 적어지고, 갖추지(備) 않은(不) 바(所) 없으면 곧 적지 아니한 바 없다. 적은 것은 남에게 갖추기 때문이요 많은 것은 남으로 하여금 나에게 갖추게 하기 때문이다.

● 使(사)–「부릴 사, 하여금 사, 가령사」

해 설

그러므로 전면을 수비하려면 후면이 약화되고, 후면은 수비하려면 전면이 약화되고, 좌측을 수비하려면 우측이 약화되고, 우측을 수비하려면 좌측이 약화된다. 전후좌우 전부 수비하려면 어느 곳이든 병력의 수가 적어질 수 밖에 없다. 열세에 빠지는 자는 상대의 공격을 수비하는 자이요 우세를 달성하는 자는 상대로 하여금 나의 공격을 수비하게끔 만드는 자이다. (=주도권 장악여부)

핵심도해

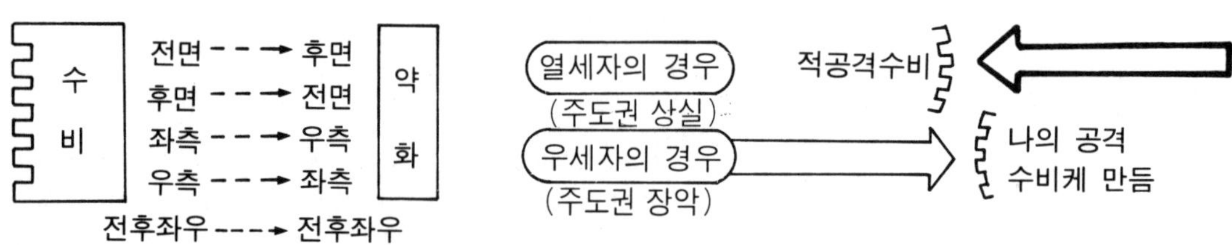

영 문 역

For should the enemy strengthen his van, he will weaken his rear; should he strengthen his rear, he will weaken his van; should he strengthen his left, he will weaken his right; should he strengthen his right, he will weaken his left. If he sends reinforcements everywhere, he will be everywhere weak.

Numerical weakness comes from having to prepare against possible attacks; numerical strength, from compelling our adversary to make these proparations against us.

원 문	훈 독
고 지 전 지 지 지 전 지 일 故知戰之地，知戰之日，	고로 지전지지하고 지전지일이면
즉 가 천 리 이 회 전 則可千里而會戰.	즉가천리이회전이나
부 지 전 지 부 지 전 일 즉 좌 불 능 不知戰地，不知戰日，則左不能	부지전지하고 부지전일이면 즉좌불능
구 우 우 불 능 구 좌 전 불 능 구 救右，右不能救左，前不能救	구우하고 우불능구좌하며 전불능구
후 후 불 능 구 전 이 황 원 자 수 後，後不能救前，而況遠者數	후하고 후불능구전이니 이황원자수
십 리 근 자 수 리 호 十里，近者數里乎？	십리하고 근자수리호아.

직 역

그러므로 싸움의 땅(=전투할 곳)을 알고(知), 싸움의 날(=전투시기)을 알면, 즉 천리(千里)하고도 회전(會戰)할 수 있다(=천리까지 가도 싸울 수 있다). 싸울 땅을 모르고 싸울 날을 모르면 왼쪽(左)은 오른쪽(右)을 구원(救)할 수 없고 뒤(後)는 앞(前)을 구원(救)할 수 없다(=상호지원이 안된다). 그런데 하물며 먼 곳은 수십리, 가까운 곳은 수리(數里)인데서랴 (=먼곳은 수10리, 가까운 곳은 몇리밖에 있는 우군에 대해서 어떻게 지원할 수 있겠는가).

● 會(회)-「만날 회」, 況(황)-「하물며 황」, 乎(호)-「어조사 호」

핵심도해

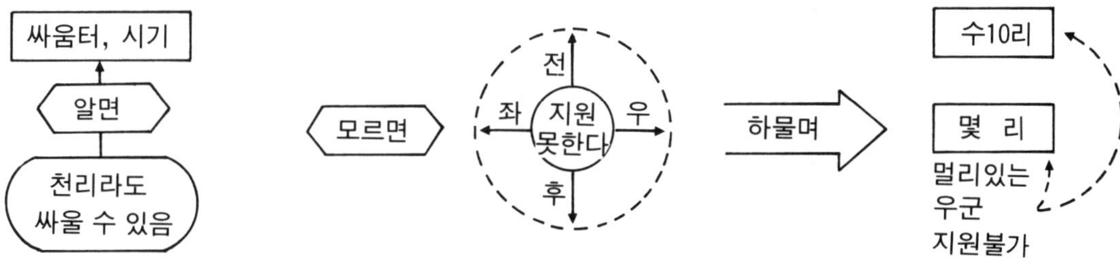

영 문 역

Knowing the place and time of the coming battle, we may concentrate from great distances in order to fight.

But if neither time nor place be known, then the left wing will be impotent to succor the right, the right equally impotent to succor the left, the van unable to relieve the rear, or the rear to support the van. How much more so if the furthest portions of the army are anything under a hundred li. apart, and even the nearest are separated by several li.

원 문	훈 독
이 오 탁 지 　 월 인 지 병 수 다 以吾度之，越人之兵雖多， 역 해 익 어 승 패 재 　 고 왈 亦奚益於勝敗哉？ 故曰： 승 가 위 야 　 적 수 중 勝可爲也，敵雖衆， 가 사 무 투 可使無鬪.	이오탁지면 월인지병이 수다이나 역해익어 승패재요. 고왈로 승가위야니 적수중이라도 가사무투이니라.

직 역

나로써 이를 헤아리(度)건데, 월인(越人)의 군사는 비록(雖) 많다 하여도 어찌 이김에 더할 수 있으랴. 그러므로 말하되, 승(勝)은 만들(爲) 수 있는 것이다. 적은 비록 많더라도 싸움이 없게 한다.

- 度(탁, 도)—「헤아릴 탁, 법도 도」, 吾(오)—「나」즉 손자
- 越(월)—월나라. 즉 오나라의 원수나라로서 「오월동주(吳越同舟)」라는 숙어가 있다.
- 亦(역)—「또 역」, 奚(해)—「어찌 해」, 雖(수)—「비록 수」

해 설

나의 계책(=허실)으로 헤아려보면 월나라(오나라의 원수)군사가 비록 많다하더라도 그들은 승패와 관계없다. 따라서 승리는 내가 만들수 있는 것이다. 적이 비록 많다하더라도 싸울 수 없도록 만들 수 있는 것이다.

* 각종 계략을 써서 많은 병력을 분산키거나 하여 통합전투력을 발휘치 못하게 함. 「승리는 만들어낸다」는 말은 대단히 자신감 넘치는 주동적인 어귀이다.

핵심도해

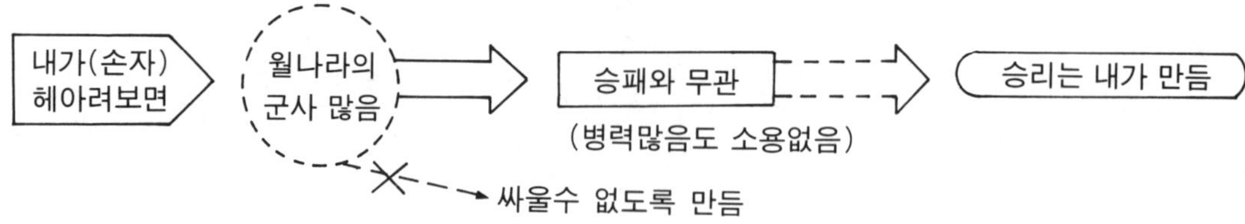

乂遊動兵 : 나폴레옹의 아이라우전투시 네이군단. 워터루전투시 데를롱군과 그루쉬군단. 탄넨베르크섬멸전시 레넨캄프군. 마르느전 역시 동부전용의 2개군단.

영 문 역

Though according to my estimate the soldiers of Yüeh exceed our own in number, that shall advantage them nothing in the matter of victory. I say then that victory can be achieved.

Though the enemy be stronger in numbers,, we may prevent him from fighting.

원 문 | **훈 독**

원문	훈독
故策之而知得失之計,(고책지이지득실지계)	고로 책지하여 이지득실지계하고
作之而知動靜之理,(작지이지동정지리)	작지하여 이지동정지리하고
形之而知死生之地,(형지이지사생지지)	형지하여 이지사생지지하고
角之而知有餘不足之處.(각지이지유여부족지처)	각지하여 이지유여부족지처니라.

직 역

그러므로 이를 꾀해(策) 득실의 계(計)를 알고(知), 이를 일으켜서(作) 동정(動靜)의 이(理)를 알고, 이를 나타내서(形) 사생(死生)의 지(地)를 알고, 이를 받아서(角) 유여부족(有餘不足)의 곳(處)을 안다.

- 策(책)―「꾀 책, 대쪽 책, 채찍 책」, 失(실)―「잃을 실」
- 作(작)―「일으킬 작, 지을 작」, 角(각)―「다툴 각, 뿔 각」

해 설

그러므로 적의 정세를 검토하여 이해득실(利害得失)을 계산하고, 적을 자극하여 그 반응을 보아 그들의 동정을 파악해야 한다. 적군의 태세를 조사하여(=적의 형태를 노출시켜) 그들이 패할 위치에 있는가 패배하지 않을 위치에 있는가를 알아내고, 적과 작은 충돌을 일으켜 병력의 우세한 곳과 부족한 곳을 판단한다.

* 현대적「위력수색」의 방법이다.

핵심도해

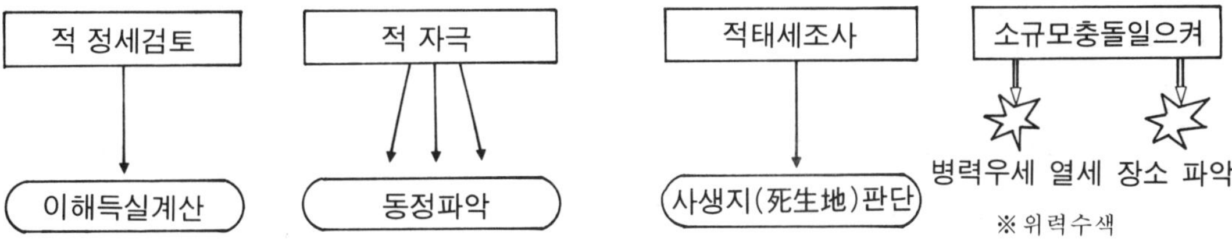

영 문 역

Scheme so as to discover his plans and the likelihood of their success.

Rouse him and learn the principle of his activity or inactivity. Force him to revel himself, so as to find out his vulnerable spots.

Carefully compare the opposing army with our own, so that you may know where strength is superabundant and where it is deficient.

원 문 | **훈 독**

원문	훈독
故形兵之極(고형병지극), 至於無形(지어무형), 無形(무형), 則深間不能窺(즉심간불능규), 智者不能謀(지자불능모); 因形而措勝於衆(인형이조승어중), 衆不能知(중불능지),	고로 형병지극은 지어무형이니, 무형이면 즉심간도 불능규하고 지자도 불능모니라. 인형이조승어중이나 중불능지니라.

직 역

그러므로 형병(形兵)의 극(極)은 무형(無形)에 이른다(至). 무형(無形)이면 즉 심간(深間)도 엿(窺)볼 수없고, 지자(智者)도 꾀(謀)할수 없다. 형(形)으로 인(因)하여 승(勝)을 중(衆)에 두면(措) 중(衆)은 알지를 못한다.

- 極(극)—「지극할 극」, 深(심)—「깊을 심」, 間(간)—「첩자 간, 사이 간」
- 深間(심간)—국내에 깊이 들어온 적의 간첩을 말함
- 窺(규)—「엿볼 규」, 措(조)—「둘 조」

해 설

병력배치의 극치(=군대형태의 극치)는 형체가 없음에 이르게 하는 것이다. 적이 알지 못하는 태세(=형체 없음)가 되면 잠입한 간첩도 능히 엿볼 수 없고, 지혜있는 자라도 계략을 세우지 못한다. 전투태세로 인하여 여럿에게서 승리를 거두지만 여러 사람들은 그 승리의 유래를 알지 못한다.

핵심도해

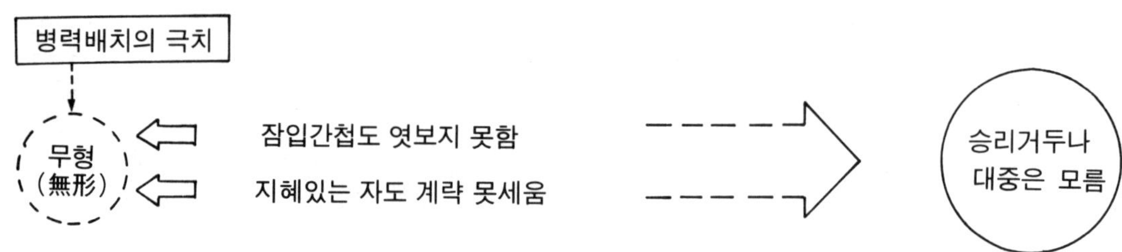

영 문 역

In making tactical dispositions, the highest pitch you can attain is to conceal them; conceal your dispositions and you will be safe from the prying of the subtlest of spies, from the machinations of the wisest brains.

How victory may be produced for them out of the enemy's own tactics-that is what the multitude cannot comprehend.

원 문	훈 독
인 개 지 아 소 이 승 지 형 人皆知我所以勝之形,	인개지아소이승지형이나
이 막 지 오 소 이 제 승 지 형 而莫知吾所以制勝之形; 주2)	이막지오소이제승지형하니라.
고 기 전 승 불 복 故其戰勝不復,	고로 기전승은 불복하고
이 응 형 어 무 궁 而應形於無窮.	이응형어무궁하니라.

직 역

사람(人)들이 다(皆)나의 이긴(勝) 까닭의 형(形)을 알고(知), 나의 제승(制勝)하는 까닭의 형(形)은 알지 못한다(莫知). 그러므로 그(其) 싸움(戰)에 이긴(勝) 것은 다시(復: 거듭 복)하지 않는다. 그리하여 형(形)은 무궁(無窮)에 응(應)한다.

- 皆(개)—「다 개」, 莫(막)—「말 막」, 制(제)—「지을 제, 억제할 제」
- 復(복, 부)—「회복할 복, 거듭할 복, 다시 부」
- 戰勝不復(전승불부)—동일한 전승(戰勝)방법을 다시 쓰지 않음

해 설

사람들은 모두 내가 승리할 때의 군의 태세(=배치형태)는 알고있으나, 그러나 내가 승리할 수 있도록 만든 태세에 대해서는 알지 못한다. 그러므로 그 싸움에 이긴 방법은 다시 쓰지 아니하고 적의 배치상황에 따라 무궁무진한 전략전술로써 대응해야 하는 것이다. * 주2)참조

핵심도해 ※勝之形의 形은 겉으로 드러난 배치형태를 의미하고, 制勝之形의 形은 겉으로 나타나지 않는 여러가지 조치된 태세를 의미한다.

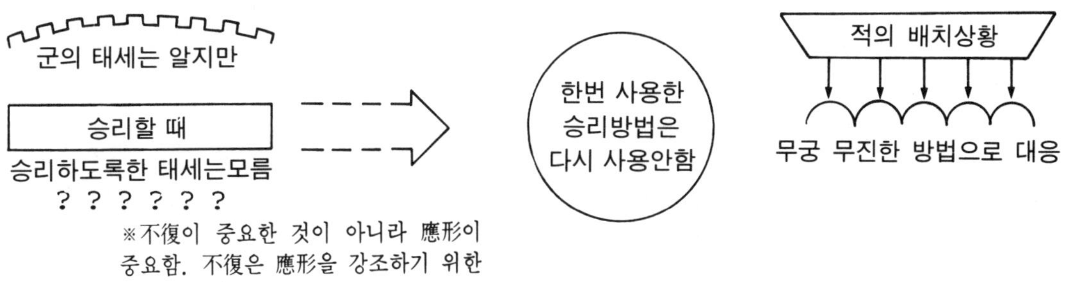

영 문 역

All men can see these tactics whereby I conquer, but what hone can see is the strategy out of which victory is evolved.

Do not repeat the tactics which have gained you one victory, but let your methods be regulated by the infinite variety of circumstances.

원 문

부 병 형 상 수　수 지 형
夫兵形象水，水之形，

피 고 이 추 하　병 지 형
避高而趨下；兵之形，

피 실 이 격 허　수 인 지 제 류
避實而擊虛；水因地制流，

병 인 적 이 제 승
兵因敵而制勝.

훈 독

부병형은 상수하니 수지형은 피고하고 이추하하며, 병지형은 피실하고 이격허니라 수는 인지하여 제류하며, 병은 인적이제승하니라.

직 역

대저 (夫) 병형(兵形)은 물(水)을 형상(象)한다. 물의 형(形)은 높은(高)것을 피해(避) 낮은(下)데로 간다(趨). 병(兵)의 형(形)은 실(實)을 피(避)해 허(虛)를 친다(擊). 물(水)은 땅(地)을 인(因)하여 흐름(流)을 제(制)하고 병(兵)은 적(敵)에 인(因)해 승(勝)을 제(制)한다.

- 象(상)－「본받을 상, 코끼리상」, 趨(추)－「달릴 추」, 因(인)－「인할 인」
- 象水(상수)－물을 형상한다. 물의 성질에 비유한다.

해 설

무릇 군대의 운용(＝군대의 형태)은 물과 같아야 한다. 물은 높은 곳을 피하고 낮은 곳으로 흐른다. 마찬가지로 군대의 운용도 적의 강한 곳을 피하고 적의 헛점을 쳐야 하는 것이다. 물은 지형에 따라 흐름의 형태가 이루어지지만 군도 상황에따라 즉 적의 허실강약(虛實强弱)에 따라 승리가 이루어지는 것이다.

핵심도해

"兵形象水" 병형상수

＊ 중국인은 황하강의 잦은 범람으로 일찍부터 물을 다스리는 지혜를 깨우쳐 이를 병법에도 적용시켰다.

영 문 역

Military tactics are like unto water; for water in its natural course runs away from high places and hastens downwards. So in war, the way to avoid what is strong is to strike what is weak.

Water shapes its course according to the ground over which it flows; the soldier works out his victory in relation to the foe whom he is facing

원 문	훈 독
故兵無常勢, 水無常形; 能因敵變化而取勝者, 謂之神. 故五行無常勝, 四時無常位, 日有短長, 月有死生.	고로 병은 무상세하고 수는 무상형하니, 능히 인적변화하여 이취승자 위지 신이니라. 고로 오행은 무상승하고 사시는 무상위하며 일에 유단장하고 월에 유사생이니라.

직 역

그러므로 병(兵)에 상세(常勢) 없고, 물(水)에 상형(常形) 없다(無). 능히 적에 인(因)해 변화(變)하여 승(勝)을 취(取)하는 자, 이를 신(神)이라 이른다(謂).그러므로 오행(五行)에 상승(常勝) 없고(無), 사시(四時)에 상위(上位) 없고(無), 일(日)에 단장(短長) 있고(有), 월(月)에 사생(死生) 있다(有).

- 常(상)-「항상 상」, 謂(위)-「이를 위」, 位(위)-「자리 위」
- 五行(오행)-수(水)·화(火)·금(金)·목(木)·토(土)이며 물(水)은 불(火)을, 흙(土)은 물(水)을 이기니 어느것이나 항상이기지 못함

※ 허실은 고정적인 것이 아니라 늘 변화함으로 고로 이를 활용할 수 있음을 말함.

해 설

그러므로 군의 운용도 일정한 형태가 없고 물도 일정한 형상이 없다. 능히 적의 허실(=정세)에 따라 전략을 변화하여 승리를 거두니, 이를 용병의 신(神)이라 한다. 그런 까닭에 오행(五行)도 언제나 유동하며(상극의 이치) 네계절(四時)은 언제나 변화하여 고정한 것 없고 해도 길고 짧음이 있고, 달도 기울고 참이 있는 것이다.

핵심도해

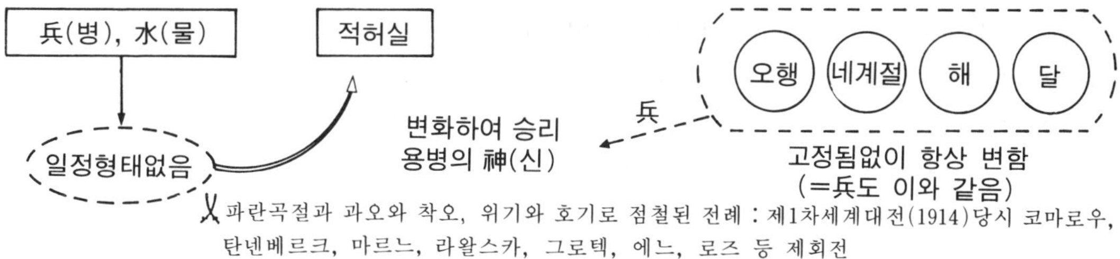

파란곡절과 과오와 착오, 위기와 호기로 점철된 전례 : 제1차세계대전(1914)당시 코마로우, 탄넨베르크, 마르느, 라왈스카, 그로텍, 에느, 로즈 등 제회전

영 문 역

Therefore, just as water retains no constant shape, so in warfare there are no constant conditions.

He who can modify his tactics in relation to his opponent and thereby succeed in winning, may be called a heaven-born captain.

The five elements are not always equally prominent; the four seasons make way for each other in turn. There are short days and long; the moon has its periods of waning and waxing.

주1) 我專而敵分 (아전이적분)

나폴레옹의 전략과 손자병법

나폴레옹(Napolén Bonaparte 1769~1821)의 전략이 손자병법에 기인함은 그의 전략적 특징을 보면 알 수 있다. 나폴레옹은 늘 손자병법을 들고 다니면서 탐독했다.

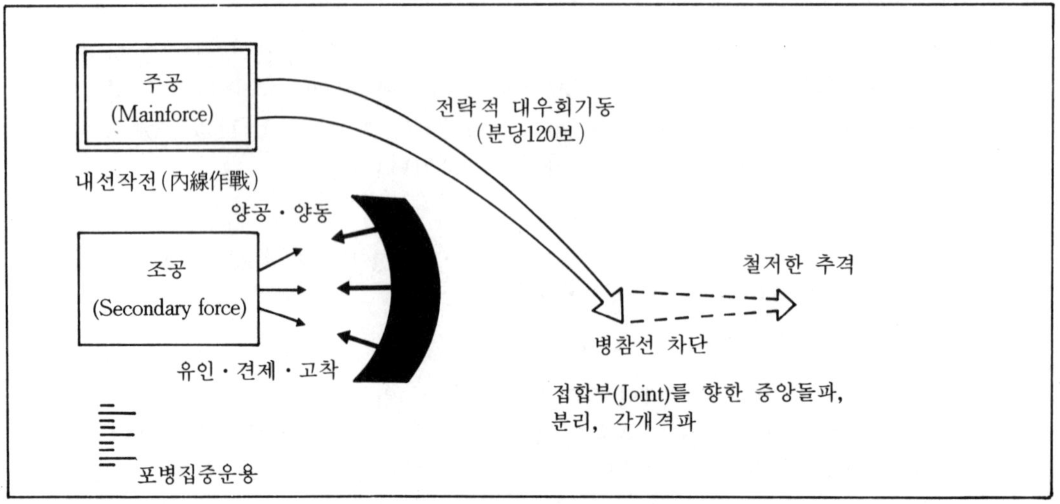

- 계획적 분산 및 집중의 원칙 :「我專而敵分」「我專爲一, 敵分爲十」
- 예상치않는 기동로・방법선택 :「出其不意」「攻其無備」
- 식량적지획득 :「因糧於敵」「智將務食於敵」
- 파격적인 포상, 훈장수여 :「賞其先得者」「施無法之賞」「掠鄕分衆」
- 최초의 사단(師團)편성 :「治衆如治寡, 分數是也」
- 결정적시기와 장소에 상대적 우위병력집중 :「衝其虛也」
- 연합군 합류전 각개격파 :「敵雖衆, 可使無鬪」
- 전략적 대우회기동 :「迂直之計」
- 경이적인 기동속도(분당120보 : 적군 분당70보) :「不可追, 速而不可及也」
- 유인전술 :「利而誘之」
- 상황의 변화에 따른 무궁무진한 대응술 :「以正合, 以奇勝, 無窮如天地」

전략연구

주2) 莫知吾所以制勝之形 (막지오소이제승지형)

간접전략(Indirect Strategy)

프랑스의 군사이론가인 앙드레보포르(André Beaufre)는 간접전략(間接戰略)의 이론을 내세워 눈에 보이지않는 중요한 사태들을 해석했다. 손자병법의 「莫知吾所以制勝之形」 즉 「내가 이기도록한 그 형(形)을 사람들이 알지 못한다.」고 하는 이 술책은 2차세계대전 이후에 주로 공산주의자들에 의해 사용되어 크게 성공한 계략이다. 이는 핵무기에 의해 확전되는 것을 회피하면서, 군사적 승리를 추구하기보다는 정치·경제·사회·심리등 군사외적수단에의해 결정적인 승리를 얻는다고 하는 방법인데 그 과정이 겉으로 드러나지 않음으로해서 사람들이 인지하지 못하는 상태하에서 궁극적으로 의도하는 바 목적을 달성하는 실로 교묘한 전략이다. 간접전략의 핵심을 도식해보면 아래와 같다.

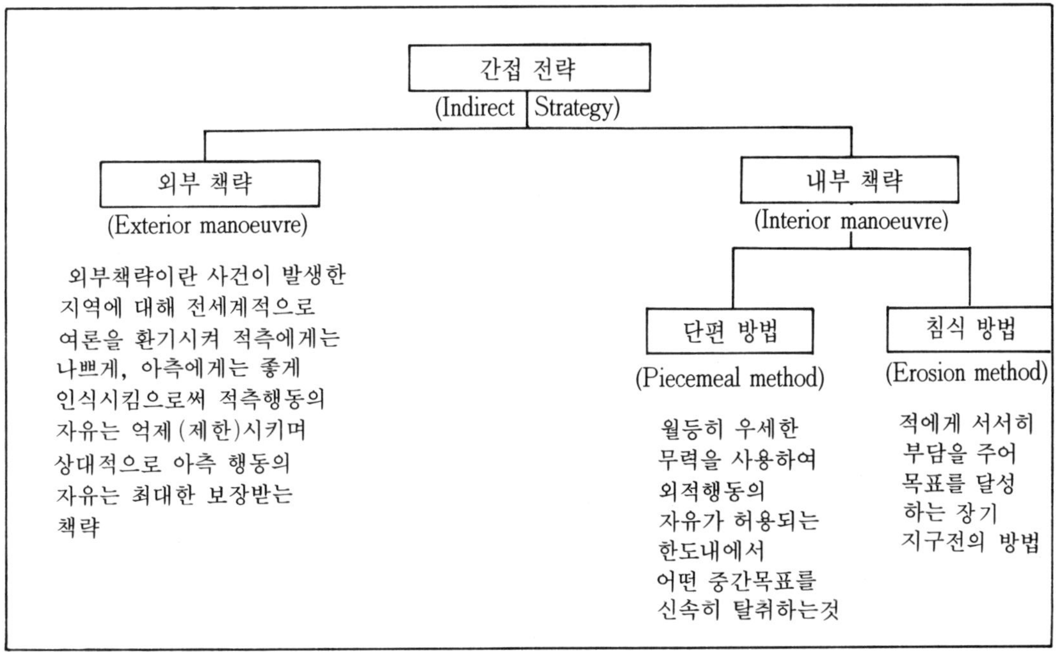

제2차 중동전시 이스라엘은 군사적으로는 승리했으나 아랍의 낫세르가 행한 일련의 정치적 제스츄어(이스라엘은 영국과 프랑스와 공모하여 전쟁을 일으킨 제국주의의 도구이다)로인해 세계여론이 아랍측에 동조함으로써 피흘려 점령한 시나이반도를 고스란히 반납했다. 실로 고차원적인 책략이 아닐 수 없다.

군 쟁 편 제 칠

軍爭篇第七

오월동주의 고사로 유명한 오(吳)나라와 월(越)나라의 원수관계에 대해 알아본다. 오초(吳楚)전쟁은 이미 앞에서 기술했듯이 진(晋)나라의 조작에 의해 오나라가 초나라를 공격함으로 시작되었다. 그 전쟁은 B.C.584년에서 B.C.504년까지 약 80년간 계속되었고 오자서·손무의 맹활약으로 오의 승리로 종결되었다. 손무는 B.C.512년에 장수로 발탁되었으니 거의 전쟁말엽이다(물론 손무때문에 전쟁은 승리로 종결되었다). 손무가 발탁된 다음해인 B.C.511년과 B.C.509년에 오나라는 초나라 공략에 다시 나섰는데 그 사이인 B.C.510년에 오나라는 국경나라인 월나라를 쳐서 배후를 안정시키고자 했다. 이때부터 오월 원수관계가 시작된 것이다. 오나라는 초나라와의 전쟁 말기에 월나라와 싸우게 되었고, 오왕 합려는 월나라 공격시 참패하여 죽게되고(B.C.496), 아들 부차에게 이어져 월나라와 전쟁을 계속하니「와신상담」의 고사가 탄생되고 결국 월나라의 승리로 인해 오나라는 B.C.473년에 망하게 된다.

주요 어귀

以迂爲直
此知迂直之計者也

개 요

「군쟁(軍爭)」이라함은 「군(軍)」을 사용하여 승리를 「쟁취(爭取)」한다는 뜻이며 지금까지 전편 다섯가지는 전투를 실시하기전에 명심해야할 요건들을 제시한 총론(總論)이라 한다면 지금부터 「군쟁」을 중심으로 이하 제시되는 내용들은 실제 전투를 어떻게 할 것인가를 가르쳐주는 방법론이라 하겠다. 본편에 나오는 「우직지계(迂直之計)」는 군쟁편의 핵심귀절이며 그후 등장하는 이른바 4치(四治)인 「치력(治力)」, 「치심(治心)」, 「치기(治氣)」, 「치변(治變)」은 체력, 정신, 사기, 작전의 변화를 가르키며 이것을 아군이 장악해야 전투를 승리로 이끈다고 했다. 「우직지계」란 우회함으로써 적을 방심시켜놓고 직행하는자보다 더 빨리 목적지에 도착하는 계략을 말한다.

이는 현대적 용어로 리델하트의 「간접접근전략」과도 통한다. 즉 예측하지 못하는 방향으로, 준비되지 않은 방향으로 접근하여 (다소 거리가 멀어 우회하는 길이라도) 기동함으로써 결과적으로는 최소의 저항을 받게되고 최소의 희생을 통해 그 목적을 달성하게 되는 것이다. 공격은 상대방의 마음(心)을 치는 것이라고 「이위공문대(李衛公問對 : 무경칠서中하나)」에서도 말해주듯이 군쟁편에도 인간의 심리(및 사기)를 겨냥한 작전방법이 계속적으로 언급되어진다.

古文孫子에는 편명이 「爭篇第七」로 되어 있다.

* 제1차세계대전당시 독일군 참모총장이었던 소몰트케는 인격과 識見은 탁월했으나 平和時의 명장의 범주를 벗어나지 못하여 實戰時에 필승의 신념을 잃고, 지휘에 실패함으로써 결국 마르느회전에서 참패했다. 平時명장과 戰時명장과의 괴리성이다. 자고로 명장은 「軍爭」에서 그 진위가 밝혀지는 법이다.

구 성

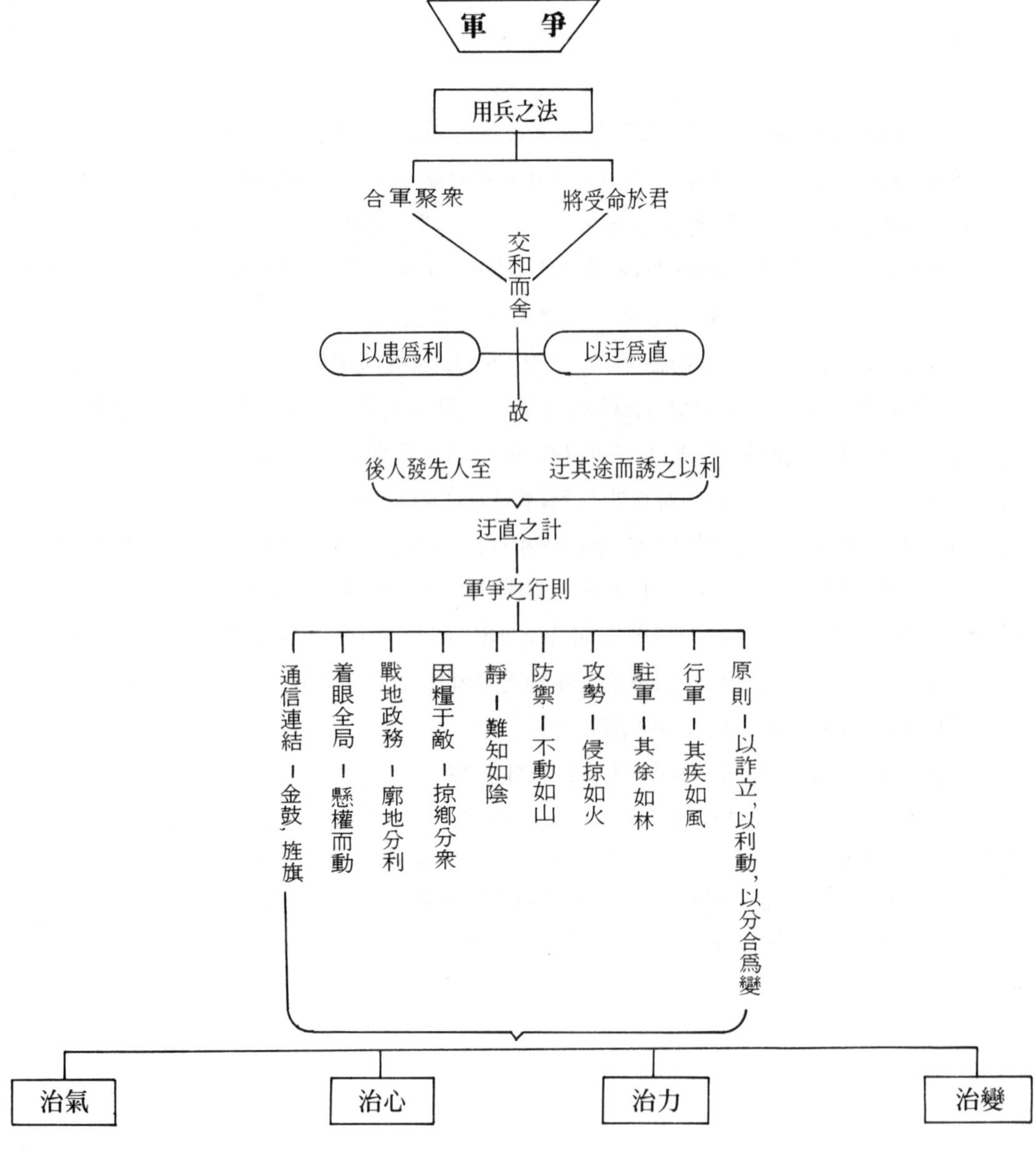
軍 爭
用兵之法
合軍聚衆
將受命於君
交和而舍
以患爲利
以迂爲直
故
後人發先人至
迂其途而誘之以利
迂直之計
軍爭之行則
通信連結 - 金鼓, 旌旗
着眼全局 - 懸權而動
戰地政務 - 廓地分利
因糧于敵 - 掠鄕分衆
靜 - 難知如陰
防禦 - 不動如山
攻勢 - 侵掠如火
駐軍 - 其徐如林
行軍 - 其疾如風
原則 - 以詐立, 以利動, 以分合爲變
治氣
治心
治力
治變

원 문

軍爭篇 第 七

孫子兵法大全에서

孫子曰：凡用兵之法，將受命於君，合軍聚衆，交和而舍，莫難於軍爭．軍爭之難者，以迂爲直，以患爲利．故迂其途，而誘之以利，後人發，先人至，此知迂直之計[주1]者也．

故軍爭爲利，軍爭爲危．[주2] 擧軍而爭利，則不及；委軍而爭利，則輜重捐．是故卷甲而趨，日夜不處，倍道兼行，百里而爭利，則擒三將軍，勁者先，罷者後，其法 十一而至；五十里而爭利，則蹶上將軍，其法半至； *三十里而爭利，則三分之二至．

是故軍無輜重則亡，無糧食則亡，無委積則亡．

故不知諸侯之謀者，不能豫交；不知山林・險阻・沮澤之形者，不能行軍；不用鄕導者，不能得地利．

故兵以詐立，以利動，以分合爲變者也，故其疾如風，其徐如林，侵掠如火，不動如山，難知如陰，動如雷震．掠鄕分衆，[주3] 廓地分利，懸權而動，先知迂直之計者勝，此軍爭之法也．

軍政曰：言不相聞，故爲之金鼓；視不相見，故爲旌旗．夫金鼓旌旗者，所以一人之耳目也；人旣專一，則勇者不得獨進，怯者不得獨退，此用衆之法也．故夜戰多火鼓，晝戰多旌旗，所以變人之耳目也．

故三軍可奪氣，將軍可奪心．是故朝氣銳，晝氣惰，暮氣歸；故善用兵者，避其銳氣，擊其惰歸，此治氣者也．以治待亂，以靜待譁，此治心者也．以近待遠，以佚待勞，以飽待饑，此治力者也．無邀正正之旗，勿擊堂堂之陣，此治變者也；

*「손자병법대전」에는「三十」이「卅」로 되어 있음.

원 문	훈 독
손 자 왈　범 용 병 지 법 孫子曰：凡用兵之法, 장 수 명 어 군　합 군 취 중 將受命於君, 合軍聚衆, 교 화 이 사　막 난 어 군 쟁 交和而舍, 莫難於軍爭.	손자왈 : 범용병지법은 장이 수명어군하여 합군취중하고 교화이사하니 막난어군쟁이니라.

직 역

손자 말하되, 무릇(凡) 용병(用兵)의 법(法)은 장수(將)가 임금(君)에게서 명(命)을 받고(受), 군(軍)을 합(合)하고 중(衆)을 모아(聚), 화(和)로 마주하여(交) 사(舍)한다. 군쟁(軍爭)보다 어려움(難)은 없다(莫).

- 受(수)-「받을 수」, 聚(취)-「모을 취」, 交(교)-「서로 교, 사귈 교」
- 和(화)-「진문 화, 화할 화」, 舍(사)-「베풀 사, 집 사」, 병 사(兵舍)
- 莫(막)-「말 막」

合軍(합군)-군을 모음, 聚衆(취중)-백성들을 징집함. 交和而舍(교화이사)-「交」는 마주대함, 「和」는 군문(軍門)-군은 「人和(인화)」를 중시하는 의미로 和=軍門이됨, 적과 진영을 마주한다는 뜻

해 설

무릇 용병의 원칙은 장수가 군주(君主)에게서 명령을 받으면, 군대를 소집하여 적과 진영을 맞대고 주둔하게 된다. 전투를 실시하여 승리를 쟁취하는것보다 더 어려운 것은 없다.

＊ 孫子十家註에 따르면 合軍聚衆하면 약 7만5천명이 된다고함

핵심도해

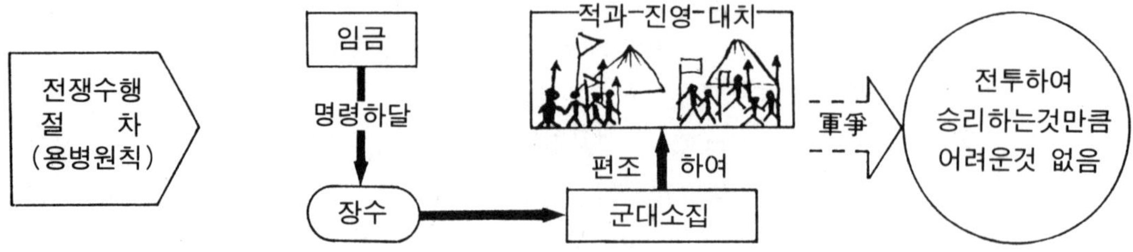

영 문 역

Maneuvering.

Sun Tzu said:In war, the general receives his commands from the sovereign. Having collected an army and concentrated his forces, he must blend and harmonize the different elements before pitching his camp. After that, comes the tactical maneuvering, than which there is nothing more difficult.

원 문	훈 독
군 쟁 지 난 자　이 우 위 직 軍爭之難者，以迂爲直， 이 환 위 리　고 우 기 도 以患爲利．故迂其途， 이 유 지 이 리　후 인 발　선 인 지 而誘之以利，後人發，先人至， 차 지 우 직 지 계 자 야 此知迂直之計者也주1)．	군쟁지난자는 이우위직하고, 이환위리니라, 고로 우기도하여 이유지이리하고 후인발하여 선인지니 차를 지우직지계자야니라.

직 역

군쟁(軍爭)의 어려움(難)은, 우(迂)로써(以) 직(直)으로 하고(爲), 환(患)으로써(以) 이(利)로 삼는(爲) 것이다. 그러므로 그 길(途)을 우(迂)하여 이(利)를 꾀이는데(誘) 이(利)로써 하고, 남(人)에게 뒤져서(後) 떠나(發) 남(人)보다 앞서서(先) 이른다(至). 이것(此)은 우직(迂直)의 계(計)를 아는(知) 자(者)이다. ＊주1)참조

- 難(난)－「어려울 난, 난리 난」, 迂(우)－「돌아갈 우」, 直(직)－「곧을 직」
- 患(환)－「근심환」, 途(도)－「길 도」, 誘(유)－「꾀일 유」
- 迂直之計(우직지계)－멀리 돌아감으로 적을 방심시킨후 직행하는자보다 빠른 계략

해 설

전투가 어려운것은 우회(＝먼길)함으로써 오히려 직행(＝가까운길)보다 앞지르게 하고, 불리(＝해로운것)한 것을 오히려 유리(＝이로운것)한것으로 만들기 때문이다. 그런까닭에 일부러 길을 우회하여 적에게 이익을 주듯이 유혹하고 남보다 뒤에 출발하여 먼저 도착한다면 이것은 우직지계(迂直之計)를 아는 자이다.

＊ 적이 안심한 상태에 있을때 공격하게됨으로 심리적 타격은 더크다.

핵심도해

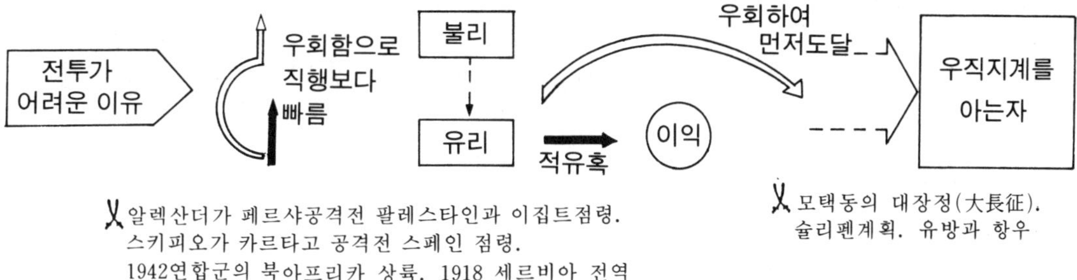

영 문 역

The difficulty of tactical maneuvering consists in turning the devious into the direct, and misfortune into gain. Thus,, to take a long circuitous route, after enticing the enemy out of the way, and though starting after him,, to contrive to reach the goal before him, shows knowledge of the artifice of deviation.

원 문	훈 독
고 군 쟁 위 리 군 쟁 위 위 故軍爭爲利, 軍爭爲危.[주2)] 거 군 이 쟁 리 즉 불 급 擧軍而爭利, 則不及; 위 군 이 쟁 리 즉 치 중 연 委軍而爭利, 則輜重捐.	고로군쟁은 위리하고, 군쟁은 위위니라. 거군이쟁리면 즉불급하고 위군이쟁리면 즉치중연이니라.

직 역

그러므로 군쟁(軍爭)은 이(利)가 되고, 군쟁(軍爭)은 위(危)가 된다. 군(軍)을 들어(擧) 이(利)을 다투면(爭), 곧(則) 미치지(及)못하고(不), 군(軍)에 맡겨(委) 이(利)를 다투면(爭), 곧 치중(輜重)을 버린다(捐).

- 擧(거)-「들 거」, 及(급)-「미칠 급」, 委(위)-「버릴 위, 맡길 위」,
- 輜(치)-「짐수레 치」, 捐(연)-「버릴 연」

해 설

따라서 전투(군쟁을 단순히「전투」로 풀이함)에는 이로움도 있고 위험도 있다. 전군(全軍)모두를 동원하여 이(利)를 쟁취하려면 행동이 민첩하지 못하여 적절한 시기에 미치지 못할 것이오(=성과를 얻지 못함), 군사들에게 맡겨서 이(利)를 쟁취하게 하면 서로 앞을 다투기 때문에 치중부대(=수송담당)는 뒤에 버려질 것이다. *주2) 참조

핵심도해

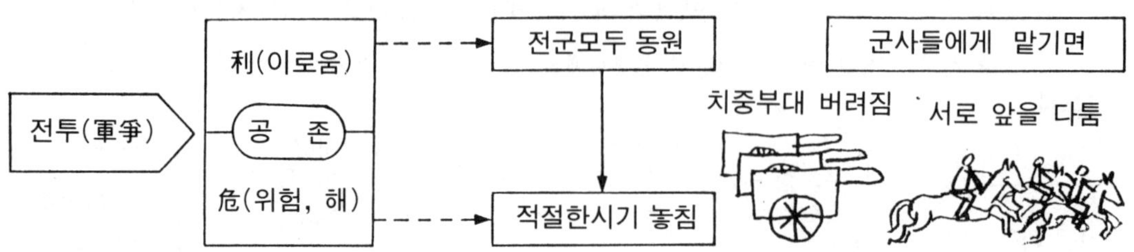

영 문 역

Maneuvering with an army is advantageous; with an undisciplined multitude, most dangerous. If you set a fully equipped army in march in order to snatch an advantage, the chances are that you will be too late. On the other hand, to detach a flying column for the purpose involves the sacrifice of its baggage and stores.

원 문	훈 독
시고권갑이추 일야불처 是故卷甲而趨，日夜不處，	시고로 권갑이추하여 일야불처하고
배도겸행 백리이쟁리 倍道兼行，百里而爭利，	배도겸행하여백리이쟁리면，즉금
즉금삼장군 경자선 피자후 則擒三將軍，勁者先，罷者後，	삼장군하며 경자선하고 피자후하며
기법십일이지 其法十一而至；	기법은 십일이지니라.

직 역

이런고로 갑(甲)을 걷어올려(卷) 달리고(趨)，밤낮(日夜)있지(處) 않고，길(道)을 배(倍)로 해서 겸행(兼行)하고，백리(百里)해서 이(利)를 다투면(爭)，즉 삼장군(三將軍)은 사로잡힌다(擒). 굳센(勁)자는 앞서고(先)，지친(罷)자는 뒤(後)에 서며 그(其) 법(法) 열(十)에 하나(一)이른다(至).

- 甲(갑)—「갑옷 갑, 딱지 갑, 첫째 갑」, 卷(권)—「접을 권, 책권 권」, 卷甲而趨(권갑이추)—무거운 무장을 풀어 몸을 가벼이 하여 달린다.
- 兼(겸)—「겸할 겸, 배할 겸」, 擒(금)—「사로잡을 금」, 罷(피)—「고달플 피」
- 三將軍(삼장군)—上軍,中軍,下軍을 각각 지휘하는 장군, 勁(경)—「굳셀 경」

해 설

조급한 군대가 갑옷을 걷어 붙이고 경쟁적으로 달려가기를 밤낮쉬지 않고 강행군하여 백리 앞에서 이익을 쟁취하려고 하면 삼장군이 포로가 된다. 건강한 장병은 먼저가고 피로한 장병은 낙오하여 전병력의 10분의 1도 목적지에 도달하지 못할 것이다.

* 당시 1일 행군속도는 30리이니 倍道는 60리가 된다.

핵심도해

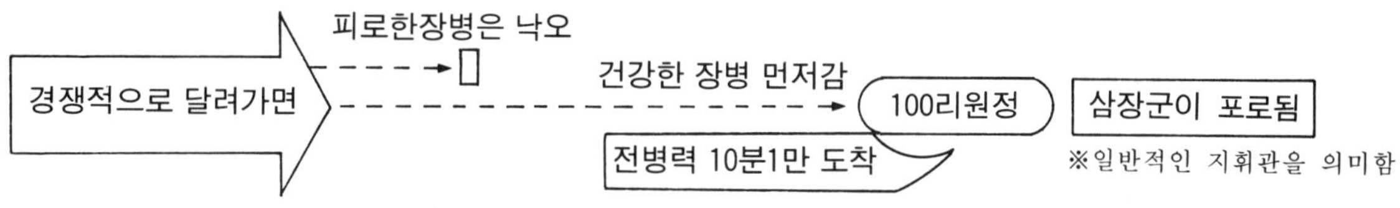

영 문 역

Thus, if you order your men rolt up their bult come, and make forced marches without halting day or night, covering double the usual distance at a march, doing hundred in order to wrest an advantage the louders of your three divisions will fail into the hands of the enemy.

The stronger men will be in front, the jaded ones will fall behind and on this plan only one-tenth of your army will reach its destination.

원 문

훈 독

원문	훈독
五十里而爭利, 則蹶上將軍, 其法半至; 三十里而爭利, 則三分之二至.	오십리이쟁리면 즉 궐상장군하고 기법은 반지니라. 삼십리이쟁리면 즉 삼분지이지니라.

직 역

50리(里)에서 이(利)를 다투면(爭), 곧(則) 상장군(上將軍)은 거꾸러지고(蹶), 그 법(法)은 반(半)이 된다.(至) 30리(里) 에서 이(利)를 다투면(爭), 곧 삼분(三分)의 이(二)에 이르게(至) 된다.

- 蹶(궐)-「거꾸러질 궐」, 上將軍-제일 앞에선 장군.
- 里(리)-손자 당시는 리(里)가 요즘거리로 400m에 불과했으며 군의 하루 행군거리는 30리 즉 요즘 12Km에 해당했음
- 法(법)-여기서는「비율」을 뜻함

해 설

50리앞에가서 작전상의 이(利)를 쟁취하려고 한다면 제일 앞에선 상장군(上將軍)은 쓰러지고 도달하는 장병은 반(半)에 이르게 된다. 30리앞에 가서 작전상의 이(利)를 쟁취하려고 한다면 도달하는 장병은 삼분의 이에 이를 것이다(⇨이는 당시 일일행군거리이다.).

핵심도해

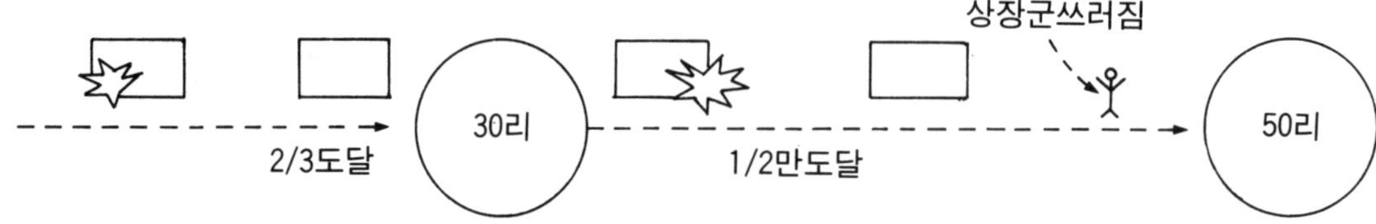

영 문 역

If you march fifty ***li*** in order to out maneuver the enemy, you will lose the leader of your first division, and only half your force will reach its goal. If you march thirty *li* with the same object, two-thirds of your army will arrive.

원 문	훈 독
是故軍無輜重則亡,	시고로 군에 무치중 하면 즉망이요
無糧食則亡,	무양식이면 즉망이요
無委積則亡.	무위적하면 즉망이니라.

직 역

이런고로, 군(軍)에 치중(輜重)이 없으면(無) 즉(則) 망(亡)하고 양식(糧食)없으면(無) 즉 망(亡)하고 위적(委積)없으면 망(亡)한다.

- 委(위)—「맡길 위, 쌓일 위, 의젓할 위」 여기서는 「쌓일 위」
- 積(적)—「쌓을 적, 저축할 적」 委積(위적)—「委」는 조금 쌓는것, 「積」은 많이 쌓는것, 즉 병기와 양식의 축적을 뜻함. (=儲積)

해 설

그러므로 군대에 치중(수송부대)이 없으면 패배하고, 군량(軍糧)이 없으면 패배하고, 쌓아놓은 물자가 없으면 패배한다.

※전투지속능력은 대단히 중요하며 공세종말점과 직결된다. 특히 원정군의 경우 절대적 영향을 미친다.

핵심도해

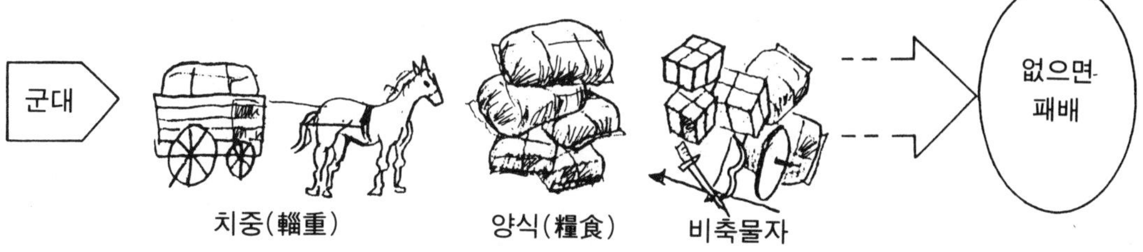

영 문 역

We may take it then that an army without its baggage trainsistost; without provisions it is lost; without bases of supply it is lost.

원 문

훈 독

원문	훈독
故不知諸侯之謀者，不能豫交； 不知山林．險阻．沮澤之形者， 不能行軍；不用鄕導者， 不能得地利．	고로 부지제후지모자는 불능예교요, 부지산림험조저택지형자는 불능행군이요, 불용향도자는 불능득지리니라.

직 역

그러므로 제후(諸侯)의 계략(謀)을 모르는(不知) 자는, 미리(豫)사귈수(交) 없다. 삼림(山林), 험조(險阻), 저택(沮澤)의 형(形)을 모르는 자는, 행군(行軍)할 수 없다. 향도(鄕導)를 쓰지 않는자는 지(地)의 이(利)를 얻을(得) 수 없다.

- 侯(후)－「제후 후」, 諸侯(제후)－제3국의 제후 즉 제3국을 뜻함.
- 謀(모)－「도모할 모, 꾀할 모, 의논할 모」, 豫(예)－「미리 예」
- 交(교)－「사귈 교」, 險(험)－「험할 험」, 阻(조)－「험할 조」, 沮(저)－「물젖을 저」
- 澤(택)－「진펄 택, 못 택」, 鄕(향)－「시골 향, 고장 향」, 導(도)－「인도할 도」
- 鄕導(향도)－「그지방의 길을 안내하는 자」

해 설

제3국의 기도를 모르고서는 국교를 맺을 수 없으며 산림이나 험난한 곳, 소택지등의 지형을 모르는자는 행군할 수 없으며 토착인의 안내자를 사용하지 않는자는 지리의 이점을 얻지 못한다

※원정군의 입장에서 원정지의 지형숙지, 인접국의 기도는 매우 중요할 수 밖에 없다.

핵심도해

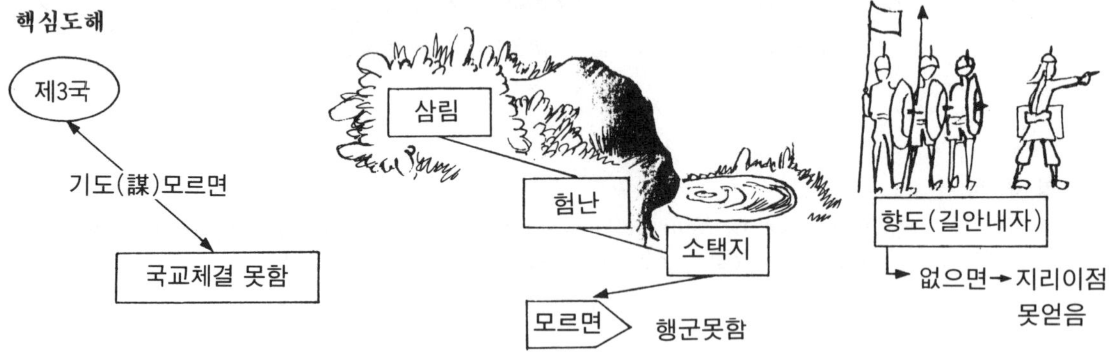

영 문 역

We cannot enter into alliances until we are acquainted with the designs of our neighbors. We cannot fit to lead an army on the march unless we are familiar with the face of the country-its mountains and forests,, its pitfulls. We shall be unable to turn natural advantages to account unless we make use of local guides.

원 문	훈 독
故兵以詐立(고병이사립), 以利動(이리동), 以分合爲變者也(이분합위변자야),	고로 병은 이사립하고, 이리동하며, 이분합 위변자야니라.

직 역

그러므로 병(兵)은 사(詐)로써(以) 서고(立), 이(利)로써(以) 움직이고(動), 분합(分合)으로써(以) 변(變)하는 것이다.

● 詐(사)―「속일 사, 거짓 사」=詭計, 兵以詐立(병이사립)―전쟁(兵)은 속임(詐)으로 성립(立)됨, 以利動(이리동)―이익(利)으로써 움직임, 分合(분합)―분산과 집합, 爲變(위변)―변화를 일으킴, 임기응변으로 해석하는 문헌도 있음

해 설

전투는 적을 속임(=기만)으로써 성립하고, 이(利)로운 방향을 쫓아 행동한다. 병력을 분산하기도 하고 합하기도하여 변화있게 대응한다.

* 전투는 근본적으로 적을 속여야만 한다. 또한 헛일이 되지 않도록 유리한 것을 차지하기에 노력하며 집중과 분산을 상황에 따라 적절히 구사하여야 한다.

핵심도해

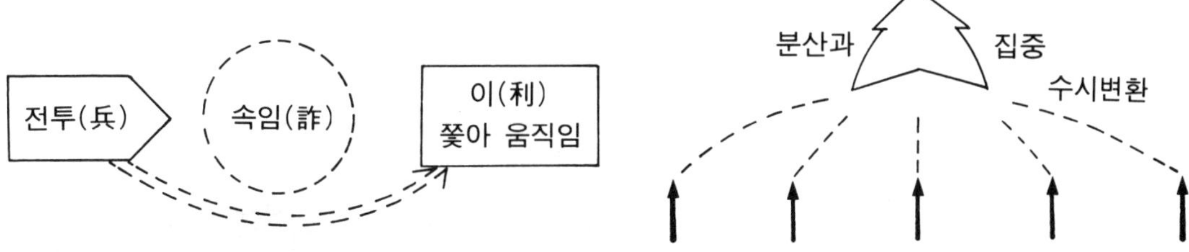

영 문 역

In war, practice dissimulation, and you will succeed. Move only if there is a real advantage to be gained. Whether to concentrate or to divide your troops must be decided by circumstances.

원 문	훈 독
고 기 질 여 풍 기 서 여 림 故其疾如風，其徐如林， 침 략 여 화 부 동 여 산 侵掠如火，不動如山， 난 지 여 음 동 여 뇌 진 難知如陰，動如雷震.	고로 기질여풍하고 기서여림하고 침략여화하고 부동여산하고 난지여음하고 동여뇌진이니라.

직 역

그러므로 그(其) 급한것(疾)은 바람(風)과 같고(如), 그 조용한(徐) 것은 숲(林)과 같고(如), 침략(侵掠)은 불(火)과 같고, 움직이지 않음(不動)은 산(山)과 같고, 알기(知) 어려움(難)은 그늘(陰)과 같고, 움직임(動)은 뇌진(雷震)과 같다.

- 疾(질)—「빠를 질, 병 질, 미워할 질」, 徐(서)—「천천히 서, 성 서」
- 侵(침)—「침노할 침」, 掠(략)—「노략질할 략」, 難(난)—「어려울 난」
- 雷(뢰)—「우뢰 뢰」, 震(진)—「벼락 진」

해 설

그러므로 그 행동은 빠를때에는 마치 바람과도 같고 느릴때는 숲과 같이 고요하고 침략할때에는 불과 같이 맹렬하고 움직이지 않을 때는 산과 같고 그 동정(動靜—기밀)은 어둠에서처럼 알지 못하게 하고 움직일때는 우뢰와 번개처럼 한다.

핵심도해

영 문 역

Let you rapidity be that of the wind, your compactness that of the forest. In rading and plundering be like fire, in immovability like a mountain. Let your plans be dark and impenetrable as night and when you move, fall like a thunder bolt.

원 문	훈 독
략 향 분 중 　 곽 지 분 리 주3) 掠鄕分衆, 廓地分利, 현 권 이 동 　 선 지 우 직 지 계 懸權而動, 先知迂直之計 자 승 　 차 군 쟁 지 법 야 者勝, 此軍爭之法也.	략향분중하고 곽지분리하고 현권이 동이니라. 선지우직지계자는 승하니, 차군쟁지법야니라.

직 역

향(鄕 : 고을)을 약탈하여(掠) 중(衆)에게 나누고(分), 지(地)를 넓혀(廓) 이(利)를 나누고(分), 저울(權)을 달아(懸)움직인다(動). 먼저(先)우직(迂直)의 계(計)를 아는(知)자는 이긴다(勝). 이것(此)이 군쟁(軍爭)의 법(法)이다. *주3)참조

- 鄕(향)—「고장 향, 시골 향」, 廓(곽)—「넓힐 곽, 성 곽」
- 懸(현)—「달 현, 멀 현」, 權(권)—「저울 추, 평할 권, 권세 권」

해 설

적국의 고을을 침략하여 전리품을 얻으면 그것을 여러 군사에게 나누어 분배하고[주3)] 적국의 땅을 탈취하여 영토를 확장하면 그 이익을 분배하고, 우열을 저울질하여 신중히 행동한다. 우직의 계를 먼저 아는 자가 승리하니 이것이 전투의 원칙이다.

* 廓地分利에서「利」를 「守」로하여 「병력을 중요한 목에 배치하여 지키게함」으로 해석하는 문헌도 있음.

핵심도해

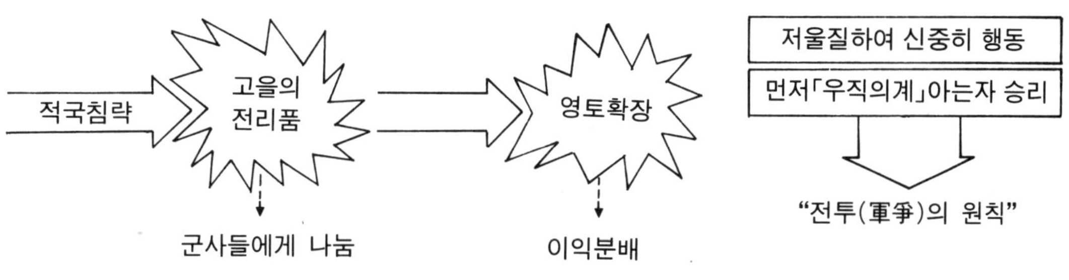

유방이 취한 방법 : 공략시 반드시 나누어 가짐(史記)

영 문 역

When you plunder a countryside, let the spoil be divided amongst your men; when you capture new territory, cut it up into allotments for the benefit of the soldiery. Ponder and deliberate before you make a move. He will conquer who has learnt the artifice of deviation, Such is the art of maneuvering.

원 문	훈 독
군정왈 언불상문 軍政曰： 言不相聞，	군정에 왈, 언불상문이라,
고위지금고 시불상견 故爲之金鼓； 視不相見，	고로 위지금고하고 시불상견이라.
고위정기 부금고정기자 故爲旌旗. 夫金鼓旌旗者，	고로 위정기라 하니 부금고정기자는
소이일인지이목야 인기전일 所以一人之耳目也； 人旣專一，	소이일인지이목야니라. 인기전일이면
즉용자부득독진 겁자부득 則勇者不得獨進，怯者不得	즉용자도 부득독진하고 겁자도
독퇴 차용중지법야 獨退. 此用衆之法也.	부득독퇴하니 차는 용중지법야니라.

직 역

군정(軍政)에 말하되(군정 : 전국시대에 있던 병서의 일종으로 지금은 전해지지 않음) 말하여도(=구령을 내려도) 서로 들리지 않기 때문에 고로 금고(金鼓 : 북과징)를 만든다. 보아도 서로 보이지 않기 때문에 고로 정기(旌旗 : 깃발)를 사용한다. 대저(夫) 금고, 정기란 사람의 이목(耳目 : 눈과귀)을 하나로 하는 까닭이다(=징, 북, 깃발을 사용하는 것은 지휘통일을 위함이다). 사람이 이미 전일(專一 : 하나로 통일되면) 하면, 즉 용자(勇者 : 용감한자) 라도 혼자 나아갈 수 없고 겁자(怯者 : 비겁한자)도 혼자서는 물러설 수 없다. 이것이 중(衆 : 다수의 군대)을 쓰는 법이다(=지휘하는 방법이다).

● 金(금)-「쇠 금, 성 김, 귀할 금」 여기서는 「징」을 뜻하며 '후퇴'할때 사용
● 鼓(고)-「북 고, 두드릴 고」여기서는 「북」을 뜻하며 '전진'할 때 사용

핵심도해

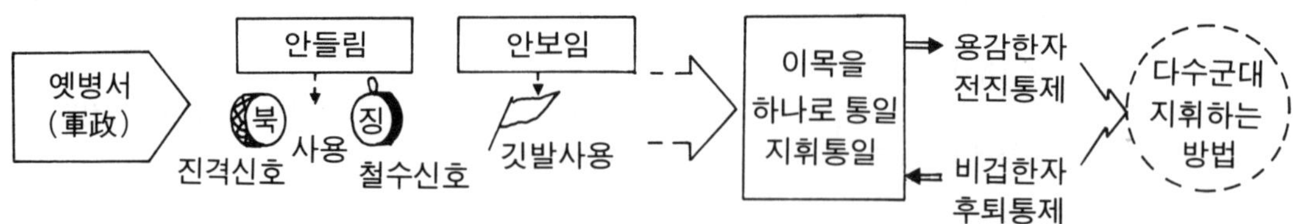

영 문 역

The Book of Army Management says: On the field of battle the spoken word dose not carry for enough: hence the institution of gongs and drums. Nor can ordinary objects be seen clearly enough: hence the institution of banners and flags.

Gongs and drums, banners and flags, are means whereby the ears and eyes of the hoost may be focussed on one paticular point.

The host thus forming a single united body, it is impossible either for the brave to advance alone, or for the cowardly to retreat alone,, This is the art of handling large masses of men.

원 문	훈 독
故夜戰多火鼓, 晝戰多旌旗, 所以變人之耳目也.	고로 야전다화고하고 주전다정기하니 소이변인지이목야니라.

직 역

그러므로 야전(夜戰 : 야간전투)에 화고(火鼓 : 횃불과 북) 많고 주전(晝戰 : 주간전투)에 정기(旌旗 : 깃발) 많다. 사람의 이목(耳目 : 귀와 눈)을 변하게 하는 소이(所以)이다.

- 旌(정)-「기 정」, 旗(기)-「기 기」, 旌旗(정기)-깃발
- 旌(정)이란 깃대끝에 새의 깃으로 만든 장목을 늘어뜨린기(旗)

해 설

야간전투에는 횃불〔봉화(烽火)나 화전(火箭)〕과 북을 많이 쓰고 주간전투에는 깃발을 많이 쓴다. 그것은 적군의 귀와 눈을 현혹시키기 위해서이다.

핵심도해

영 문 역

In night-fighting, then, make much use of signal fires and drums, and in fighting by day, of flags and banners, as a means of influencing the ears and eyes of your army.

원 문	훈 독
故三軍可奪氣，將軍可奪心． 是故朝氣銳，晝氣惰，暮氣歸； 故善用兵者，避其銳氣， 擊其惰歸，此治氣者也.	고로 삼군가탈기하고 장군가탈심이라. 시고로 조기예하고 주기타하고 모기귀니라. 고로 선용병자는 피기예기하고 격기타귀하니 차는 치기자야니라.

직 역

그러므로 삼군(三軍)은 기(氣)를 빼앗아(奪)야하고, 장군(將軍)은 마음(心)을 빼앗아야(奪) 한다. 이런 고로 아침 기운(朝氣)은 예(銳)하고, 낮 기운(晝氣)은 타(惰)하며, 저녁기운(暮氣)은 귀(歸)한다. 잘(善) 용병(用兵)하는 자(者)는 그 예기(銳氣)를 피(避)해서 그(其)타귀(惰歸)를 친다(擊). 이것이(此)기(氣)를 다스리는(治) 것이다.

- 奪(탈)-「빼을 탈」, 銳(예)-「날카로울 예」, 惰(타)-「게으를 타」
- 暮(모)-「저물 모, 늦을 모」, 歸(귀)-「돌아갈 귀」, 治(치)-「다스릴 치」

해 설

그러므로 적군 전체의 사기를 빼앗고, 적 장군의 마음을 빼앗아야 한다. 그런까닭에 아침에는 사기가 왕성하고(=날카롭고), 낮에는 해이해지며, 저녁에는 사라지는(=나태해지는)것이다. 용병에 능통한 장수는 적군의 사기가 왕성한 때를 피하고 해이 또는 사라졌을때 공격한다. 이것이 사기를 다스리는 방법이다.

※4治에 대해 나온다. 4治(氣·心·力·變)는 적에게는 이를 깨뜨려 흔들어 놓고 우리는 이를 잘 보존하고 다스려야 한다.

핵심도해

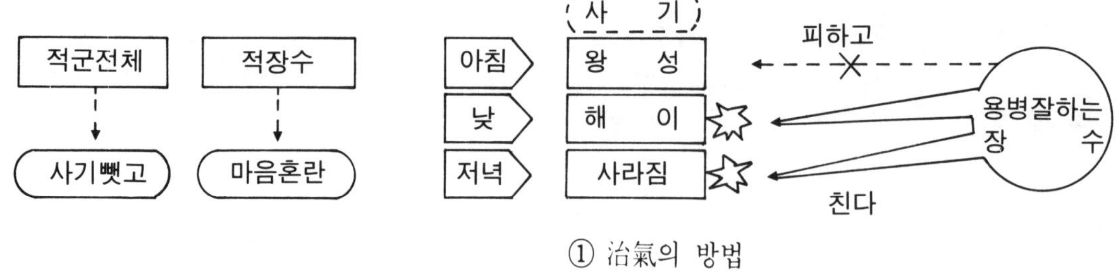

① 治氣의 방법

영 문 역

A whole army may be robbed of its spirits; a commander-in-chief may be robbed of his presence of mind.

Now a soldier's spirit is keenest in the morning; by noonday it has begun to flag; and in the evening his mind is bent only on returning to camp.

A clever general, therefore, avoids an army when its spirits is keen, but attacks it when it is sluggish and inclined to return. This is the art of studying moods.

원 문	훈 독
이치대란 이정대화 以治待亂，以靜待譁， 차치심자야 이근대원 此治心者也．以近待遠， 이일대로 이포대기 以佚待勞，以飽待饑， 차치력자야 此治力者也．	이치대란하고 이정대화니， 차치심자야니라． 이근대원하고 이일대로하고 이포대기하니 차치력자야니라．

직 역

치(治)로써 난(亂)을 기다리고(待), 정(靜)으로써 화(譁)를 기다리니 이것이 마음(心)을 다스리는(治)것이다. 가까운(近) 것으로써 먼(遠)것을 기다리고(待), 편안(佚)한 것으로써 피로(勞)한 것을 기다리고(待), 배부른(飽)것으로써 굶주림(饑)을 기다리니(待) 이것이(此) 힘(力)을 다스리는(治) 것이다.

- 待(대)—「기다릴 대」, 譁(화)—「떠들석할 화」, 佚(일)—「편안할 일」
- 飽(포)—「배부를 포」, 饑(=飢)—「주릴 기」

해 설

아군이 질서를 유지하며 적이 혼란한것을 기다리고, 아군의 정숙함으로 적의 소란을 기다리니 이는 마음을 다스리는 방법이다. 가까운곳에서 적이 멀리서 오는 것을 기다리며, 편안한 자세로 적이 피로해지기를 기다리며 배부르게 있으면서 적의 굶주림을 기다리니 이는 체력을 다스리는 방법이다.

핵심도해

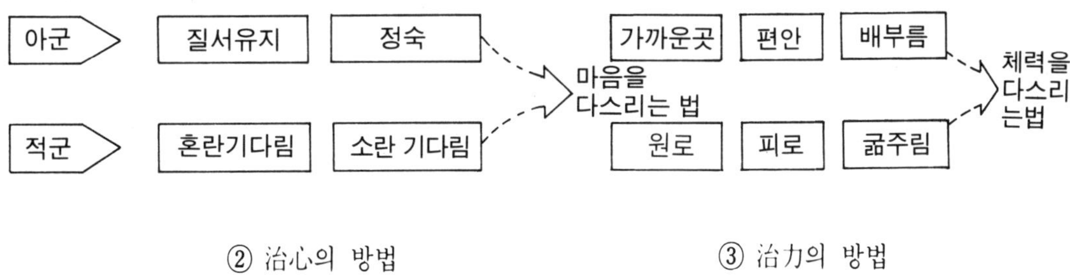

영 문 역

Disciplined and calm, to await the appearance of disorder and hubbub amongst the enemy-this is the art of retaining self possession.

To be near the goal while the enemy is still far from it, too wait at ease while the enemy is toiling and struggling, to be well fed while the enemy is famished-this is the art of husbanding one's strength.

원 문	훈 독
무 요 정 정 지 기 無邀正正之旗, 물 격 당 당 지 진 勿擊堂堂之陣, 차 치 변 자 야 此治變者也;	무요정정지기하고 물격당당지진이니 차는 치변자야니라.

직 역

정정(正正)의 기(旗)를 맞지(邀) 말고, 당당(堂堂)한 진(陣)을 치지말라(勿擊). 이것이 변(變)을 다스리(治)는 것이다.

- 邀(요)—「맞을 요」, 堂(당)—「번듯할 당, 집 당」, 陣(진)—「진칠 진」
- 勿(물)—「말 물, 없을 물」
  正正之旗(정정지기)—正正=整齊, 군기가 엄정한 모습.
  堂堂之陣(당당지진)—어연하고 번듯하여 기세가 왕성한 모습.

해 설

정연한 대형으로 군기(軍旗)를 들고 오는 적군을 요격하지 말고, 당당하게 진영을 갖춘 적군을 공격하지 말아야 하거니와 이것을 상황의 변화를 다스린다고 하는 것이다. ※ 장수에게는 마음(心)을 겨냥하는데 이는 變을 통해서(治變), 병사에게는 사기(氣)를 겨냥하는데 이는 力을 통해(治力) 이룰 수 있음에 유의(4治의 연관성 숙고).

핵심도해

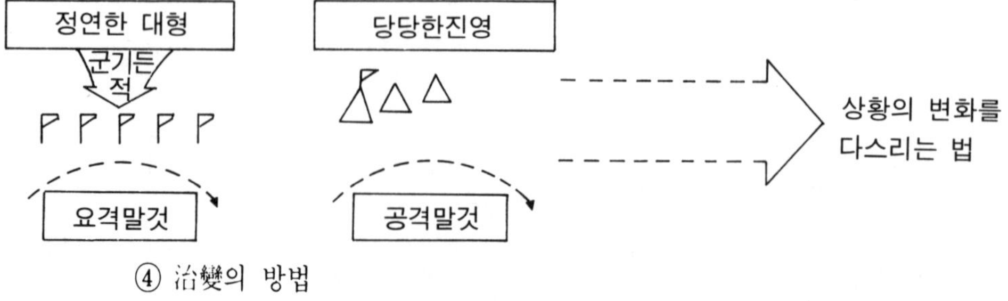

④ 治變의 방법

영 문 역

To refrain from intercepting an enemy whose banners are in perfect order, to refrain from attacking an army drawn up in calm and confident array-this is the art of studying circumstances.

전략연구

주1) 迂直之計 (우직지계)

간접접근 전략(Strategy of indirect Approach)

육군대위로 제대하여 런던타임즈의 군사통신원과 육군장관의 개인고문을 지낸 영국의 군사이론가 리델하트(Liddel Hart. 1895~1970)는 그의 저명한 저서 전략론(戰略論)에서 고대 페르샤전쟁에서부터 1948년 제1차중동전까지 30개전쟁의 280개 전투를 분석한 결과 그중 6개전역(엄밀한 의미로는 2개 전역)을 제외한 전 전역은 모두 간접접근(間接接近)에 의해 승리했다고 주장했다. 손자병법의 「迂直之計」는 바로 간접접근 전략의 근원을 이루는 어귀라 할 수 있다.

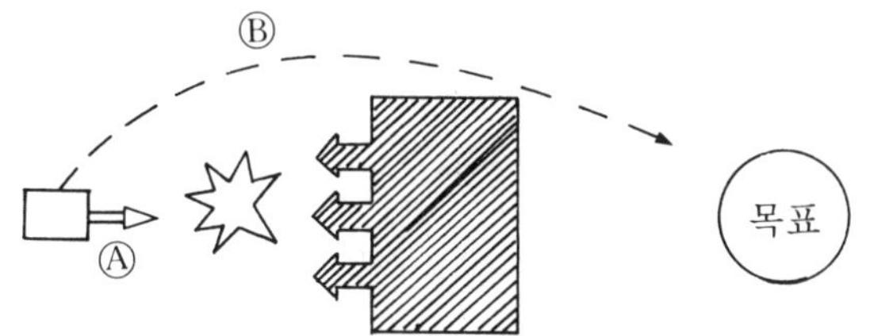

여기에서 보면 거리상으로는 비록 Ⓐ의 기동로가 목표에 신속히 접근할 것 처럼 보이나 실제로는 비록 우회하지만 Ⓑ의 기동로가 빨리 도달하게 되는 것이다.

리델하트가 말하고 있는 간접접근전략의 핵심을 도식화해보면 아래와 같다.

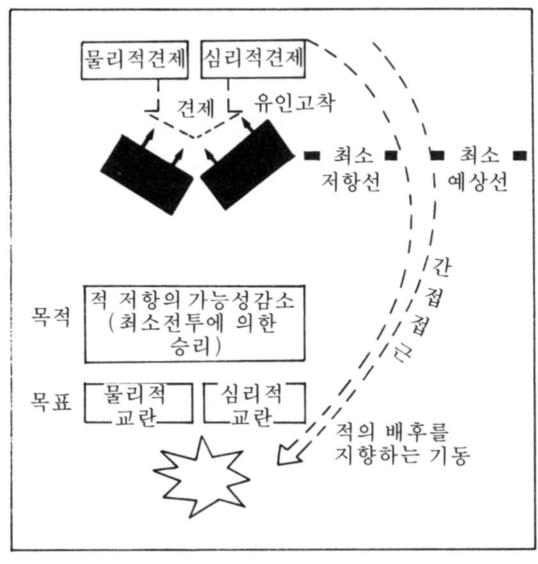

간접접근전략의 궁극적 목적은 최소한의 희생으로 최소한의 전투로 승리를 거두는 것이다. 이를 위해서는 먼저 적의 부대와 관심을 각종 견제를 통해 유인 고착시킨 후 (이는 주기동인 간접접근 이전에 이루어진다) 적의 저항이 가장 적고(병력 배치가 미약한 곳) 전혀 예상하지 않는 장소(出其不意)를 통해 주로 적의 배후를 지향하여 기동하며(간접접근), 이 기동을 통해 적의 보급로 및 후퇴를 위협하는 등의 물리적 교란과 적 사령관에게 함정에 빠졌다고 하는 공포와 딜레마를 유도하는 심리적 교란을 달성한다.

간접접근 전략은 근본적으로 적의 부대가 아닌 적의 심리(心理)를 지향하는 것이다. 손자병법의 「迂直之計」는 바로 이런 차원에서의 수준높은 계략이다.

중국본 註解

주2) 軍爭爲利(군쟁위리), 軍爭爲危(군쟁위위).

많은 문헌에서 이 어귀의 해석을 달리하고 있다. 중국원서를 통해 분석해보고자 한다.

◎ 孫子十家註

通典作衆爲危 鄭友賢同按注云本作衆爭爲危是故書正作軍也/曹公曰善者則以利不善者則以危/杜佑曰善者則以利不善者則以也/賈林曰我軍先至得其便利之地則爲利彼敵先據其地我三軍之衆馳往爭之則敵佚我勞危之道也

◎ 孫子兵法大全

爲的是勝利, 但亦是很危險的事,…

◎ 孫子兵法之綜合研究

故軍爭爲利, 軍爭爲危… 軍爭是有利的事情, 同時也是危險的事情; 取利避害, 是以能否了解迂直之計爲斷.

◎ 孫子兵法白話解

故軍爭爲利, 軍爭爲危…這一節是論實行戰鬪的危險. 當然囉! 這是「死生之地」決不可以隨便鬧着玩的. …利害相雜兼而有之的. …兩個「爲」字作「有」字解…實際戰鬪, 當然是有利也有險的.

여기에서 알수 있는 것은 「軍」을 「衆」으로 보았던 기록이 「손자십가주」에 나와 있으나 「손자십가주」역시 「軍」으로 기록했고 기타 문헌도 「軍」으로 기록·해석했다. 이를 해석하는 방법은 크게 두가지로 나누어진다.

① 군쟁(軍爭)에는 이(利)와 위험(危)이 공존한다.

② 군쟁(軍爭)은 유리(利)한바를 위함이지만 위험도 따른다.

물론 「軍」을 「衆」으로 바꾸어 해석할 경우에는 다르게 해석도 가능하다. 그러나 여기서는 위근거에 의거 보편적인 「軍」으로 하여 ①의 해석을 택한다. 「孫子兵法白話解」에서 해석하듯 「실제 전투에서는 두가지가 공존한다.」는 것은 바로 뒤에 이어지는 어귀의 뜻과 연관시켜보면 이해가 되리라 본다. 그래서 「爲」를 「有」로 해석하고 있다.

주3) **掠鄕分衆** (략 향 분 중)

이 어귀는 해석에 상당한 주의를 요한다. 그래서 혹자는 어귀의 글자 자체를 바꾸어 버리기도 한다(掠鄕→指向). 보다 정확히 접근하여 그 진의(眞意)를 알아본다.

◎ 孫子十家註

掠鄕分衆：通典御覽作「指嚮」按諸家俱作掠鄕注云一本作「指向」又主晳云鄕音向則所見本昇耳/曹公曰因敵而制勝也/杜佑曰因敵而制勝也旌旗之所指向則分離其衆/掠鄕一作指向/王晳曰指所鄕以分其衆鄕音向/何氏曰得掠物則與衆分

◎ 孫子兵法大全

掠鄕分衆：以激勵士氣, 竟平叛亂. 可爲廓地分利與掠鄕分衆之一例.

◎ 孫子兵法之綜合硏究

掠鄕分衆：我軍旣進敵地後, 則掠奪(亦可解爲徵發) 其都市鄕村的財貨糧 (因糧於敵), 以分配於我的兵衆；

◎ 孫子兵法白話解

掠鄕分衆…「分衆」應該是分路搜索淸理戰場… 當然要分兵搜索, 恐怕有殘餘的敵兵. …

역시 대단히 어려운 어귀이다. 「손자십가주」에서는 「掠鄕→指向」으로 바꾼 근원을 밝히고 있다. 크게 세 가지로 해석된다. ① 목표(적국의 고을：鄕)를 지향해서 공격하기 위해(략：掠) 무리(衆)를 나누어서(分) 공격하라. ② 약탈한 물건은 나누어주라. ③ 적의 고을을 약탈시에는 병력을 나누어 수색해야한다. 잔적의 공격을 대비함이다.

「因糧於敵」 즉 적의 양식을 빼앗아 취한다는 의미에서 보면 적의 고을을 공격하여 전리품을 얻으면 그것을 여러 병사들에게 골고루 나누어준다고 하는 의미도 이해됨. 혹자는 어찌하여 도적같이 강탈해서 나누어 가질 수 있느냐라고도 할 수 있으나 이는 어디까지나 원정시 자국에서 추진되지 못하는 긴요품등을 해결하는 방법임. 전쟁상황에서는 충분히 가능한 얘기이며 오히려 당시로서는 현실적인 자급자족방식임. 결론적으로 ②의 해석에 비중을 두었고 또 다른 해석도 물론 가능하다.

구변편제팔
九變篇第八

손무는 오합 합려 즉위 2년차(B.C.512)에 장수로 임용된 후 합려왕이 월나라와의 전쟁시 독화살에 맞아 죽기까지(B.C.496) 온전히 그를 섬겼고, 합려의 뒤를 이은 부차(夫差, B.C.495~473재위) 전기(前期)인 황지(黃池)대회전까지 오나라의 국력을 절정에 올려놓은 후 자진 은퇴하여 초야에 묻혀 병법저술을 계속하다 죽었다(B.C.482). 손무는 아들 3형제를 두었으며 손무 사후 약 100년 전국시대 齊나라의 유명한 병법가 손빈(孫頻)은 그의 둘째 아들 손명의 아들 즉 손무의 손자로 알려진다. 손빈시대에는 손무시대에서 더 발전하여 정치·군사가 비교적 선명히 구분되어 참모제도가 확립된다. 손빈은 명참모로서 활약했다. 실병지휘의 장수로 활약했던 손무와의 차이점이다.
손무의 병법과 손빈의 병법은 1972년 산동성에서 별도의 병법으로 나란히 발견되었다.

주요 어귀

九變 五利
將有五危

개 요

「九變(구변)」이란 「아홉가지변칙」을 의미한다. 「상(常)」의 반대개념이「변(變)」이다. 즉 원칙이 있으면 예외도 있는 법이다. 떳떳한 법칙보다 전쟁은 오히려 변칙이 더 중요시될때가 많은것이다.

손자는 구변편에서 상도(常道)와 변칙(變則)을 설명하고 변칙으로서 구변(九變)·오리(五利)·오위(五危)를 열거하고 있다. 구변편으로 편명을 붙인것은 편중(篇中)에 나오는 「구변(九變)」을 그대로 인용한 것에 불과하다. 「구변」은 전투시에 피해야 할것 9가지를 말한것이고, 「오리(五利)」는 전투시 변칙을 택해야하는 상황을 5가지로 제시한 것이며, 「오위(五危)」는 전투시 임할때 장수가 갖는 5가지의 위험한 성격을 제시하여 이를 경고하고 있다.

원칙들이 상황에 따라 달라지는 가변성을 나타내는 구변(九變)편에는 크게 고정적인 준수사항과 가변적인 준수사항의 두가지로 구분할 수 있는 어귀가 있다. 고정적인 것으로 ① 圮地無舍 ② 衢地合交 ③ 絶地無留 ④ 圍地則謀 ⑤ 死地則戰, 가변적인 것으로 ① 途有所不由 ② 軍有所不擊 ③ 城有所不攻 ④ 地有所不爭 ⑤ 君命有所不受가 그것이다. 여기에서 손자가 말하려 하는 것은 원칙하에서 변하는 상황에 따라 융통성있게 대처하라는 것이다. 장수는 다섯가지 위험(五危)에 대해서도 조심성있게 점검해 보아야 하며 특히 자주 강조되어지는 「必死(필사)」에 대한 개념도 명확히 정립되어야 할 것이다. 병사들의 필사적태도와 견제임무를 띤 부대의 필사적 태도, 최후의 일전에서의 필사적 태도는 대단히 중시되지만 최고지휘권을 발동하는 지휘관이 가지는 필사적 태도는 다시한번 신중을 기해야 할 것이다. 오히려 최고 지휘관은 병사들에게는 필사의 태도를 요구하면서도 자신은 필승(必勝) 필생(必生)의 태세를 겨냥해야 할 것이다. 또한 장수가 군주의 명령을 듣지 않는 경우도 있음에 대해 고찰해볼 필요가 있다. 이 경우의 현대적 관점을 본편 마지막의 주(註)에 별도 설명한다.

※원정군의 입장에서 보면 원정지(야전)에서 전투시 수많은 상황에 부딪히게된다. 이때 장수는 대단히 신중을 기해 선택 및 결심을 하게 되는데 이 구변편은 그런 다양한 상황하에 임기조치를 하는 장수를 도와주기 위해 기술된 편이다.

九 變

- 五危
  - ① 必死可殺
  - ② 必生可虜
  - ③ 忿速可侮
  - ④ 廉潔可辱
  - ⑤ 愛民可類
  - 將之過也、用兵災也
  - 覆軍殺將、必以五危
  - 不可不察也
- 五利
  - ① 塗有所不由
  - ② 軍有所不擊
  - ③ 城有所不攻
  - ④ 地有所不爭
  - ⑤ 君命有所不受
  - 不知五利之術、不能得人之用
- 九變
  - ① 高陵勿向
  - ② 背丘勿逆
  - ③ 佯北勿從
  - ④ 銳卒勿攻
  - ⑤ 餌兵勿食
  - ⑥ 歸師勿遏
  - ⑦ 圍師必闕
  - ⑧ 窮冦勿迫
  - ⑨ 絶地勿留
  - 不通九變之利、不 能得地之利

此用兵之法也

원 문

九變篇 第八

孫子兵法大全에서

*孫子曰：凡用兵之法，高陵勿向，背丘勿逆，佯北勿從，銳卒勿攻，餌兵勿食，歸師勿遏，圍師必闕，窮寇勿迫，絶地勿留.
塗有所不由，軍有所不擊，城有所不攻，地有所不爭，君命有所不受.[1]

故將通於九變之利者，知用兵矣，將不通於九變之者，雖知地形，不能得地之利矣. 治兵不知九變之術, 雖知五利，不能得人之用矣.

是故智者之慮，必雜於利害，雜於利而務可信也，雜於害而患可解也. 是故屈諸侯者以害，役諸侯者以業，趨諸侯者以利. 故用兵之法，無恃其不來，恃吾有以待之；無恃其不攻，恃吾有所不可攻也.

故將有五危：必死可殺，必生可虜，忿速可侮，廉潔可辱，愛民可煩；凡此五危，將之過也，用兵之災也. 覆軍殺將，必以五危，不可不察也.

* □의 내용을 제7군쟁편 말미에 두는 문헌이 많으나 여기서는 제8구변편에 둠(손자병법대전에서도 제7편에 두었으나 따르지 않음)

1972년 산동성에서 출토된 죽간 손자병법에서 얻을 수 있었던 가장 큰 수확중 하나는 위 □의 마지막 어귀에 있는 「君名有所不受」일 것이다. 과연 어느 경우에 군주의 명령이라도 받지 않을 경우가 있느냐 하는 얘기다.
물론 장수가 軍中에 있을때는 받지 않을 수 있다고 했지만 (史記에 기록) 그 구체적 내용이 출토죽간 5편중에 나온 것이다. 즉 바로위에 제시되는 4가지 경우(가서는 안되는 길, 공격해서는 안되는 적 · 성 · 땅)를 군주가 잘 모르고 장수에게 무모하게 명령하는 경우 이때는 거부할 수 있다는 것이다. 4가지 경우에 대해서는 192쪽 아래 요약 제시했다.

원 문	훈 독
孫子曰(손자왈): 凡用兵之法(범용병지법), 高陵勿向(고릉물향), 背丘勿逆(배구물역), 佯北勿從(양배물종), 銳卒勿攻(예졸물공),	손자왈, 범용병지법은, 고릉은 물향하고 배구는 물역하고 양배는 물종하고 예졸은 물공하며,

직 역

손자 말하되, 무릇(凡) 용병(用兵)의 법(法)은 고릉(高陵)을 향하지 마라(勿向). 배구(背丘)를 맞이하지 마라(勿逆). 양배(佯北)는 좇지 마라(勿從). 예졸(銳卒)은 치지 말라(勿攻).

- 陵(릉)－「언덕 릉, 넘을 릉」, 背(배)－「등 배, 뒤질 배」
- 丘(구)－「언덕 구, 무덤 구」, 逆(역)－「맞이할 역, 거스를 역」
- 佯(양)－「거짓 양」, 北(배, 북)－「달아날 배, 북녘 북」, 從(종)－「좇을 종」

해 설

용병의 원칙은(＝공격할 때 피해야 할 9가지 원칙인 구변을 들고 있다)
1원칙 : 고지에 진치고 있는 적에게 정면공격 하지 마라.
2원칙 : 구릉(丘陵)을 등지고 내려오는 적(기세가 강함)은 맞이하지 마라.
3원칙 : 거짓으로 패한 척 달아나는 적을 추격하지 마라.
4원칙 : 적의 정예부대는 공격하지 마라.
* 당시에는 정예(精銳)의 군사만을 별도로 조직한 선발대가 있었다.

핵심도해

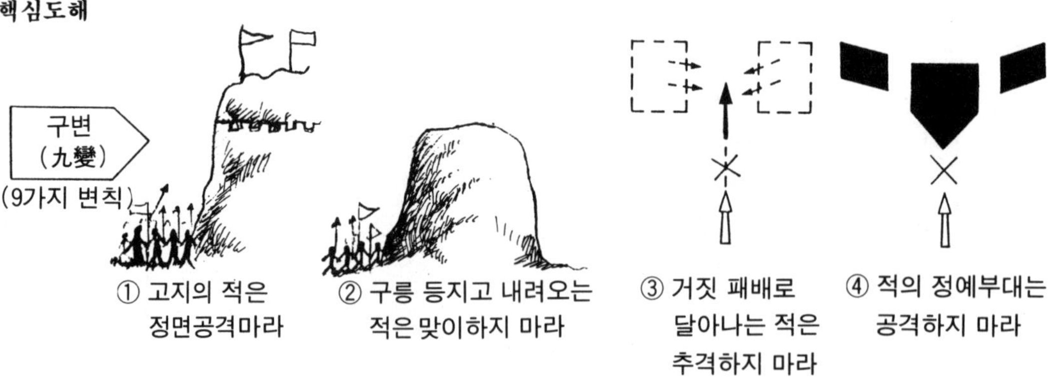

① 고지의 적은 정면공격마라 ② 구릉 등지고 내려오는 적은 맞이하지 마라 ③ 거짓 패배로 달아나는 적은 추격하지 마라 ④ 적의 정예부대는 공격하지 마라

영 문 역

It is a military axiom not to advance uphill against the enemy, nor to oppose him when he comes downhill.

Do not pursue an enemy who simulates flight; do not attack soldiers whose temper is keen.

원 문	훈 독
이 병 물 식 귀 사 물 알 餌兵勿食, 歸師勿遏, 위 사 필 궐 궁 구 물 박 圍師必闕, 窮寇勿迫, 절 지 물 유 絶地勿留.	이병은 물식하고, 귀사는 물알하고, 위사는 필궐하고, 궁구는 물박하고, 절지는 물유하라.

직 역

이병(餌兵)은 먹지마라(勿食). 귀사(歸師)는 막지마라(勿遏).
위사(圍師)는 반드시(必) 궐(闕)하라. 궁구(窮寇)는 핍박(迫)하지 마라.
절지(絶地)는 머물지 마라(勿留).

- 餌(이)-「미끼 이」, 歸(귀)-「돌아갈 귀」, 遏(알)-「막을 알」
- 圍(위)-「에워쌀 위」, 闕(궐)-「빌 궐, 대궐 궐」, 窮(궁)-「궁할 궁」
- 寇(구)-「도둑 구」, 迫(박)-「핍박할 박」, 絶(절)-「끊을 절」
- 留(류)-「머무를 류」

해 설

5원칙 : 미끼로 유인하는 적과는 교전하지 마라.
6원칙 : 철수하는 적병의 퇴로를 봉쇄(=막지)하지 마라.
7원칙 : 적을 포위할 때에는 반드시 틈을 개방하여 퇴로를 만들어 주라.
8원칙 : 막다른 지경에 빠진 적은 핍박하지 마라(급히 몰아 죽기를 각오하고 싸우게 하지 않도록).
9원칙 : 지세가 험한 지형에 머물지 마라.(보급로 두절, 신속한 기동불리)

* 문헌에 따라 「절지」를 본국과 멀리 떨어진 지역 또는 고립된 지역으로 해석하기도 함

핵심도해

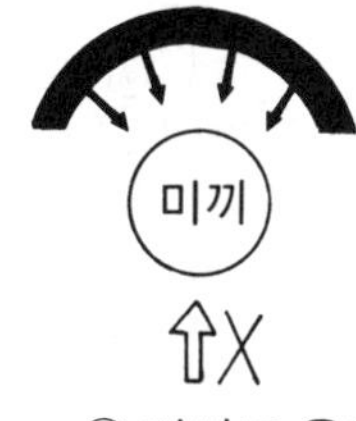

⑤ 미끼로 유인시 교전마라

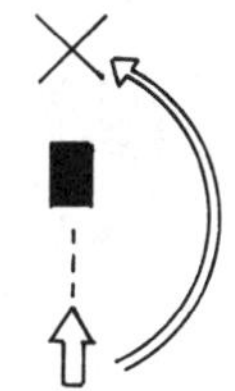
⑥ 철수하는 적 퇴로봉쇄마라
나폴레옹의 드레스덴전역

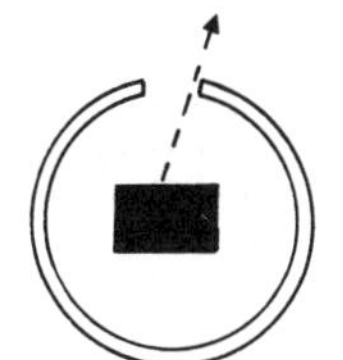
⑦ 포위시에는 틈을 내어주라

⑧ 막다른 지경의 적을 핍박마라
덩커르크철수작전(1940)

⑨ 험한지형(단절된) 에 머물지 마라

영 문 역

Do not swallow a bait offered by the enemy. Do not interfere with an army that is returning home.

When you surround an army leave an outlet free. Do not press a desperate foe too hard.

Do not linger in dangerously isolated positions.

원 문 **훈 독**

塗有所不由, 軍有所不擊, 城有所不攻, 地有所不爭, 주1) 君命有所不受.	도유소불유하고 군유소불격하고 성유소불공하고 지유소불쟁하고 군명유소불수니라.

직 역

길(塗)에도 지나지(由) 않을 곳 있다. 군(軍)에도 치지(擊) 않을 바 있다. 성(城)에도 치지(攻) 않을 곳 있다. 땅(地)에도 다투지(爭) 않을 곳 있다.
군(君)의 명(命)에도 받지(受) 않을 바(所) 있다.

● 塗(도)-「길 도, 바를 도」, 由(유)-「말미암을 유」, 爭(쟁)-「다툴 쟁」

해 설

승리를 획득하기 위한 5가지 원칙(오리 : 五利)
제1원칙 : 길이라도 가서는 안되는 길이 있다(진군해서는 안되는 길).
제2원칙 : 적군이라도 공격해서는 안되는 적이 있다.
제3원칙 : 요새(=성)라도 공격해서는 안될 요새가 있다.
제4원칙 : 적지라 해도 덮어놓고 쟁탈해서는 안될 땅도 있다.
제5원칙 : 군주의 명령이라도 무조건 받아들여서는 안될 것도 있다. *주1) 참조

※189쪽 아래 □를 참고할 것

핵심도해

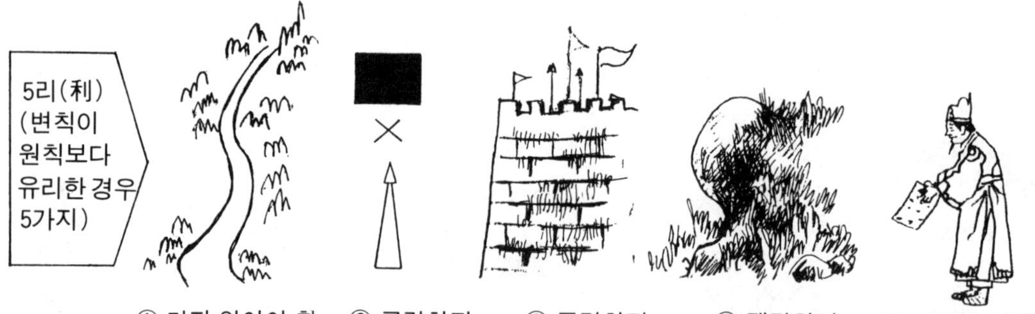

영 문 역

There are roads which must not be followed, armies which must not be attacked, towns which must not be besieged, positions which must not be contested, commands of the sovereign which must not be obeyed.

원 문

원 문	훈 독
故將通於九變之利者, 知用兵矣, 將不通於九變之者, 雖知地形, 不能得地之利矣.	고로 장통어구변지리자는 지용병의요 장불통어구변지자는 수지지형이나 불능득지지리의니라.

직 역

그러므로 장수(將)가 구변(九變)의 이(利)에 통(通)하는 자는 용병(用兵)을 안다. 장수가 구변의 이(利)에 통하지 않는자는 비록(雖) 지형(地形)을 알더라도 지(地)의 이(利)를 얻을(得)수 없다.

● 雖(수)—「비록 수」, 地形(지형)—지리(地理)와 동일

해 설

그러므로 장수가 구변(九變)의 이익에 통달하고 있으면 용병을 잘 할 줄 안다. 장수로서 구변의 이익에 통달하지 못하면 비록 전장의 지형을 알고 있어도 지형의 이익을 얻지 못할 것이다.

핵심도해

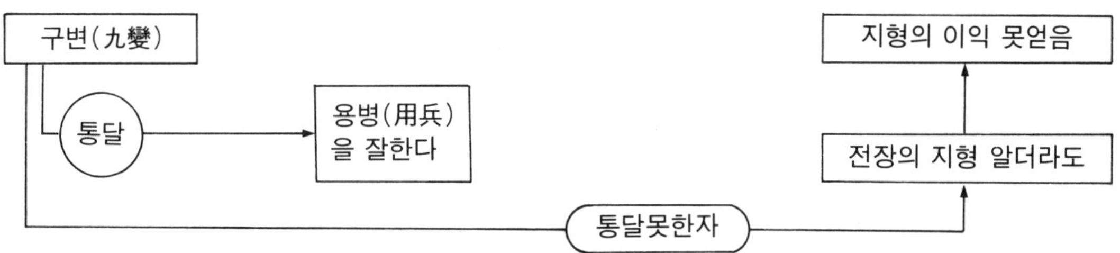

영 문 역

The general who thoroughly understands the advantages that accompany variation of tactics knows how to handle his troops.

The general who does not understand these may be well acquainted with the configuration of the country, yet he will not be able to turn his knowledge to practical account.

원 문	훈 독
治兵不知九變之術, 雖知五利, 不能得人之用矣.	치병에 부지구변지술이면 수지오리나 불능득인지용의니라.

직 역

군사(兵)을 다스려(治) 구변(九變)의 술(術)을 모른다면(不知) 비록(雖) 오리(五利)를 안다하더라도 사람(人)의 용(用)을 얻을 수(得) 없다.

- 治(치)—「다스릴 치, 병고칠 치」, 術(술)—「기술 술, 꾀 술, 재주 술」
- 雖(수)—「비록 수, 벌레이름 수」, 得(득)—「얻을 득, 깨달을 득, 만족할 득」
- 矣(의)—「어조사 의, 말그칠 의」

해 설

군은 지휘함에 있어서 아홉가지 용병의 원칙(구변)을 활용하지 못한다면 비록 다섯가지 승리의 원칙(오리)을 안다하더라도 군대를 효과적으로 다루지 못할 것이다.

* 得人之用(득인지용)—「人」은 군사, 「用」은 목숨을 다바쳐 봉사하는 충성심과 용맹성의 효용, 고로「득인지용」은 군사들이 목숨을 다바쳐 충성하도록하는 효용을 얻는것

핵심도해

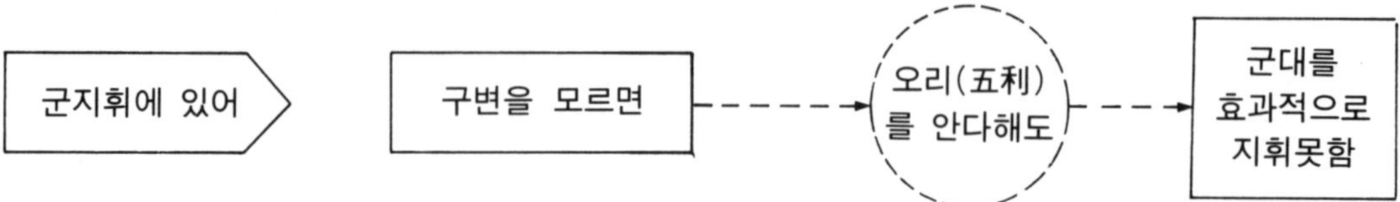

영 문 역

So, the student of war who is unversed in the art of varying his plans, though he be acquainted with the Five Advantages will fail to make the best use of his men.

원 문	훈 독
시 고 지 자 려 필 잡 어 리 해 是故智者之慮，必雜於利害，	시고로 지자지려에 필잡어리해니라.
잡 어 리 이 무 가 신 야 雜於利而務可信也，	잡어리하여 이무가신야하고
잡 어 해 이 환 가 해 야 雜於害而患可解也.	잡어해하여 이환가해야니라.

직 역

이런 까닭에 지자(智者)의 생각(慮)에는 반드시(必) 이해(利害)가 섞여있다(雜). 이(利)에 섞여(雜) 힘쓰는(務) 일에 믿을(信)수 있고, 해(害)에 섞여(雜) 근심(患)을 풀(解)수 있다.

- 慮(려)－「생각할 려, 염려할 려」, 雜(잡)－「섞일 잡, 어수선할 잡」
- 務(무)－「힘쓸 무, 직분 무」, 患(환)－「근심 환, 재화 환」
- 解(해)－「풀 해, 화해할 해」

해 설

이러므로 지혜있는 자가 판단할 때에는 반드시 이익과 손해를 함께 고려해야 한다. 이익을 미리 계산해두어야 자기가 하는 일에 확신을 가질 수 있고 손해를 계산해 두어야 근심되는 일을 배제할 수 있다.

핵심도해

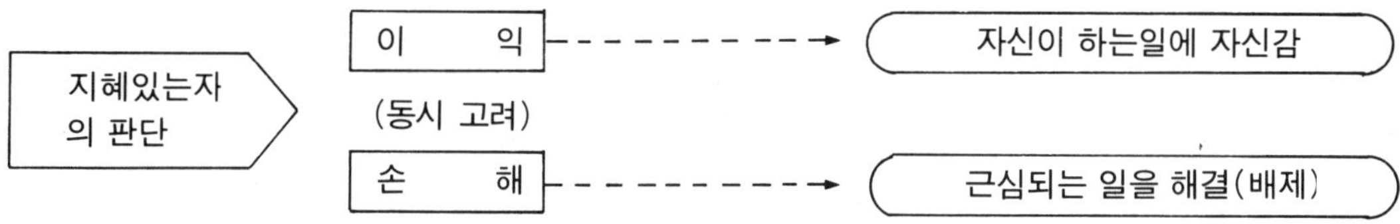

영 문 역

Hence in the wise leader's plans, considerations of advantage will be blended together. If our expectation of advantage be tempered in this way, we may succeed in accomplishing the essential part of schemes.

If, on the other hand, in the midst of difficulties we are always ready to seize an advantage, we may extricate ourselves from misfortune.

원 문	훈 독
시 고 굴 제 후 자 이 해 是故屈諸侯者 以害, 역 제 후 자 이 업 役諸侯者以業, 추 제 후 자 이 리 趨諸侯者以利.	시고로 굴제후자는 이해하고, 역제후자는 이업하고, 추제후자는 이리니라.

직 역

이런 고로 제후(諸侯)를 굽힘(屈)에는 해(害)로써 하고, 제후를 부림(役)에는 업(業)으로서 하고, 제후를 달리게(趨) 함은 이(利)로써 한다.

- 是(시)—「옳을 시, 바를 시」, 屈(굴)—「굽을 굴, 다할 굴」
- 役(역)—「부릴 역, 부역 역, 전쟁 역」, 業(업)—「업 업」
- 趨(추)—「달릴 추」

해 설

이러므로 적국(=제3국, 타국)을 굴복시키려면 중대한 위해(危害)로 하고(공포심을 조장하여 굴복시킴, 문헌에 따라 '불리한 상태에 빠지게 함'으로 해석하기도 함) 적국을 사역(使役)시키려면 일을 만들게 하고 (위협이 통하지 않을시에는 그들이 토목공사등 대사업을 벌이게하여 재정적손실 입힘) 적국을 분주하게 만들려면 이익을 보여주어야 한다.

핵심도해

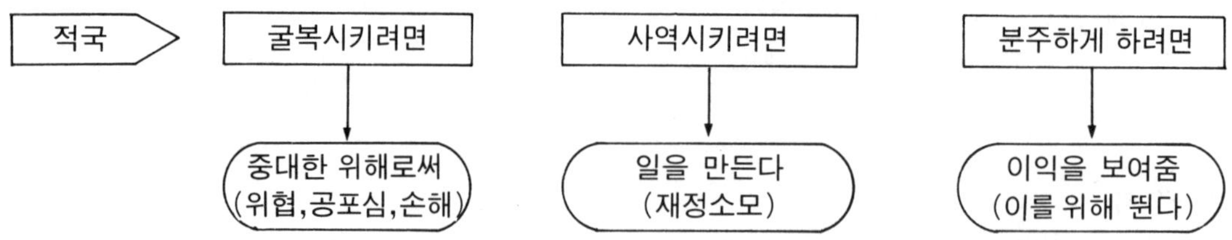

영 문 역

Reduce the hostile chiefs by inflicting damage on them; make trouble for them, and keep them constantly engaged; hold out specious allurements, and make them rush to any given point.

원 문	훈 독
고 용 병 지 법　무 시 기 불 래 故用兵之法，無恃其不來， 시 오 유 이 대 지 恃吾有以待之； 무 시 기 불 공　시 오 유 소 불 가 無恃其不攻，恃吾有所不可 공 야 攻也.	고로 용병지법은 무시기불래하고, 시오유이대지니라. 무시기불공하고 시오유소불가 공야니라.

직 역

그러므로 용병(用兵)의 법(法)은 그 오지 않는것(不來)을 믿지(恃) 말고(無), 내게(吾) 그로써 기다림(待) 있음(有)을 믿는다(恃). 그 치지(攻) 않는것을 믿지 말고, 내게 칠 수 없는 바 있는것을 믿는다.

● 恃(시)-「믿을 시」, 待(대)-「기다릴 대」

해 설

따라서 용병의 원칙은 적이 오지 않으리라하는 것을 믿지 말고, 나에게 적이 언제 와도 대비할 수 있다는 준비태세를 믿어야 하며, 적이 공격하지 않을 것이다라는 것을 믿지말고, 나에게 적이 감히 공격해 오지 못할 방비태세를 믿어야 한다.

＊문헌에 따라「恃吾有以待之」→에서「之」→「也」라고 하는것도 있음

핵심도해

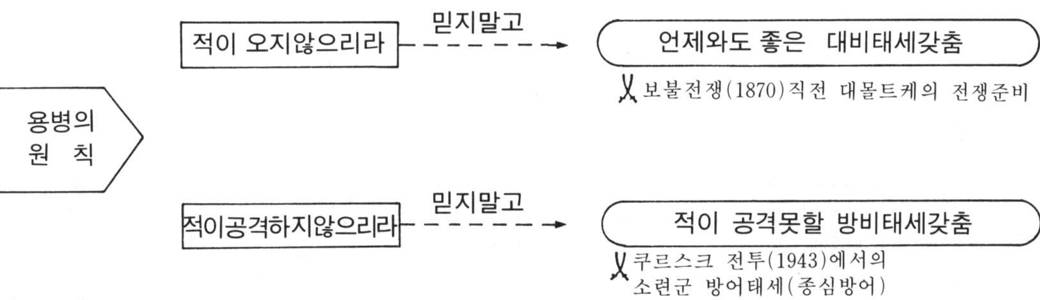

영 문 역

The art of war teaches us to rely not on the likelihood of the enemy's not coming, but on our own readiness to receive him; not on the chance of his not attacking, but rather on the fact that we have made our position unassailable.

원 문	훈 독
고 장 유 오 위　필 사 가 살 故將有五危：必死可殺, 필 생 가 로　분 속 가 모 必生可虜, 忿速可侮, 염 결 가 욕　애 민 가 번 廉潔可辱, 愛民可煩;	고로 장유오위니라. 필사면 가살하고 필생은 가로하고 분속은 가모하고 염결은 가욕하고 애민은 가번이니라.

직 역

그러므로 장수(將)에게 다섯가지 위태함(五危)이 있다. 필사(必死) 죽고(殺), 필생(必生)은 사로잡히고(虜), 분속(忿速)은 업신여기고(侮), 염결(廉潔)은 욕되게 하고(辱), 애민(愛民)은 번거롭게 한다(煩).

- 危(위)-「위태할 위」, 虜(로)-「사로잡을 로」, 忿(분)-「성낼 분」
- 速(속)-「빠를 속」, 侮(모)-」업신여길 모」, 廉(렴)-「청렴할 렴」
- 潔(결)-「깨끗할 결」, 辱(욕)-「욕될 욕」, 煩(번)-「번거로울 번」

해 설

장수의 5가지 위험(오위 : 五危)

첫째 : 필사적으로 싸우는 자는 가히 죽을 수 있다. 둘째 : 기어코 살고자 하는 자는 가히 사로 잡힐 수 있다. 셋째 : 성잘내고 참을성 없는 자는 가히 계략적인 모멸을 당할 수 있다. 넷째 : 지나치게 결백한 자는 가히 계략에 의해 탐욕하다는 모욕을 당할 수 있다. 다섯째 : 병사를(백성을) 지나치게 사랑하면 가히 그 때문에 번민할 수 있다(계략적으로 병사들은 괴롭히는 것을 당하거나, 냉정한 결단을 주저).

* 고로 적장의 성격을 정확히 파악하는 것은 대단히 중요함. 이를 역이용할 수 있기 때문이다.

핵심도해

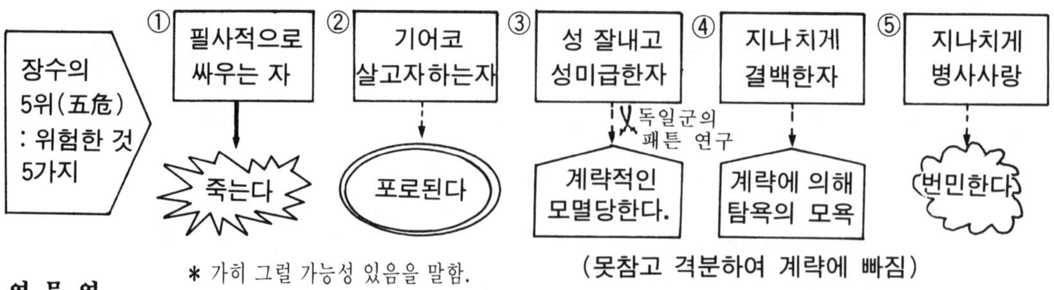

* 가히 그럴 가능성 있음을 말함.

영 문 역

There are five dangerous faults which may affect a general: (1) Recklessness, which leads to destrudtion; (2) cowardice, which leads to capture; (3) a hasty temper that can be provoked by insults; (4) a delicacy of honor that is sensitive to shame; (5) over-solicitude for his men, which exposes him to worry and trouble.

원 문	훈 독
凡此五危(범차오위), 將之過也(장지과야), 用兵之災也(용병지재야). 覆軍殺將(복군살장), 必以五危(필이오위), 不可不察也(불가불찰야).	범차오위는 장지과야요 용병지재야니라. 복군살장은 필이오위이니 불가불찰야니라.

직 역

무릇(凡) 이 오위(五危)는 장수(將)의 잘못(過)이요, 용병(用兵)의 재앙(災)이다. 군대가 엎어지고(覆) 장수(將)가 죽는(殺) 것은 반드시(必) 이 다섯가지 위험(危) 때문이니 살피지(察) 않을 수 없다.

- 過(과)—「허물 과, 지날 과」, 災(재)—「재앙 재」, 覆(복)—「엎을 복」
- 察(찰)—「살필 찰」

해 설

대체로 이 다섯가지 위험은 장수의 과실이며 용병에 있어서 재난이다. 군대를 패배케하고 장수가 죽게되는 것은 반드시 이 다섯가지의 위험에서 비롯되는 것이니 신중히 생각하지 않을 수 없다.

핵심도해

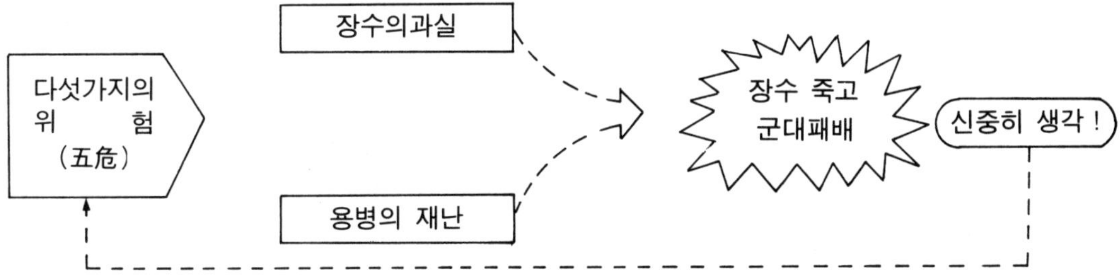

영 문 역

These are the five besetting sins of a general, ruinous to the conduct of war. When an army is overthrown and its leader slain, the cause will surely be found among the five dangerous faults, Let them be a subject of meditation.

중국본 註解

주1) 군명유소불수
君命有所不受

「군주의 명령에도 듣지 않을 경우가 있다.」고 하는 이 어귀는 현대적의미로 볼때 대단한 고찰이 요망되는 어귀이다. 먼저 중국문헌을 분석해본다. ※189쪽 아래 □ 필히 먼저 숙지할것

◎ 孫子十家註

曹公曰苟使於事不拘於君命也故曰不從中御/賈林曰決必勝之機不可推於君命苟利社稷專之可也

◎ 孫子兵法之綜合硏究

元首的命令有時也不必服從，而採取臨機應變的處置.

◎ 孫子兵法白話解

這是因爲戰貴在臨機應變，如果政府命令不能適合當前的軍事機宜，郡就是不服從也是可以的.

여기에서 보면 「전쟁은 임기응변적으로 대처해야 하기 때문에 군주(정부, 지휘관)의 명령을 듣지 못할때가 많다.」라고 해석된다. 현대적의미로 '복종'을 재고해본다. 상관의 명령에 대해 불복종 혹은 복종시 따르는 책임 문제는 세가지 원칙에 의해 구분된다.(Nico keijzer, Military Obedience, Alphen aan den Rijn: Sijthoff & Noordhoff, 1978.p 150.)

①완전책임(完全責任)의 원칙 : 명령에 의해 비록 복종했다 하더라도 부적법(不適法)의 행위였다면 복종한 자신이 책임져야 하는 것이며 이는 개인을 하나의 도덕적(道德的)인간으로 본것임.

②상급자책임(上級者責任)의 원칙 : 이 원칙은 「명령은 명령이다.」라는 관점인데 비록 불법이라도 명령이니까 무조건 복종해야 하는 것이며 모든 책임은 명령한 상급자에게 있다는 것임.

③제한책임(制限責任)의 원칙 : 위 두가지 원칙의 절충원칙인데 명령의 수령자가 그 명령의 불법성을 실질적으로 알았어야 했느냐의 문제임.

※대단히 어려운 문제이며 각국에서는 그들 나름의 융통성있는 원칙을 적용하고 있다. 우리의 군형법(軍刑法) 제44조와 군인복무규율 제10조에는 「(정당한)명령에는 절대 복종해야한다.」라 되어있다.

※「복종의 윤리(倫理)」라는 의미를 상고해야 한다.

※사마천의 사기(史記)에 보면 「원정중의 장군은 전결권을 받고 있으므로 왕명이라도 듣지 않을 수 있다. 將在外，主令有所不受」라 기록되어 있다.

행 군 편 제 구

行軍篇第九

초야의 손무를 발견하여 만고에 그의 병법을 결과적으로 알리게 한 공로자 오자서의 최후에 대해 알아보자. 오자서의 아비 오사는 그의 성격을 평가하여 「성품이 강인하여 두려움도 능히 견디어 큰일을 이루리라.」고 했었다. 과연 그는 초나라에서 극적으로 탈출하여 송나라를 거쳐 오나라에 정착하여 복수의 칼을 갈고 있었다.
초나라 탈출 8년째 오자서의 아비와 형을 죽인 초의 평왕이 죽자「내가 노리는 원수가 이제 거의 반이나 없어져 버렸다. 그러나 초나라가 존재하는 한, 복수는 포기할 수 없다.」고 울면서 애석해 했다. 그 후 오나라 왕 요를 자객 전제로 하여금 암살케하여 합려를 왕으로 즉위시키고 초야의 손무를 기용하여 드디어 복수의 장을 열었다. 오자서가 오나라로 망명온지 11년째, 초나라를 공격하기 시작하여 초나라 수도 영으로 쳐들어가 소왕을 잡으려 했으나 도망친 후라 이미 죽은 원수 평왕의 묘를 파헤쳐 시체를 끌어내어 3백번이나 매질을 해 피맺힌 한을 풀었다. 이런 그의 행동에 대해 「사람이 할 짓이 아니다. 천벌을 받을 것이다.」라고 질책한 사람들이 많았다. 그때문인지 오왕합려사후 아들 부차왕에게 역적모함으로 참형 당했다. 오자서는 부차를 원망하면서 「내 눈알을 뽑아 동문에 걸어두라. 월나라군이 입성하는 것을 이 눈으로 보리라」했는데 부차는 이 소식을 듣고 유해를 말가죽자루에 넣어 장강에 버렸다. 16년동안 복수의 일념으로 한 많은 생을 살아간 풍운의 사나이 오자서의 최후 B.C.484년의 일이다. 그 후 월나라가 승리했다.

주요 어귀

卒未親附 而罰之則不服
卒已親附 而罰不行
則不可用也

개 요

「행군(行軍)」이라 함은 「군대(軍隊)의 행진(行進」을 뜻하고 있으나 본편에서는 단순히 「걷는」그 자체만이 아니고 주둔(駐屯), 정찰(偵察), 작전(作戰)과 군대의 통솔 등을 광범위하게 포함하고 있다.

손자는 지형과 전투 배치를 네가지로 구분하여 설명하고 지형의 특징에 상응한 배치와 작전구상을 제시했다. 행군은 산지행군(山地行軍), 하천행군(河川行軍), 평지행군(平地行軍), 소택지 행군(沼澤地行軍)의 네가지 행군법을 열거하였으며 행군중의 적정(敵情) 정찰요령에 대해 심도있게 분석해 놓았다. 마지막으로 부하의 통솔요령과 단결에 대해 인간의 심리(心理)를 장악하는 법을 제시했다. 특히 뒷부분에 열거되는 인간심리에 대한 분석은 손자가 이미 심리전(心理戰)에 대한 완전한 식견이 있음을 보여주고 있다.

통솔의 심리적 측면에서 볼때에 평시 군율과 기강이 얼마만큼 전시에 긴요한 것인가를 단적으로 말해주고 있으며 이는 지휘관과 병사간의 「信」에 그 바탕을 이루고 있다.

전투는 인내가 필요하며, 전례를 통해 볼때 수많은 전투중에서 통쾌한 승리는 불과 몇회에 불과하다는 사실을 인식하게 되면 지옥과 같은 전장에서 그나마 승리다운 승리를 획득하기 위해서 지휘관의 역량과 지휘통솔능력이 얼마만큼 중요한것인가 깨닫게 되리라.

古文孫子에서의 편명은 「行軍篇第九」라 되어있다.

* 클라우제비츠가 말하기를 自古로 탁월한 장군은, 博學多識한 지식만이 풍부한 장교중에는 배출되지 않는다고 했고, 舊日本육군사관학교에서는 「實戰에서의 성공은 지휘관의 學識에 좌우되는 것은 아니다. 중요한 것은 지휘관의 能力이며, 이 능력의 근원은 人格이다. 학식은 능력을 결정하는 하나의 요소에 불과하다.」라고하여 지휘관의 인격을 중요시했다.

* 손자병법 제3모공편에서 최상의 전쟁(원정)수행방법으로 벌모(伐謀)를 들었고 그것이 어려울때 벌교(伐交)를 들었다. 두가지가 안될때(또는 벌모·벌교로 적을 약화시킨후) 원정을 감행하여 원정지(야전)에서 적전투력을 격파한다고 했다. 행군편은 원정지로 가는 도중 또는 원정지에서의 전술적운용요령에 대해 기술한 편이다.

구 성

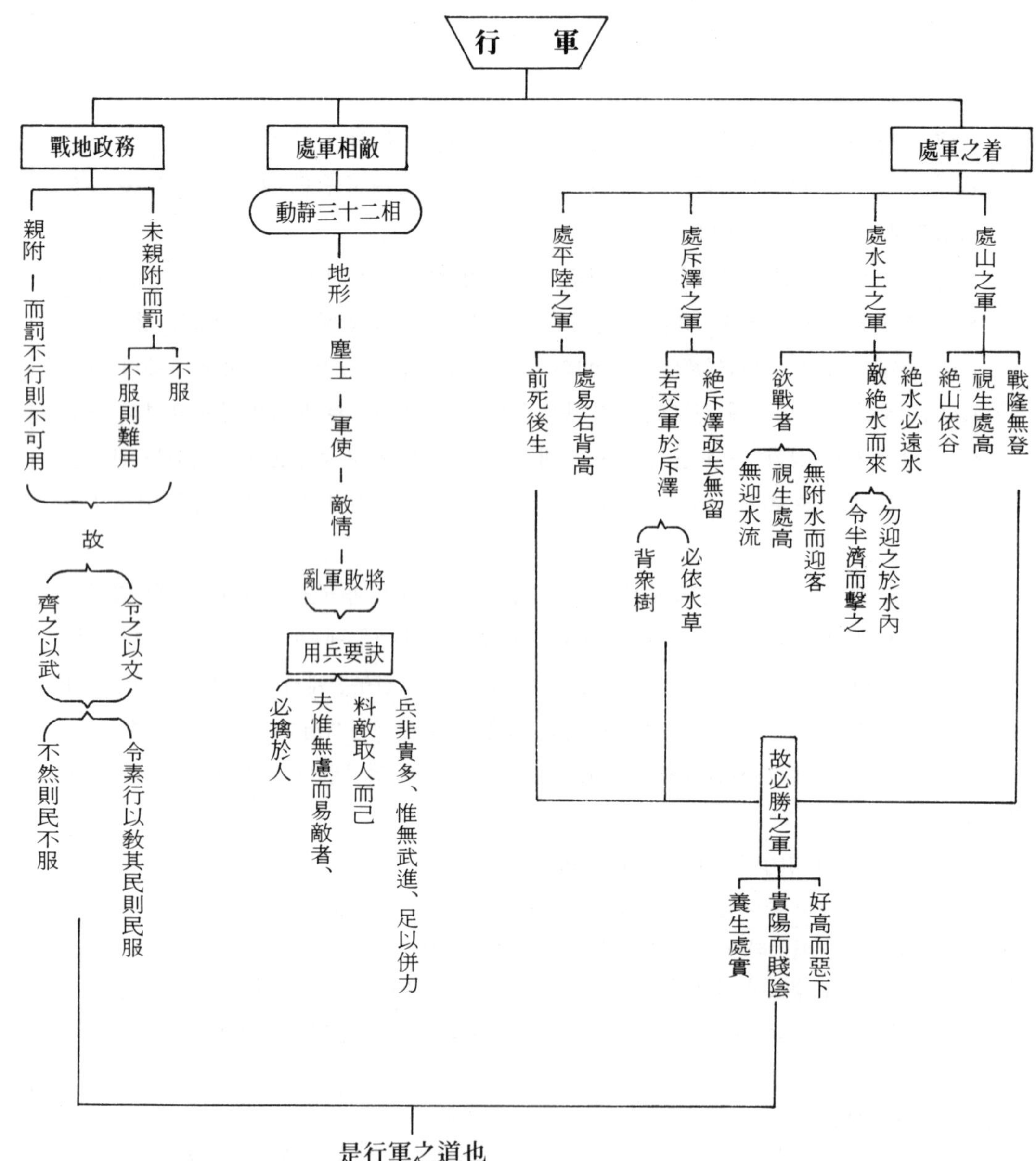

行　軍
戰地政務
處軍相敵
處軍之着
親附
而罰不行則不可用
未親附而罰
不服
不服則難用
故
令之以文
齊之以武
令素行以敎其民則民服
不然則民不服
動靜三十二相
地形
塵土
軍使
敵情
亂軍敗將
用兵要訣
兵非貴多、惟無武進、足以併力
料敵取人而已
夫惟無慮而易敵者、
必擒於人
處平陸之軍
處易右背高
前死後生
處斥澤之軍
絶斥澤亟去無留
若交軍於斥澤
必依水草
背衆樹
處水上之軍
絶水必遠水
敵絶水而來
勿迎之於水內
令半濟而擊之
欲戰者
無附水而迎客
視生處高
無迎水流
處山之軍
戰隆無登
視生處高
絶山依谷
故必勝之軍
好高而惡下
貴陽而賤陰
養生處實
是行軍之道也

원 문

行軍篇 第九

孫子兵法大全에서

孫子曰：凡處軍相敵：絶山依谷，視生處高，戰隆無登，此處山之軍也．絶水必遠水，敵絶水而來，勿迎之於水內，令半濟而擊之利．欲戰者，無附水而迎客，視生處高，無迎水流，此處水上之軍也．絶斥澤，惟亟去無留，若交軍於斥澤之中，必依水草，而背衆樹，此處斥澤之軍也．平陸處易，右背高，前死後生，此處平陸之軍也．凡此四軍之利，黃帝之所以勝四帝也．

凡軍好高而惡下，貴陽而賤陰，養生而處實，軍無百疾，是謂必勝．丘陵堤防，必處其陽，而右背之，此兵之利，地之助也．

上雨水沫至，欲涉者，待其定也，凡地有絶澗，天井・天牢・天羅・天陷・天隙，必亟去之，勿近也；吾遠之，敵近之；吾迎之，敵背之．

軍旁有險阻，潢井，蒹葭，林木，翳薈者，必謹覆索之，此伏姦之所也．

敵近而靜者，恃其險也．遠而挑戰者，欲人之進也．其所居易者，利也．衆樹動者，來也．衆草多障者，疑也．鳥起者，伏也．獸駭者，覆也．塵高而銳者，車來也；卑而廣者，徒來也：散而條達者，樵採也；少而往來者，營軍也．辭卑而益備者，進也．辭强而進驅者，退也．輕車先出居其側者，陣也．無約而請和者，謀也．奔走而陳兵車者，期也．半進半退者，誘也．仗而立者，饑也．汲而先飮者，渴也．見利而不進者，勞也．鳥集者，虛也．夜呼者，恐也．軍擾者，將不重也．旌旗動者，亂也．吏怒者，倦也．殺馬肉食者，軍無糧也．懸缻不返其舍者，窮寇也．諄諄翕翕，徐與人言者，失衆也．數賞者，窘也．數罰者，困也．先暴而後畏其衆者，不精之至也．來委謝者，欲休息也．兵怒而相迎，久而不合，又不相去，必謹察之．

兵非益多也，惟無武進，足以併力料敵，取人而已．夫惟無慮而易敵者，必擒於人．卒未親附而罰之，則不服，不服則難用也．卒已親附，而罰不行，則不可用．故令之以文，齊之以武，是謂必取．令素行以敎其民，則民服；令不素行以敎其民，則民不服，令素行者，與衆相得也．

원 문	훈 독
손 자 왈 범 처 군 상 적 孫子曰： 凡處軍相敵；	손자왈, 범처군하고 상적함에
절 산 의 곡 시 생 처 고 絶山依谷, 視生處高,	절산하여 의곡하고, 시생하여 처고하고,
전 륭 무 등 차 처 산 지 군 야 戰隆無登, 此處山之軍也.	전륭하여 무등하니 차처산지군야니라.

직 역

손자 말하되, 무릇(凡) 군(軍)을 두고(處) 적(敵)을 본다(相). 산(山)을 지날때(絶) 골(谷)에 의지(依)한다. 생(生)을 보고(視) 높은(高)곳에 두어야(處) 하고, 높은(隆)곳에 싸울 때는 오르지(登)마라. 이것이(此) 산(山)에 처(處)한 군(軍)이다.

- 處(처)—「처할 처, 곳 처」, 相(상)—「볼 상, 서로 상」
- 絶(절)—「지날 절, 끊어질 절」, 「越」과 같이 해석.
- 視(시)—「볼 시」, 隆(륭)—「높을 륭」, 登(등)—「오를 등」

해 설

군(軍)의 행군, 주둔, 작전등의 군사적 처리와 적을 정찰하는 방법은 이러하다. (몇가지 다른 해석 : 군대를 배치하여 적과 대치함에는 적정관찰부터 비롯된다.

행군함에 있어서는 정세를 잘 판단해야 한다.) 산을 행군할 때는 계곡을 따라 해야 하며, 전망이 트이고 높은 곳을 점거해야 한다. 적이 높은 곳에 있으면 대적하지 마라. 이것이 산악전의 원칙이다.

핵심도해

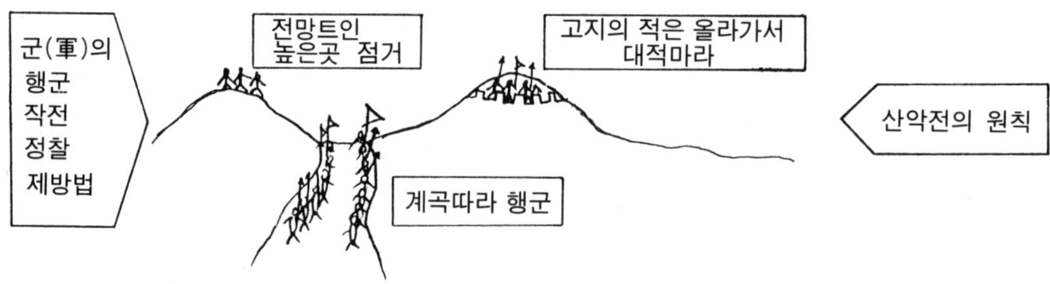

영 문 역

The Army on the March.

Sun Tzn said; We now come to the question of encamping the army, and observing signs of the eneny. Pass quickly over mountains, and keep in the neighborhood of valleys.

Camp in high places. Do not climb heights in order to fight. So much for mountain warfare.

원 문	훈 독
절 수 필 원 수 絶水必遠水.	절수면 필원수하라.
적 절 수 이 래 물 영 지 어 수 내 敵絶水而來, 勿迎之於水內,	적이절수이래면물영지어수내하고
령 반 제 이 격 지 리 令半濟而擊之利.	령반제이격지리니라.

직 역

물(水)을 건너면(絶) 반드시(必) 물(水)에서 멀어지라(遠).
적(敵)이 물을 건너(絶)오면 이를 물안(水內)에서 맞이(迎)하지 마라.
반(半) 건넜을(濟)때 이를 치면(擊)이(利)롭다.

- 絶(절)-「끊을 절, 으뜸 절」 여기서는 「건넌다」라고 해석
- 迎(영)-「맞이할 영」, 濟(제)-「건널 제」

해 설

강(=하천)을 건너면 반드시 멀리 떨어진 곳에 진을 치라.(또는 「이미 건넌 부대는 신속히 그 강을 떠나야 후속하는 부대가 밀리지 않고 바로 강을 통과할 수 있다.」라고 해석도 함, 전자의 경우는 강 주변은 대체로 지대가 낮으므로 적의 공격받기 쉽고 홍수의 우려가 있으므로 이를 피해 멀리 떨어질 것을 강조한 것). 적이 강을 건너올때 물안에서 맞으면 아군도 피해가 크므로 반쯤 건넜을 때 활 등을 이용하여 공격하면 유리하다.(다른 해석으로는 「적이 반은 물속에서, 반은 아직 건너지 않아 뭍에 있으면 병력이 양분되어 쉽게 격파할 수 있다」고 하기도 함).

핵심도해

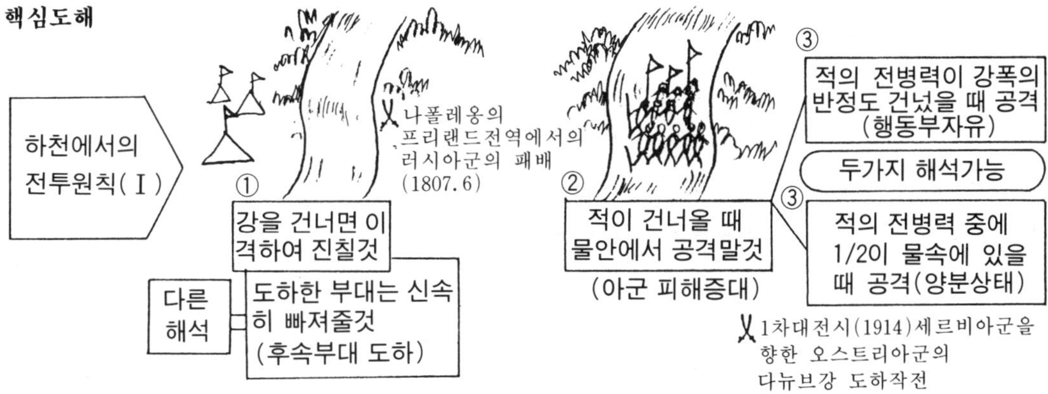

영 문 역

After crossing a river, you should get far away from it. When an ivading force crosses a river in its onward march, do not advance to meet it in mid-stream. It will be best to let the army get across and then deliver your attack

원 문	훈 독
욕 전 자 　 무 부 어 수 이 영 객 欲戰者，無附於水而迎客， 시 생 처 고 　 무 영 수 류 視生處高，無迎水流， 차 처 수 상 지 군 야 此處水上之軍也.	욕전자는 무부어수하여 이영객이니 시생처고하고 무영수류니라. 차는 처수상지군야니라.

직 역

싸우고자(欲戰)하면 물(水)에 붙어서(附) 적(客)을 맞이(迎)하지마라. 생(生)을 보고(視) 높은(高)곳에 처(處)하라. 물 흐르는(流)것을 맞이(迎)하지 마라. 이것(此)이 수상(水上)에 처(處)한 군(軍)이다.

● 附(부)—「붙을 부」

해 설

내가 적과 공격하기를 원한다면, 물가에 바짝 붙어서 적을 기다리지 마라.(왜냐하면 강건너편에 포진한 군대를 향해 강을 건널 적군은 없기 때문이다.) 주군(駐軍)하거나 포진(布陣)의 위치는 역시 전망이 트이고 높은 곳이 좋다. 강의 하류에서 상류의 적을 향해 싸우지 마라(물을 거스려 나아기란 대단히 어렵다). 이것이 하천(강)에서 전투하는 원칙이다.

핵심도해

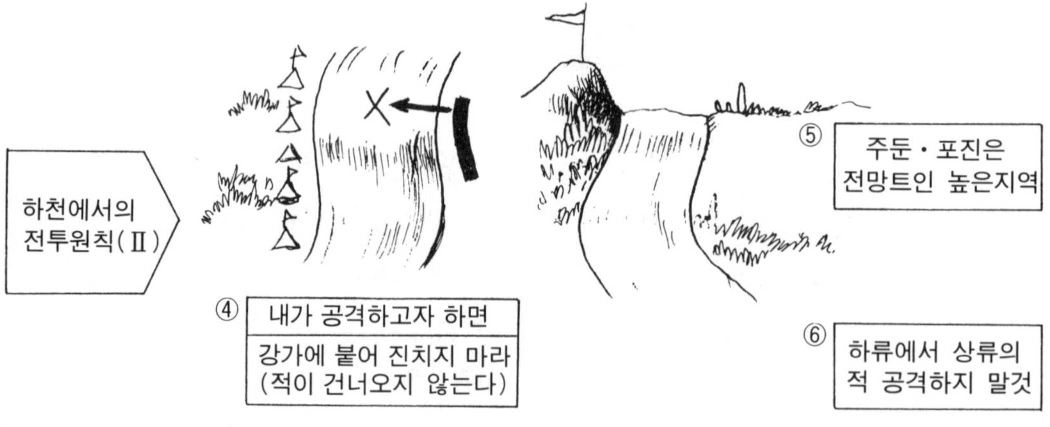

1915. 가을·독오동맹군의 다뉴브강도하작전
1916·가을·독일 막켄젠군의 다뉴브강 도하작전
1914·오스트리아군의 도리나강 도하작전

영 문 역

If you are anxious to fight, you should not go to meet the invader near a river which he has to cross.

Moor your craft higher up than the enemy and facing the sun. Do not move upstream to meet enemy. So much for river warfare.

원 문	훈 독
절 척 택 유 극 거 무 류 絶斥澤, 惟亟去無留,	절척택에는 유극거하고 무류하라.
약 교 군 어 척 택 지 중 若交軍於斥澤之中,	약교군어척택지중이면
필 의 수 초 이 배 중 수 必依水草, 而背衆樹,	필의수초하고 이배중수하라.
차 처 척 택 지 군 야 此處斥澤之軍也.	차는 처척택지군야니라.

직 역

척택(斥澤 : 소택지, 늪지대)을 건널(絶) 때는 오직(惟) 급히(亟) 가고(去) 머물지(留) 마라. 만약(若) 군(軍)이 척택(斥澤) 가운데 교전(交)할 때는 반드시(必) 수초(水草)에 의지(依)하고 중수(衆樹)를 뒤(背)에 두라. 이것이 척택(斥澤)에 처(處)한 군(軍)이다.

- 斥(척)-「염분 많은 땅 척, 내칠 척」, 澤(택)-「진펄 택, 못 택」
  斥澤(척택)-소택(沼澤)과 같음, 늪가・못가를 가르킴
- 惟(유)-「오직 유」, 亟(극)-「빠를 극」, 留(류)-「머무를 류」
- 依(의)-「의지할 의」, 背(배)-「등 배」, 樹(수)-「나무 수」 交軍(교군)=合戰(합전)=조우전을 하게 되는 경우

해 설

소택지에서는 빨리 지나가고 머물지마라. 만약 이런 소택지에서 전투를 하게 된다면 반드시 수초(水草 : 물에 있는 풀) 있는 곳을 찾아서 은폐하고 나무들(숲)을 등지고 싸워라. 이것이 소택지에서의 전투원칙이다.

핵심도해

① 신속히 통과하고 머물지 마라 ② 만약 소택지에서 교전하게 되면

영 문 역

In crossing salt-marshes, your sole concern should be to get over them quickly, without any delay.

If forced to fight in a salt-marsh, you should have the water and grass near you, get your back to a clump of trees. So much for operations in salt-marshes.

원 문	훈 독
平陸處易(평륙처이), 右背高(우배고), 前死後生(전사후생), 此處平陸之軍也(차처평륙지군야). 凡此四軍之利(범차사군지리), 黃帝之所以勝(황제지소이승) 四帝也(사제야).	평륙처이하여 우배고하고 전사후생하니 차는 처평륙지군야니라 범차사군지리는 황제지소이승사 제야니라

직 역

평륙(平陸 : 평지)에는 이(易)에 처(處)한다. 고(高)를 우(右)와 배(背)에 두고, 사(死)는 앞에 생(生)은 뒤에 한다. 이것이 평륙(平陸)에 처한 군(軍)이다. 무릇(凡)이 사군(四軍)의 이(利)는 황제(黃帝)가 사제(四帝)에 이긴(勝)소이(所以)이다.

- 陸(륙)-「땅 륙」, 易(이)-「편할 이」, 背(배)-「등 배」
- 黃帝(황제)-중국고대의 최초통일국가를 이룩한 전설상의 군주로서 사방의 여러 추장들을 정복했다(=사제 : 四帝). 이름은 「軒轅」
- 四帝(사제)-태호(太昊), 염제(炎帝), 소호(少昊), 전욱(顓頊)

해 설

평지에서는 평탄한 곳에 위치한다. 고지는 오른쪽 배후에 두는 위치가 좋고 앞은 험준한 지형, 뒤는 쉽게 벗어날 수 있는 트인 지형이 좋다. 이것이 평지에서의 전투 원칙이다. 이 네가지의 군(軍)의 이익(산악, 하천, 소택지, 평지)이 옛날 황제(黃帝)가 사방의 왕들과 싸워 이긴 까닭이다.

핵심도해

영 문 역

In dry, level country, take up an easily accessible position with rising ground to your right and on your rear, so that the danger may be in front, and safety lie behind. So much for compaigning in flat country.

These are the four useful branches of military knowledge which enabled the Yellow Emperor to vanquish four several sovereigns.

원 문	훈 독
凡軍好高而惡下(범군호고이오하), 貴陽而賤陰(귀양이천음), 養生而處實(양생이처실), 軍無百疾(군무백질), 是謂必勝(시위필승).	범군은 호고이오하하며 귀양이 천음이니라. 양생이처실하면 군무백질이니 시위필승이니라.

직 역

무릇(凡) 군(軍)은 높은(高)곳을 좋아하고(好) 낮은(下)곳은 싫어(惡)한다. 양(陽)을 귀(貴)하게 여기고 음(陰)을 천(賤)하게 여긴다. 생(生)을 길러(養) 실(實)에 처(處)하면 군(軍)에 백질(百疾)이 없으니(無) 이것을(是) 필승(必勝)이라 이른다.

- 惡(오, 악)—「싫어할 오, 악할 악」, 貴(귀)—「귀할 귀」, 養(양)—「기를 양」
- 實(실)—「찰 실, 열매 실」, 疾(질)—「병 질」

해 설

군대의 주둔지는 높은곳이 좋고 낮은 곳은 좋지 않으며 양지바른 곳은 좋으나 음지는 좋지 않다(=높고 건조한 곳이 좋고 낮은 습지는 위생에 나쁘다). 건강에 유의하여 견실한 곳에 점거하면 군대에는 아무런 질병이 없을 것이다. 이것을 필승의 군대라 한다.

* 「陽(양)」은 「東南(동남)」「陰(음)」은 「西北(서북)」의 땅

핵심도해

※높은곳에 진치면 낮은곳에서 올라오는 적공격용이

영 문 역

All armies prefer high ground to low, and sunny places to dark. If you are careful of your men, and camp on hard ground, the army will be free disease of every kind, and this will spell victory.

원 문	훈 독
구 릉 제 방 필 처 기 양 이 우 丘陵隄防, 必處其陽而右, 배 지 차 병 지 리 지 지 조 야 背之, 此兵之利, 地之助也. 상 우 수 말 지 욕 섭 자 上雨水沫至, 欲涉者, 대 기 정 야 待其定也.	구릉제방에는 필처기양하고 이우 배지니 차는 병지리요 지지조야니라. 상우면 수말지니 욕섭자는 대기정야니라.

직 역

구릉(丘陵)과 제방(隄防)은 반드시 그 양(陽)에 있고(處) 오른쪽(右) 뒤(背)에 둔다. 이것이(此) 병(兵)의 이(利)요 지(地)의 도움(助)이다. 위(上)에 비가 오면 물거품(水沫)이이를(至) 것이니 건너고자(涉) 하는(欲) 자는 그 정(定)하기를 기다려야(待) 한다.

- 丘(구)-「언덕 구」, 陵(릉)-「언덕 릉」, 堤(제)-「둑 제」, 防(방)-「방죽 방, 막을 방」, 背(배)-「등 배, 뒤 배」, 助(조)-「도울 조」
- 沫(말)-「거품 말」, 涉(섭)-「건널 섭」

해 설

구릉과 제방에서는 양지쪽(=동남쪽)에 진을 치고 구릉이나 제방이 오른쪽 배후에 위치되도록 한다. 이것이 전투하는데 유리하고 지형의 이점을 얻는 것이다. 상류에 비가 와서 물거품이 일 때(물이 세차게 흐르니) 강을 건너고자 하는 자는 그 수세(水勢)가 가라앉기를 기다려야 한다.

핵심도해

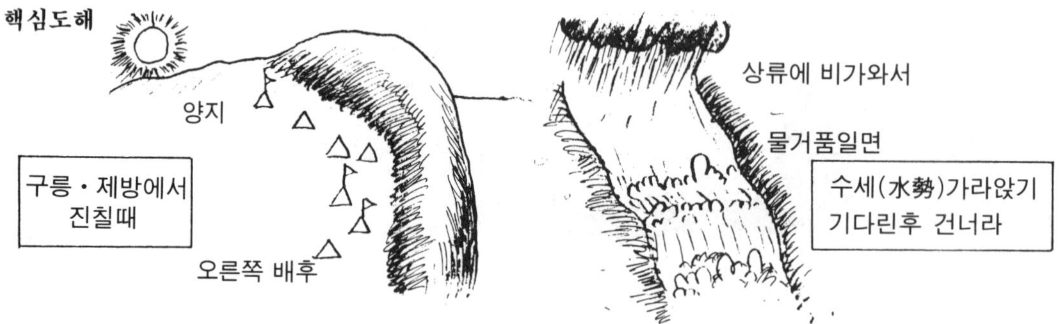

영 문 역

When you come to a hill or a bank, occupy the sunny side, with the slope on your right rear. Thus you will at once act for the benefit of your soldiers and utilize the natural advantages of the ground.

When, in consequence of heavy rains up-country, a river which you wish to ford is swolllen and flecked with foam, you must wait until it subsides.

원 문	훈 독
凡地有絶澗(범지유절간), 天井(천정), 天牢(천뢰), 天羅(천라), 天陷(천함), 天隙(천극), 必極去之(필극거지), 勿近也(물근야); 吾遠之(오원지), 敵近之(적근지); 吾迎之(오영지), 敵背之(적배지).	범지에 유절간과 천정과 천뢰와 천라와 천함과 천극이니 필극거지하고 물근야하라. 오원지하고 적근지하며 오영지하고 적배지하다.

직 역

무릇(凡) 땅(地)에 절간(絶澗), 천정(千井), 천뢰(千牢), 천라(天羅), 천함(天陷), 천극(天隙) 있으면(有) 반드시(必) 빨리(亟) 가고(去) 가까이(近) 마라. 나는(吾) 이것을 멀리(遠) 하고 적(敵)은 이것을 가깝게(近) 한다. 나는 이것을 맞이(迎)하고 적은 이것을 등(背)에 한다.

- 澗(간)－「산골물 간」, 牢(뢰)「감옥 뢰」, 羅(라)－「그물 라」
- 亟(극)－「빠를 극」, 陷(함)－「빠질 함」, 隙(극)－「틈 극」

해 설

아래「핵심도해」의 그림에 나온 지형에서는 빨리 지나가고 가까이해서는 안된다. 그러나 적에게는 이 지형에 가까이 하도록 유도한다. 또 나는 이 지형을 향해 전진하고 적은 등뒤에 이 지형이 있도록 한다.

핵심도해

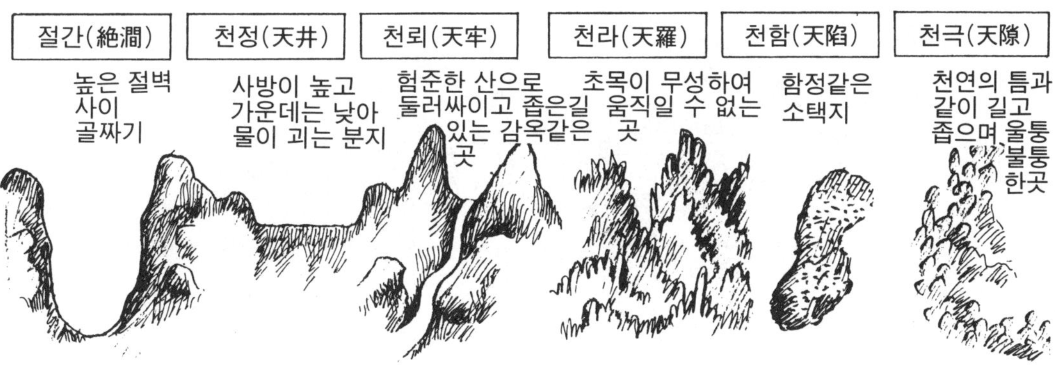

영 문 역

Country in which there are precipitous cliffs with torrents running betwen, deep natural hollows, confined places, tangled thickets, quagmires and crevasses, should be left with all possible speed and not approached.

While we keep away from such places, we should get the enemy to approach them; while we face them, we should let the enemy have them on his rear.

원 문	훈 독
군 방 유 험 조　황 정　겸 가　림 목 軍旁有險阻, 潢井, 蒹葭, 林木,	군방에 유험조와 황정과 겸가와 림목과
예 회 자　필 근 복 색 지 蘙薈者, 必謹覆索之,	예회자이면 필근복색지니,
차 복 간 지 소 야 此伏姦之所也.	차 는복간지소야니라.

직 역

군(軍)의 곁(旁)에 험조(險阻)와 황정(潢井)과 겸가(蒹葭)와 임목(林木)과 예회(蘙薈)있으면 반드시(必) 삼가(謹) 이를 복색(覆索)해야 한다. 이것이(此)복간(伏姦)의 곳(所)이다.

- 旁(방)－「곁 방」, 阻(조)－「험할 조」, 潢(황)－「웅덩이 황」 蒹(겸)－「갈대 겸」, 葭(가)－「갈대 가」, 蘙(예)－「우거질 예」, 薈(회)－「우거질 회」
- 謹(근)－「삼갈 근」, 覆(복)－「뒤집을 복」, 索(색)－「찾을 색」, 伏(복)－「엎드릴 복」
- 姦(간)－「간사할 간」, 여기서는 「도둑」으로 해석

해 설

군의 주둔지나 행군하는 길에 험난한 산이나 소택지, 갈대나 초목이 무성한 곳이 있으면 반드시 반복 수색해야 한다. 이러한 곳에는 복병(伏兵)이 있기 마련이다.

※지금부터 33가지의 相敵法 즉 징후에 따른 적정유추법이 나온다.

핵심도해

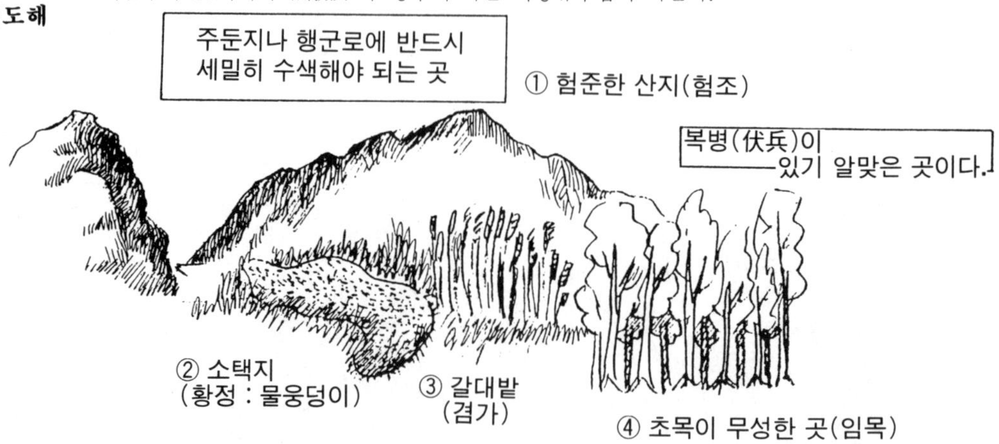

주둔지나 행군로에 반드시
세밀히 수색해야 되는 곳

① 험준한 산지(험조)

복병(伏兵)이
있기 알맞은 곳이다.

② 소택지
(황정 : 물웅덩이)

③ 갈대밭
(겸가)

④ 초목이 무성한 곳(임목)

제2차세계대전의 독·소전쟁시 폴란드 동쪽국경의 소련국토내 프리펫트의 대 음폐지(蔭蔽地 : 남북 약400km, 동서 약 300km)에서의 소련군 게릴라 활동

영 문 역

If in the neighborhood of your camp there should be any hilly country, ponds surrounded by aquatic grass, hollow basins filled with reeds, or woods with thick undergrowth, they must be carefully routed out and searched; for these are places where men ambush or insidious spies are likely to be lurking.

원 문	훈 독
敵近而靜者, 恃其險也.	적근이정자는 시기험야이라.
遠而挑戰者, 欲人之進也.	원이도전자는 욕인지진야이라.
其所居易者, 利也.	기소거이자는 리야니라.

직 역

적(敵)에 가까운(近)데도 고요(靜)한 것은 그 험(險)을 믿기(恃)때문이다. 멀고(遠) 싸움(戰)에 돋우(挑)는 것은 남(人)의 나아감(進)을 바라(欲)기 때문이다. 그 있는(居)바 쉬운(易) 곳은 이(利)롭기 때문이다.

- 靜(정)—「고요할 정」, 恃(시)—「믿을 시」, 挑(도)—「돋울 도」
- 欲(욕)—「하고자할 욕」, 居(거)—「살 거, 있을 거」, 易(이)—「편할 이, 쉬울 이」

해 설

적에게 접근하여도 조용하게 있는 것은 적들이 험준한 지형을 믿고있기 때문이다. 멀리 떨어져 있으면서도 도전하는 적은 아군의 진격을 유인하고자 하기 때문이다. 적이 평탄한 곳에 있는 것은 그것이 더 유리하기 때문이다.

핵심도해

영 문 역

When the enemy is close at hand and remains quiet, he is relying on the natural strength of his position.

When he keeps aloof and tries to provoke a battle, he is anxious for the other side to advance.

If his place of encampment is easy of access, he is tendering a bait.

원 문 | **훈 독**

원문	훈독
衆樹動者(중수동자), 來也(래야). 衆草多障者(중초다장자), 疑也(의야). 鳥起者(조기자), 伏也(복야). 獸駭者(수해자), 覆也(복야). 塵高而銳者(진고이예자), 車來也(차래야);	중수동자는 래야요, 중초다장자는 의야요, 조기자는 복야요, 수해자는 복야요, 진고이예자는 차래야요,

직역 및 해설

많은(衆) 나무(樹)들이 움직(動)이는 것은 적이 오고(來)있기 때문이다. 많은(衆) 풀(草)로 막아(障) 가리는 것은 의심(疑)을 불러일으키려는 것이다. 새(鳥)가 갑자기 오르는(起)것은 복병(伏)이 있기 때문이다. 짐승(獸)이 놀라(駭) 달아나는 것은 덮치려는(覆) 기병(奇兵)이 있기 때문이다. 먼지(塵)가 높고(高) 날카롭게(銳) 오르는 것은 적의 전차대(車)가 오고있기 때문이다.

- 障(장)－「막을 장」, 獸(수)－「짐승 수」, 駭(해)－「놀랄 해」, 覆(복)－「엎을 복」
- 塵(진)－「티끌 진」

핵심도해

영 문 역

Movement amongst trees of a forest shows that the enemy is advancing. The appearance of a number of screens in the midst of thick grass means that the enemy wants to make us suspicious.

The rising of birds in their flight is the sign of an ambuscade. Startled beasts indicate that a sudden attack is coming.

When there is dust rising in a high column, it is the sign of chariots advancing;

원 문 | **훈 독**

원 문	훈 독
卑而廣者(비이광자), 徒來也(도래야) :	비이광자는 도래야요,
散而條達者(산이조달자),	산이조달자는
樵採也(초채야) ; 少而往來者(소이왕래자),	초채야요, 소이왕래자는
營軍也(영군야).	영군야니라.

직역 및 해설

먼지가 낮고(卑) 넓게(廣) 일고 있는것은 보병(徒)이 오고 있기 때문이다. 먼지가 흩어(散)지고 나무가지처럼 오르는 것은 적군이 땔나무를 하고(樵採) 있기 때문이다. 작은 먼지(少)가 왔다갔다(往來) 움직이는 것은 숙영(營軍)준비를 하기 때문이다.

- 卑(비)-「낮을 비, 천할 비」, 廣(광)-「넓을 광」, 徒(도)-「걸어다닐 도, 무리 도」, 條(조)-「길 조, 가지 조」, 達(달)-「달할 달」, 樵(초)-「나무할 초」
- 採(채)-「캘 채」, 往(왕)-「갈 왕」, 營(영)-「진영 영, 경영할 영」

핵심도해

영 문 역

When the dust is low, but spread over a wide area, it betokens the approach of infantry. When it branches out in different directions, it shows that parties have been sent out to collect firewood. A few clouds of dust moving to and frosignify that the army is encamping.

원 문	훈 독
사 비 이 익 비 자　진 야 辭卑而益備者，進也，	사비이익비자는 진야요.
사 강 이 진 구 자　퇴 자 辭强而進驅者，退者.	사강이진구자는 퇴자요,
경 거 선 출 거 기 측 자　진 야 輕車先出居其側者，陣也.	경거선출거기측자는 진야요,
무 약 이 청 화 자　모 야 無約而請和者，謀也.	무약이청화자는 모야요.

직역 및 해설

말(辭)을 낮추고(卑⇨겸손하게 저자세를 취하는것) 갖춤(備)을 더하는(益) 것은(⇨준비를 더욱 증가함) 나아가는(進⇨진격할 계획이 있는)것이다. 말(辭)이 강(强)하고(⇨강경한 어조로) 진구(進驅⇨앞으로 진격할 듯이 하는것)하는 것은 물러(退)서려고 하는 것이다. 경거(輕車 : 전투용수레)가 먼저 나와(先出) 그 곁에 있는(居) 것은 진(陣⇨공격대형)치려는 것이다. 약속(約)이 없는(無)데도 화(和⇨강화)를 청(請)하는 것은 모(謀⇨계략)가 있는 것이다.

● 辭(사)—「말씀 사」, 卑(비)—「낮을 비」, 益(익)—「더할 익」, 驅(구)—「몸 구」

핵심도해

영 문 역

Humble words and increased preparations are signs that the enemy is about to advance. Violent language and driving forward as if to the attack are signs that he will retreat.

When the light chariots come out and take up a position on the wings, it is a sign that the enemy is forming for battle.

Peace proposal unaccompanied by a sworn covenant indicate a plot.

원 문	훈 독
奔走而陳兵車者，期也.	분주이진병차자는 기야요,
半進半退者，誘也.	반진반퇴자는 유야요,
杖而立者，飢也.	장이립자는 기야요,
汲而先飮者，渴也.	급이선음자는 갈야요,
見利而不進者，勞也.	견리이부진자는 로야니라.

직역 및 해설

분주(奔走)하게 뛰어다니며 전차대(兵車)를 펴는(陳) 것는 기일(期)을 보아 결전하려는 것이다. 반진(半進：조금씩 전진하기도 하고) 반퇴(半退：조금씩 물러서기도 하는것) 하는 것은 유인(誘)하기 위해서이다. 지팡이(杖)를 짚고 서는(立) 자는 굶주린(飢) 것이다. 물을 길러서(汲) 먼저(先) 마시는(飮) 자는 목말라(渴) 있기 때문이다. 이(利)를 보고도(見) 나오지(進：진격해오지) 않는 것은 피로(勞)해 있기 때문이다.

- 奔(분)－「분주할 분, 달아날 분」, 走(주)－「달릴 주」, 陳(진)－「벌일 진」
- 誘(유)－「꾀일 유」, 杖(장)－「지팡이 장」, 飢(기)－「주릴 기」
- 汲(급)－「물길을 급」, 飮(음)－「마실 음」, 渴(갈)－「목마를 갈」

핵심도해

영 문 역

When there is much running about it means that the critical moment has come.

When some are seen advancing and some retreating, it is a lure.

When soldiers stand leaning on their spears, they are faint from want of food.

If those who are sent to draw water begin by drinking themselves, the army is suffering from thirst.

If the enemy sees an advantage to be gained and makes no effort to secure it, the soldiers are exhausted.

원 문	훈 독
鳥集者, 虛也. 夜呼者, 恐也. 軍擾者, 將不重也. 旌旗動者, 亂也. 吏怒者, 倦也.	조집자는 허야요, 야호자는 공야요, 군요자는 장불중야요, 정기동자는 란야요, 리노자는 권야요.

직 역

새(鳥)가 모이(集)는 것은 빈(虛)것이다. 밤(夜)에 부르(呼)는 것은 무섭기(恐) 때문이다. 군(軍)이 소란(擾)한 것은 장수가 무겁(重)지 않기 때문이다. 정기(旌旗)가 움직(動)이는 것은 어지러운(亂)것이다. 관원(吏)이 성(怒)내는 것은 게으름(倦) 때문이다.

- 集(집)-「모일 집」, 呼(호)-「부를 호」, 恐(공)-「두려워할 공」, 旌(정)-「기 정」
- 吏(리)-「관원 리」, 倦(권)-「게으를 권, 싫증날 권」

해 설

적의 진지위에 새가 모인다는 것은 이미 철수하여 비어있기 때문이다. 밤중에 외치는 것은 겁에 질려 있다는 징후이다. 병사들이 소란스러운 것은 장군에게 위엄이 없기 때문이다. 군의 깃발이 함부로 움직이는 것은 문란한 징후이다. 지휘관이 성내어 소리지르는 것은 군이 지쳐 있기 때문이다.

핵심도해

영 문 역

If birds gather on any spot, it is unoccupied. Clamour by night betokens nervousness.

If there is disturbance in the camp, the general's authority is weak, If the banners and flags are shifted about, sedition is afoot. If the officers are angry, it means that the men are weary.

원 문	훈 독
살 마 육 식 자 군 무 양 야 殺馬肉食者, 軍無糧也. 현 부 불 반 기 사 자 궁 구 야 懸缻不返其舍者, 窮寇也. 순 순 흡 흡 서 여 인 언 자 실 중 야 諄諄翕翕, 徐與人言者, 失衆也. 삭 상 자 군 야 삭 벌 자 곤 야 數賞者, 窘也. 數罰者, 困也.	살마육식자는 군무양야요, 현부불반기사자는 궁구야요, 순순흡흡하여 서여인언자는 실중야요, 삭상자는 군야요, 삭벌자는 곤야니라.

직 역

말(馬)을 죽여(殺) 고기(肉)를 먹는(食) 것은 군(軍)에 양식(糧)이 없기 때문이다. 동이(缻)를 걸고(懸) 그 집(舍)에 들어가지(返) 않는 것은 궁(窮)한 적이다. 순순흡흡(諄諄翕翕) 천천히(徐) 남과 말하는 자는 중(衆)을 잃은(失) 것이다. 자주(數) 상(賞)을 주는 것은 군색(窘)한 것이다. 자주(數) 벌(罰)을 주는 것은 곤(困)하기 때문이다.

- 懸(현)－「달 현」, 缻(부)－「질장군 부」=동이, 취사도구를 뜻함.
- 返(반)－돌아갈 반」, 窮(궁)－「궁할 궁」, 寇(구)－「도적 구」
- 諄(순)－「거듭이를 순」, 翕(흡)－「합할 흡」 순순흡흡－되풀이 해서 타이르듯 말함
- 徐(서)－「천천히 서」, 數(수, 삭)－「두어 수, 자주 삭」, 窘(군)－「군색할 군」
- 困(곤)－「곤할 곤」

해 설

말잡아 육식함은 군량미가 없기 때문이다. 취사도구를 걸어둔채(휴대치 않고) 막사에 돌아가지 않으려 함은 막다른 경지의 적군이 결사전을 하려는 것이다. 장수가 장황하게 간곡히 애기함은 병사들의 신망을 잃었기 때문이다. 자주 상을 줌은 지휘에 군색해 짐이요 자주 벌을 줌은 통솔이 곤란하기 때문이다.

핵심도해

영 문 역

When an army feeds its horses with grain and kills its cattle for food, and when the men do not hang their cooking pots over the camp-fires, showing that they will not return to their tents, you may know that they are determined to fight to the death.

The sight of men whispering together in small knots and speaking in subdued tones points to dissatisfaction amongst the rank and file.

Too frequent rewards signify that the enemy is at the end of his resources; too many punishments betray a condition of dire distress.

원 문	훈 독
先暴而後畏其衆者，不精之至也. 來委謝者，欲休息也. 兵怒而相迎，久而不合，又不相去，必謹察之.	선폭이후외기중자는 부정지지야라. 래위사자는 욕휴식야라. 병노이상영은 구이불합하고 우불상거하면 필근찰지니라.

직역 및 해설

먼저(先) 사납고(暴) 뒤에(後) 그 중(衆)을 두려워(畏)하는 것은 부정(不精)의 지극(至)이다. 〔병사들을 난폭히 다루고 그 후환을 두려워 하는 것은 무능한 장수이다.〕 와서(來) 위사(委謝) 하는 자는 휴식(休息)을 원하는 것이다. 〔사자(使者)를 보내어 정중히 사과하는 것은 휴식을 원하는 것이다.〕 군사가 노하여 서로 맞이(迎)하고, 오랫동안(久) 불합(不合)하고 또(又) 서로(相)가지(去)않는것은 반드시(必) 삼가(謹)이를 살펴(察)야한다. 〔적군이 화내며 진격해오고도 오랫동안 결전도 하지 않고 또 철수도 하지 않는 것은 계략이 있는 것이니 이를 깊이 살피고 경계해야 한다.〕

- 畏(외)－「두려워할 외」, 精(정)－「자세할 정, 깨끗할 정」
- 委(위)－「맡길 위」, 謝(사)－「사례할 사」, 위사－사신을 보내어 정중히 사과함
- 息(식)－「쉴 식」, 久(구)－「오랠 구」, 合(합)－合戰⇨「決戰」의 뜻임

핵심도해

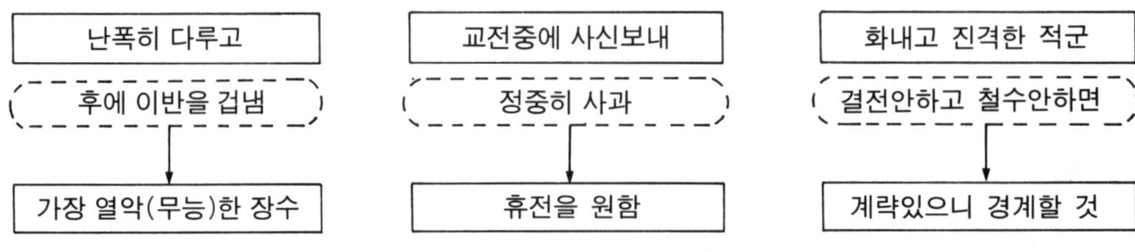

영 문 역

To begin by bluster, but afterwards to take fright at the enemy's numbers, shows supreme lack of intelligence.

When convoys are sent with compliments in their mouths, it is a sign that the enemy wishes for a truce.

If the enemy's troops march up angrily and remain facing ours for a long time without either joining battle or taking themselves off again, the situation is one that demands great vigilance and circumspection.

원 문	훈 독
병 비 익 다 야 　 유 무 무 진 兵非益多也，惟無武進， 족 이 병 력 료 적 　 취 인 이 기 足以併力料敵，取人而已. 부 유 무 려 이 이 적 자 夫惟無慮而易敵者， 필 금 어 인 必擒於人.	병은 비익다야이며 유무무진하고 족이병력료적하여 취인이기니라. 부유무려이이적자는 필금어인이라.

직 역

병(兵)이 많다고(多) 유익(益)한 것은 아니다. 오직(惟) 무진(武進)하는 것 없고(無), 힘(力)을 아울러(併) 적(敵)을 헤아리(料)면 그것으로써 남을 취하기 족(足)하면 된다. 대저(夫) 오직(惟) 생각(慮)없이 적을 쉽게(易) 여기는 자는 반드시(必) 사로잡힌(擒)다.

- 惟(유)—「오직유」, 武進(무진)—무용(武勇)을 믿고 마구 진격하는 것.
- (併)—「아우를 병」, 料(료)—「헤아릴 료」, 擒(금)—「사로잡을 금」

해 설

전투에 있어서 병력이 많다고 반드시 좋은 것만은 아니다. 함부로 진격하지 않고, 전력(全力)을 집중하며, 적정을 잘 살펴서 적을 제압하기에 족하면 되는 것이다. 아무런 계략(대책)도 없이 적을 가볍게 멸시하는 자는 반드시 포로가 된다.

* 「惟無武進」을 「惟恃武德」이라하여 「장수가 덕을 갖추어 오직 믿을 수 있게 된다면」으로 해석하기도 함.

핵심도해

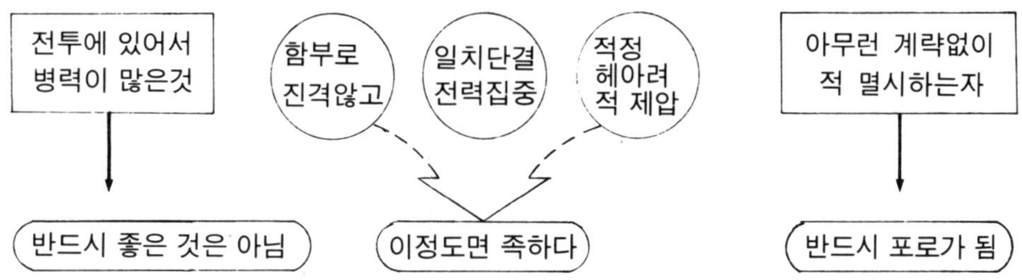

영 문 역

If our troops are no more in number than the enemy, that is amply sufficient; it means that no direct attack can be made. What we can do is simply to concentrate all our available strength, keep a close watch on the enemy, and obtain reinforcements.

He who exercises no forethought but makes light of his opponents is sure to be captured by them.

원 문 **훈 독**

원문	훈독
卒未親附而罰之, 則不服, 不服則難用也. 卒已親附, 而罰不行, 則不可用.	졸미친부이벌지면 즉불복하고, 불복즉난용야니라. 졸이친부하여 이벌불행이면 즉불가용이니라.

직 역

졸(卒)과 아직(未) 친부(親附) 아닌데 벌(罰)주면, 즉 복종(服)하지 않는다. 복종하지 않는 즉 쓰기(用) 어렵(難)다. 졸(卒)과 이미(已) 친부(親附) 했는데도 벌(罰)을 행(行)치 않으면, 즉 쓸 수 없다.

- 附(부)－「붙일 부」, 親附(친부)－친근하게 붙다.
- 服(복)－「복종할 복」, 難(난)－「어려울 난」, 已(이)－「이미 이」

해 설

병사들과 아직 친하기도전에 벌을 주게되면 그들은 따라오지 않는다. 따라오지 않으면(복종, 심복하지 않으면) 쓰기가 어렵다(지휘통솔이 어렵다). 또 이들과 친해졌는데도 벌을 행하지 않으면 이 또한 위계가 없어져(두려움이 없어져) 쓰기가 어렵다.

※원정군의 입장에서 지휘통솔·상벌문세는 대단히 중요하니 자주 등장한다.

핵심도해

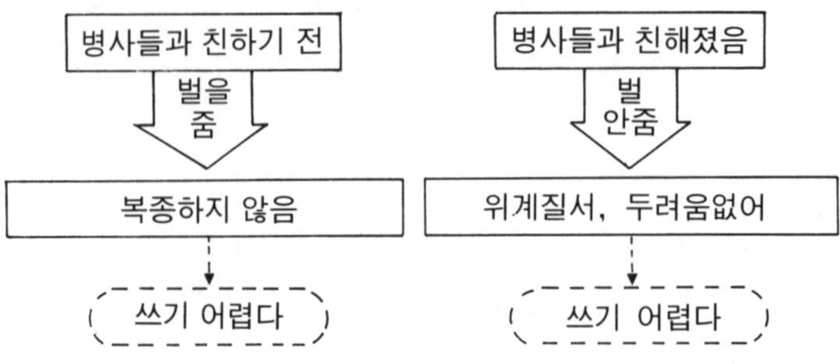

영 문 역

If soldiers are punished before they have grown attached to you, they will not prove submissive; and, unless submissive, they will be practically useless. If, when the soldiers have become attached to you, punishments are not enforced, they will still be useless..

원 문	훈 독
고 령 지 이 문 제 지 이 무 故令之以文, 齊之以武, 시 위 필 취 령 소 행 이 교 是謂必取. 令素行以教 기 민 즉 민 복 령 불 소 행 이 其民, 則民服; 令不素行以 교 기 민 즉 민 불 복 령 소 행 자 教其民, 則民不服. 令素行者, 여 중 상 득 야 與衆相得也.	고로 령지이문하고 제지이무를 시위필취라. 령소행하여 이교 기민 하면 즉민복이니라. 령불소행 하여 이교기민이면 즉민불복이니라. 령소행자는 여중상득야이니라.

직역 및 해설

그러므로 령(令)하는데는 문(文)으로써 하고 〔부하선도는 덕과 정으로 하고〕 이를 정제(齊)하는데는 무(武)로써 하니 〔무위(武威)를 가지고 기율을 정제한다.〕 이를 필취(必取)라 이른다(謂). 〔싸우면 반드시 승리한다.〕 영(令)이 본디(素) 행(行)해지고, 그로써 그 백성(民)을 가르치면(教) 즉 백성은 복종(服)한다. 〔명령이 평소부터 잘 지켜지도록 훈련되어 있으면 전시에도 잘 따르게 된다.〕 영(令)이 본디 행해지지 않고(不素行)그로 백성을 가르치면(教) 백성이 불복한다. 영(令)이 본디 행해지는 것은 중(衆)과 더불어(與) 서로(相) 얻음(得)이다. 〔명령이 본디부터 행해지는 것은 백성들과 더불어 서로 뜻이 맞기 때문이다.〕

- 齊(제)—「가즈런할 제」, 素(소)—「본디 소, 바탕 소」
- 令(령)—착하다는 의미가 있음, 여기에서는 부하의 선도로 해석함(令之以文)

핵심도해 ※자국에서 명령이행이 잘되어야 원정지에서 역시 잘 이행될 수 있다.

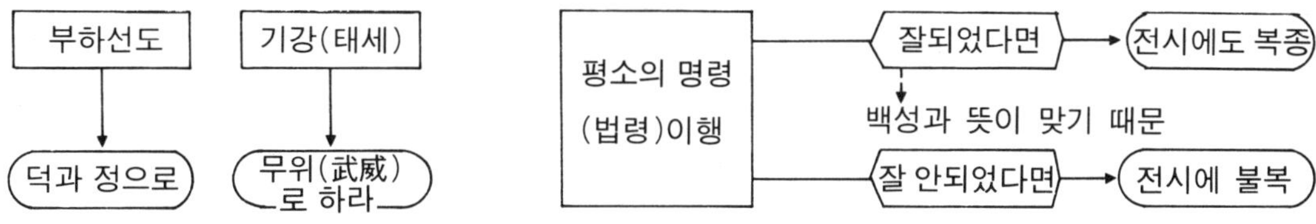

영 문 역

Therefore soldiers must be treated in the first instance with humanity, but kept under control by means of iron discipline. This is a certain road to victory.

If in training soidiers commands are habitully enforced, the army will be well disciplined.

If a general shows confidence in his men but always insists on his orders being obeyed, the gain will be mutual.

지 형 편 제 십

地形篇第十

손무가 장수로서 어떻게 지휘했는가 알아보자.

과연 병법을 실전과 어떻게 연계시켰는가 하는 문제이다.

손무는 B.C.512년 임용시부터 6년동안 단계적으로 교란작전을 실시하여 초나라의 국력을 피폐시키고 초군을 수세적 입장에 몰아넣는데 성공했다.

B.C.506년, 수세에 몰린 초나라에 대해 손무는 정예병력 3만명을 이끌고 기습공격을 감행, 일거에 적의 수도 70㎞지점까지 진입했다. 이때 초군은 20여만명이었고 그 장수는 자상(子常)이었다. 손무는 압도적인 대군을 분산격파하기 위해 재차 200㎞후방까지 후퇴하여 유인했다. 손무는 대별산(大別山) 으로 초군을 유인하여 기습공격을 격파했다. 초군이 패주하기 시작하자 백거·청발수·옹무 전투를 차례로 치루어 궤멸적 타격을 입혔다. 손무는 그 승세를 몰아 초나라의 한수(漢水)방어선을 무너뜨리고 일거에 수도 영도를 점령했다. 그결과 당시까지 약소국이었던 오나라는 일약 강대한 제후들과 같은 지위로 부상되었다. 손무는 황지대회전승리를 끝으로 은퇴했다. 병법과 실전을 이상적으로 연계시킨 손무의 용병술이다.

주요 어귀

主曰無戰 必戰可也
主曰必戰 無戰可也
視卒如嬰兒
知彼知己 勝之不殆
知天知地 勝乃可全

개 요

「지형(地形)」이란 편명(篇名)은 본편의 맨 첫머리가 「地形」으로 시작됨으로 명명된 것이다. 본편은 「지형」만을 논한것이 아니고 전투를 할 때 승리를 할 수 있는 4대요강 즉 ① 지형(地形)을 알고 ② 자기를 알고 ③ 적을 알고 ④ 천시(天時)를 아는 것이 그 요체임을 강조했다.

천시(天時)는 지리(地利)만 못하다고 하는 것처럼 손자는 지(地)의 이(利)에 대해서 심도있는 분석을 했으며 지형을 크게 여섯 종류로 구분하여 장수가 이것을 잘 분별하여 적절히 대응하며 그에 상응한 작전을 수행해야 함을 강조했다. 자기를 안다는 것은 피아의 정황을 잘 검토하여 사전에 승산 여부를 판단할 수 있어야 한다는 것이며 용병에서의 여섯가지 패전원인을 들고 있다. 끝부분에는 장수의 인격과 능력과 책임의 중요성을 강조하였으며, 적을 알고 나를 알면 위태롭지 않고 지리(地利)와 천시(天時)까지 알게되면 항상 승리한다고 했다.

지형(地形)의 6가지 (① 통형 ② 괘형 ③ 지형 ④ 애형 ⑤ 험형 ⑥ 원형)와 패병(敗兵)의 6가지 (① 주병 ② 이병 ③ 함병 ④ 붕병 ⑤ 난병 ⑥ 배병)를 조목별로 들어서 상세히 설명했고 「知彼知己」는 바로 패병(敗兵)6가지, 「知天知地」는 지형(地形)6가지를 아는 것이라 했다. 또한 손자는 지형편에서 독단활용(獨斷活用)에 관해 언급했는데 이는 독자적인 독단능력이 전제되어야 하며 대국적(大局的) 전략적(戰略的)안목에서 무엇을 수행해야 할지 명확히 분별하는 임무분석 능력이 요구되는것이다. 사실상 불확실한 전장 환경속에서 이를 정확하게 분석하고 행하는 자는 그리 흔치 않은 것이다.

진정한 통솔은 주어진 임무수행을 위한 불굴의 실천의지와 부하를 자식같이 아끼는 사랑이 결부되어야 할 것이다.

※지형(地形)편은 원정지의 땅모양·지세가 어떠한가에 따라 여하히 전술적으로 대처할 것인가를 논한 지형학적 관점에서 논한 편이다. 뒤에 이어지는 구지(九地) 제11편은 이러한 땅의 모양이 아닌 자국과의 이격된 거리정도, 주변환경과의 관계성등이 고려된 지정학(地政學)차원에서 논한 것으로 구분할 수 있다.

구 성

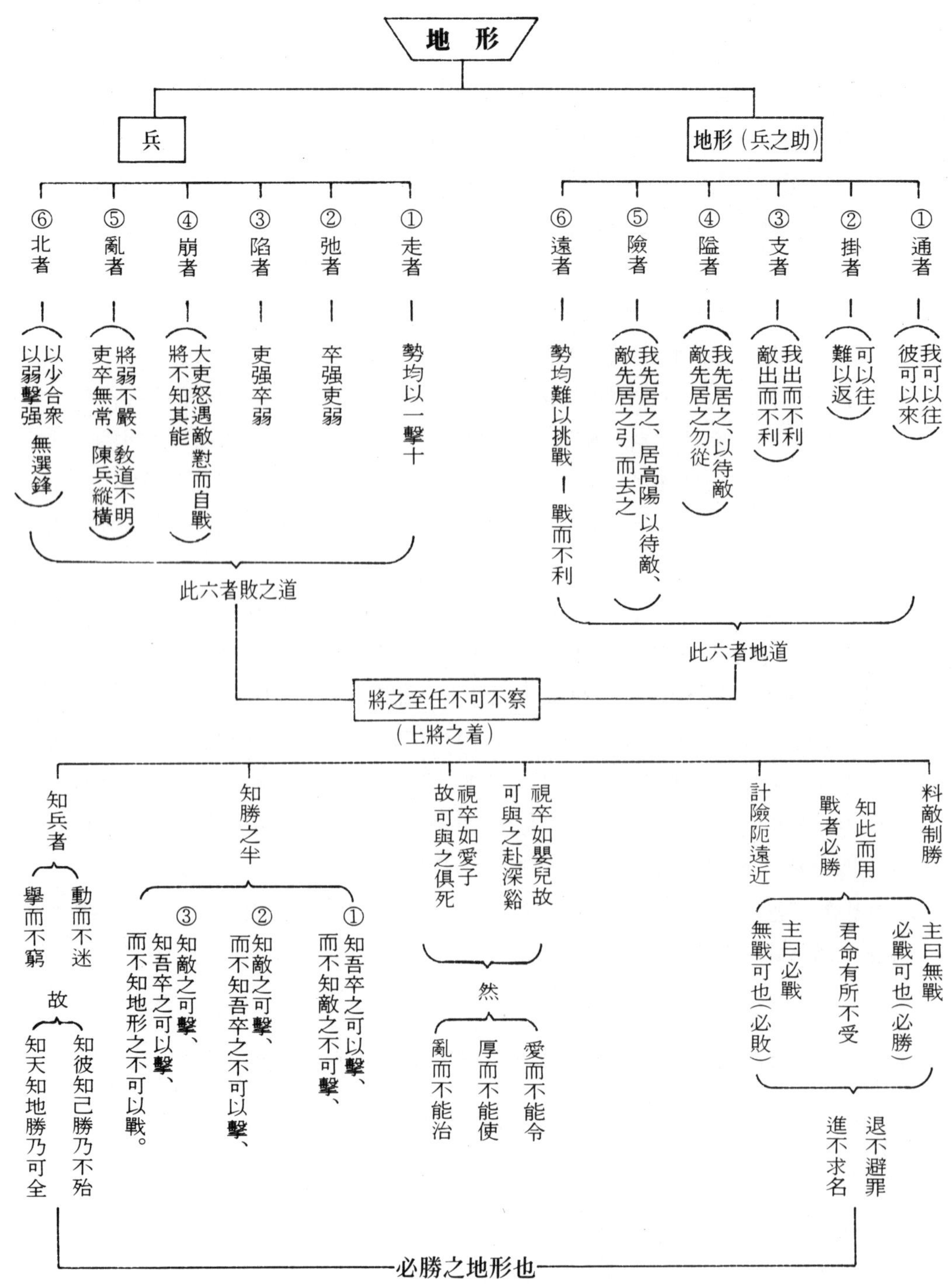
地形
兵
地形(兵之助)
①走者
勢均以一擊十
②弛者
卒强吏弱
③陷者
吏强卒弱
④崩者
大吏怒遇敵懟而自戰 將不知其能
⑤亂者
將弱不嚴、敎道不明 吏卒無常、陳兵縱橫
⑥北者
以少合衆 以弱擊强 無選鋒
此六者敗之道
①通者
我可以往 彼可以來
②掛者
可以往 難以返
③支者
我出而不利 敵出而不利
④隘者
我先居之、以待敵 敵先居之勿從
⑤險者
我先居之、居高陽 以待敵、 敵先居之引 而去之
⑥遠者
勢均難以挑戰 — 戰而不利
此六者地道
將之至任不可不察
(上將之着)
料敵制勝
知此而用戰者必勝
主曰無戰 必戰可也(必勝)
君命有所不受
主曰必戰 無戰可也(必敗)
計險阨遠近
退不避罪 進不求名
視卒如嬰兒故 可與之赴深谿
視卒如愛子 故可與之俱死
然
愛而不能令
厚而不能使
亂而不能治
知勝之半
①知吾卒之可以擊、而不知敵之不可擊、
②知敵之可擊、而不知吾卒之不可以擊、
③知敵之可擊、知吾卒之可以擊、而不知地形之不可以戰。
知兵者
動而不迷 擧而不窮
故
知彼知己勝乃不殆 知天知地勝乃可全
必勝之地形也

원 문

地形篇 第十

孫子兵法大全에서

孫子曰：地形有通者，有掛者，有支者，有隘者，有險者，有遠者．我可以往，彼可以來，曰通；通形者，先居高陽，利糧道以戰，則利．可以往，難以返，曰挂；挂形者，敵無備，出而勝之，敵若有備，出而不勝，難以返，不利．我出而不利，彼出而不利，曰支；支形者，敵雖利我，我無出也；引而去之，令敵半出而擊之，利．隘形者，我先居之，必盈之以待敵；若敵先居之，盈而勿從，不盈而從之．險形者，我先居之，必居高陽以待敵；若敵先居之，引而去之，勿從也．遠形者，勢均，難以挑戰，戰而不利．凡此六者，地之道也，將之至任，不可不察也．

故兵有走者，有弛者，有陷者，有崩者，有亂者，有北者；凡此六者，非天地之災，將之過也．夫勢均，以一擊十，曰走．卒强吏弱，曰弛．吏强卒弱，曰陷．大吏怒而不服，遇敵懟而自戰，將不知其能，曰崩．將弱不嚴，教道不明，吏卒無常，陳兵縱橫，曰亂．將不能料敵，以少合衆，以弱擊强，兵無選鋒，曰北．凡此六者，敗之道也．將之至任，不可不察也．

夫地形者，兵之助也．料敵制勝，計險阨遠近，上將之道也．知此而用戰者，必勝；不知此而用戰者必敗．故戰道必勝，主曰無戰，必戰可也．戰道不勝，主曰必戰，無戰可也．故進不求名，退不避罪，惟民是保，而利於主，國之寶也．視卒如嬰兒，故可與之赴深谿，視卒如愛子，故可與之俱死．厚而不能使，愛而不能令，亂而不能治，譬與驕子，不可用也．知吾卒之可以擊，而不知敵之不可擊，勝之半也；知敵之可擊，而不知吾卒之不可以擊，勝之半也．知敵之可擊，知吾卒之可以擊，而不知地形之不可以戰，勝之半也．故知兵者，動而不迷，擧而不窮．故曰：知彼知己，勝乃不殆；知天知地，勝乃可全．

원 문	훈 독
손 자 왈 지 형 유 통 자 孫子曰：地形，有通者，	손자왈，지형에 유통자하고
유 괘 자 유 지 자 유 애 자 有掛者，有支者，有隘者，	유괘자하고 유지자하고 유애자하고
유 험 자 유 원 자 아 가 이 왕 有險者，有遠者. 我可以往，	유험자하고 유원자이니라. 아가이
피 가 이 래 왈 통 통 형 자 彼可以來，曰通；通形者，	왕하고 피가이래를 왈통이라. 통형자는
선 거 고 양 이 량 도 이 전 즉 리 先居高陽，利糧道以戰，則利.	선거고양하고 이량도이전이면 즉리니라

직 역

손자 말하기를, 지형(地形)에는 통자(通者) 있고(有), 괘자(掛者) 있고, 지자(支者) 있고, 애자(隘者) 있고, 험자(險者) 있고, 원자(遠者) 있다. 내가(我) 갈(往)수 있고 적(彼)이 올(來)수 있는 곳을 통형(通形)이라 한다. 먼저(先) 고양(高陽)에 있고(居), 량도(糧道)를 이(利)롭게 하여 싸우면(戰) 이(利)롭다.

- 掛(괘)-「걸 괘」, 支(지)-「버틸 지, 지탱할 지」, 隘(애)-「좁을 애」
- 往(왕)-「갈 왕」, 陽(양)-「볕 양」, 糧(량)-「양식 량, 먹이 량」

해 설

지형에는 「통형(通形)」, 「괘형(掛形)」, 「지형(支形)」, 「애형(隘形)」, 「험형(險形)」, 「원형(遠形)」의 6가지가 있다. 「통형」은 아군이 갈수도 있고 적군도 역시 올 수 있는 곳이다. 그러므로 먼저 높고 양지쪽을 점거하고 군량미의 보급로를 편리하게 하여 싸우면 유리하다.

핵심도해

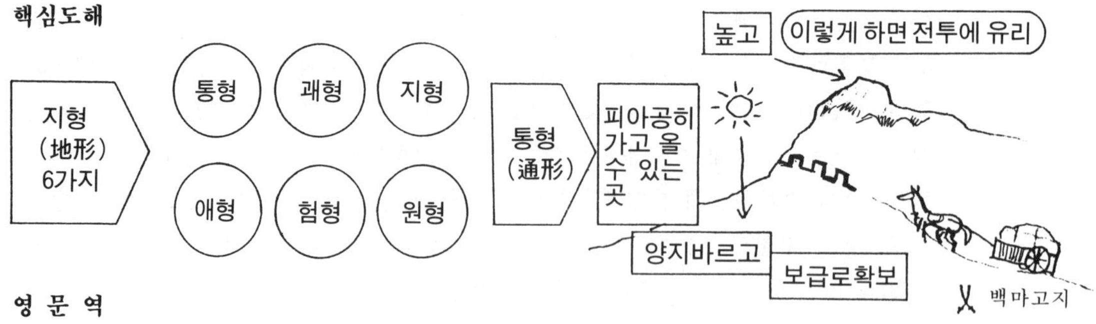

영 문 역

Terrain.

Sun Tzu said: We may distinguish six kinds of terrain, to wit: (1) Accessible ground; (2) entangling ground; (3) temporizing ground; (4) narrow passes; (5) precipitous heights; (6) positions at a great distance from the enemy.

Ground which can be freely traversed by both sides is called accessible. With regard to ground of this nature be before the enemy in occupying the raised and sunny spots and carefully guard your line of supplies. Then you will be able to fight with advantage.

원 문	훈 독
可以往, 難以返, 曰掛;	가이왕이나 난이반을 왈괘라.
掛形者, 敵無備, 出而勝之.	괘형자는 적무비면 출이승지하니라.
敵若有備, 出而不勝.	적약유비면 출이불승하고
難以返, 不利.	난이반불리니라.

직 역

갈(往)수 있고, 돌아오기(返) 어려(難)운 것을 괘(掛)라 한다. 괘형(掛形)에서는 적(敵)이 무비(無備)하면 나가서(出) 이를 승(勝)한다. 만약(若) 적이 유비(有備)하면 나가서(出) 불승(不勝)한다. 그로써 돌아오기(返)어렵고((難) 불리(不利)하다.

- 往(왕)—「갈 왕」, 返(반)—「돌아올 반」, 備(비)—「갖출 비」
- 掛(괘)—「걸 괘, 달 괘」

해 설

「괘형」이라는 것은 가기는 쉬워도 돌아오기는 어려운 곳이다. 괘형에서는 적의 방비가 허술할 때 나가서 싸우면 이길수 있지만, 만약 적의 방비가 강할때 나가서 싸운다면 이기지 못할 뿐아니라 돌아오기도 어렵기 때문에 불리하다.

핵심도해

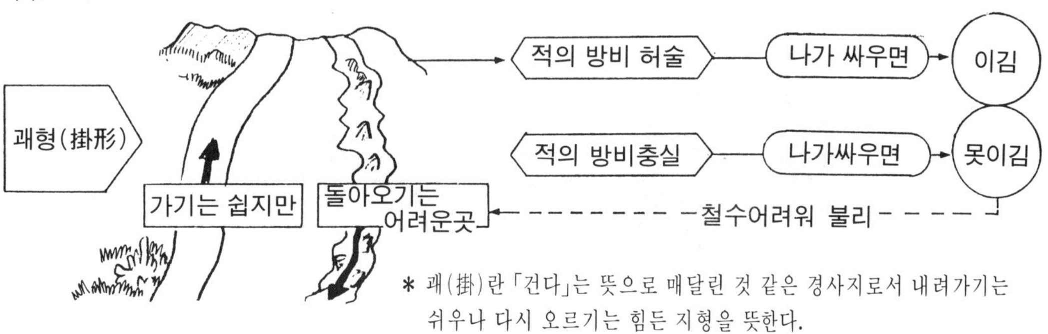

* 괘(掛)란「건다」는 뜻으로 매달린 것 같은 경사지로서 내려가기는 쉬우나 다시 오르기는 힘든 지형을 뜻한다.

영 문 역

Ground which can be abandoned but is hard to reoccupy is called entangling. Form a position of this sort, if the enemy is unprepared, you may sally forth and defeat him. But if the enemy is prepared for your coming, and you fail to defeat him, them, return being impossible, disaster will ensue.

원 문	훈 독
아출이불리 피출이불리 我出而不利，彼出而不利，	아출이불리하고 피출이불리하면
왈지 지형자 적수리아 曰支；支形者，敵雖利我，	왈지니라. 지형자는 적수리아이나
아무출야 인이거지 我無出也；引而去之，	아무출야니라. 인어거지하여
령적반출이격지 리 令敵半出而擊之，利.	령적반출이격지면 리하니라.

직 역

내(我)가 나가(出)도 불리(不利)하고, 적(彼)이 나가(出)도 불리(不利)한 곳을 지(支)라고 한다. 지형(支形)에서는 적(敵)이 비록(雖) 나(我)를 이(利)롭게 하더라도 나는 나가(出)지 말아(無)야 한다. 이끌어(引) 떠나(去) 적(敵)으로 하여금(令) 반(半)나오(出)게 해서 치면(擊) 이(利)하다.

● 支(지)－「지탱할 지, 헤아릴 지, 흩어질 지」, 雖(수)－「비록 수」, 引(인)－「끌 인」

해 설

지형(支形)은 피아공히 나가면 불리한 지형이다. 그러한 곳에서는 적이 비록 이익으로 유인해도 진격하지 말며, 일단 후퇴한 뒤에 적이 그 지형의 반 정도 진출했을때 공격하면 유리하다.

핵심도해

영 문 역

When the position is such that neither side will gain by making the first more, it is called temporizing ground. In a position of this sort, even though the enemy should offer us an attractive bait, it will be advisable not to stir forth, but rather to retreat, thus enticing the enemy in his turn, them, when part of his army has come out, we may deliver our attack with advantage.

원 문	훈 독
애 형 자 아 선 거 지 隘形者, 我先居之, 필 영 지 이 대 적 必盈之以待敵; 약 전 선 거 지 영 이 물 종 若敵先居之, 盈而勿從, 불 영 이 종 지 不盈而從之.	애형자는 아선거지하고 필영지이대적이니 약적선거지면 영이물종하고 불영이종지하니라.

직 역

애형(隘形)에서는 내(我)가 먼저(先)이에 있으면(居), 반드시(必)이를 차(盈)게 하여 적(敵)을 기다려(待)야 한다. 만약(若) 적(敵)이 이에 먼저(先) 있고(居), 차(盈)면 좇지(從)말고(勿), 차지 않으면 이에 좇아라.

- 隘(애)—「좁을 애」, 隘形(애형)—「隘(애)」는 좁고 막힌곳을 뜻하니 높은산과 절벽으로 둘러싸여 출입하는 입구가 좁다란 병목같은 땅을 말한다.
- 盈(영)—「찰 영」, 待(대)—「기다릴 대」, 勿(물)—「말 물」, 從(종)—「좇을 종」

해 설

애형에서는 아군이 먼저 점령하게되면 반드시 태세를 충실히하여 적군의 공격을 기다려야 한다. 만약 적군이 먼저 이 지형을 점령하게되면 적군의 태세가 충실하면 따라가 싸우지 말고 그 태세가 허술하면 이를 공격해야 한다.

핵심도해

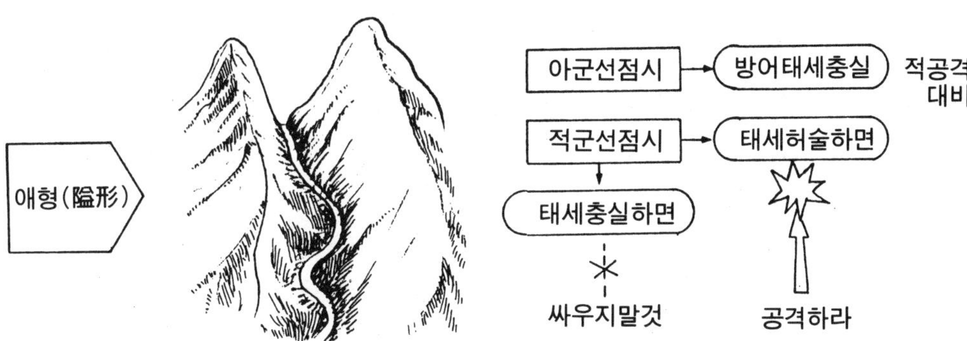

영 문 역

With regard to narrow passes if you can occupy them first, let them be strongly garrisoned and await the advent of the enemy. Should the enemy forestall you in occupying a pass, do not go after him if the pass is fully garrisoned, but only if it is weakly garrisoned.

원 문	훈 독
험 형 자　아 선 거 지　필 거 고 양 이 險形者，我先居之，必居高陽以. 대 적　약 전 선 거 지　인 이 거 지 待敵；若敵先居之，引而去之， 물 종 야 勿從也.	험형자는 아선거지하며 필거고양이 대적이라. 약적선거지면 인이거지 하고 물종야니라

직 역

험형(險形)은, 내(我)가 먼저(先) 이에 있으면(居), 반드시(必) 고양(高陽)에 있으면서(居) 적(敵)을 기다린다(待). 만약(若) 적이 먼저(先) 이에 있으면(居), 이끌(引)어서 이를 떠나고(去), 좇지(從)마라(勿).

- 險(험)－「험할 험, 위태로울 험, 음흉할 험」, 居(거)－「살 거, 있을 거」
- 若(약)－「만약 약, 같을 약, 너 약」, 引(인)－「끌 인, 인도할 인」
- 從(종)－「좇을 종, 따를 종, 조용할 종」

해 설

험형에서는 아군이 먼저 그곳을 점거하면 높고 양지바른쪽을 차지하여 적군을 기다려야 한다. 만약 적군이 먼저 점거하였으면 철수할것이며 공격하지마라(따라가 싸우지 마라).

핵심도해

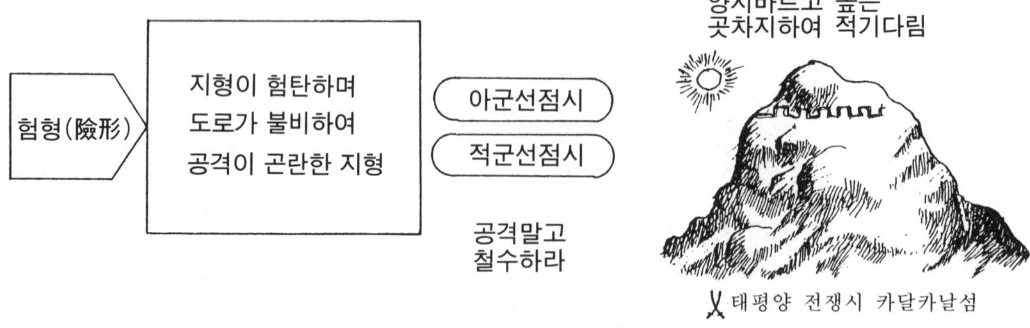

태평양 전쟁시 카달카날섬

영 문 역

With regard to precipitious heights, you hould occupy the raised and sunny spots, and there wait for him to come up. If the enemy has occupied them before you, do not follow him, but retreat to entice him away.

원 문	훈 독
원 형 자 　 세 균 　 난 이 도 전 遠形者, 勢均, 難以挑戰, 전 이 불 리 　 범 차 육 자 戰而不利. 凡此六者, 지 지 도 야 　 장 지 지 임 地之道也. 將之至任, 불 가 불 찰 야 不可不察也.	원형자는 세균이면 난이도전이니 전이불리니라. 범차육자는 지지도야라. 장지지임이니 불가불찰야니라.

직 역

원형(遠形)은 세(勢) 고르면(均) 그로써 도전(挑戰)이 어렵다(難). 싸우면(戰) 이롭지 않다. 무릇(凡)이 여섯가지는 지(地)의 도(道)이다. 장(將)의 지임(至任)으로 살피지(察) 않으면 안된다.

- 遠(원)—「멀 원, 깊을 원」, 遠形(원형)—서로의 위치에서 멀리 떨어진 지역
- 均(균)—「고를 균」, 挑(도)—「돋울 도」. 至(지)—「지극할 지」
- 察(찰)—「살필 찰, 상고할 찰」. 勢均(세균)—地(지)에 대한 利(이익)가 서로 비슷함

해 설

원형에서는 양군의 위치가 멀리 떨어져 있어 지(地)의 이익(利)을 얻는 정도가 서로 같기 때문에 멀리나가서까지 도전하기가 어렵고 싸우게 된다면 불리하다. 무릇 이 여섯가지(통형, 괘형, 지형, 애형, 험형, 원형)는 지리(地利)의 원칙이니 장수는 그 지(地)의 이점을 최대로 얻을 수 있도록 적절히 활용하는 것이 중요한 임무이니 신중히 생각해야 한다.

핵심도해

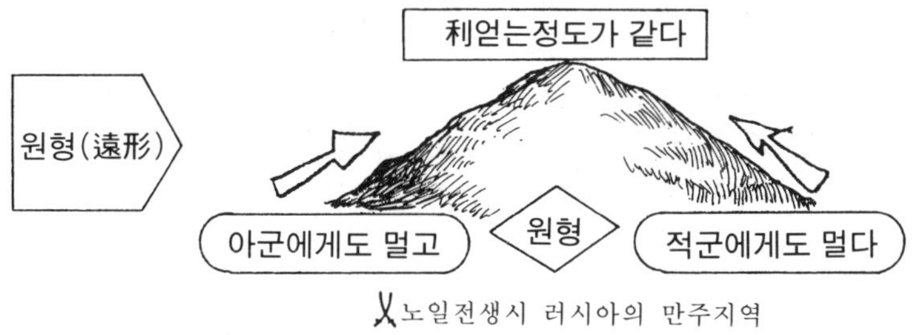

노일전생시 러시아의 만주지역

장수는 6가지
지(地)의 이점을 잘
활용해야 한다

*신중히 검토

프레드릭대왕의 지형에 대한 교훈

영 문 역

If you are situated at a great distance from the enemy, and the strength of the two armies is equal, it is not easy to provoke a battle, and fighting will be to your disadvantage.

These six are the principles connected with Earth. The general who holds a responsible post must study them.

원 문	훈 독
故兵有走者, 有弛者, 有陷者, 有崩者, 有亂者, 有北者, 凡此六者, 非天地之災, 將之過也.	고로 병유주자하고 유이자하고 유함자하고 유붕자하고 유란자하고 유배자하고 범차육자는 비천지지재요 장지과야니라.

직 역

그러므로 병(兵)에는 주자(走者)가 있고, 이자(弛者)가 있고, 함자(陷者)가 있고, 붕자(崩者)가 있고, 란자(亂者)가 있고, 배자(北者)가 있다. 무릇(凡)이 여섯가지 것은 천지(天地)의 재(災)가 아니다. 장(將)의 허물(過)이다.

- 走(주)—「달릴 주, 달음질할 주」, 弛(이)—「해이할 이」, 陷(함)—「빠질 함」
- 崩(붕)—「무너질 붕」, 亂(란)—「어지러울 난」, 北(배)—「패배할 배, 북녘 북」
- 災(재)—「재앙 재」, 過(과)—「허물 과, 지날 과」

해 설

군대에는 ① 주병(走兵) ② 이병(弛兵) ③ 함병(陷兵) ④ 붕병(崩兵) ⑤ 난병(亂兵) ⑥ 배병(北兵)이 있다. 무릇 이 여섯가지는 천지의 재앙이 아니라 장수의 과실에서 생기는 것이다.

* 6가지 패병(敗兵)에 대해서는 차례대로 설명됨

핵심도해

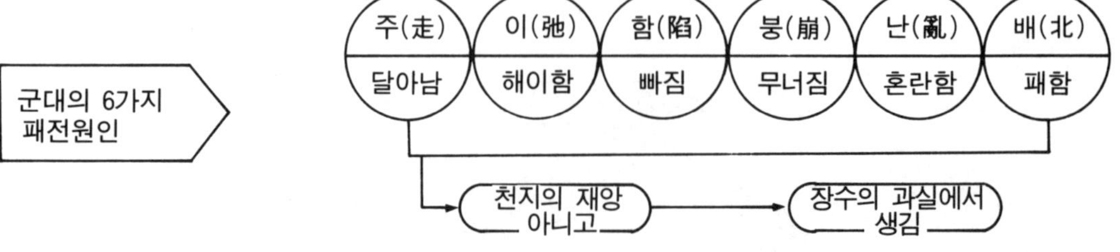

영 문 역

Now an army is exposed to six several calamities, not arising from natural causes, but from faults for which the general is responsible. There are:(1)flight; (2)insubordination; (3)collapse; (4)ruin; (5)disorganization; (6)rout.

원 문	훈 독
부세균 이일격십 왈주 夫勢均, 以一擊十, 曰走.	부세균이나 이일격십을 왈주니라.
졸강리약 왈이 卒强吏弱, 曰弛.	졸강리약은 왈이니라.
리강졸약 왈함 吏强卒弱, 曰陷.	리강졸약은 왈함이니라.

직 역

무릇(夫) 세(勢)고르(均)면서도 하나(一)로써 열(十)을 치는(擊)것을 주(走)라 한다. 졸(卒)은 강(强)한데 리(吏)가 약(弱)한것을 이(弛)라 한다. 리(吏)는 강(强)한데 졸(卒)이 약(弱)한것을 함(陷)이라한다.

- 勢(세)–「형세 세」 均(균)–「고를 균」, 「勢均(세균)」–피아의 지리(地利)의 형세가 비슷한 것,
- 吏(리)–「관리 리, 관원 리, 아전 리」 여기서는「장교」를 뜻함

해 설

아군과 적군 공히 지(地)가 주는 이점은 비슷한데도 1의 병력으로 10의 규모의 병력을 공격한다면 이는 싸우기도 전에 달아날수밖에 없을 것이다. 이를주병(走兵 : 달아나는 군대)이라한다. 병사들은 강한데 장교들이 약하면 군대가 해이해 질것이다. 이를 이병(弛兵)이라한다. 장교들은 강한데 병사들이 약하면 그 강한 지휘를 감당하지 못하는 병사들은 마치 수렁속에 빠지는것과 같게 될 것이다. 이를 함병(陷兵)이라 한다. (함병을「결함이 있는군대」라고 해석하는 문헌도 있음)

핵심도해

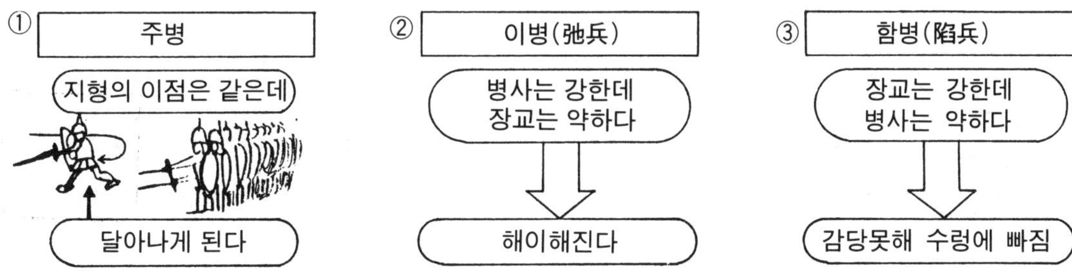

영 문 역

Other conditions being equal, if one force is hurled against another ten times its size, the result will be the flight of the former.

When the common soldiers are too strong and their officers too weak, the result is insubordination. When the officers are too strong and the common soldiers too weak, the result is collapse.

원 문	훈 독
대 리 노 이 불 복　우 적 대 이 자 전 大吏怒而不服, 遇敵懟而自戰, 장 부 지 기 능　왈 붕 將不知其能, 曰崩. 장 약 불 엄　교 도 불 명　리 졸 무 상 將弱不嚴, 敎道不明, 吏卒無常, 진 병 종 횡　왈 란 陳兵縱橫, 曰亂.	대리노이불복하고 우적대이자전하여 장부지기능을 왈붕이라. 장약불엄하고 교도불명하여 리졸 무상하고 진병종횡을 왈란이니라.

직 역

대리(大吏)가 노(怒)하여 불복(不服)하고, 적(敵)을 만나면(遇) 원망(懟)하여 스스로(自) 싸우며(戰), 장(將)이 그의 능(能)을 모르는(不知) 것을 붕(崩)이라한다. 장(將)이 약(弱)하고 엄(嚴)하지 않고, 교도(敎道)가 밝지(明) 않으며, 리졸(吏卒)이 무상(無常)하고 병(兵)을 펴는(陳) 것이 종횡(縱橫)한것을 란(亂)이라 한다.

- 大吏(대리)－고급간부, 吏(리)－「아전 리, 관원 리, 관리 리」
- 遇(우)－「만날 우」, 懟(대)－「원망할 대」, 陳(진)－「진칠 진, 벌일 일」

해 설

고급간부가 성을내며 장수에게 복종하지 않고, 적을 만나면 원망하면서 참지못하고 제멋대로 싸우며, 이러한 실정을 장수가 모른다면(장수가 부대의 능력을 제대로 모른다면) 군은 붕괴되니 이를 붕병(崩兵)이라한다. 장수가 약(弱)하여 위엄이 없고, 교육방법(=훈련방법)이 명백하지 못하며, 장교 사병간에 질서가 없고, 전투배치가 종횡으로 혼란한것, 이것을 두고 란병(亂兵)이라 한다.

핵심도해

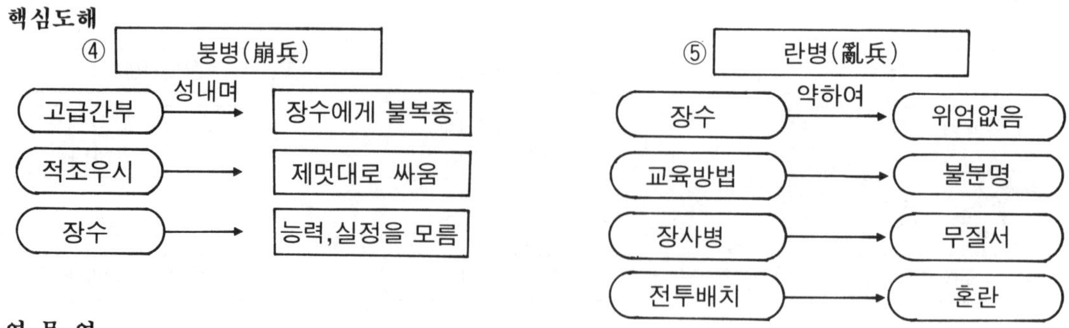

영 문 역

When the higher officers are angry and insubordinate, and on meeting the enemy give battle on their own account from a feeling of resentment, before the commander-in-chief can tell whether or not he is in a position to fight, the resul t is ruin.

When the general is weak and without authority; when his orders are not clear and distinct; when there are no fixed duties assigned to officers and men, and the ranks are formed in a slovenly haphazard manner, the result is utter disorganizatioon.

원 문	훈 독
장 불 능 료 적　이 소 합 중 將不能料敵，以少合衆， 이 약 격 강　병 무 선 봉　왈 배 以弱擊强，兵無選鋒，曰北． 범 차 육 자　패 지 도 야　장 지 지 임 凡此六者，敗之道也，將之至任， 불 가 불 찰 야 不可不察也．	장이 불능료적하여 이소합중하고 이약격강하여 병이 무선봉이면 왈 배니라. 범 차육자는 패지도야니라. 장지지임이니 불가불찰야니라

직 역

장(將)이 적(敵)을 헤아리지(料) 못하여 소(少)로써 중(衆) 합(合)하고(=싸우고), 약(弱)으로써 강(强)을 치며(擊) 군사(兵)에 선봉(選鋒)이 없는 것을 배(北)라 말한다. 무릇(凡) 이 여섯가지는 패(敗)의 길(道)이다. 장(將)의 지임(至任=지극한 임무)이니 살피지 않으면 안된다.

- 料(료)—「헤아릴 료, 다스릴 료, 대금 료」, 選(선)—「가릴 선, 뽑을 선」
- 鋒(봉)—「날카로울 봉」, 北(배, 북)—「달아날 배, 북녘 북」
- 察(찰)—「살필 찰, 상고할 찰」

해 설

장수가 적의 역량을 제대로 파악하지 못하여 적은 병력으로 많은 적과 맞붙어 싸우고, 약한 병력으로 강한 적을 공격하며, 군대내에서 선발된 정예부대가 없는 군대는 패배하는 군대이니 이를 배병이라 한다. 무릇 이 여섯가지(① 주병 ② 이병 ③ 함병 ④ 붕병 ⑤ 난병 ⑥ 배병)는 패배하는 길이다. 장수의 맡겨진 임무이니 만큼 신중히 살펴야 한다.

핵심도해

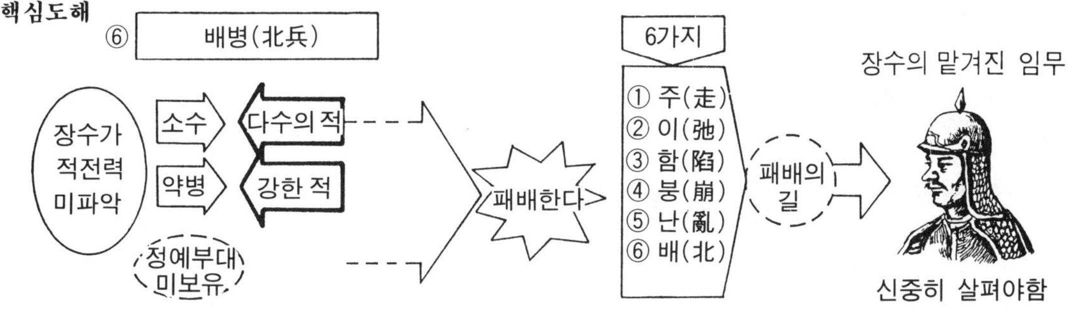

영 문 역

When a general, unable to estimate the enemy's strength, allows an inferior force to engage a larger one, or hurls a weak detachment against a powerful one, and neglects to place picked soldiers in the front rank, the result must be a rout.

These are six ways of courting defeat, which must be carefully noted by the general who has attained a responsible post.

원 문	훈 독
부 지 형 자 　병 지 조 야 　료 적 제 승 夫地形者，兵之助也．料敵制勝， 계 험 액 원 근 　상 장 지 도 야 計險阨遠近，上將之道也． 지 차 이 용 전 자 　필 승 知此而用戰者，必勝； 부 지 차 이 용 전 자 필 패 不知此而用戰者必敗．	부 지형자는 병지조야라. 료적하여 제승하고, 계 험액원근은 상장지도야니라. 지차하여 이용전자는 필승하고 부지차하여 이용전자는 필패니라.

직 역

대저(夫) 지형(地形)은 병(兵)의 도움(助)이다. 적(敵)을 헤아려(料) 승(勝)을 제(制)하고, 험액(險阨 : 험하고 좁음), 원근(遠近)을 계(計)하는 것은 상장(上將)의 길(道)이다. 이(此)를 알고(知) 용전(用戰)하는자(者)는 반드시(必) 이기고(勝), 이를 알지 못하고 용전하는 자는 반드시 패(敗)한다.

- 助(조)—「도울 조」, 料(료)—「헤아릴 료」, 制(제)—「지을 제, 억제할 제」
- 阨(액)—「좁을 액」, 制勝(제승)—승리를 제압함

해 설

대저 지형이란 용병을 도와주는 것이다. 적의 정세를 측정(=헤아려)하여 승리를 얻는것과, 험하고 좁음, 멀고 가까움을 계산하는 것(=꾀하고 헤아리는것)은 고위장수의 용병하는 방법(=길)이다. 이것을 알고 싸우면 반드시 이기고 모르면 반드시 진다.

핵심도해

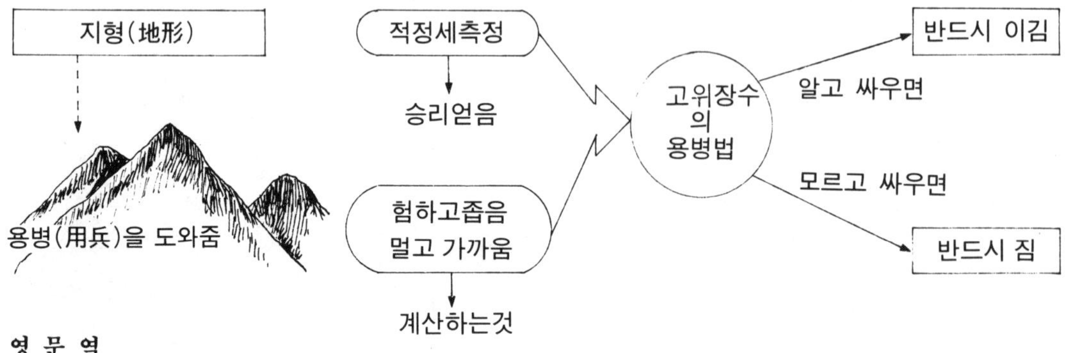

영 문 역

The natural formation of the country is the soldier's best ally; but a power of estimating the adversary, of controlling the forces of victory, and of shrewdly calculating difficulties, dangers and distances, constitutes the test of a great general.

He who knows these things, and in fighting puts his knowledge into paractice, will win his battles. He who knows them not, nor practices them, will surely be defeated.

원 문 / **훈 독**

원문	훈독
고 전 도 필 승　주 왈 무 전 故戰道必勝，主曰無戰， 필 전 가 야 必戰可也. 전 도 불 승　주 왈 필 전　무 전 가 야 戰道不勝，主曰必戰，無戰可也. 고 진 불 구 명　퇴 불 피 죄 故進不求名，退不避罪， 유 민 시 보 惟民是保， 이 리 어 주　국 지 보 야 而利於主，國之寶也.	고로 전도필승이면 주왈무전이라도 필전가야라. 전도불승이면 주왈필전이라도 무전가야라. 고로 진불구명이고 퇴불피죄이며 유민시보하여 이리어주는 국지보야니라.

직 역

그러므로 싸움의 법칙(戰道)에 반드시 이기면, 임금(主)이 싸우지 말라고해도 반드시 싸워 옳다. 그러므로(故) 나아가(進) 이름(名)을 구하지 않고, 물러서(退) 죄(罪)를 피(避)하지 않고, 오직(惟) 백성(民)이를(是) 보존(保)하고 임금(主)에게 이(利)롭게 하는 것이 나라의 보배(寶)이다.

● 戰道(전도)—「전쟁의 법칙, 전쟁의 원리」, 惟(유)—「오직 유」
● 保(보)—「보존할 보」, 寶(보)—「보배 보」

해 설

싸움의 법칙에 비춰 검토한 결과 반드시 이길수 있다고 한다면 설사 군주가 싸우지 말라고 해도 싸워야 하며, 검토후 이길수 없다고 한다면 설사 군주가 반드시 싸우라 해도 싸우지 말아야 한다. 장수가 진격하는것도 자신의 공명을 위함이 아니요 후퇴하는 것도 죄(=벌)를 피하고자함도 아니며 다만 백성을 보호하고 군주를 이롭게 하려 함이니 이런 자는 나라의 보배이다.

핵심도해

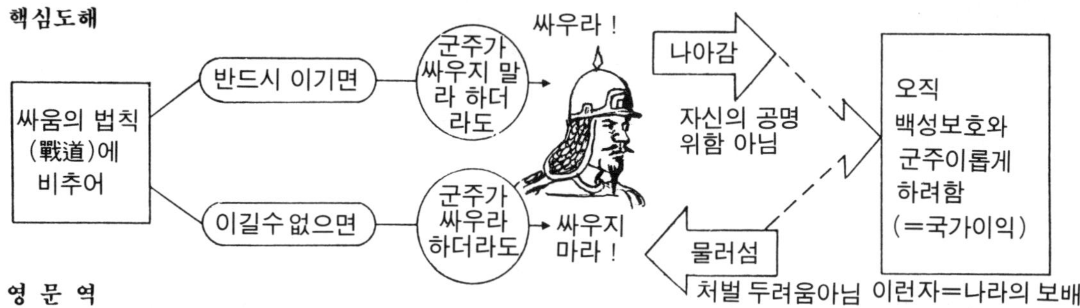

영 문 역

If fighting is sure to result in victory, then you must fight, even though the ruler forbid it; if fighting will not result in victory, then you must not fight even at the ruler's bidding.

The general who advances without coveting fame and retreats without fearing disgrace, whose only thought is to protect his country and do good servicc for his sovereign, is the fewel of the kingdom.

원 문	훈 독
시 졸 여 영 아　고 가 여 지 부 심 視卒如嬰兒，故可與之赴深 계　시 졸 여 애 자　고 가 여 지 谿，視卒如愛子．故可與之 구 사 俱死，	시졸여영아하면. 고로 가여지부심계하며. 시졸여애자하면. 고로 가여지구사니라.

직 역

졸(卒=군사) 보기(視)를 영아(嬰兒)와 같다. 그러므로(故) 이와 더불어(與) 깊은(深) 골짜기(谿)에 갈(赴)수 있다. 졸(卒) 보기를 애자(愛子)와 같다. 그러므로 이와 더불어 함께(俱)죽을 수 있다.

- 視(시)—「볼 시, 살필 시」, 嬰(영)—「어릴 영」, 谿(계)—「골짜기 계」
- 赴(부)—「다다를 부, 알릴 부」 여기서는 다다를 부, 즉 간다는뜻
- 俱(구)—「함께 구, 동반할 구, 다 구」

해 설

병사 보기를 어린아이 보는것과 같이 하면 병사들은 깊고 험한 골짜기 속에까지라도 함께 들어갈 수 있는 것이다. 병사 보기를 사랑하는 자식같이 생각한다면 병사들은 이 때문에 함께 죽을 수도 있는 것이다(=목숨을 바쳐 싸운다). * 장수와 병사는 한몸되어 생사를 같이 한다. ※원정지에서 지휘통솔은 특히 중요하니 다시 강조된다.

핵심도해

오기장군의 부하종기고름빤 사례

영 문 역

Regard your soldiers as your children, and they will follow you into the deepest valleys; look on them as your own beloved sons, and they will stand by your even unto death.

원 문	훈 독
厚而不能使, 愛而不能令, 亂而不能治, 譬與驕子, 不可用也.	후이불능사이고 애이불능령이며, 난이불능치면 비여교자하여 불가용야니라.

직 역

후(厚)하여 부릴(使)수 없고, 사랑(愛)하여 명령(令)할수없고, 어지러워(亂) 다스릴(治)수 없다. 비유(譬)하건데 교만한(驕)자식(子) 같아서(與) 쓸(用)수가 없다(不可).

- 厚(후)-「두터울 후, 두꺼울 후, 짙을 후」, 여기서는 후대(厚待)한다는뜻.
- 使(사)-「부릴 사, 하여금 사」, 譬(비)-「비유할 비」
- 驕(교)-「교만할 교」, 驕子(교자)-방자한 자식,, 응석부리는 아들

해 설

장수가 부하를 대할 때 너무 후하게 해주어 부리지 못하고 너무 사랑하여 명령하지 못하고(명령을 듣지 않게 된다), 문란하여도 다스릴 수 없으면 이는 마치 방자한 자식같아서 아무짝에도 쓸 수가 없게 된다.

핵심도해

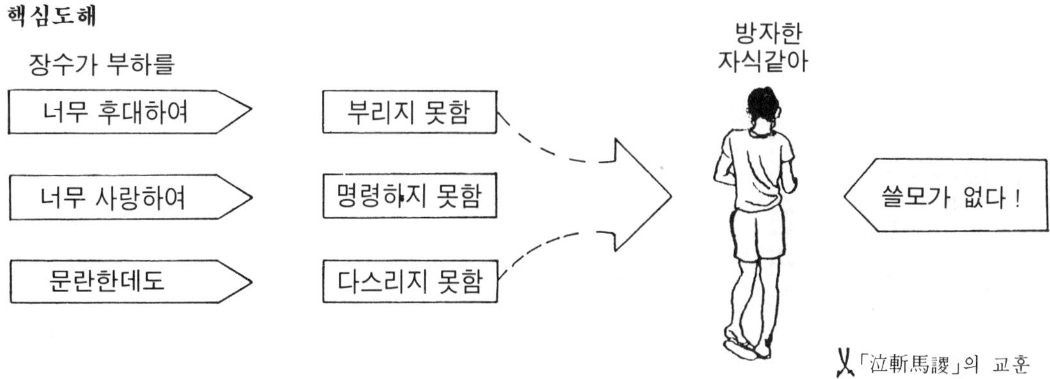

영 문 역

If, however, you are indulgent, but unable to make your authority felt;; kind-hearted but unable to enforce your commands; and incapable, moreover, of quelling disorder, then your soldiers must be likened to spoilt childern; they are useless for any practical purpose.

원문	훈독
知吾卒之可以擊, 而不知敵之不可擊, 勝之半也; 知敵之可擊, 而不知吾卒之不可以擊, 勝之半也.	지오졸지가이격하고 이부지적지불가격이면 승지반야라. 지적지가격하고 이부지오졸지불가이격이면 승지반야라.

직 역

나(吾) 졸(卒)의 칠(擊)수 있음을 알고(知) 적(敵)의 칠 수 없음을 모르면(不知) 승(勝)의 반(半)이다.

적(敵)의 칠(擊)수 있는것을 알고(知), 나(吾)졸(卒)의 칠 수 없음(不可)을 모르(不知)면 승(勝)은 반(半)이다.

- 吾(오)-「나 오, 우리 오」, 勝之半也(승지반야)-승패는 반반이다.

해 설

적군을 공격할 수 있다는 능력만을 알고 적이 우리의 공격을 대비해서 칠 수 없도록 준비한 것을 모르면 승리의 확률은 반이다. 적군의 헛점을 발견하여 공격할 수 있음을 알지만 내가 실제로 공격할 만한 능력이 갖추어지지 못했다는 것을 모른다면 이것도 승리의 확률이 반이다.

핵심도해

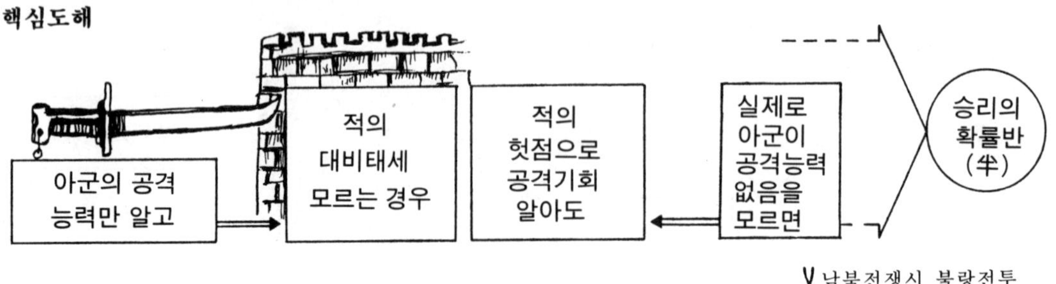

남북전쟁시 불랑전투

영 문 역

If we know that our own men are in a condition to attack, but are unaware that the enemy is no open to attack, we have gone only halfway towards victory.

If we know that the enemy is open to attack, but are unaware that our own men are not in a condition to attack, we have gone only halfway towards victory.

원 문	훈 독
지 적 지 가 격 지 오 졸 지 가 이 격 知敵之可擊, 知吾卒之可以擊, 이 부 지 지 형 지 불 가 이 전 而不知地形之不可以戰, 승 지 반 야 勝之半也.	지적지가격하고 지오졸지가이격하나 이부지지형지불가이전이면 승지반야니라.

직 역

적(敵)의 칠(擊)수 있음(可)을 알고(知), 나(吾)졸(卒)의 칠(擊) 수 있음을 알아도 지형(地形)의 싸울(戰) 수 없음(不可)을 알지(知) 못하면(不) 승(勝)은 반(半)이다.

해 설

적에게 빈틈이 있어 이를 공격할 수 있다는 것도 알고 아군의 전력으로 보아 이 또한 충분히 공격할 수 있는 능력이 있음을 안다고 하더라도 지형으로 보아 싸울 수 없다는 것을 알지 못한다면 역시 승리는 반반일 것이다.

＊ 용병에 있어서 지형(地形)을 제대로 판단한다는 것은 대단히 중요하다. 아무리 피아간 능력을 안다하더라도(내가 공격할 수 있는 충분한 여건이 되었다 하더라도) 지형을 살펴보아 공격시지형의 이(利)를 얻을 수 없다면 승리는 보장할 수 없는 것이다.

핵심도해

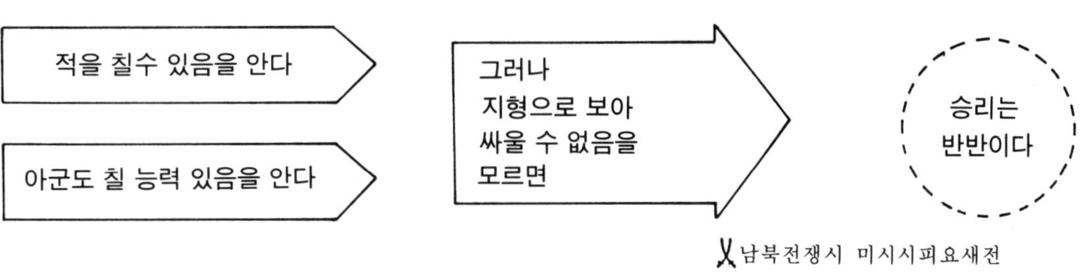

남북전쟁시 미시시피요새전

영 문 역

If we know that the enemy is open to attack, and also know that our own men are in a condition to attack, but are unaware that the nature of the ground makes fighting impracticable,, we have gone only halfway towards victory.

원 문	훈 독
故知兵者(고지병자), 動而不迷(동이불미), 擧而不窮(거이불궁). 故曰(고왈): 知彼知己(지피기지), 勝乃不殆(승내불태); 知天知地(지천지지), 勝乃可全(승내가전).	고로 지병자는 동이불미하고 거이불궁이니라 고왈, 지피지기면 승내불태하고 지천지지면 승내가전이니라.

직 역

그러므로(故) 병(兵)을 아는(知) 자(者)는 움직(動)여 미혹(迷)하지 않는다. 일으켜(擧) 궁(窮)하지 않는다. 그러므로 말하기를(曰), 적(彼)을 알고(知) 나(己)를 알면, 승(勝)은 이에(乃) 위태(殆)하지 않다. 하늘(天)을 알고 땅(己)을 알면, 승(勝)은 이에(乃) 온전(全)할 수 있다.

- 迷(미)-「미혹할 미, 길잘못들 미」, 擧(거)-「들 거, 일으킬 거」
- 窮(궁)-「궁할 궁, 다할 궁, 궁구할 궁」, 乃(내)-「이에 내, 곧 내, 그 내」
- 殆(태)-「위태로울 때, 자못 태」

해 설

그러므로 적과 아군의 능력, 지형의 이점까지도 아는 자는 군사를 움직여도 (출동하여도) 갈팡질팡하지 않으며(주저하지 않으며) 일으키면 궁지에 몰리지 않는다(실패하지 않는다.) 그러므로 적을 알고 나를 알면 승리는 위태롭지 않고, 더우기 지리(地利)와 천시(天時)까지 안다고 하면 싸움은 전승할 것이다.

※知彼知己 단계에서 知天知地의 단계로 수준을 높여야 전승보장

핵심도해

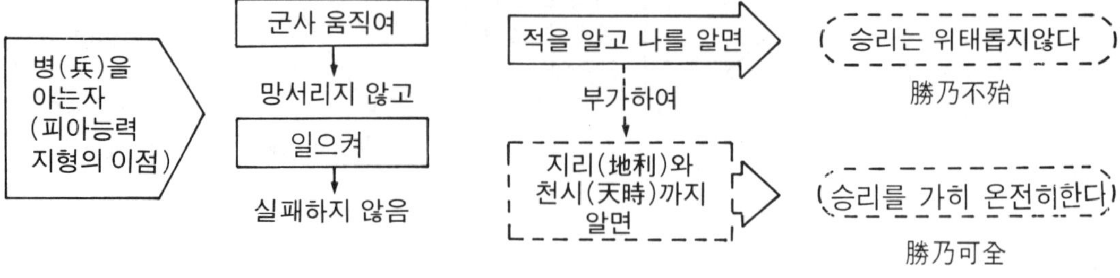

영 문 역

Hence the experienced soldier, once in motion, is never bewildered; once he has broken camp, he is never at a loss.

Hence the saying: If you know the enemy and know yourself, your victiory will not stand in doubt; if you know Heaven and know Earth, you may make your victory complete.

구 지 편 제 십 일

九地篇第十一

손무의 조상은 진(陳)나라 왕족으로, 본성이 위(嬀)씨였으나, B.C.627년 제(齊)나라로 망명 정착하고, 전(田)씨로 개성하여 약 1백년간 번성하다가, 조부 전서(田書)대에 전공(戰功)을 세우고 손(孫)씨의 성을 하사받았다. 손무가 이 제나라에서 태어났고, 그의 성장기에 제나라는 정치가 극도로 문란하고 정변이 연속 발생하여, 손무를 비롯한 그의 가문은 위험에 쫓겨 B.C.547년에 양자강에 이남의 오(吳)나라로 망명하였다. 그래서 당시 오초전쟁중 인재를 찾던 오왕합려에 의해 오자서의 천거로 장수로 임용되었던 것이다.

주요 어귀

率然

投之亡地 然後存 陷之死地 然後生

始如處女 後如脫兎

개 요

「구지(九地)」라는 것은 「아홉가지의 땅」이라는 뜻이다. 즉 아홉가지로 지형을 구분해 놓고 이를 군사적인 측면에서 풀이하고 있으며 특히 본토를 떠나 원정하는 군대에게 적용할 수 있는 전지(戰地)에 대한 설명과 그 성질에 따른 각기 상이한 작전방법을 논하고 있다. 이는 「아홉가지 지형에 따른 용병법」이라해도 무난할 것이다. 손자는 본편에서 지형을 다음의 9가지로 구분했다.

①산지(散地)—자기 국토에서 싸우는 곳

②경지(輕地)—적국영토이나 깊이 들어가지 않는 곳

③쟁지(爭地)—피아 점령시 유리한 곳

④교지(交地)—피아 공히 공격하기 좋은 곳

⑤구지(衢地)—여러 국가가 인접해 있어 점령하면 외교적으로 유리한 곳

⑥중지(重地)—적국영토에 깊이 들어가 있어 많은 적의 성읍이 배후에 있기 때문에 돌아오기 어려운 곳

⑦비지(圮地)—산림, 험준한 지형, 소택지 등이 있어 행군하기 어려운 곳

⑧위지(圍地)—들어갈때는 길이 좁으며 나올때는 우회해야 하는 곳

⑨사지(死地)—전투를 빨리 끝내지 않으면 적의 포위에 의해 퇴로를 차단당해 죽는 곳

손자는 다만 지형(地形)의 관점에서 본편을 논하는데 그치지 않고 원정군으로서의 작전방법까지 폭넓게 기술하고 있으며 인간의 심리(心理)까지 심오한 차원에서 다루었기에 전편을 통해 진면목이 가장 잘나타난 편(篇)이라 하겠다.

※자국에서부터 점차 원정지로 깊이 들어가면서 일어날 수 있는 각종상황(특히 장병들의 심리상태)에 대해 여하히 대처할 것인가를 논하고 있다. 산지(散地:자기 국토에서 싸움)로부터 사지(死地: 매우 깊게 들어가 위험한 곳 또는 그러한 형세의 죽음의 전지)까지 차례로 기술됨을 알 수 있다. 지정학(地政學)적 관점에서 분석된 내용이다.

구 성

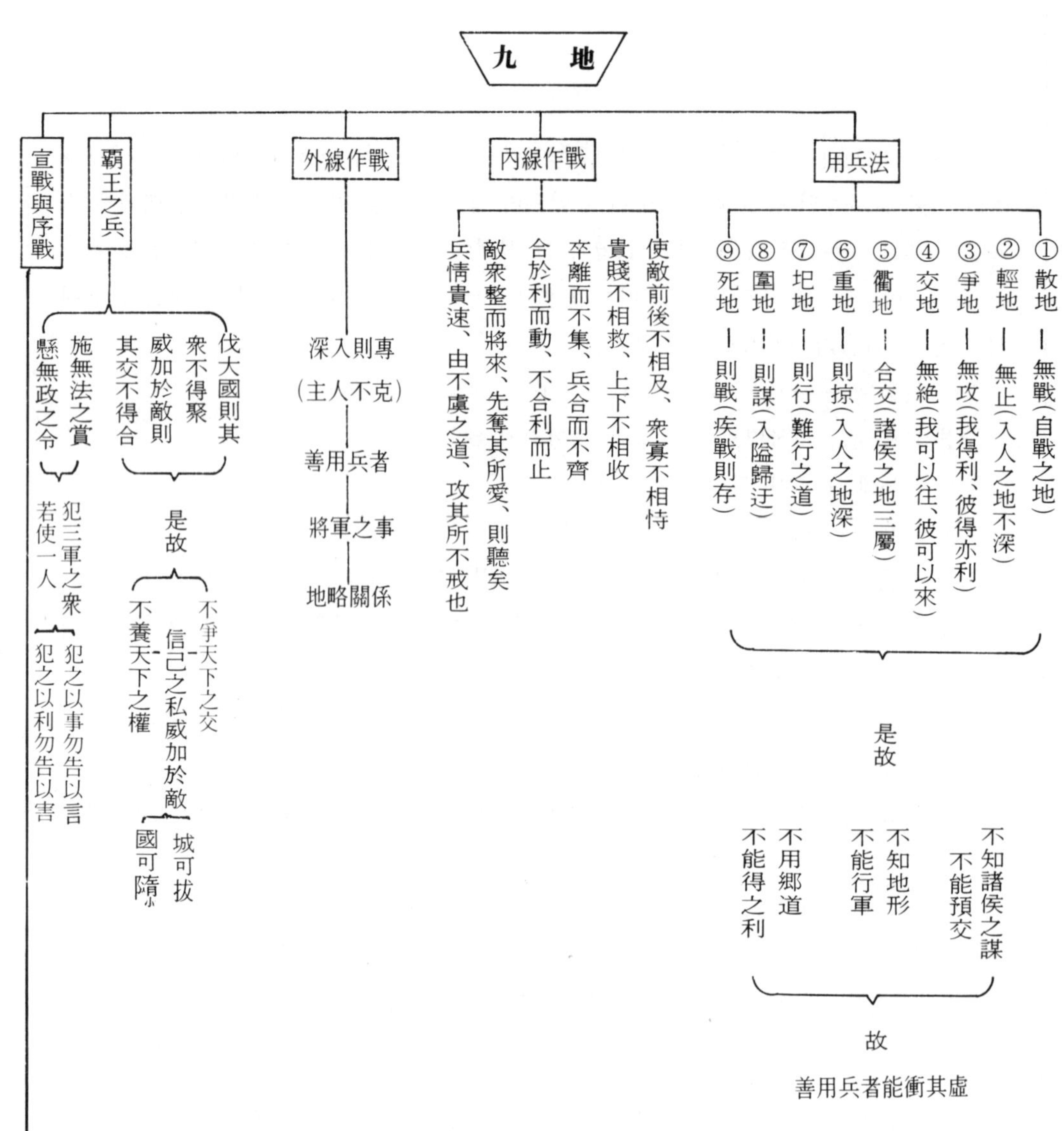
九地
宣戰與序戰
霸王之兵
外線作戰
內線作戰
用兵法
伐大國則其衆不得聚
威加於敵則其交不得合
施無法之賞
懸無政之令
犯三軍之衆若使一人
犯之以事勿告以言
犯之以利勿告以害
是故
不爭天下之交
不養天下之權
信己之私威加於敵
城可拔
國可隳
深入則專
(主人不克)
善用兵者
將軍之事
地略關係
使敵前後不相及、衆寡不相恃
貴賤不相救、上下不相收
卒離而不集、兵合而不齊
合於利而動、不合利而止
敵衆整而將來、先奪其所愛、則聽矣
兵情貴速、由不虞之道、攻其所不戒也
① 散地 — 無戰(自戰之地)
② 輕地 — 無止(入人之地不深)
③ 爭地 — 無攻(我得利、彼得亦利)
④ 交地 — 無絶(我可以往、彼可以來)
⑤ 衢地 — 合交(諸侯之地三屬)
⑥ 重地 — 則掠(入人之地深)
⑦ 圮地 — 則行(難行之道)
⑧ 圍地 — 則謀(入隘歸迂)
⑨ 死地 — 則戰(疾戰則存)
是故
不知諸侯之謀 不能預交
不知地形 不能行軍
不用鄉道 不能得之利
故
善用兵者能衡其虛
始如處女 敵人開戶 後如脫兎 敵不及拒

원 문

九地篇 第 十一

孫子兵法大全에서

孫子曰：用兵之法，有散地，有輕地，有爭地，有交地，有衢地，有重地，有圮地，有圍地，有死地．諸侯自戰其地者，爲散地．入人之地而不深者，爲輕地．我得亦利，彼得赤利者，爲爭地．我可以往，彼可以來者，爲交地．諸侯之地三屬，先至而得天下之衆者，爲衢地．入人之地深，背城邑多者，爲重地．山林，險阻，沮澤，凡難行之道者，爲圮地．所由入者隘，所從歸者迂，彼寡可以擊吾之衆者，爲圍地．疾戰則存，不疾戰則亡者，爲死地．是故散地則無戰，輕地則無止，爭地則無攻，交地則無絶，衢地則合交，重地則掠，圮地則行，圍地則謀，死地則戰．所謂古之善用兵者，能使敵人前後不相及，衆寡不相恃，貴賤不相救，上下不相收，卒離而不集，兵合而不齊．合於利而動，不合於利而止．取問：敵衆整而將來，待之若何？曰：先奪其所愛則聽矣．兵之情主速．乘人之不及，由不虞之道，攻其所不戒也．

凡爲客之道，深入則專，主人不克，掠於饒野，三軍足食，謹養而勿勞，並氣積力，運兵計謀，爲不可測，投之無所往，死且不北，死焉不得，士人盡力．兵士甚陷則不懼，無所往則固，入深則拘，不得已則鬪．是故，其兵不修而戒，不求而得，不約而親，不令而信．禁祥去疑，至死無所之．吾士無餘財，非惡貨也；無餘命，非惡壽也．令發之日，士卒坐者涕沾襟，偃臥者涕交頤，投之無所往，諸劌之勇也．

故善用兵者，譬如率然，率然者，常山之蛇也，擊其首，則尾至，擊其尾，則首至，擊其中，則首尾俱至．敢問：「兵可使如率然乎？」曰：「可.」夫吳人與越人相惡也，*鬪死不恤，當期同舟濟而遇風，其相救也如左右手．是故，方馬埋輪，未足恃也，齊勇若一，政之道也；剛柔皆得，地之理也．故善用兵者，携手若使一人，不得已也．將軍之事，靜以幽，正以治．能愚士卒之耳目，使之無知．易其事革其謀，使人無識，易其居，迂其途，使人不得慮．帥與之期，如登高而去其梯．師與之深入諸侯之地，而發其機，焚舟破釜，若驅群羊，驅而往，驅而來，莫知所之．聚三軍之衆，投之於險，此將軍之事也．九地之變，屈伸之利，人情之理，不可不察也．凡爲客之道，深則專，淺則散；去國越境而師者，絶地也；四達者，衢地也；入深者，重地也；入淺者，輕地也；背固前隘者，圍地也；無所往者，死地

也. 是故散地吾將一其志, 輕地吾將使之屬, 爭地吾將趨其後, 交地吾將謹其守, 衢地吾將固其結, 重地吾將繼其食, 圮地吾將進其途, 圍地吾將塞其闕, 死地吾將示之以不活. 故兵之情, 圍則禦, 不得已則鬪, 過則從. 是故不知諸候之謀者, 不能預交, 不知山林險阻沮澤之形者, 不能行軍, 不用鄕導者, 不能得地利, 四五者一不知, 非霸王之兵也. 夫霸王之兵, 伐大國則其衆不得聚, 威加於敵, 則其交不得合. 是故不爭天下之交, 不養天下之權, 信己之私, 威加於敵, 故其城可拔, 其國可隳 施無法之賞, 懸無政之令, 犯三軍之衆, 若使一人. 犯之以事, 勿告以言 ; 犯之以利, 勿告以害 ; 投之亡地然後存, 陷之死地然後生.[주1] 夫衆陷於害, 然後能爲勝敗, 故爲兵之事, 在順詳敵之意, 幷敵一向, 千里殺將, 是謂巧能成事. 是故政擧之日, 夷關折符, 無通其使, 勵於廟堂之上 以誅其事, 敵人開闔, 必亟入之. 先其所愛, 微與之期, 踐墨隨敵, 以決戰事. 是故始如處女, 敵人開戶, 後如脫兎, 敵不及拒.

* 「鬪死不恤」의 어귀는 「손자병법대전」을 비롯한 일반적 문헌에는 없으나 혹자는 이를 주장하니 참고로 싣는다.

* 제11구지편은 손자병법중 가장 많은 내용을 담은 편이며, 제8구변편은 가장 적은 내용을 담은 편이다.

원 문	훈 독
孫子曰：用兵之法，有散地，有輕地，有爭地，有交地，有衢地，有重地，有圮地，有圍地，有死地.	손자왈：용병지법에 유산지하고 유경지하고 유쟁지하고 유교지하고 유구지하고 유중지하고 유비지하고 유위지하고 유사지니라.

직 역

손자 말하되(曰), 용병(用兵)의 법(法)에는 산지(散地) 있고(有), 구지(衢地) 있고(有), 중지(重地) 있고(有), 비지(圮地) 있고(有), 위지(圍地) 있고(有), 사지(死地) 있다.

- 散(산)—「흩을 산, 산보 산」, 輕(경)—「가벼울 경」, 爭(쟁)—「다툴 쟁」
- 交(교)—「서로 교, 사귈 교」, 衢(구)—「거리 구」, 重(중)—「무거울 중, 심할 중」
- 圮(비)—「무너질 비,」, 圍(위)—「두를 위」

해 설

지형에 따라 용병하는 방법이 있으니 ① 산지 ② 경지 ③ 쟁지 ④ 교지 ⑤ 구지 ⑥ 중지 ⑦ 비지 ⑧ 위지 ⑨ 사지가 있다.

※9가지 戰地의 특성에 따라 장병들의 심리변화 또는 부대 보존측면에서 차례로 뒤에 분석된다.

핵심도해

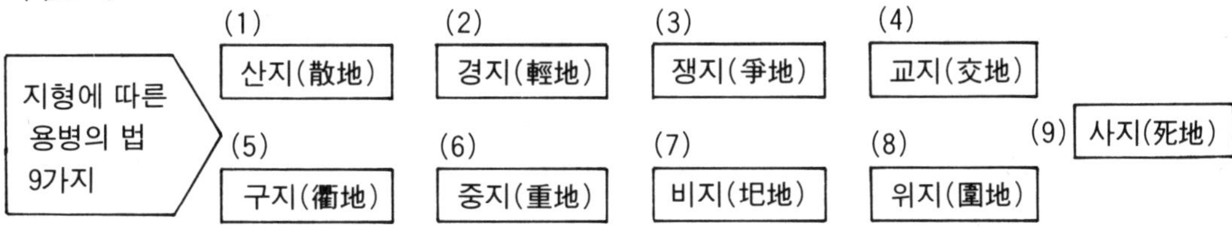

영 문 역

The Nine Situations.

Sun Tzu said: The art of war recognizes nine varieties of ground: (1) dispersive ground; (2) facile ground; (3) contentious ground; (4) open ground; (5) ground of intersecting highways; (6) serious ground; (7) difficult ground; (8) hemmed-in ground; (9) desperate ground.

원 문	훈 독
諸侯自戰其地者, 爲散地. (제후자전기지자 위산지)	제후자전기지자를 위산지하고,
入人之地而不深者, 爲輕地. (입인지지이불심자 위경지)	입인지지이불심자를 위경지하고,
我得亦利, 彼得亦利者, (아득역리 피득역리자)	아득역리하고 피득역리자를
爲爭地. (위쟁지)	위쟁지니라.

직 역

제후(諸侯) 스스로(自) 그(其) 땅(地)에서 싸우(戰)는 것을 산지(散地)라 한다. 남(人)의 땅(地)에 들어(入)가 깊지(深) 아니(不)한 것을 경지(輕地)라 한다. 나(我) 얻어(得)도 또(亦) 이(利)하고 적(彼) 얻어(得)도 또(亦) 이(利)한것을 쟁지(爭地)라 한다.

- 散(산)-「흩어질 산」, 輕(경)-「가벼울 경」, 亦(역)-「또 역」
- 爭(쟁)-「다툴 쟁」

해 설

① **스스로 자기 국토에서 전투하는 곳을 「산지」라 한다.** —산지에서는 병사들이 자기 나라에서 싸우기 때문에 마음이 흩어지기(散)쉽다.

② **적의 국토에 침입했으나 깊게 들어가지 않은 곳을 「경지」라 한다.** —경지에서는 국경선이 가까이 있으므로 병사들의 마음이 동요되기 쉽다.

③ **피아 공히 점령하면 유리한 곳을 「쟁지」라 한다.** —쟁지에서는 전략상 매우 중요한 요충지이므로 이를 확보하기 위해 필사적으로 싸우게 된다.

핵심도해

① 산지(散地)

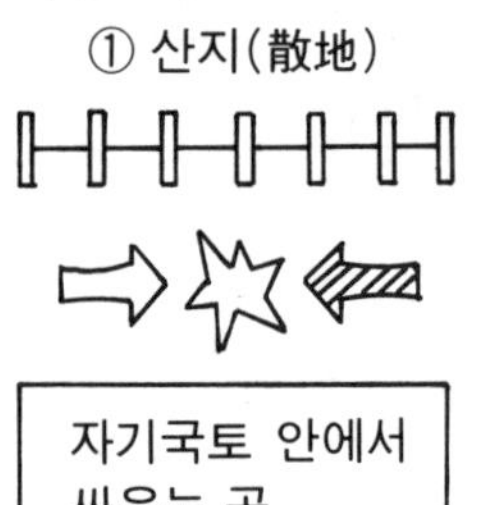

② 경지(輕地)

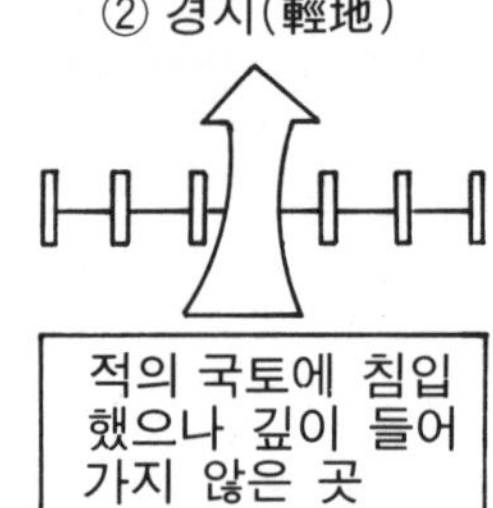

③ 쟁지(爭地)

영 문 역

When a chieftain is fighting in his own territory, it is dispersive ground.

When he has penetrated into hostile territory, but to no great distance, it is facile ground.

Ground the possession of which imports great advantage to either side is contentious ground.

원 문	훈 독
我可以往, 彼可以來者, 爲交地. 諸侯之地三屬, 先至而得天下之衆者, 爲衢地. 入人之地深, 背城邑多者, 爲重地.	아가이왕하고 피가이래자를 위교지하고, 제후지지로 삼속하여 선지면 이득천하지중자를 위구지 하고, 입인지지심하여 배성읍다자를 위중지니라.

직 역

나(我) 써(以) 갈(往)수 있고 저(彼) 써 올(來) 수 있는것을 교지(交地)라 한다. 제후(諸侯)의 땅(地)이 삼속(三屬)하고 먼저(先) 이르러(至) 천하(天下)의 무리(衆)를 얻는(得)것을 구지(衢地)라 한다. 남(人)의 땅(地)에 들어(入)간 것이 깊고(深) 성읍(城邑) 등진(背)것이 많은(多)것을 중지(重地)라 한다.

- 往(왕)—「갈 왕, 옛 왕」, 爲(위)—「할 위, 행위 위」, 屬(속)—「붙을 속, 이을 속」
- 三屬(삼속)—세나라에 인접해 있음

해 설

④ **도로가 교차하고 잘 발달되어 피아 공히 왕래가 자유로운 곳을 교지라 한다.** —이런 곳을 점령하게 되면 방어태세를 튼튼히 해야 한다.

⑤ **아국(我國)과 적국과 제3국(즉 다수의 국가)의 국경에 연접하여 있는 곳으로서 먼저 가서 점령하면 천하의 백성을 얻는 것을 구지라 한다.** —「구(衢)」는 「네거리」 즉 교통의 요충지를 말한다. 구지를 점령시 제3국과의 외교관계가 중요시된다.

⑥ **적국의 땅에 깊히 들어가 많은 성읍들이 다 아군의 등뒤에 있게된 곳을 중지라 한다.** —②의 경지(輕地)와 대비, 손쉽게 돌아올 수 없으므로 오직 적을 격파해야함. 「중난(重難)의 땅」이라고도 한다.

핵심도해 ④ 교지(交地)

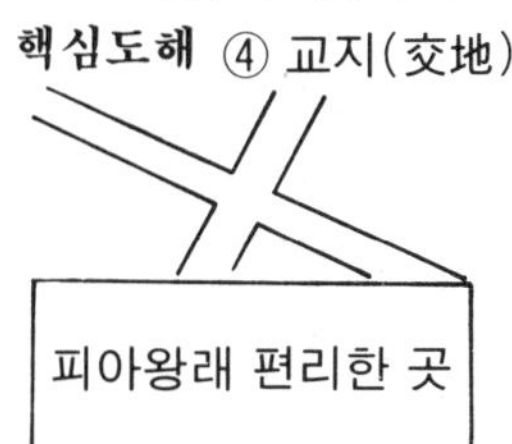

⑤ 구지(衢地)

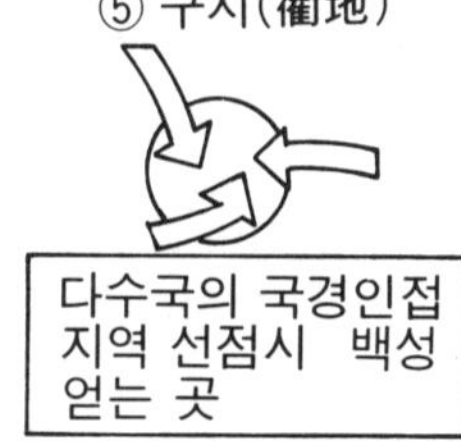

⑥ 중지(重地)

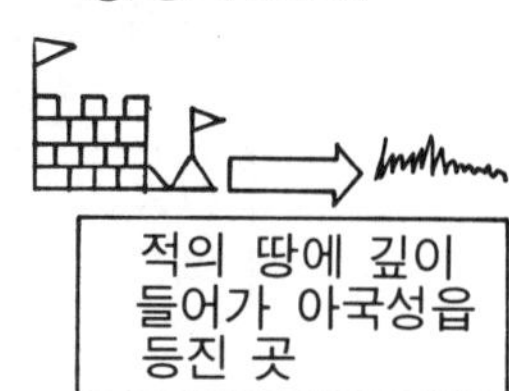

영 문 역

Ground on which each side has liberty of movement is open ground..

Ground which forms the key to three contiguous states, so that he who occupies it first has most of the empire at his command, is ground of intersecting highways.

When an army has penetrated into the heart of a hostile country, leaving a number of fortified cities in his rear, it is serious ground.

원 문	훈 독
山林・險阻・沮澤, 凡難行之道者, 爲圮地. 所由入者隘, 所從歸者迂, 彼寡可以擊吾之衆者爲圍地. 疾戰則存, 不疾戰則亡者, 爲死地.	산림험조저택하여 범난행지도자를 위비지하고 소유입자애하고 소종귀자우하여 피과가이격오지중자 위위지하고 질전즉존하고 부질전즉망자를 위사지니라.

직 역

산림(山林)・험조(險阻)・저택(沮澤)을 가는, 무릇(凡) 가기 어려운 길(道)은 비지(圮地)라 한다. 말미암아(由) 들어(入)가는 바(所) 좁(隘)고 좇아(從) 돌아갈(迂) 바는 멀리 돌아야 하기 때문에, 저(彼) 적음(寡)으로써 나(吾)의 많음(衆)을 칠(擊) 수 있는것을 위지(圍地)라 한다. 빨리(疾) 싸우면 남고(存), 빨리 싸우지 않으면 망(亡)하는 것을 사지(死地)라 한다.

● 阻(조)—「험할 조」, 沮(저)—「물젖을 저」, 澤(택)—「못 택」
　沮澤(저택)—습지대와 소택지, 隘(애)—「좁을 애」
● 迂(우)—「돌아갈 우」, 歸(귀)—「돌아갈 귀, 보낼 귀」, 疾(질)—「빠를 질」

해 설

⑦ **산림, 험준한 지형, 소택지 등 행군하기 어려운 곳을 비지라 한다.** —가급적 이런 지형은 피하고 부득이하면 빨리 지나가라.

⑧ **들어갈 때는 좁고 돌아올때는 멀리 우회해야 하며 소수의 적군이 다수의 아군을 공격할 수 있는 곳을 위지라 한다.** —포위되기 쉬운 지형, 가급적 가지마라.

⑨ **빨리 전투를 끝내면 살지만 그렇지 못하면 죽는 곳을 사지라 한다.** —목숨걸고 싸우라.

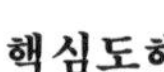

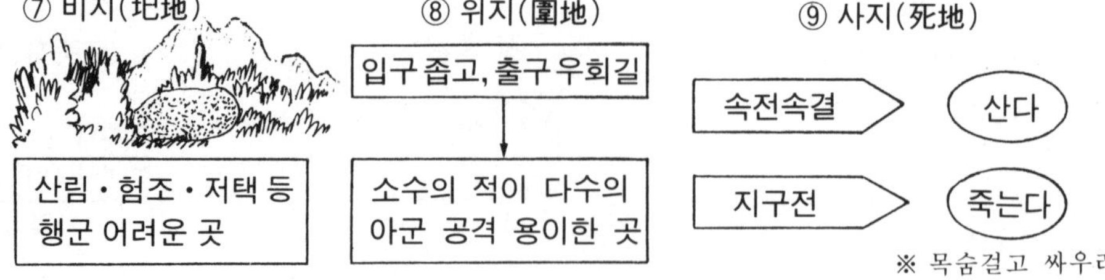

영 문 역

Mountain forests, rugged steeps, marshes and fens-all country that is hard to traverse, this is difficult ground.

Ground which is reached through narrow gorges, and from which we can retire only by tortuous paths, so that a small number of the enemy would suffice to crush a large body of outr men, this is hemmed-in ground.

Ground on which we can only be saved from destruction by fighting without delay, is desperate ground.

원 문	훈 독
시 고 산 지 즉 무 전 경 지 즉 무 지 是故散地則無戰，輕地則無止， 쟁 지 즉 무 공 교 지 즉 무 절 爭地則無攻，交地則無絶， 구 지 즉 합 교 중 지 즉 략 衢地則合交，重地則掠， 비 지 즉 행 위 지 즉 모 圮地則行，圍地則謀， 사 지 즉 전 死地則戰.	시고로 산지즉무전하고, 경지즉무지하고, 쟁지즉무공하고, 교지즉무절하고, 구지즉합교하고, 중지즉략하고, 비지즉행하고, 위지즉모하고, 사지즉전하니라.

직 역

이런 까닭에 산지(散地)에서는 싸우지(戰) 말라(無). 경지(輕地)에서는 머물(止)지 말라. 쟁지(爭地)에서는 치지(攻) 말라. 교지(交地)에서는 끊지(絶) 말라. 구지(衢地)에서는 교(交)를 합(合)하라. 중지(重地)에서는 노략질(掠)하라. 비지(圮地)에서는 가라(行). 위지(圍地)에서는 꾀(謀)하라. 사지(死地)에서는 싸우라(戰).

- 止(지)－「그칠 지」, 絶(절)－「끊을 절」, 交(교)－「사귈 교, 교섭할 교」
- 掠(략)－「노략질할 략, 앗을 략」, 謀(모)－「꾀할 모, 도모할 모」

해 설

그러므로 산지에서는 전투를 하지마라(자기땅에서는 전투회피). **경지에서는 주둔하지 마라**(국경선지역이므로 인심부동[人心浮動]의 땅이다). **쟁지에서는 공격하지 마라**(이미 적의 수중에 있을 경우). **교지에서는 부대간 연락을 끊게 하지 마라**(교통 및 통신 차단 방지). **구지에서는 제3국과 외교관계를 맺어라. 중지에서는 병참을 현지조달하라**(적 영토에 깊이 들어간 상태이므로). **비지에서는 빨리 통과하라. 위지에서는 계략을 써서 빠져나오라. 사지에서는 사력을 다해 싸우라.**

핵심도해

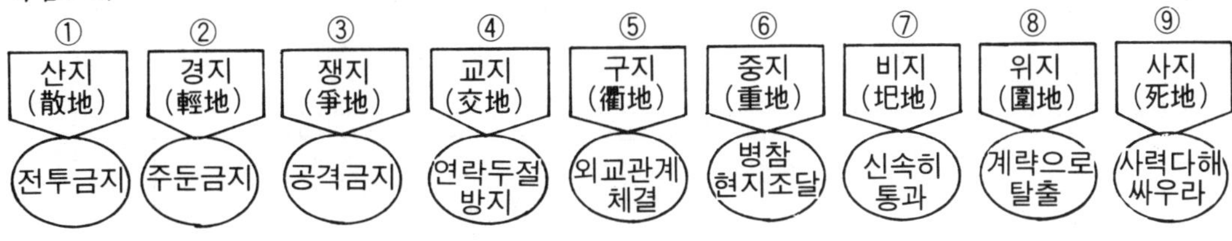

영 문 역

On disperive ground, therefore, fight not. On facile ground, halt not. On contentious ground, attack not.

On open ground, do not try to block the enemy's way. On ground of intersecting highways, join hands with your allies..

On serious ground, gather in plunder.

On hemmed-in ground, resort to stratagem. On desperate ground, fight..

원 문	훈 독
소위고지선용병자 능사적인전후 所謂古之善用兵者，能使敵人前後 불상급 중과불상시 귀천불상 不相及，衆寡不相恃，貴賤不相 구 상하불상수 졸리이불집 救，上下不相收，卒離而不集， 병합이불제 합어리이동 兵合而不齊，合於利而動， 불합어리이지 不合於利而止.	소위고지선용병자는, 능사적인전후 불상급하며, 중과불상시하고, 귀천불상 구하고, 상하불상수하고, 졸리이불집 하고, 병합이불제하며, 합어리이면 이동하고, 불합어리이면 이지하니라.

직 역

이른바(所謂) 옛날(古)의 병(兵)을 잘 부리던(用)자는 능(能)히 적인(敵人)으로 하여금(使) 앞뒤(前後) 서로(相) 미치지(及)않게 하고, 중과(衆寡) 서로 믿지(恃)않게 하며, 귀천(貴賤) 서로 구(救)하지 않게하고, 상하(上下) 서로 거두지(收) 않게 하며, 졸(卒)은 떨어져(離) 모이지(集) 않게하고, 병(兵)은 합(合)하여 가지런하지(齊) 않게 한다. 이(利)에 합(合)하여 움직(動)이고, 이(利)에 불합(不合)하여 그친다(止).

- 及(급)-「미칠 급」, 恃(시)-「믿을 시」, 賤(천)-「천할 천」
- 收(수)-「거둘 수」, 齊(제)-「가지런할 제」,

* 「貴賤」은 「좌우」를 뜻함(예 : 좌천)

해 설

옛날 용병을 잘하는 자는 적군으로 하여금 전후 연락이 미치지 못하도록 하고, 대부대와 소부대가 서로 지원하지 못하게 하고, 좌우(貴賤)서로 구원하지 못하게 하고, 상하 서로 협조하지 못하게 하고, 병사들을 분산시켜 집중운용 못하게 하고, 집합하더라도 질서 정연치 못하도록 한다. 정세가 유리하면 행동을 하고 불리하면 중지한다.

핵심도해

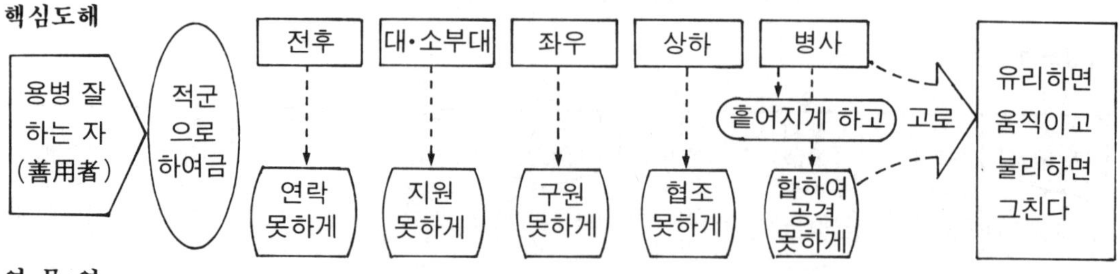

영 문 역

Those who were called skillful leaders of old know how to drive a wedge between the enemy's front and rear; to prevent co-opration between his large and small divisions; to hinder the good troops from rescuing the bad, the officers from rallying their men.

When the enemy's men were scattered, they prevented them from concentrating; even when their forces were united, they managed to keep them in disorder.

When it was to their advantage, they made a forward move; when otherwise, they stopped still.

원 문	훈 독
감 문 적 중 정 이 장 래 대 지 약 하 敢問：敵衆整而將來 待之若何?	감문하되 적중정이장래면
왈 선 탈 기 소 애 曰：先奪其所愛	대지약하이뇨. 왈：선탈기소애면
즉 청 의 병 지 정 주 속 則聽矣. 兵之情主速.	즉청의니라. 병지정은 주속이니
승 인 지 불 급 유 불 우 지 도 乘人之不及, 由不虞之道,	승인지불급하여 유불우지도하여
공 기 소 불 계 야 攻其所不戒也.	공기소불계야니라.

직 역

감(敢)히 묻(問)되, 적(敵) 무리(衆)가 정연(整)하여 장차(將) 오려고(來)하면 어떻게(若何) 기다리(待)는가. 가로되(曰), 먼저(先) 그(其) 사랑하는(愛) 바(所)를 빼앗으면(奪) 즉(則) 듣는다(聽). 병(兵)의 정(情)은 속(速)을 주(主)로 한다. 남(人)의 미치지(及)못함을 타, 불우(不虞：생각지도 못하는)의 길(道)에 말미암아(由), 그(其) 경계(戒)하지 않는 바(所)를 친다(攻).

- 敢(감)-「구태어 감」, 整(정)-「가지런할 정」, 待(대)-「기다릴 대」
- 若(약)-「같을 약, 너 약, 만약 약」, 何(하)-「어찌 하」, 若何(약 하)-어떻게
- 乘(승)-「탈 승」, 及(급)-「미칠 급」, 虞(우)-「헤아릴 우」

해 설

만일 적이 정연한 대형으로 공격해 온다면 어떻게 대처하겠느냐 하고 묻는다면 나는 이렇게 말한다. 우선 적이 아끼는 것을 빼앗으면 곧 아군의 말대로 들을 것이다. 작전은 신속함이 제일이니 적이 미치지 못하는 빈틈을 타 생각지도 않는 길을 경유하여 경계하지 않는 곳을 공격해야 한다.

핵심도해

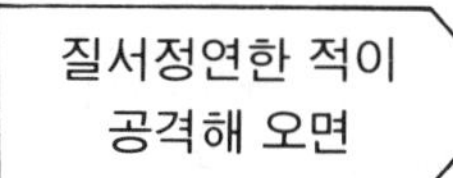

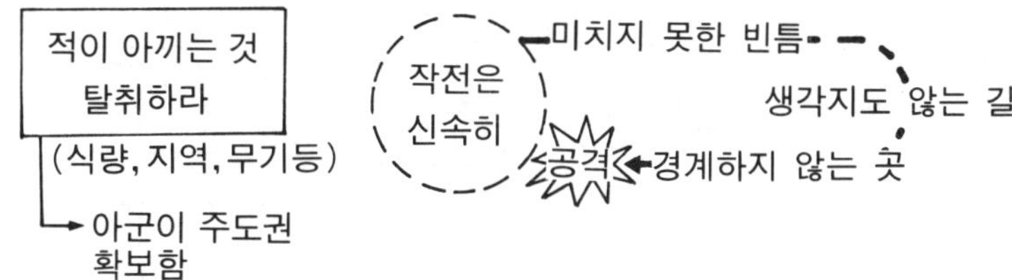

영 문 역

When asked how to cope with a great host of the enemy in orderly array and on the point of marching to the attack, 1 should say： "Begin by seizing something which your opponent holds dear; then he will be amenable to your will."

Rapidity is the essence of war; take advantage of the enemy's unreadiness, make your way by unexpected routes, and attack unguarded spots.

원 문	훈 독
범위객지도 심입즉전 凡爲客之道, 深入則專, 주인불극 약어요야 삼군족식 主人不克, 掠於饒野, 三軍足食, 근양이물노 병기적력 謹養而勿勞, 併氣積力, 운병계모 위불가측 運兵計謀, 爲不可測, 투지무소왕 사차불배 投之無所往, 死且不北,	범위객지도는 심입즉전하여 주인불극이니라. 약어요야하면 삼군 족식이니 근양이물노면 병기적력하 니 운병계모하여위불가측하니 투지무소왕이면 사차불배니라.

직 역

무릇(凡) 객(客)된 길(道)은 깊이(深) 들어(入)가면 즉(則) 오로지(專)하여 주인(主人)이 이기지 못한다(不克). 요야(饒野 : 풍요로운 들)에 노략(掠)하면 삼군(三軍)의 식(食)에 족(足)하다. 삼가(謹) 기르고(養) 수고(勞)하지 마라(勿). 기운(氣)을 아우러(併) 힘(力)을 쌓고(積) 병(兵)을 움직여(運) 계모(計謀)하고 헤아릴(測) 수 없게 한다. 이를 갈(往) 바(所) 없는데 던지면(投) 죽어도(死) 또(且) 달아나지(北) 않는다.

- 專(전)—「오로지 전」, 克(극)—「이길 극」, 掠(략)—「노략질할 략」
- 饒(요)—「넉넉할 요」, 併(병)—「어우를 병」, 且(차)—「또 차」

해 설

무릇 남의 나라안에 침입하는 원정군의 작전방법은(=중지〈重地〉) 아군을 적지 깊숙히 끌고 들어가야 한다. 그리하면 오직 단결하게 되어 침략당한 적군이 이기지 못한다. 풍요한 들에서 적의 식량을 약탈하여 전군의 식량을 충족시켜야 한다. 원정군은 삼가 휴식하고 피로하지 않게하며 사기를 진작하고 전력을 축적해야 한다. 병사를 움직여 계략을 써 적이 예측하지 못하게 하며, 군대를 벗어날 수 없는 곳에 투입하면 결사적으로 싸우되 도망 가지는 않을 것이다.

핵심도해

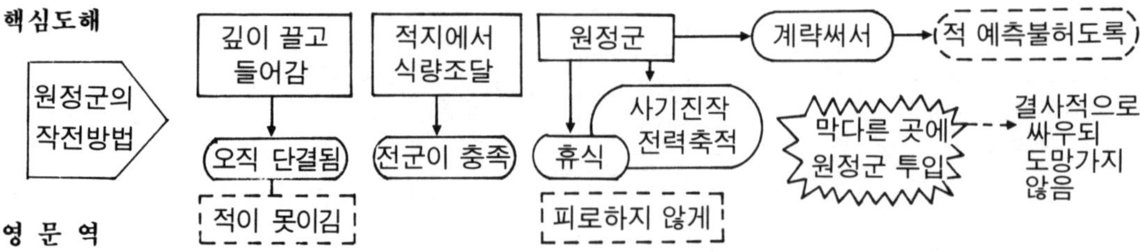

영 문 역

The following are the principles to be observed by an invading force: the further you penetrate into a country, the greater will be the solidarity of your troops, and thus the defenders will not prevail against you.

Make forays in fertile country in order to supply your army with food.

Carefully study the well-being of your men, and do not overtax them. Concentrate your energy and hoard your strength. Keep your army continually on the move and devise unfathomable plans.

Throw your soldiers into positions whence there is no escape. and they will prefer death to fight.

원 문	훈 독
사 언 부 득 사 인 진 력 死焉不得, 士人盡力.	사언부득사인진력이오.
병 사 심 함 즉 불 구 兵士甚陷則不懼,	병사는 심함즉 불구하고
무 소 왕 즉 고 입 심 즉 구 無所往則固, 入深則拘.	무소왕즉고하고 입심즉구하고
부 득 이 즉 투 不得已則鬪.	부득이즉투니라.

직 역

죽게(死)되면 어찌(焉) 사인(士人 : 장사병)들이 힘(力)을 다하지(盡) 않겠는가. 병사(兵士) 심(甚)히 빠지면(陷) 즉(則) 두려워(懼) 하지않는다. 갈(往)바(所) 없으면(無) 즉(則) 굳는다(固). 깊이(深) 들어(入)가면 즉(則) 거리낀다(拘). 부득이(不得已) 하면 즉(則) 싸운다(鬪).

- 焉(언)–「어찌 언, 어조사 언」, 盡(진)–「다할 진」, 甚(심)–「심할 심」
- 陷(함)–「빠질 함」, 懼(구)–「두려워할 구」, 固(고)–「굳을 고, 막힐 고」
- 拘(구)–「거리낄 구, 잡을 구」
- 已(이)–「이미, 이, 그칠 이, 따름(뿐)이」

해 설

죽게 되는데 어찌 장병들이 힘을 다해 싸우지 않겠는가. 병사들이 극심한 위기에 빠지게 되면 오히려 두려워하지 않게된다. 빠져 나갈 길이 없으면 더욱 단결하게 된다. 적국 깊숙이 들어가면 얽매인것처럼 되어 부득이 싸울 수 밖에 없게된다.

＊ 死焉不得(사언부득) : 여기서는「焉(언)」의 해석을「어찌(何)」로 했는데 (다수인의 해석에 따라) 혹자는「則(즉)」으로 해석하여 "죽으면 즉 얻을 수 없다."라고 해석하는 경우도 있다. ＊원정지에서 어떻게 해야 잘 싸우게 할 수 있는가 설명하고 있다.

핵심도해

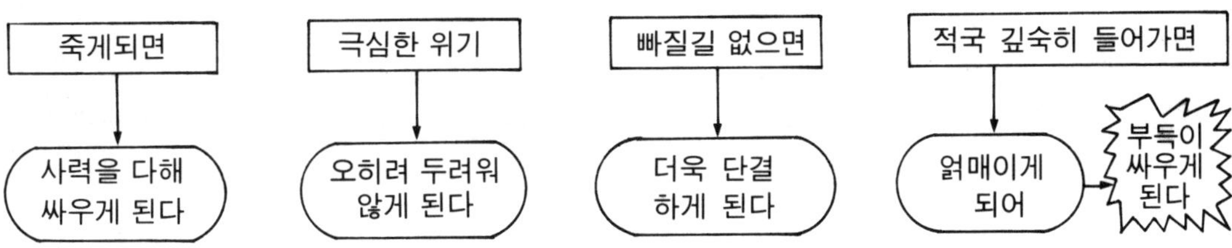

영 문 역

Officers and men alike will put forth their uttermost strength.

Soldiers when in desperate straits lose the sense of fear. If there is no place of refuge, they will stand firm. If they are in the heart of a hostile country, they will show a stubborn front. If there is no help for it, they will fight hard.

원 문	훈 독
是故, 其兵不修而戒, 不求而得, 不約而親, 不令而信. 禁祥去疑, 至死無所之.	시고로 기병은 불수이계이며 불구이득이며 불약이친이며 불령이신이라. 금상거의면 지사무소지라.

직 역

이런(是)고로(故) 그(其) 군사(兵) 닦지(修)않고 경계(戒)하며, 구(求)하지 않고 얻으며(得), 약속(約)않고 친(親)해지며, 명령(令) 않고 믿는다(信). 상(祥 : 미신, 조짐)을 금(禁)하고 의심(疑)을 버리면(去), 죽음(死)에 이르러도(至) 갈곳(所之) 없다(無).

- 修(수)-「닦을 수, 고칠 수」, 約(약)-「약속할 약, 단속할 약」, 禁(금)-「금할 금」
- 去(거)-「덜 거, 갈 거」, 祥(상)-「조짐 상, 상서 상」, 疑(의)-「의심할 의」
- 여기서「祥(상)」은 길흉의 복(福)을 뜻하며 미신 따위를 일컬음(禁吉凶之忌也)

해 설

이런 까닭에 그 군대는 수련(지시, 훈시)을 과하지 않아도 스스로 경계하며, 얻으려 하지 않아도 획득하며 (특별한 요구를 하지 않아도 장수의 말을 듣는다), 저절로 서로 친해지며. 명령없어도 스스로 신종(信從=성실히 업무를 수행)한다. 미신(=점, 유언비어 따위)을 금지시키고 의심을 버리게 하면 죽을 때까지 전장을 이탈하지 않을 것이다(=끝까지 싸울 것이다).

핵심도해 ※당시 출정시 반드시 거북점등을 쳐서 이에 의존했던 습관이 성행했다.

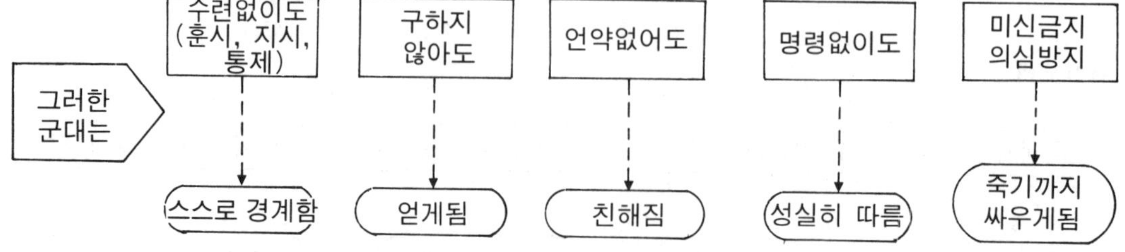

※부득이한 상황(死地)에 몰아 넣으면 자동적으로 이렇게 된다는 뜻이다.

영 문 역

Thus, without waiting to be marshaled, the soldiers will be constantly on the ***qui vive;*** without waiting to be asked, they will do your will; without restrictiens, they will be faithful; without giving orders, they can be trusted.

Prohibit the taking of omens, and do away with superstitious doubts. Then, until death comes no calamity need be feared.

원 문	훈 독
오 사 무 여 재 비 오 화 야 吾士無餘財，非惡貨也； 무 여 명 비 오 수 야 無餘命，非惡壽也. 령 발 지 일 사 졸 좌 자 체 점 금 令發之日，士卒坐者 涕霑襟， 언 와 자 체 교 이 투 지 무 소 왕 偃臥者涕交頤，投之無所往， 제 귀 지 용 야 諸劌之勇也.	오사무여재는 비오화야요, 무여명은 비오수야니라. 령발지일에 사졸좌자는 체점금하고 언와자는 체교이니라. 투지무소왕 이면 제귀지용야니라.

직 역

나(吾)의 병사(士)들이 여재(餘財) 없는 것은 재물(貨)을 싫어(惡)해서가 아니다. 여명(餘命) 없는 것은 목숨(壽)을 싫어(惡)해서가 아니다. 영(令)을 발(發)하는 날(日), 사졸(士卒) 앉은(坐)자(者)는 눈물(涕)이 옷깃(襟 : 금)을 적시고(霑 : 점), 누운(偃: 언, 臥 : 와)자는 눈물(涕)이 턱(頤 : 이)에 사귄다(交). 이를 갈바(所往) 없는데 던지면(投) 제귀(諸劌)의 용(勇)이다.

- 餘財(여재) : 재물에 대한 미련, 물질욕, 惡(악, 오)-「악할 악, 싫어할 오」
- 餘命(여명) : 남는 목숨, 목숨에 대한 미련, 壽(수)-「목숨 수」
- 涕(체)-「눈물 체」, 霑(점)-「젖을 점」, 襟(금)-「옷깃 금」, 偃(언)-「누울 언」
- 臥(와)-「누울 와」, 頤(이)-「턱이」諸(제)-「땅이름 제」, 劌(귀)-「찌를 귀」
- 諸劌(제귀)-諸(제)는「전제(專諸)」이며 오나라 요왕을 암살했었고 劌(귀)는「조귀(曹劌)로서 노나라의 맹장이

• 전제는 오자서의 지시로 요왕을 암살했는데 그 다음 왕이 바로 손무가 섬긴 합려왕이다.

해설 및 핵심도해

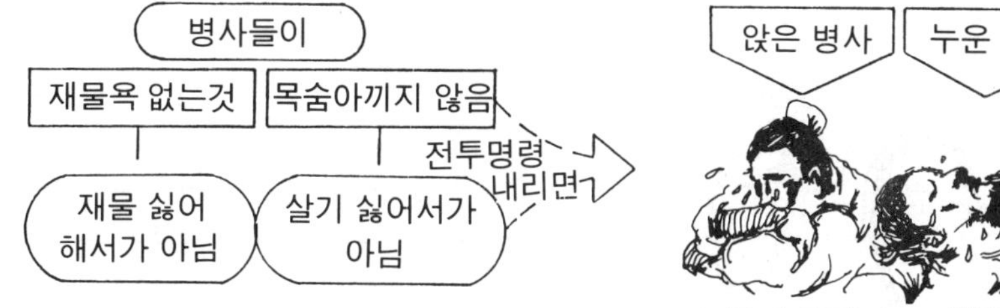

※어쩔 수 없이 필사적으로 싸워야 살아남으니 용감해진다.

영 문 역

If our soldiers are not overburdened with money, it is not because they have a distaste for riches; if their lives are not unduly long, it is not because they are disinclined to longevity.

On the day they are ordered to battle, your soldiers may weep, those sitting up badewing their garments, and those lying down letting the tears run down their cheeks. But let them once be brought to bay, and they will display the courage of a Chuor a Kuei.

원 문 **훈 독**

원 문	훈 독
故善用兵者，譬如率然，率然者，常山之蛇也，擊其首，則尾至．擊其尾，則首至．擊其中，則首尾俱至．敢問：兵可使如率然乎？	고로 선용병자는 비여솔연이니라. 솔연자는 상산지사야라. 격기수즉 미지요 격기미즉수지며 격기중즉 수미구지니라. 감문하되 병가사여 솔연호아.

직 역

그러므로(故) 용병(用兵) 잘(善)하는 자는 비유컨데(譬) 솔연(率然)과 같다(如). 솔연(率然)은 상산(常山)의 뱀(蛇)이다. 그(其) 머리(首) 치면(擊) 즉(則) 꼬리(尾) 이르고(至), 그(其) 꼬리(尾)치면 즉 머리(首)이르고, 그 가운데(中)치면 즉 머리(首) 꼬리(尾) 함께(俱) 이른다(至). 감히(敢) 묻노니(問), 병(兵)을 솔연(率然) 같이(如) 부릴(使)수 있는가.

- 譬(비)－「비유할 비」, 率然(솔연)－재빠르다는 뜻이며 여기서는 그런 뱀의 이름. 率은 速과 같다. 常山(상산)－중국 5악의 하나인 항산(恒山)이며 자금의 河北省 曲陽縣 西北에 있다.
- 首(수)－「머리 수」, 尾(미)－「꼬리 미」, 俱(구)－「함께 구」

해 설

용병을 잘하는 장수는 솔연(率然)과 비유된다. 솔연은 상산(常山)에 있는 뱀인데 그 머리를 치면 꼬리가 달려들고 꼬리를 치면 머리가 달려든다. 그 허리를 치면 머리와 꼬리가 함께 달려든다. 그런 과연 군대를 이렇게 할 수 있는가?

핵심도해

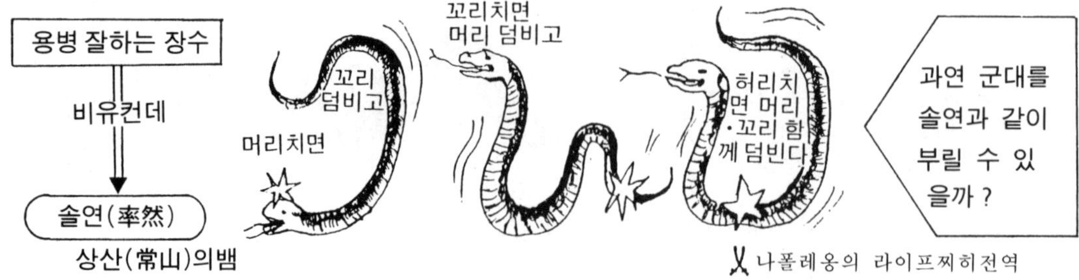

영 문 역

The skillful tactician may be likened to the ***shuai-jan.*** Now the shuai-jan is a snake that is found in the Ch'ang mountains. Strike at its head and you will be attacked by its tail; strike at its tail, and you will be attacked by its head; strike at its middle, and you will be attacked by head and taill both.

Asked if an army can be made to imitate the shuai-jan.

원 문	훈 독
왈 가 부 오 인 여 월 인 상 오 야 曰：可. 夫吳人與越人相惡也, 당 기 동 주 이 제 우 풍 기 상 當其同舟而濟遇風, 其相 구 야 여 좌 우 수 救也如左右手.	왈가니라. 부오인여월인은 상오야 이나 당기동주이제에 우풍이면 기 상구야는 여좌우수니라.

직 역

가로되(曰) 옳다(可). 대저(夫) 오인(吳人)과 월인(越人)은 서로(相) 미워(惡)하나, 그(其) 배(舟) 같이(同)해서 건너다(濟) 바람(風) 만남(遇)을 당(當)하면, 그(其) 서로(相)구원(救)하는 것이 좌우(左右)의 손(手)과 같다(如).

- 夫(부)-「어조사 부, 사내 부」, 惡(오, 악)-「미워할 오, 악할 악」
- 舟(주)-「배 주」, 濟(제)-「건널 제」, 遇(우)-「만날 우」
- 吳(오), 越(월)- **춘추말기**에 서로 원수지간이 되어 미워하던 두 나라. 오나라는 지금 江蘇省, 월나라는 지금 浙江省에 있다.
  吳越同舟(오월동주)-「원수끼리도 한 배에 타면 어쩔 수 없이 돕는다.」는 고사

해 설

오나라와 월나라 사람은 원래 미워하는 사이였으나 그들이 한배를 타고 강을 건너다 풍랑을 만나자 마치 좌우의 손처럼 서로를 도와서 살아났던 것이다.

* 원수지간에도 이같이 서로를 돕거늘 하물며 한 장수 밑에서 뜻을 같이 하는 군대야 어찌 솔연 처럼 할 수 없겠느냐. 할 수 있다는 뜻이다. 즉 **어쩔 수 없는 상황(死地)에 몰아 넣으면** 그렇게 된다는 의미이니 원정군으로 장수가 취해야할 조치이다.

핵심도해

영 문 역

I should answer, yes. For the men of Wu and the men of Yüeh are enemies; yet if they are crossing a river in the same boat and are caught by a storm, they will come to each other's assistance just as the left hand helps the right.

원 문	훈 독
是故，方馬埋輪，未足恃也. 齊勇若一，政之道也； 剛柔皆得，地之理也.	시고로 방마매륜이라도 미족시야라. 제용약일은 정지도야라. 강유개득은 지지리야라.

직 역

이런(是)고로(故) 방마매륜(方馬埋輪)도 아직(未) 믿기(恃)족(足)하지 않다. 용(勇)을 가지런히(齊)하여 하나(一)같이(若)하는것이 정(政)의 길(道)이다. 강유(剛柔)다(皆) 얻는(得)것이 지(地)의 이(理)이다.

- 方(방)-「모 방」, 埋(매)-「묻을 매, 감출 매」, 輪(륜)-「바퀴 륜」
- 方馬埋輪(방마매륜)-「방마」는 말의 주둥이를 서로 매는 것(方縛也), 「매륜」은 수레의 바퀴를 묻어 두는 것, 즉 「방마매륜」이란 군사들을 달아나지 못하게 함을 뜻함.
- 恃(시)-「믿을 시」, 齊(제)-「가지런할 제」, 若(약)-「같을 약」
- 剛(강)-「굳셀 강」, 柔(유)-「부드러울 유」, 皆(개)-「다 개」

해 설

그러므로 비록 말을 매어두고 수레바퀴까지 묻어두기까지 하여 결사감투(決死敢鬪)를 약속할지라도 단순한 형식적이라면 믿을게 못된다. 병사들을 하나같이 용감하게 하는 것은 통솔방법에 달려 있다. 강한자나 약한자나 다 용감히 싸우게 하는 것은 지리(地利)를 활용하기 때문이다.

※모든 조처가 결사의 태세에 들어갈 수 있도록 해 두어야 한다.

핵심도해

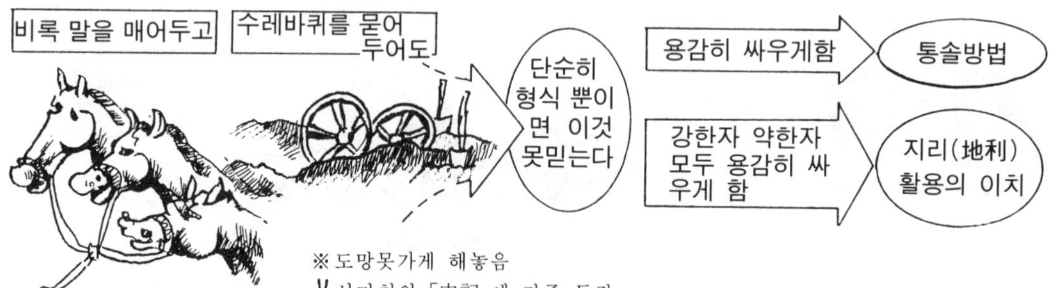

영 문 역

Hence it is not enough to put one's trust in the tethering of horses, and the burying of chariot wheels in the ground.

The principle on which to manage an army is to set up one standard of courage which all must reach.

How to make the best of both strong and weak-that is a question involving the proper use of ground.

원 문	훈 독
고 선 용 병 자 　 휴 수 약 사 일 인 故善用兵者, 携手若使一人, 부 득 이 야 不得已也.	고로 선용병자는 휴수약사일인이니 부득이야니라.
장 군 지 사 　 정 이 유 　 정 이 치 將軍之事, 靜以幽, 正以治.	장군지사는 정이유하고 정이치니라.

직 역

그러므로(故) 잘(善) 용병(用兵) 하는 자는 손(手)을 끌(携)되 한(一)사람(人) 부리는(使)것 같다(若). 부득이(不得已)하기 때문이다. 장군(將軍)의 일(事)은 고요(靜)하면서 써(以) 그윽(幽)해야하며 올바름(正)으로서 써(必) 다스려야(治)한다.

- 携(휴)-「이끌 휴, 가질 휴」, 若(약)-「같을 약, 만약 약, 너 약」
- 已(이)-「이미 이, 그칠 이, 따름(뿐)이」, 幽(유)-「그윽할 유, 숨을 유」

해 설

그러므로 용병을 잘하는 자는 병사들을 마치 손을 잡고 한사람 부리듯 하는데 이는 그렇게 싸우지 않으면 안되게 해 놓았기 때문이다. ※여기에서 윗 어귀 단락지음

장군의 일과 태도는 고요하여 그윽하며, 엄정하게 통치해야 한다.

- 正以治(정이치)-「正」은 엄정, 「以」=「且」, 「治」는 잘 다스리는 것.

핵심도해

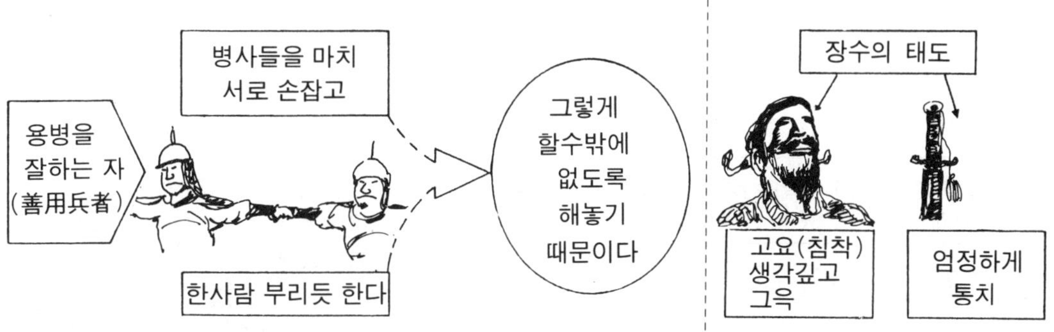

※원정지에서 결속태세 완비(부득이한 상황에 투입하여)

영 문 역

Thus the skillful general conducts his army just as though he were leading a single man, will-nilly, by the hand.

It is the business of a general to be quiet and thus ensure secrecy; upright and just, and thus maintain order.

원 문	훈 독
능 우 사 졸 지 이 목　사 지 무 지 能愚士卒之耳目， 使之無知. 역 기 사 혁 기 모　사 인 무 식 易其事革其謀， 使人無識 역 기 거　우 기 도　사 인 부 득 려 易其居， 迂其途， 使人不得慮.	능우사졸지이목하여 사지무지하고, 역기사하고 혁기모하여 사인무식하며 역기거하고 우기도하여 사인부득려니라.

직 역

능(能)히 사졸(士卒)의 이목(耳目)을 어리석게(愚)하여 그로 하여금 아는것(知) 없게(無)한다. 그(其) 일(事)을 바꾸고(易) 그(其) 꾀(謀)를 고쳐(革) 남(人)으로 하여금(使) 아는것(識) 없게(無)한다. 그(其) 있는곳(居)을 바꾸고(易) 그(其)길(途)을 돌아(迂) 남(人)으로 하여금(使) 생각(慮) 얻지 않게(不得)한다.

- 愚(우)－「어리석을 우, 고지식할 우」, 易(역, 이)－「바꿀 역, 쉬울 이」 여기서는 「역」
- 革(혁)－「고칠 혁, 가죽 혁」, 迂(우)－「돌아갈 우」, 途(도)－「길 도」
- 慮(려)－「생각할 려」, 迂其途(우기도)－가는 길을 우회하여 돌아감

해 설

장병들의 눈과 귀를 어리석게 만들어 아는 것이 없게 한다. ─(중요한 기밀은 누설하지 않는다.)

일을 바꾸고 계획을 고쳐 남이 알지 못하게 한다.
─(한번 썼던 모략은 두번 다시 쓰지 않는다.)

주둔지를 바꾸고 가는 길을 우회하여 남이 미처 생각하지 못하게 한다.

핵심도해

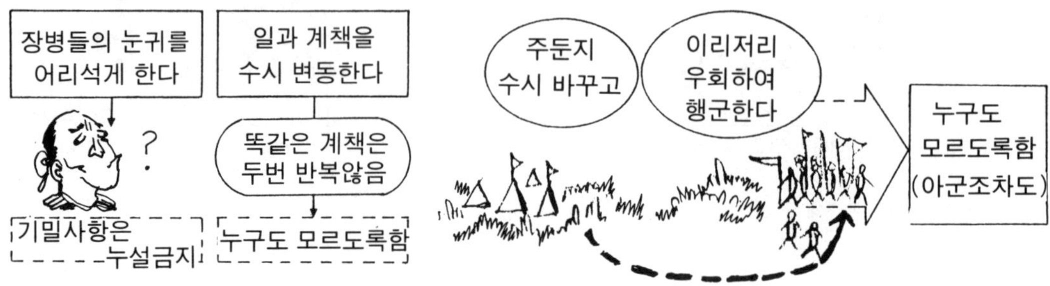

영 문 역

He must be able to mystify his officers and men by false reports and appearances, and thus keep them in total ignorance.

By altering his arrangements and changing his plans, he keeps the enemy without definite knowledge. By shifting his camp and taking circuitous routes, he prevents the enemy from anticipating his purpose.

원 문	훈 독
帥與之期, 如登高而去其梯.	수여지기를 여등고이거기제니라.
帥與之深入諸侯之地,	수여지심입제후지지하여 이발기
而發其機, 焚舟破釜, 若驅群羊,	기면, 분주파부하며 약구군양하여
驅而往, 驅而來, 莫知所之.	구이왕하고 구이래하되 막지소지하라.

직 역

장수(帥) 더불어(與) 기약(期)하기를, 높이(高) 올라(登) 그(其) 사다리(梯)를 버리는(去)것 같다(如). 장수(帥) 더불어(與) 깊이(深)제후(諸侯)의 땅(地)에 들어가(入) 그(其)기(機)가 발(發)하면, 배(舟)를 태워버리고(焚) 가마솥을 깨뜨리며(破), 군양(群羊)을 모는(驅)것 같이(若)한다. 몰아(驅)가고(往), 몰아(驅) 와도(來), 가는 곳을 알지 못하게 한다.

- 梯(제)－「사다리 제」, 發其機(발기기)－쇠뇌의 방아쇠를 당김이니 곧 싸움의 기회가 왔다는 뜻임. 焚(분)－「불사를 분」, 釜(부)－「가마 부」
- 驅(구)－「몰 구」

  ＊ 일부 문헌에는 「焚舟破釜」란 어구가 없다(孫子兵法大全등).

해 설

장수가 병사와 더불어 결전을 기할 때는 마치 높은 곳에 오르게 하고 그 사다리를 치워 버리는 것처럼 한다(결사적으로 싸우도록). **적국 깊이 들어가서 전기(戰機)가 무르익으면 타고간 배를 태워버리고 식사하는 가마솥을 깨뜨리며**(후퇴함 없이 전진만 하도록) **마치 양떼를 모는 듯 몰아서 가고 오고 하더라도 아무도 그 가는 바를 알지 못하게 한다**(오직 명령에 의해서만 자동적으로 움직이게 한다).

핵심도해

영 문 역

At the critical moment, the leader of an army acts like one who has climbed up a height and then kicks away the ladder behind him. He carries his men deep into hostile territory before he shows his hand.

He burns his boats and breaks his cooking pots; like a shepherd driving a flock of sheep. he drives his men the way and that, and none knows whether he is going.

원 문	훈 독
聚三軍之衆, 投之於險, 此將軍之事也. 九地之變, 屈伸之利, 人情之理, 不可不察也.	취삼군지중하여 투지어험이니 차장군지사야니라. 구지지변과 굴신지리와 인정지리를 불가불찰야니라.

직 역

삼군(三軍)의 중(衆)을 모으고(聚) 험(險)에 던지는(投)것, 이것(此)이 장군(將軍)의 일(事)이다. 구지(九地)의 변(變), 굴신(屈伸)의 이(利), 인정(人情)의 리(理), 살피지(察) 아니치 못하리라.

- 聚(취)-「모을 취」, 屈(굴)-「굽힐 굴」, 伸(신)-「펼 신」
- 察(찰)-「살필 찰」

해 설

전 병력을 집결시켜 위험한 곳에 투입하는 일이 장수가 해야 하는 일이다. 구지(九地 : 앞에서 설명한 아홉가지 땅 및 그 작전 방법)의 입지조건에 따른 변화와 상황에 따라 진퇴를 결정함(=굴신 즉 굽히고 펴는 것, 나가고 들어 오는것)에 따른 이(利), 그리고 인간(병사)의 심리(心理)까지 깊이 생각하지 않으면 안된다.

핵심도해

영 문 역

To muster his host and bring it into danger:-this may be termed the business of the general.

The different measures suited to the nine varieties of ground; the expediency of aggressive or defensive tactics; and the fundamental laws of human nature, are things that must most certainly be studied.

원 문	훈 독
범 위 객 지 도 　심 즉 전 凡爲客之道，深則專； 천 즉 산 　거 국 월 경 이 사 자 淺則散；去國越境而師者， 절 지 야 　사 달 자 　구 지 야 絶地也；四達者，衢地也； 입 심 자 　중 지 야 入深者，重地也；	범위객지도는 심즉전하고 천즉산이니라. 거국월경이사자는 절지야요, 사달자는 구지야요, 입심자는 중지야니라.

직 역

무릇(凡) 객(客)이 되는(爲) 길(道)은 깊으면(深) 즉(則) 오로지(專)하고 얕으면(淺) 즉(則) 흩어(散)진다. 나라(國)를 떠나(去) 경(境 : 국경)을 넘어서(越) 사(師)한 자(者)는 절지(絶地)이다. 사달(四達)은 구지(衢地)이다. 들어(入)간 것 깊은(深) 것은 중지(重地)이다.

- 則(즉, 칙)－「곧 측, 법칙 칙(측)」, 專(전)－「오로지 전」
- 淺(천)－「얕을 천」, 去(거)－「갈 거」, 散(산)－「흩을 산」
- 越(월)－「넘을 월」, 師(사)－「군사 사, 스승 사」

해 설

무릇 적국에 침입한 군대(＝객이 되는 경우)의 작전방법은, 적국 깊숙히 들어가면 병사들이 오로지 단결하지만, 얄게 들어가면 산만해진다.

나라를 떠나 국경을 넘어 작전하는 곳은 본국과 단절되어 있으므로 절지(絶地)라 한다. 사방에 길이 트인곳(＝혹은 사방이 모두 이웃나라에 접경한 곳)을 구지(衢地)라 한다. 적국 깊이 들어간 곳을 중지(重地)라 한다.

핵심도해

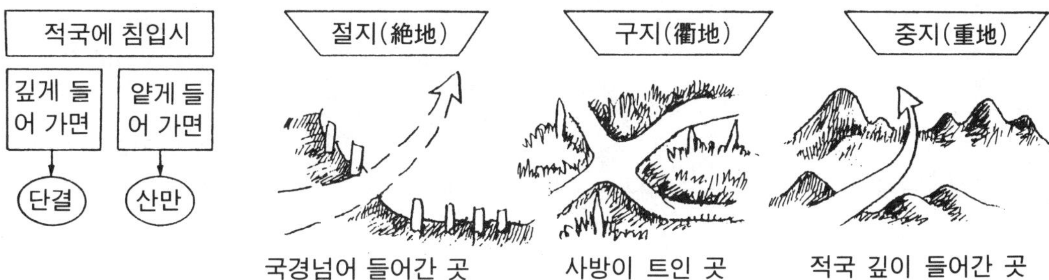

영 문 역

When invading hostile territory, the general principle is, that penetrating deeply brings cohesion; penetrating but a short way means dispersion.

When you leave your own country behind, and take your army across neighbouring territory, you find yourself on critical ground.

When there are means of communication on all four sides, the ground is one of intersecting highways.

When you penetrate deeply into a country, it is serious ground.

원 문	훈 독
입천자 경지야 배고전애자 入淺者, 輕地也；背固前隘者, 위지야 무소왕자 사지야 圍地也；無所往者, 死地也. 시고산지오장일기지 是故散地吾將一其志, 경지오장사지속 輕地吾將使之屬,	입천자는 경지야요, 배고전애자는 위지야요, 무소왕자는 사지야니라. 시고로 산지에는 오장일기지하고 경지에는 오장사지속하니라.

직 역

들어(入)간 것 얕은(淺)곳은 경지(輕地)이다. 등(背)이 굳고(固) 앞(前)이 좁은(隘)곳은 위지(圍地)이다. 갈(往)곳(所)없는 곳은 사지(死地)이다. 이런(是) 까닭(故)에 산지(散地)에서는 나(吾) 장차(將) 그(其) 뜻(志)을 하나(一)로 하려한다. 경지(輕地)에서는 나(吾) 장차(將) 이로 하여금(使) 속(屬)하게 하려한다.

- 背(배)—「등 배」, 隘(애)—「좁을 애」, 固(고)—「굳을 고」, 吾(오)—「나 오」
- 志(지)—「뜻 지」, 屬(속, 촉)—「붙일 속, 모을 촉」

해 설

얕게 들어간 곳을 경지(輕地)라 한다. 험하고 견고한 지형을 등 뒤에 두고 좁은 지형을 앞에 둔 곳을 위지(圍地)라 한다. 탈출할 길 없는 곳을 사지(死地)라 한다. 이런 까닭에 산지(散地)에서는 자기 나라 영토안에서 싸우기 때문에 병사들의 마음을 하나로 단결시켜야 한다. 경지(輕地)에서는 국경선 근처에서 싸우기 때문에 각 부대간의 연락을 긴밀히 하여 결속해야 한다.

핵심도해

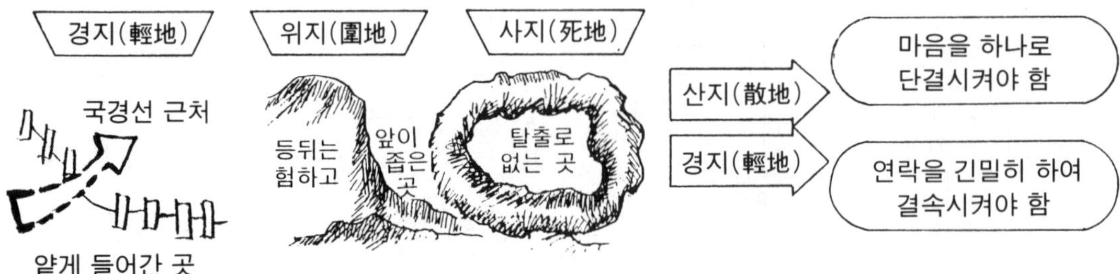

영 문 역

When you penetrate but a little way, it is facile ground.

When you have the enemy's strongholds on your rear and narrow passes in front, it is hemmed-in ground. When there is no place of refuge at all, it is desperate ground.

Therefore, on dispersive ground, I would inspire my men with unity of purpose. On facile ground, I would see that there is close connection between all parts of my army.

원 문 | **훈 독**

원문	훈독
爭地吾將趨其後, 交地吾將謹其守, 衢地吾將固其結, 重地吾將繼其食,	쟁지에 오장추기후하고, 교지에 오장근기수하고, 구지에 오장고기결하고, 중지에 오장계기식이니라.

직 역

쟁지(爭地)에서는 나(吾) 장차(將) 그(其) 뒤(後)에 달려(趨) 가려한다. 교지(交地)에서는 나(吾) 장차(將) 그(其) 지킴(守)을 삼가(謹)하려 한다. 구지(衢地)에서는 나(吾) 장차(將) 그(其) 맥음(結)을 굳게(固)하려 한다. 중지(重地)에서는 나(吾) 장차(將) 그(其) 식(食)을 이으려고(繼) 한다.

- 趨(추)—「달릴 추」, 謹(근)—「삼갈 근, 오로지 근」
- 結(결)—「맺을 결」, 繼(계)—「이을 계」

해 설

쟁지(爭地)에서는 서로가 먼저 점령하면 유리하기 때문에 아군을 적군후방에 달려가 공격해야 한다. 교지(交地)에서는 서로가 공격하기 용이한 평지이기 때문에 신중하여 수비위주로 해야한다. 구지(衢地)에서는 제3국과의 동맹(외교)을 견고히 해야 한다. 중지(重地)에서는 적국 깊숙히 들어가 싸우므로 식량을 현지조달하여 계속 확보해야 한다.

핵심도해

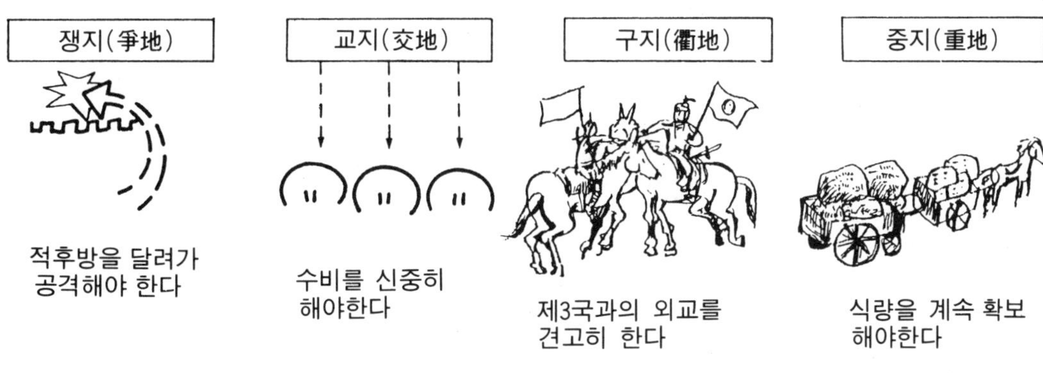

영 문 역

On contentious ground, I would hurry up my rear.
On open ground, I would keep a vigilant eye on my defenses.
On ground of intersecting highways, I would consolidate my alliances.
On serious ground, I would try to ensure a continuous stream of supplies.

원 문	훈 독
비 지 오 장 진 기 도 圮地吾將進其途,	비지에 오장진기도하고,
위 지 오 장 색 기 궐 圍地吾將塞其闕,	위지에 오장색기궐하고,
사 지 오 장 시 지 이 불 활 死地吾將示之以不活.	사지에 오장시지이불활이니라.

직 역

비지(圮地)에서는 나(吾) 장차(將) 그(其) 길(途)을 나가려(進)한다. 위지(圍地)에서는 나(吾) 장차(將) 그(其) 궐(闕 : 빈곳, 즉 탈출구)을 막으려(塞)한다. 사지(死地)에서는 나(吾) 장차(將) 살지(活) 아니함(不)으로써 보이려(示)한다.

- 途(도)—「길 도」, 塞(색, 새)—「막을 색, 변방 새, 보루 새」
- 闕(궐)—「빌 궐, 대궐 궐」 여기서는 「빌 궐」, 活(활)—「살 활」

해 설

비지(圮地)에서는 숲과 습지대, 소택지등 행군이 곤란하므로 되도록 이런곳에서는 빨리 빠져나가야 한다. 위지(圍地)에서는 입구가 좁고 출구는 우회해야하므로 이때는 탈출구를 막아 필사(必死)의 자세로 싸워야 한다. 사지(死地)에서는 살아날 수 없음을 보여야 한다.

핵심도해

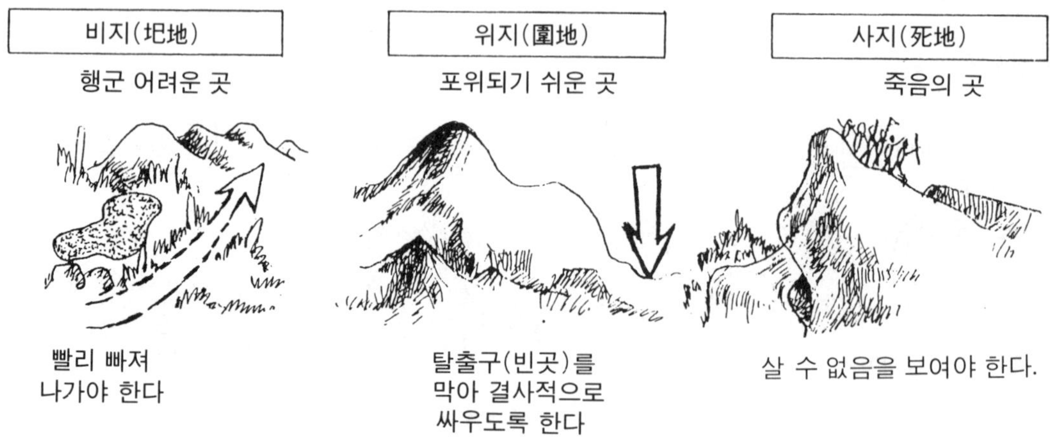

영 문 역

On difficult ground, I would keep pushing on along the road.

On hemmed-in ground, I would block any way of retreat. On desperate ground, I would proclaim to my soldiers the hopelessness of saving their lives.

원 문 **훈 독**

원문	훈독
故兵之情(고병지정), 圍則禦(위즉어), 不得已則鬪(부득이즉투), 過則從(과즉종). 是故不知諸侯之謀者(시고부지제후지모자), 不能預交(불능예교). 不和山林險阻沮澤之形者(부지산림험조저택지형자), 不能行軍(불능행군).	고로 병지정은 위즉어하고 부득이 즉투하고 과즉종하니라. 시고로 부지제후지모자는 불능예교요, 부지산림험조저택지형자는 불능행군이니라.

직 역

그러므로(故) 병(兵 : 군사)의 정(情)은 에우면(圍)즉(則) 막고(禦), 부득이(不得已)하면 즉(則) 싸우고(鬪) 지나면(過) 곧(則) 좇는다(從). 이런(是) 까닭(故)으로 제후(諸侯)의 꾀(謀) 모르는(不知) 자(者)는 미리(預) 사귈(交)수 없다(不能). 삼림(山林)·험조(險阻)·저택(沮澤)의 형(形)을 모르는(不和) 자(者)는 행군(行軍)할 수 없다.

- 禦(어)－「막을 어」, 從(종)－「좇을 종」, 預(예)－「미리 예」
- 阻(조)－「험할 조」, 沮(저)－「물젖을 저」

해 설

병사의 심리라는 것은 포위 당하면 스스로 방어하고, 부득이하면 싸우며, 위험이 지나치면(오면) 순종하게 되어있다. 그러므로 제3국(=제후)의 계략을 모르는 자는 외교를 맺을 수 없다. 산림과 험난한 곳과 소택지의 지형을 알지 못하는 자는 행군을 할 수 없다.

* 過則從에서 「過」는 많은 뜻으로 해석하고 있지만 「禍」로 해석해도 좋다.

핵심도해

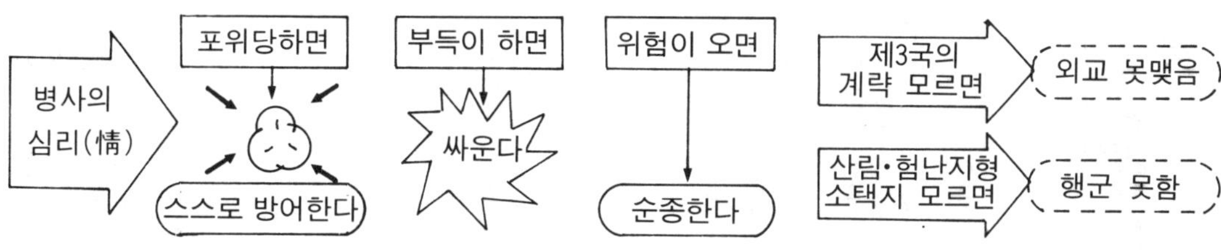

영 문 역

For it is the soldier's disposition to offer an obstinate resistance when surrounded, to fight hard when he cannot help himself, and to obey promptly when he has fallen into danger.

We cannot enter into alliance with neighbouring princes until we are acquainted with their designs. we are not fit to lead an army on the march unless we are familiar with the face of the country-its mountains and forests, its pitfalls and pirecipices, its marshes and swamps.

원 문	훈 독
불용향도자 불능득지리 不用鄕導者, 不能得地利, 사오자 일불지 비패왕지병야 四五者, 一不知, 非霸王之兵也. 부패왕지병 벌대국 즉기중 夫霸王之兵, 伐大國, 則其衆 부득취 위가어적 不得聚, 威可於敵, 즉기교부득합 則其交不得合.	불용향도자는 불능득지리니라. 사오자에 일부지면 비패왕지병야니라. 부패왕지병은 벌대국하면 즉기중 부득취하고 위가어적하면 즉기교부 득합이니라.

직 역

향도(鄕道) 쓰지(用) 않는(不)자는 지(地)의 리(利)를 얻을(得)수 없다(不能). 사오(四五=9)중 하나(一) 모르면(不知) 패왕(霸王)의 병(兵=군사)아니다. 대저(夫) 패왕(霸王)의 병(兵)은 대국(大國)치면(伐) 즉(則) 그(其) 중(衆)이 모일(聚)수 없다(不得). 위(威) 적(敵)에게 가(可)하면 즉(則) 그(其) 교(交) 합(合)할 수 없다.

- 鄕導(향도)- 그 지방의 길 안내인, 四五(사오)→4+5=9 즉 구지(九地)
- 覇(패)-「으뜸 패」, 伐(벌)-「칠 벌」, 聚(취)-「모을 취」, 威(위)-「위엄 위」

해 설

그 지방의 길 안내인을 적절히 운용하지 않으면 그 지방의 지형의 이점을 얻을 수 없다. 구지(4+5=9 : 九地)중에 하나라도 모른다면 천하의 패권을 다툴만한 군대가 못된다.〔＊ 여기서「四五」의 해석을 달리하여「四五者→此三者」의 誤記로 위에서 제시한 세 가지로 해석하는 문헌도 있음을 참고〕

무릇 패자의 군대가 다른 대국을 공격하면 그 대국은 미처 군대를 집결 시키지 못할 것이요 위세가 적에게 미치면 그 나라는 제3국과 외교를 맺을 수 없다.

핵심도해

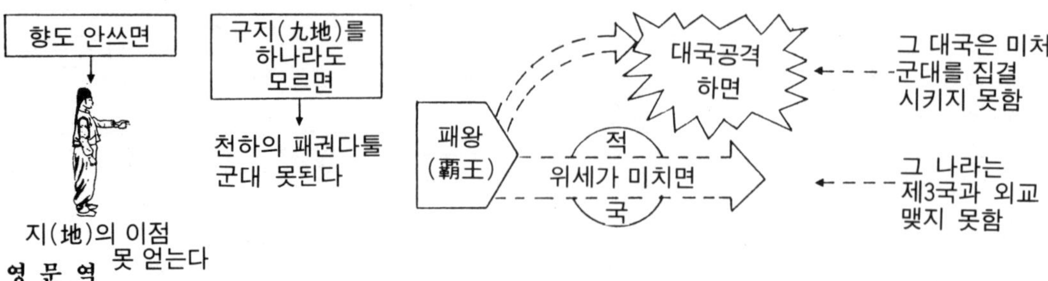

영 문 역

We shall be unable to turn natural advantages to account unless we make use of local guides.

To be ignorant of any one of the following four or five principles does not befit a warlike prince.

When a warlike prince attacks powerful state, his generalship shows itself in preventing the concentration of the enemy forces. He overawes his opponents, and their allies are prevented from joining against him.

원 문	훈 독
是故不爭天下之交(시고불쟁천하지교), 不養天下之權(불양천하지권), 信己之私(신기지사), 威加於敵(위가어적), 故其城可拔(고기성가발), 其國可隳(기국가휴).	시고로 불쟁천하지교하고, 불양천하지권하며, 신기지사하며 위가어적이니라. 고로 기성가발하고 기국가휴니라.

직 역

이런(是) 까닭(故)에 천하(天下)의 교(交)를 다투지(爭) 않는다(不). 천하(天)의 권(權)을 기르지(養) 않는다(不). 나(己)의 사(私)를 펴(信) 적(敵)에게 위(威)를 가(加)한다. 그러므로(故) 그(其) 성(城)을 빼(拔) 수 있고(可) 그(其) 나라(國)를 깨뜨릴(隳 : 휴) 수 있다(可).

● 養(양)—「기를 양」, 拔(발)—「뺄 발, 빼앗을 발」, 隳(휴)—「깨뜨릴 휴」
* 信—여기서는 「펴다」로 해석

해 설

그러므로 외교문제에 있어서 분쟁을 일으킬 필요도 없고, 구태어 천하의 강자가 되기 위해 패권을 기르지도 않는다. 자국의 사사로운 힘을 펴 (信을 伸〈펼 신〉으로 해석하면) 그 위세를 적국에 가한다. —다른 해석으로는「자국의 소신을 믿어 위세를 가한다.」그러므로 적의 성도 함락할 수 있고 적국도 파괴시킬 수 있는 것이다.

* 외교적으로 고립되고 전력마저 미약한 적국은 쉽게 점령된다.

핵심도해 ※패왕의 위력에 대해 얘기하고 있으며, 여러나라 중에서 특히 大國을 골라 먼저 이를 침을 유의해야 한다. 大國이 깨어지는데 小國들이야 오죽하겠느냐는 의미이다.

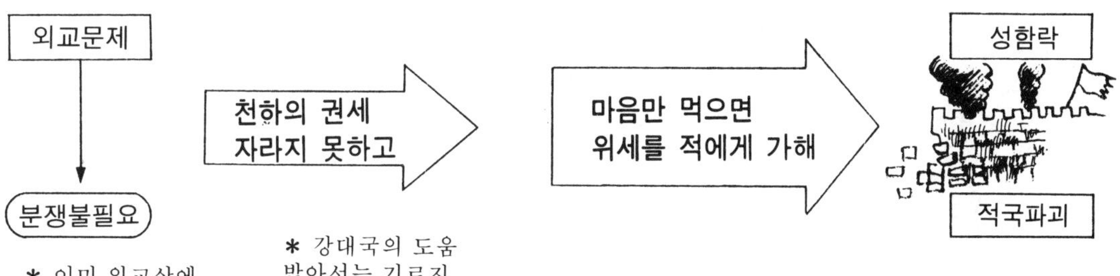

※당시 패왕(覇王)이란 허수아비에 불과한 주(周)왕실을 대신하여 실질적으로 여러 후(제후)들에 의해 추대되고 이를 지배하는 지도자를 말한다.

영 문 역

Hence he does not strive to ally himself with all and sundry, nor does he foster the power of ther states. He carries out his own secret designs, keeping his antagonists in awe. Thus he is able to capture their cities and overthrow their kingdoms.

원 문

훈 독

원문	훈독
施無法之賞, 懸無政之令, (시무법지상 현무정지령)	시무법지상하고 현무정지령이면
犯三軍之衆, 若使一人. (범삼군지중 약사일인)	범삼군지중을 약사일인이니라.
犯之以事, 勿告以言; (범지이사 물고이언)	범지이사하고 물고이언하라. 범지
犯之以利, 勿告以害. (범지이리 물고이해)	이리하고 물고이해하라.

직 역

법(法)에 없는(無) 상(賞)을 베풀고(施), 정(政)에 없는(無) 령(令)을 매달면(懸) 삼군(三軍)의 중(衆)을 움직이(犯)는데 한 사람(一人) 부리는(使)것 같이(若)한다. 일(事)로써 움직이게(犯)하고 말(言)로만 해서(告)는 안된다. 이를 움직이(犯)는데 이(利)로써(以) 움직이(犯)고 해(害)로써(以) 고(告)하지 말라(勿).

● 施(시)—「베풀 시」, 懸(현)—「매달 현, 걸 현」, 犯(범)—「움직일 범, 범할 범」

해 설

전쟁터에서 장수가 병사를 부리기 위해서는 경우에 따라서 규정에 없는 파격적인 상을 주고, 평상시와는 다른 법령도 발하여 사기를 진작시키면 전군의 병사들을 움직이는 것이 마치 한사람 부리듯 할 수 있다.
일(행위)로써 움직이게 하고 말로만 해서는 안된다. 유리한것(이익되는것)을 말해 움직이게 하고 해되는 것은 말하지 말아야 한다(=유리한 전망만 알려라).

핵심도해

영 문 역

Bestow rewards without regard to rule, issue orders without regard to previous arrangements and you will be able to handle a whole army.

Confront your soldiers with the deed itself; never let them know your design. When the outlook is bright, bring it before their eyes; but tell them nothing when the situation is gloomy.

원 문	훈 독
投之亡地, 然後存, 陷之死地,주1) 然後生. 夫衆陷於害, 然後能爲勝敗,	투지망지연후에 존하고, 함지사지연후에 생하니라. 부중함어해연후에 능위승패니라.

직 역

망지(亡地)에 던져(投) 연후(然後)에 존(存)하고, 사지(死地)에 빠뜨려(陷) 연후(然後)에 산다(生). 대저(夫) 중(衆)은 해(害)에 빠진(陷) 연후(然後)에 능(能)히 승패(勝敗)를 이룬다(爲).

● 投(투)-「던질 투」, 陷(함)-「빠질 함」, 夫(부)-「어조사 부, 사내 부」

해 설

병사들은 멸망할 처지에 놓이게 되면 사력을 다해 싸워 활로를 생기게 하고 죽음의 땅에 몰아 넣어야 목숨 걸고 싸우게 되어 살아날 수 있게 된다. 이처럼 병사들이란 해로운(위험한)처지에 놓여야 분전하여 승부를 건 용감한 싸움을 하게 되는 것이다. * 주1) 참조

* 해(害)=위해(危害)=위험(危險)

핵심도해

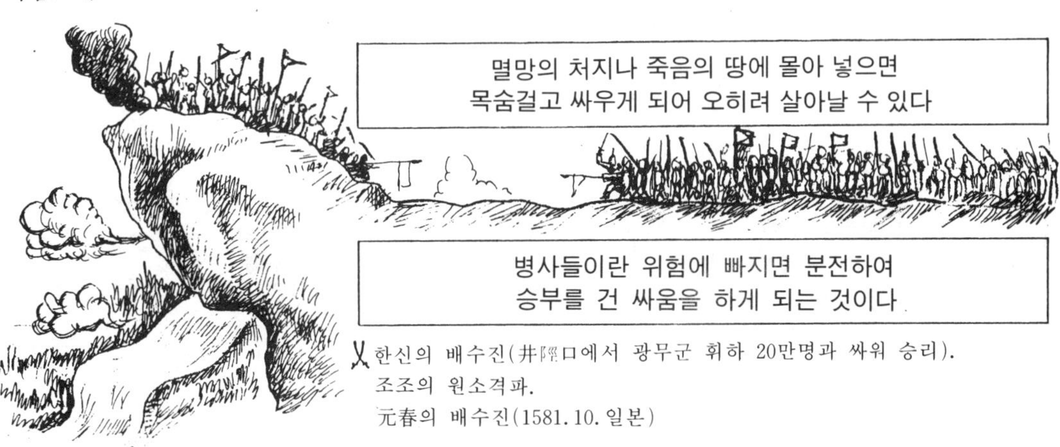

한신의 배수진(井陘口에서 광무군 휘하 20만명과 싸워 승리).
조조의 원소격파.
元春의 배수진(1581.10.일본)

영 문 역

Place your army in deadly peril, and it will survive; plunge it into desperate straits, and it will come off in safety.

For it is precisely when a force has fallen into harm's way that it is capable of striking a blow for victory.

원 문	훈 독
故爲兵之事(고위병지사), 在順詳敵之意(재순상적지의), 并敵一向(병적일향), 千里殺將(천리살장), 是謂巧能成事(시위교능성사).	고로 위병지사는 재순상적지의하여 병적일향이면 천리살장이니라. 시위교능성사니라.

직 역

그러므로(故) 병(兵)을 하는(爲) 일(事)은 적(敵)의 뜻(意)에 순상(順詳 : 따르면서 자세히 살핌)하고, 적(敵)에 합해(并) 일향(一向)하고, 천리(千里)에 장(將)을 죽인다(殺). 이(是)를 교묘히(巧)해서 능(能)히 일(事)을 이루는(成)것이라 이른다(謂).

● 順(순)—「따를 순」, 詳(상)—「자세할 상」, 順詳(순상)—「따르면서 자세히 살핌」, 并(병)—「합할 병」, 巧(교)—「교묘할 교」

해 설

용병을 하는 일은 적의 의도를 십분파악하여 그에 따라 작전을 세워 적을 한 방향으로 몰아 붙여 천리의 먼곳에 있는 적국을 쳐부수고 그 장수를 죽여야 한다. 이를 교묘히 용병하여 능히 일을 성취시킨다고 하는 것이다.

*「并敵一向(병적일향)」: 두가지의 뜻으로 해석된다. 「적의 행동에 맞추어서(합하여)한 걸음 양보하여 적을 안심(방심)시켜 놓는다」, 「적 의도에 대응하면서 서서히 적을 꼼짝할 수 없는 방향으로 몰아 넣는다」 후자가 더 가까운 해석이다.

핵심도해

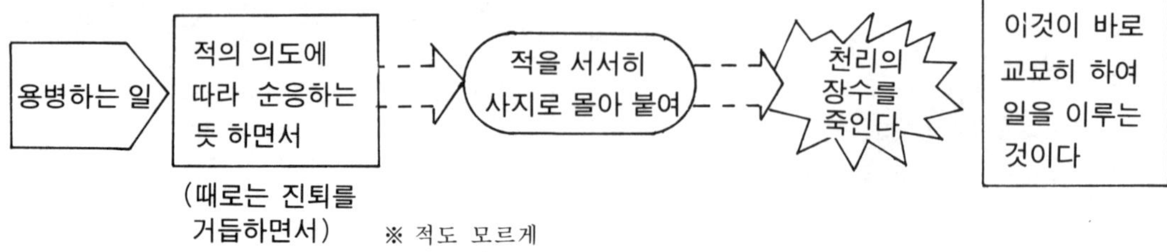

영 문 역

Success in warfare is gained by carefully accommodating ourselves to the enemy's purpose.

By persistently hanging on the enemy's flank, we shall succeed in the long run in killing the commander-in-chief. This is called ability to accomplish a thing by sheer cunning.

원 문	훈 독
시 고 정 거 지 일　이 관 절 부 是故政擧之日, 夷關折符,	시고로 정거기일에 이관절부하고
무 통 기 사　려 어 묘 당 지 상 無通其使, 勵於廟堂之上,	무통기사하며 려어묘당지상하여
이 주 기 사　적 인 개 합　필 극 以誅其事, 敵人開闔, 必亟,	이주기사니라. 적인개합이면 필극
입 지　선 기 소 애　미 여 지 기 入之. 先其所愛, 微與之期,	입지하여 선기소애하여 미여지기하고
천 묵 수 적　이 결 전 사 踐墨隨敵, 以決戰事.	천묵수적하여 이결전사니라.

직 역

이런(是) 까닭(故)에 정거(政擧)의 날(日), 관(關)을 막고(夷)부(符)를 꺾고(折), 그(其) 사(使 : 사신)를 통(通)하는 일 없고(無), 묘당(廟堂)의 위(上)에는 려(勵)하여 그(其)일(事)을 다스린다(誅). 적인(敵人)이 개합(開闔)하면 반드시(必) 빠르게(亟) 들어(入)가서 그(其) 사랑하는(愛) 바(所)를 먼저(先)하여, 은밀히(微) 더불어(與) 기약(期)하고, 묵(墨)을 밟아(踐) 적(敵)에 따르고(隨), 그로써(以) 전사(戰事)를 결정(決)한다.

- 夷(이)—「막을 이, 오랑캐 이」, 關(관)—「관문 관」, 折(절)—「꺾을 절」
- 符(부)—「부적 부」, 勵(려)—「권할 려」, 誅(주)—「다스릴 주, 벨 주」,
- 闔(합)—「닫을 합」, 亟(극)—「빠를 극」, 踐(천)—「밟을 천」, 隨(수)—「따를 수」

해설 및 핵심도해

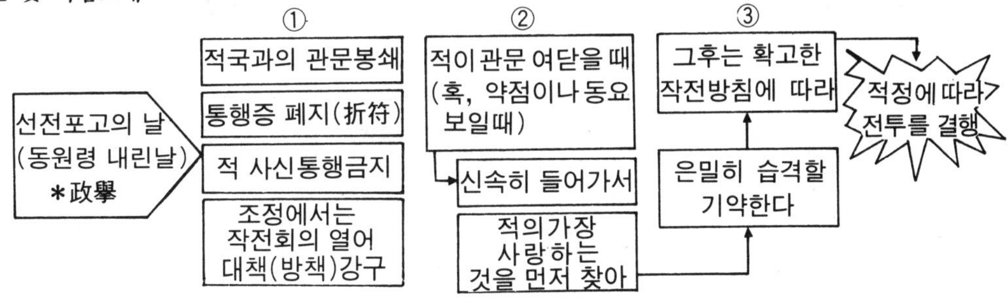

영 문 역

On the day that you take up your command, block the frontier passes, destroy the official tallies and stop the passage of all emissaries.

Be stern in the council chamber, so that you may control the situation.

If the enemy leaves a door open, you must rush in.

Forestall your opponent by seizing what he holds dear, and subtly contrive to time his arrival on the ground.

Walk in the path defined by rule, and accommodate yourself to the enemy until you can fight a decisive battle.

원 문

훈 독

원문	훈독
是故始如處女(시고시여처녀), 敵人開戶(적인개호), 後如脫兎(후여탈토), 敵不及拒(적불급거).	시고로 시여처녀하고 적인개호하면 후여탈토하여 적불급거니라.

직 역

이런(是) 까닭에(故) 처음(始)에는 처녀(處女)같이(如)하고, 적인(敵人) 문(戶)을 열면(開) 뒤(後)에는 달아나는(脫) 토끼(兎) 같이(如)하여, 적(敵)이 미처(及) 막을(拒)수 없게 한다.

- 始(시)—「처음 시, 비로소 시」, 戶(호)—「집 호, 지게 호」, 開(개)—「열개」
- 脫(탈)—「벗을 탈, 빠질 탈」, 兎(토)—「토끼 토」, 及(급)—「미칠 급」
- 拒(거)—「막을 거, 물리칠 거」

해 설

전쟁이 시작되었을 때 최초에는 조용히 있는것이 마치 처녀와 같이 하다가 적이 이를 보고 방심하여 관문을 열면 그 후에는 마치 덫에서 벗어나 달아나는 토끼처럼 신속히 행동하여 공격, 적이 미처 방어할 겨를 조차 없게 한다.

핵심도해

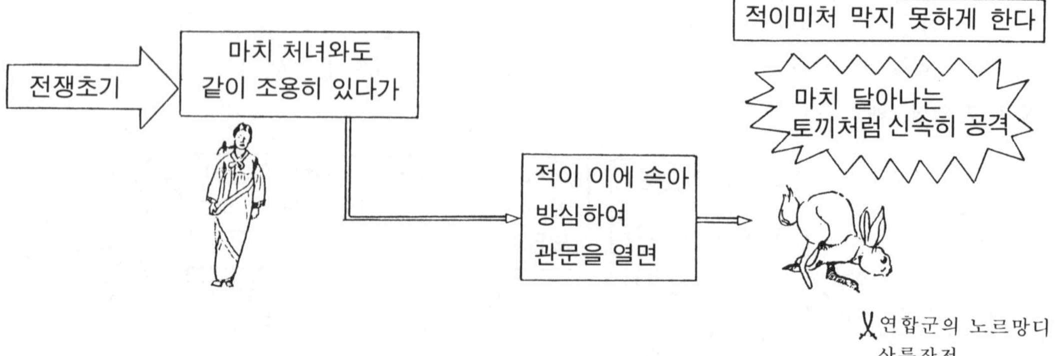

※연합군의 노르망디 상륙작전

영 문 역

At first, then, exhibit the coyness of a maiden, until the enemy gives you an opening; afterwards emulate the rapidity of a running hare, and it will be too late for the enemy to oppose you.

전사연구

주1) 投之亡地, 然後存, 陷之死地, 然後生.
(투지망지 연후존 함지사지 연후생)

한신(韓信)의 背水陣

유방이 항우를 이겨 漢을 창업하는데 대장군으로서 결정적 역할을 담당했지만 반역의 죄로 몰려 처형당한 비운의 주인공 한신은 유명한 배수의 진을 감행한 명장이다. 적지(敵地)가 아닌 경우에는 아군의 구원을 기대할 수 있을 때에 한하여 배수의 진을 형성한 예는 있지만 적지에 깊이 들어가서 배수진을 감행한 예는 실로 한신이 그 최초이다. 당시까지는「적지에서 강을 뒤로하고 좌우에 산이 있으면 함지(陷之)이니 이를 빨리 벗어나라.」라고 병가(兵家)에서 이르고 있었지만 한신은 B.C.204년(한왕2년) 정경(井陘)의 애로(隘路)를 지나 조(趙)나라에 진공(進攻)할 때 기상천외한 배수의 진을 시도한 것이다.

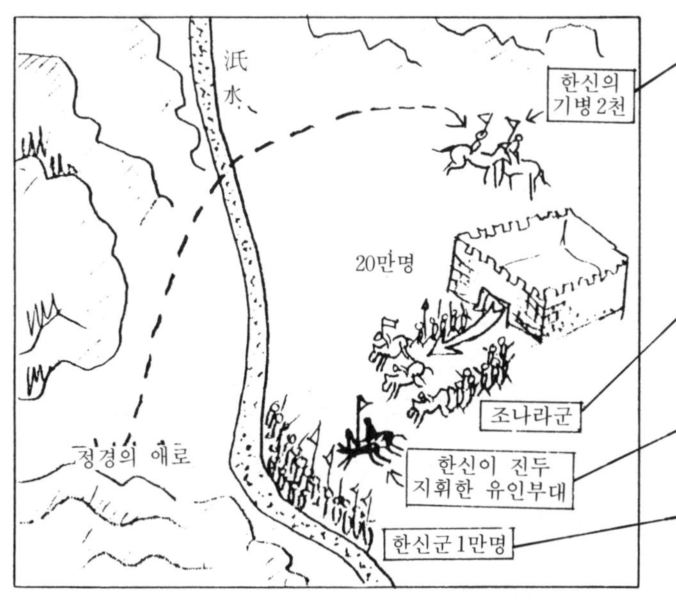

한신의 명령에 의해 은밀히 조의 성(城)에 접근하여 조군이 한신의 유인작전에 속아 성을 비우면 즉시 한나라의 붉은기를 꽂도록 함

한신이 원정군임을 감안하여 정공법(正攻法)으로 대치할것을 결의했으며 의외로 약세인 한신군을 추격하기에 이르렀음(성을 비움)

저수(泜水)를 뒤로 한 배수진을 형성시킨후 한신이 직접 조군을 유인했음

함지(陷之)에 선 한신군 1만명은 사력을 다해 싸움. 결정적순간 한신의 기병이 조의성에 2000개의 한기를 꽂자(奇의운용) 대경실색한 조군와해

정경구(井陘口)의 배수진에 의해 조의 위안군이 전사하고 조왕(趙王)과 모장(謀將)인 광무군(廣武君)이 생포되었다. 무려 20만명의 조군을 불과 1만2천명으로 제압한 한신은 원칙에 벗어난 배치를 한 배수진에 대한 부하장군의 질문에 대해「손자병법에 이르기를 '兵은 死境에 빠지면 살고, 亡地에 놓이면 오히려 살아 남는다.'라고 했지 않는가.」라고 대답했다. 이것이 복생술(復生術)이다.

전사연구

吉川元春의 背水陣

사마천의 사기(史記)에 의해 잘 알려진 한신(韓信)의 배수진외에 일본(日本)에서의 배수진을 소개한다. 1581년 10월, 당대의 명장인 羽柴秀吉은 鳥取城을 공략한 뒤 여세를 몰아 서진을 계속하여 3만명을 이끌고 因幡, 伯耆의 국경지대에 위치한 御冠山(해발186m)에 진출, 적장인 毛利軍의 吉川元春의 진영을 눈아래두고 위압했다. 이러한 위기에 접한 吉川元春은 죽음을 각오한 배수의 진을 결심하게 된다.

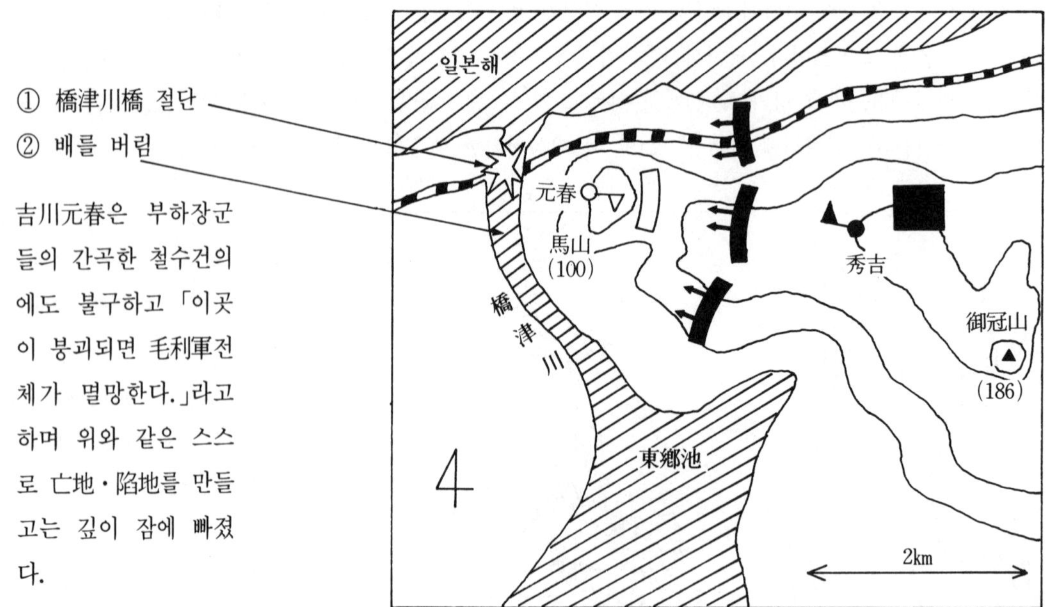

吉川元春은 부하장군들의 간곡한 철수건의에도 불구하고 「이곳이 붕괴되면 毛利軍전체가 멸망한다.」라고 하며 위와 같은 스스로 亡地·陷地를 만들고는 깊이 잠에 빠졌다.

秀吉軍의 정찰조는 吉川元春의 진영을 야간에 정찰한후 「병사들은 휴식하고 있으며 장교들은 모닥불을 피우고 막사주위를 순찰하고 있었으며 조금도 빈틈이 없어 보였다.」라고 보고하니 명장인 秀吉은 「그들은 지금 결사(決死)의 태세를 갖추고 있다. 그들과 싸운다면 역시 아군의 피해도 클 것이다.」라고 하며 대치 이틀 후 가 되는 29일 군을 돌려 되돌아가고 말았다. 바둑이나 장기둘때 「吉川이 다리를 끊는다.」라고 하는 근원이 여기서 나온 것이다. 이 또한 복생술(復生術)이다.

화 공 편 제 십 이

火攻篇第十二

손무는 단순히 계책을 짜는 병법가가 아니라 오왕 합려에게 발탁되어 정식으로 장수가 된 자이다. 그리하여 실제로 병력을 지휘했던 지휘관이었다(물론 **史記**나 기타 문헌에는 그의 활동양상이 두드러지게 언급되지는 않고 있지만). 즉 자신의 병법을 실전에 연계하여 사용해본 이상적인 인물이다. 실전경험에 의해 축적된 새로운 병법들은 자진 은퇴후 초야에 묻혀 다시 책으로 저술되었다고 추정되며 한서예문지에는 무려 82편이나 된다고 기록되어 있으나 1972년도에 출토된 죽간 5편의 내용으로 미루어 보아 이미 완성된 13편 내용중 보다 상세히 설명이 필요한 부분만 다시 기술한 것으로 추정한다(필자주).

주요 어귀

火佐攻者明
水佐攻者强
主不可以怒而興師
明主愼之 良將警之

개 요

「화공(火攻)」이란 「불로 적을 공격하는 전술」이다.

본편의 전반부는 편명과 같이 불로 적을 공격하는 방법이 제시되고 있지만 후반부는 불과는 관계가 없는 국가와 군대, 지도자들의 감정적 행동에 대해 경계를 하고 있다. 그래서 학자에 따라서는 이 화공편의 후반부를 그 내용에 근접하는 모공편에 두는 경우도 있으나 그 또한 문헌적인 고증이 없고 「고문손자(古文孫子)」에도 화공편에 속한 내용이므로 본서에도 그대로 싣는다. 화공법(火攻法)과 아울러 수공법(水攻法)이란 전술도 있다. 현대에 와서는 각종 핵무기의 등장으로 「물(水)」보다 「불(火)」의 위력이 더 하리라 본다.

전쟁은 일시적인 감정에 의해 시작되어서는 안되며 국가존망의 중대사임을 기억해야 한다.

서기 208년의 유명한「적벽(赤壁)의 싸움」은 전형적인 火攻作戰을 보여주고 있다.

2차세계대전 당시 영국이 독일군의 해상공격을 거부하기 위해 상륙예상해안일대에 계획한 화공작전, 중동전쟁시 수에즈운하일대에 계획했던 화공작전등은 바로 손자가 선구자로서 화공편에 그 길을 제시한것을 현대에 적용한 예라 하겠다. 古文孫子에는 「火篇第十二」라는 편명으로 기술되어 있다.

구 성

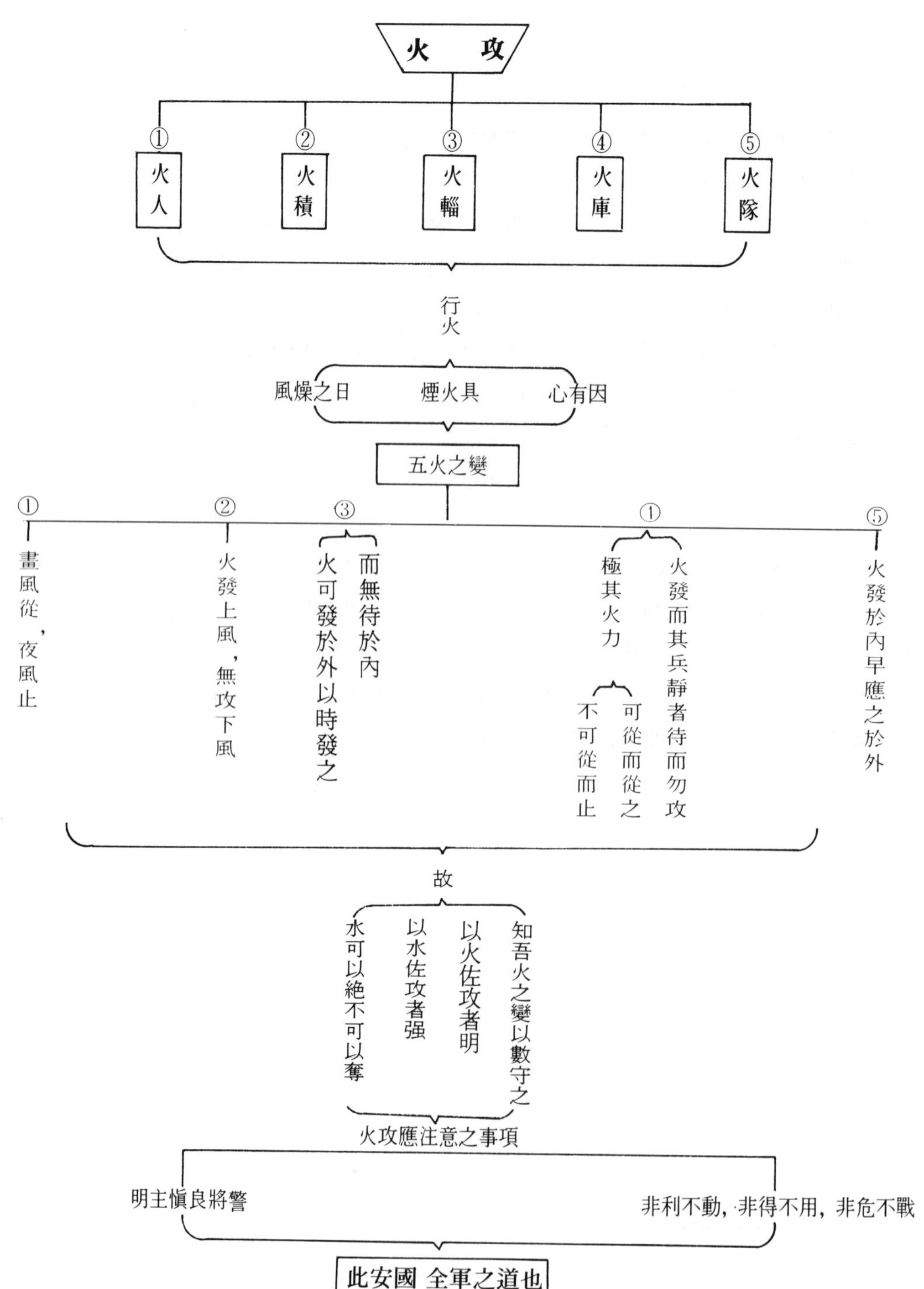
火 攻
① 火人
② 火積
③ 火輜
④ 火庫
⑤ 火隊
行火
風燥之日
煙火具
心有因
五火之變
① 晝風從, 夜風止
② 火發上風, 無攻下風
③ 而無待於內
火可發於外以時發之
① 火發而其兵靜者待而勿攻
極其火力
可從而從之
不可從而止
⑤ 火發於內早應之於外
故
知吾火之變以數守之
以火佐攻者明
以水佐攻者强
水可以絶不可以奪
火攻應注意之事項
明主愼良將警
非利不動, 非得不用, 非危不戰
此安國 全軍之道也

원 문

火攻篇 第 十二

孫子兵法大全에서

孫子曰：凡火攻有五：一曰火人，二曰火積，三曰火輜，四曰火庫，五曰火隊. 行火必有因，烟火必素具. 發火有時，起火有日. 時者，天之燥也. 日者，月在箕·壁·翼·軫也.[주1] 凡此四宿者，風起之日也.

凡火攻，必因五火之變而應之，火發於內，則早應之於外. 火發其兵靜者，待而勿攻. 極其火力，可從而從之，不可從而止. 火可發於外，無待於內，以時發之. 火發上風，無攻下風. 晝風從，夜風止.[주2] 凡軍必知五火之變，以數守之.

故以火佐攻者明，以水佐攻者强. 水可以絕，不可以奪.

夫戰勝攻取，而不修其功者凶，命曰費留. 故曰：明主慮之，良將修之，非利不動，非得不用非危不戰. 主不可以怒而興師，將不可以慍而致戰；合於利而動，不合於利而止. 怒可以復喜，慍可以復悅，亡國不可以復存， 死者不可以復生. 故明主愼之，良將警之，此安國全軍之道也.

*대부분 문헌에는「從」이「久」로 되어있다.「손자병법대전」에도 역시「久」로 되어 있지만 주2를 참조할것

원 문	훈 독
손 자 왈　범 화 공 유 오 孫子曰：凡火攻有五： 일 왈 화 인　이 왈 화 적　삼 왈 화 치 一曰火人，二曰火積，三曰火輜， 사 왈 화 고　오 왈 화 대 四曰火庫，五曰火隊. 행 화 필 유 인　연 화 필 소 구 行火必有因，煙火必素具.	손자왈 범화공에 유오이니 일왈화인이요 이왈화적이요 삼왈 화치이요 사왈화고요 오왈화대이라. 행화에필유인하고 연화필소구니라.

직 역

손자(孫子) 말하되(曰), 무릇(凡) 화공(火攻)에는 다섯(五) 있다(有). 1에 말하되 화인(火人), 2에 말하되 화적(火積), 3에 말하되 화치(火輜), 4에 말하되 화고(火庫), 5에 말하되 화대(火隊)이다. 불(火)을 행(行)하는데는 반드시(必) 인(因)이 있다(有). 연화(煙火) 반드시(必)본디(素) 갖추어(具)야 한다.

- 積(적, 자)-「쌓을 적, 저축할 자」, 輜(치)-「짐수레 치」, 庫(고)-「창고 고」
- 煙(연)-「연기 연」, 素(소)-「본디 소」, 具(구)-「갖출 구」

해 설

불로 공격하는 방법에는 다섯가지가 있다. 첫째는 사람을 태운다. 둘째는 쌓아놓은 군수품이나 식량을 태운다. 세째는 수송물자를 실은 수레(=수송부대)를 태운다. 네째는 창고를 태운다. 다섯째는 진영이나 부대를 태운다. 불을 놓는 데는 반드시 조건(이유)이 있어야 되며 온갖 화공의 도구를 미리 갖추고 있어야 한다.

핵심도해

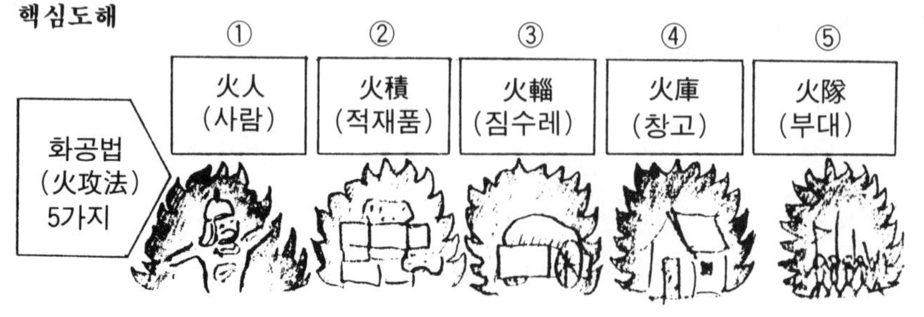

영 문 역

The Attack by Fire.

Sun Tzu said: There are five ways of attacking with fire. The first is to burn soldiers in their camp; the second is to burn stores; the third is to burn baggage-trains; the fourth is to burn arsenals and magazines; the fifth is to hurl dropping fire amongst the enemy.

In order to carry out an attack with fire, we must have means available; the material for raising fire should always be kept in readiness.

원 문	훈 독
發火有時, 起火有日.	발화유시하고 기화유일이니라.
時者, 天之燥也. 日者,	시자는 천지조야이며 일자는
月在箕・壁・翼・軫也.주1)	월재 기벽익진야니라.
凡此四宿者, 風起之日也.	범차사수자는 풍기지일야니라.

직 역

불(火)을 발(發)하는 때(時) 있고(有), 불(火) 일으키(起)는 날(日) 있다(有). 때(時)란 하늘(天)이 마름(燥)이고 날(日)은 달(月)이 기(箕)・벽(壁)・익(翼)・진(軫)에 있다(在). 무릇(凡) 이(此) 사수(四宿)는 바람(風)이 일어나는(起)날(日)이다.

- 燥(조)—「마를 조」, 箕(기)—「별이름 기, 깍지 기」, 壁(벽)—「별이름 벽, 벽 벽」
- 翼(익)—「별이름 익, 날개 익」, 軫(진)—「별이름 진, 움직일 진」, 宿(수,숙)—「별 수, 잘 숙」

해 설

불을 지르는데는 때가 있고 불이 잘 타오르는 날이 있다. 때란 날씨가 건조한 때이고 날이란 달이 기・벽・익・진의 방향에 있는 날이다. 무릇 이 네 성좌에 있는 날을 바람이 일어나는 것이다. * 주1)참조

* 중국고대의 천문학에서는 천체의 별을 모두 28개 성좌로 구분하고 이를 동서남북으로 배정했다. 「기(箕)」=동쪽, 「벽(壁)」=북쪽, 「익(翼), 진(軫)」=남쪽.

핵심도해

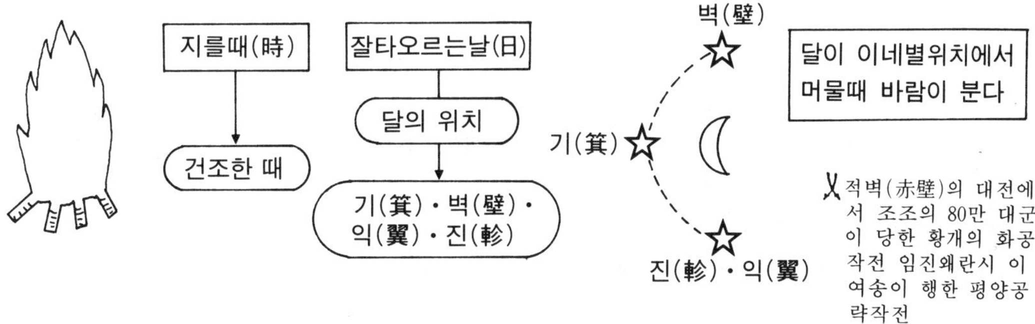

영 문 역

There is a proper season for making attacks with fire, and special days for starting a conflagation

The proper season is when the weather is very dry; the special days are those when the moon is in the constellations of the Sieve, the Wall, the Wing or the Crossbar; for these are all days of rising wind.

원 문	훈 독
범 화 공　필 인 오 화 지 변 이 응 지 凡火攻，必因五火之變而應之， 화 발 어 내　즉 조 응 지 어 외 火發於內，則早應之於外. 화 발 이 기 병 정 자　대 이 물 공 火發而其兵靜者，待而勿攻， 극 기 화 력　가 종 이 종 지 極其火力，可從而從之， 불 가 종 이 지 不可從而止.	범화공은 필인오화지변이응지니라. 화발어내하면 즉 조응지어외하고, 화발이기병정자면 대이물공하고, 극기화력하여 가종이종지하고 불 가종이지니라.

직 역

무릇(凡) 화공(火攻)은 반드시(必) 다섯가지(五)불(火)의 변화(變)에 인(因)하여 이에 응(應)해야 한다. 불(火)이 안(內)에서 발(發)하면 즉(則) 빨리(早)이것을 밖(外)에서 응(應)하라. 불(火)이 발(發)해도 그(其)병(兵)이 조용(靜)하면 기다리고(待) 치치(攻)말며(勿), 그(其) 화력(火力) 극진할(極)때 좇을(從)수 있으면(可) 좇고(從) 좇을 수 없으면(不可)그친다(止).

● 早(조)-「일찍 조」, 待(대)-「기대릴 대」,, 極(극)-「극진할 극」, 止(지)-「그칠 지」

해 설

무릇 불로 공격할 때에는 반드시 다섯가지 상황변화에 따라 대처해야 한다.

① 불이 적진 내부에서 일어나면 즉시 밖에서 호응하여 공격한다.

② 불이 났는데도 적군이 조용하면 잠시 대기하여 공격하지말며 불길이 극성해진 때 상황에 따라 공격이 가능하면 하고 불가능하면 공격을 중지한다.

＊ 적진내부에 미리 내통한 주민이나 간첩에 의해 불이 나게 하는 것이다.

핵심도해

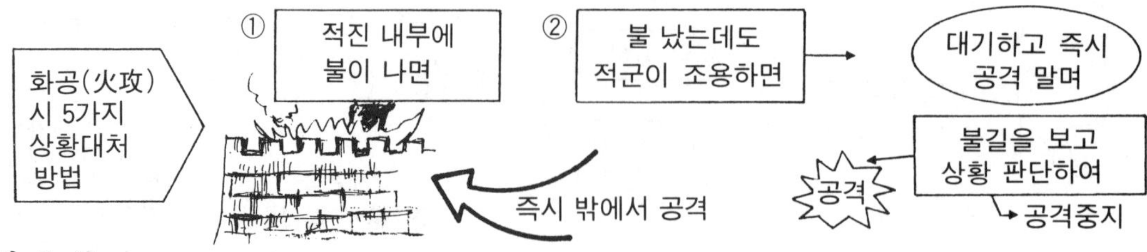

영 문 역

In attacking with fire, one should be prepared to meet five possible developments:

(1) When fire breaks out inside the enemy's camp, respond at once with an attack from without.

(2) If there is an outbreak of fire, but the enemy's soldiers remain quiet, bide your time and do not attack. When the force of the flames has reached its height, follow it up with an attack, if that be practicable; if not stay where you are.

원 문	훈 독
火可發於外, 無待於內, 以時發之. 火發上風, 無攻下風. 晝風從, 夜風止[주2].	화가발어외면 무대어내하고 이시발지라. 화발상풍이면 무공하풍이라. 주풍종하고 야풍지이니라.

직 역

불(火)을 밖(外)에서 발(發)할수 있으면(可), 안(內)에서 기다리지(待) 말고(無) 때(時)로써(以) 이를 발(發)하라. 불(火)이 상풍(上風)에서 발(發)하면, 하풍(下風)에서 치지(攻)마라(無). 낮바람(晝風)에는 따르고(從) 밤바람(夜風)에는 그친다(止). * 주2)참조

● 待(대)—「기다릴 대」. 久(구)—「오랠 구」

해 설

③ 적진 밖에서 불 붙일 수 있으면 굳이 안에서 불나기를 기다리지 말고 적절한 시기가 되면 불을 붙여라.
④ 불이 바람 불어오는 쪽으로 일어난 경우에는 반대편(바람 마주치는곳)에서 공격하지 말아야 한다(불길에 휩살린다).
⑤ 낮바람을 이용한 화공에는 뒤따라 들어가지만 밤바람 화공시는 병력을 뒤따라 가게 하지마라. * 5번은 이외 다른 방법으로도 구분함(예 : ①+②➡①)

핵심도해

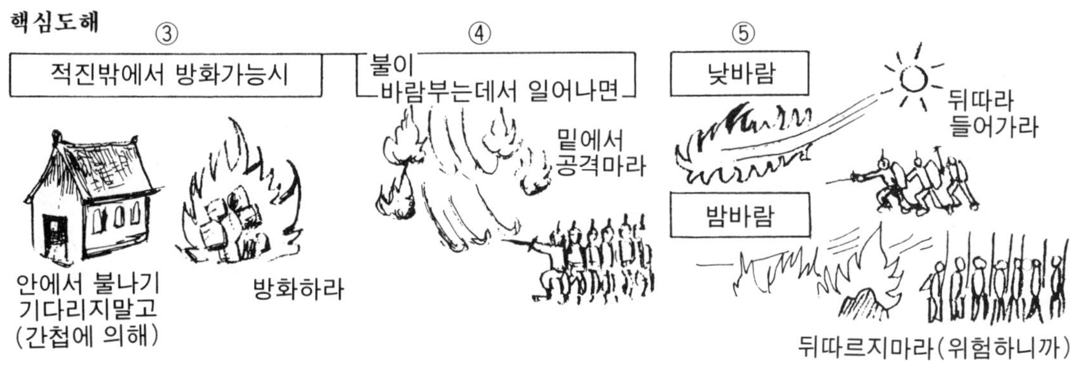

영 문 역

(3) If it is possible to make an assault with fire from without, do not wait for it to break out within, but deliver your attack at the favorable moment.
(4) When you start a fire, be to windward of it. Do not attack from the leeward.
(5) A wind that rises in the daytime lasts long. but a night breeze soon fails.

원 문	훈 독
凡軍必知五火之變, 以數守之. 故以火佐攻者明, 以水佐攻者强. 水可以絶, 不可以奪.	범군은 필지오화지변하여 이수수지니라. 고로 이화좌공자는 명이고 이수좌공자는 강이니라. 수가이절이나 불가이탈이니라.

직 역

무릇(凡)군(軍)은 반드시(必) 다섯가지(五) 불(火)의 변(變)을 알고(知), 수(數)로써(以)이를 지킨다(守). 그러므로(故) 불(火)로써(以) 공(攻)을 돕는(佐)자(者)는 명(明)이다. 물(水)로써(以)공(攻)을 돕는(佐)자(者)는 강(强)이다. 물(水)은 그로써(以) 끊을(絶)수 있어도(可), 그로써(以) 빼앗지(奪)는 못한다(不可).

● 守(수)—「지킬 수」, 佐(좌)—「도울 좌」, 奪(탈)—「빼앗을 탈」

해 설

무릇 군대는 반드시 화공작전에는 다섯가지 변화가 있음을 알고 상황을 헤아려(여기서「數」는 사수(四宿)등을 셈한다는 것으로 상황을 헤아린다는 뜻) 적의 화공에 대처해야 한다. 그러므로 화공으로써 공격을 도우면 승리가 명백해지고 수공으로써 공격을 도와도 강력한 것이 된다(다른해석 : 화공은 총명한 지혜가 필요하고 수공은 많은 병력이 필요하다). 물로 공격하면 적을 차단(보급로, 연락망등) 시킬수는 있지만 단숨에 화공과 같이 생명등을 빼앗아 버릴수는 없다.

핵심도해

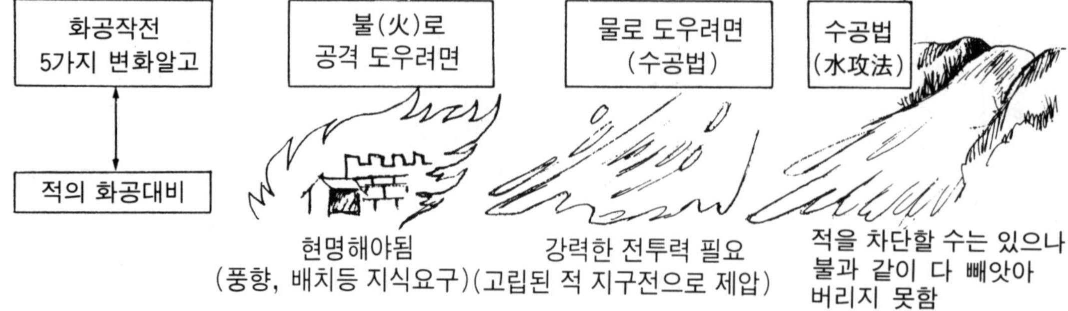

영 문 역

In every army, the five developments connected with fire must be known, the movements of the stars calculated, and watch kept for the proper days.

Hence those who use fire as an aid to the attack show intelligence; those who use water as an aid to the attack gain an accession of strength.

By means of water an enemy may be intercepted but not robbed.

원 문	훈 독
夫戰勝攻取，而不修其功者凶， 命曰費留．故曰：明主慮之， 良將修之，非利不動，非得不用， 非危不戰．	부전승공취하되 이불수기공자는 흉이라. 명왈비류라. 고왈명주려지이며 양장수지이며 비리부동이며 비득 불용이며 비위부전이니라.

직 역

무릇(夫) 싸워(戰) 이기고(勝) 공격(攻)하여 취(取)하되 그(其) 공(功)을 닦지(修) 않는(不) 자(者)는 흉(凶)이다. 이름(命)하여 비류(費留)라 한다. 그러므로(故) 말하되(曰) 현명한(明) 군주(主)는 이를 (之) 생각(慮)하고 양장(良將)은 이를(之) 닦는다(修). 이(利) 아니면(非) 움직이지(動) 않는다(不). 득(得) 아니면(非) 부리지(用) 않는다(不). 위태하지(危) 않으면(非) 싸우지(戰) 않는다(不).

● 修(수)－「닦을 수」, 凶(흉)－「흉할 흉」, 慮(려)－「생각할 려」

해 설

※ 여기서부터는 「화공(火攻)」과는 전연 다른 내용이 나온다(이를 제3모공편 말미에 두기도 함)

싸워서 이기고 공격하여 탈취하더라도 전쟁의 목적을 달성하지 못한다면 그것은 흉이며 이름하여 비류(費留 : 여러가지 해석이 있으나「쓸데없이 경비쓰고 군대를 오래도록 한곳에 머물게 하는것」)라 한다. 그러므로 현명한 군주는 이것을 생각하고 훌륭한 장수는 이를 신중히 전쟁목적에 힘쓴다. 국가에 유리하지 않으면 전쟁일으키지 말고, 얻는 것 없으면 군대 사용하지 말며, 국가가 위기에 처하지 않으면 싸우지 말아야 한다.

핵심도해

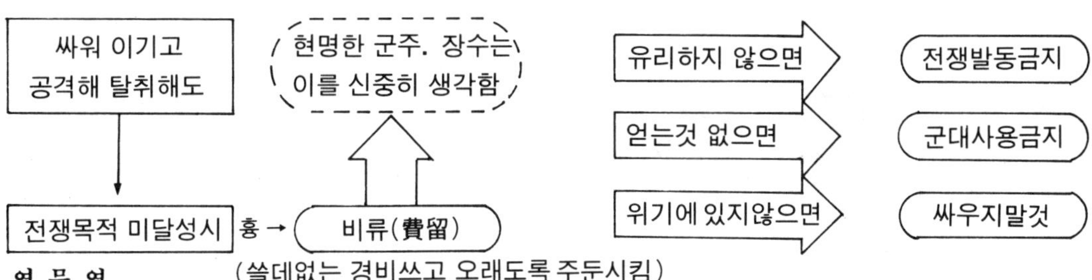

(쓸데없는 경비쓰고 오래도록 주둔시킴)

영 문 역

Unhappy is the fate of one who tries to win his battles and succeed in his attacks without cultivating the spirit of enterprise; for the result is waste of time and general stagnation.

Hence the saving: The enlightened ruler lays his plans well ahead; the good general cultivates his resources.

Move not unless you see an advantage; us not your troops unless ther is someting to be gained; fight not unless the position is critical

원 문	훈 독
주 불 가 이 노 이 흥 사 主不可以怒而興師，	주불가이노이흥사하고,
장 불 가 이 온 이 치 전 將不可以慍而致戰；	장불가이온이치전하고,
합 어 리 이 동 　 불 합 어 리 이 지 合於利而動，不合於利而止.	합어리이동하고, 불합어리이지니라.

직 역

임금(主)은 성냄(怒)으로써(以) 군사(師)일으켜(興)서는 안된다(不可). 장수(將)는 성냄(慍)으로써(以) 싸움(戰)에 이르러(致)서는 안된다(不可). 이(利)에 맞으면(合)움직(動)이고, 이(利)에 맞지(合)않으면(不)그친다(止).

- 怒(노)—「성낼 노」, 興(흥)—「일어날 흥」, 慍(온)—「성낼 온」
- 致(치)—「이룰치, 다할치」

해 설

군주는 일시적인 분노를 참지 못하여 전쟁을 일으켜서는 안되며, 장수는 성난다고 해서 전투를 해서는 안된다. 국가의 이익에 비춰보아 합치되면 전쟁을 일으키고 불합치되면 전쟁을 일으켜서는 안된다.

＊ 전쟁의 원인을 분석해보면 궁극적으로 지도자의 결단에 의해 이루어진다. 전쟁의 큰 재난을 잘아는 지모있는 지도자가 모든것을 「국가의 이익」에 비추어 신중히 행해야함이 강조된다.

핵심도해

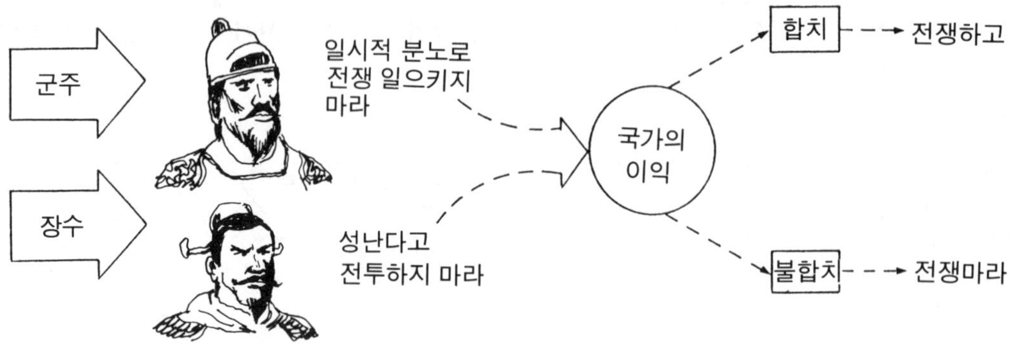

영 문 역

No ruler should put troops into the field merely to gratify his own spleen; no general should fight a battle simply out of pique.

If it is to your advantage to make a forward move, make a forward move; if not, stay where you are.

원 문	훈 독
怒可以復喜，慍可以復悅，亡國不可以復存，死者不可以復生．故曰，明主愼之，良將警之，此安國全軍之道也．	노가이부희하고 온가이부열이나 망국은 불가이부존하고 사자불가이부생이니라. 고왈, 명주신지하고 양장경지이며 차는 안국전군지도야니라.

직 역

노(怒)는 다시(復) 기쁠(喜) 수 있고, 성냄(慍)은 다시(復)기쁠(悅) 수 있지만, 망(亡)한 나라(國)는 다시(復)있을(存)수 없다(不可). 죽은(死)자(者)다시(復) 살지(生)않는다(不可). 그러므로(故)말하되(曰), 명주(明主)는 이를(之) 삼가고(愼) 양장(良將)은 이를(之) 경계(警)한다. 이것(此)이 나라(國)를 평안(安)히 하고 군(軍)을 온전(全)히 하는 길(道)이다.

- 復(부, 복)-「다시 부, 거듭할 복」, 喜(희)-「기쁠 희, 즐거울 희」
- 愼(신)-「삼갈 신」, 警(경)-「경계할 경」

해 설

성난것은 다시 기뻐질 수 있고 즐거워질 수 도 있지만 한번 망한 나라는 다시 존재할 수 없다. 죽은자는 다시 살아날 수 없는 것이다. 그러므로 현명한 군주는 전쟁을 삼가하며 훌륭한 장수는 전쟁을 경계한다. 이것이 국가를 안정되게 하고 군대를 보전하는 방법이다.

＊ 제1시계편의 첫머리「兵者國之大事」와 맥을 같이한다.

핵심도해

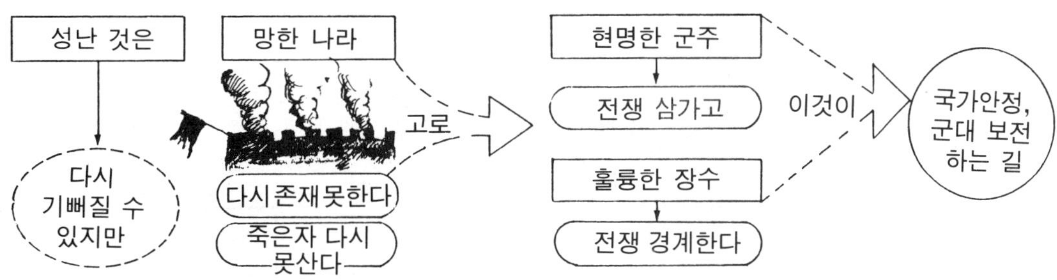

영 문 역

Anger may in time change to gladness; vexation may be succeeded by content.

But a kingdom that has once been destroyed can never come again into being; nor can the dead ever be brought back to life.

Hence the enlightened ruler is heedful, and the good general is fall of caution. This is the way to keep a country at peace and an army intact.

중국본 註解

주1) **月在箕·壁·翼·軫·也**

「箕·壁·翼·軫」에 대해 좀더 상세히 알아본다. 중국고대의 천문학에서는 천체의 별을 28개 성좌로 구분하고 방향을 구분했다.

- 蒼龍(동남쪽) : ① 角 ② 亢 ③ 氐 ④ 房 ⑤ 心 ⑥ 尾 ⑦ 箕
- 玄武(동북쪽) : ⑧ 斗 ⑨ 牛 ⑩ 女 ⑪ 虛 ⑫ 危 ⑬ 室 ⑭ 壁
- 白虎(서북쪽) : ⑮ 奎 ⑯ 婁 ⑰ 胃 ⑱ 昴 ⑲ 畢 ⑳ 觜 ㉑ 參
- 朱雀(서남쪽) : ㉒ 井 ㉓ 鬼 ㉔ 柳 ㉕ 星 ㉖ 張 ㉗ 翼 ㉘ 軫

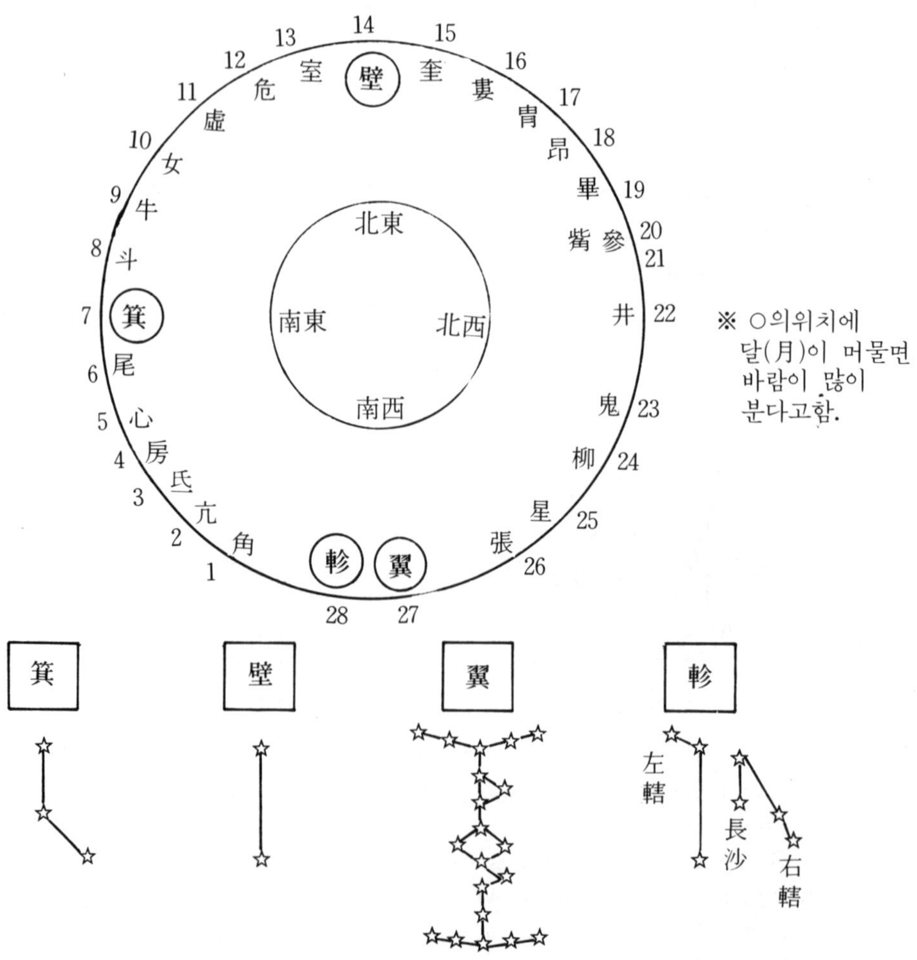

주2)

주풍종 야풍지 **書風從, 夜風止**

여기서 문제가 되는 것은 「書風從」이다. 문헌에 따라 (거의 대다수) 이를 「書風久」로 표기를 하여 그 해석을 달리하고 있다. 본 책자의 어귀대로 한다면 「①「書風從, 夜風止」－낮바람을 이용해 화공(火攻)하면 그 불길을 따라 병사들을 뒤좇게 하지만, 밤바람을 이용한 화공에는 뒤좇으면 위험하므로 좇게 하지마라.」라고 할 수 있으며 만약「書風久」로 해석한다면 「②「書風久, 夜風止」－낮바람이 오래면, 밤바람은 그친다.」라고 할 수 있다. 중국문헌을 근거로 분석해본다.

◎ 孫子十家註

書風久夜風止：曹公曰數當然也/祉佑曰數常也陽風也書風則火氣相動夜風卒欲縱火亦當知風之長短之/李筌曰不知始也/杜牧曰老子曰飄風不終朝/梅堯臣曰凡書風必書止數當然也/王晳同梅堯臣註/張預曰書起則夜息數當然也故老子曰飄風不終朝

◎ 孫子兵法大全

書風久, 夜風止. …況風之性, 書起延久, 遇夜乃止, …

◎ 孫子兵法之綜合硏究

書風久, 夜風止. …大凡書間所起的大風, 是相當永續的, 至夜間所吹的大風, …天文學問題…風力的强弱…火攻者應隨時就地研究的問題.

◎ 孫子兵法白話解

這就叫做「書風從, 夜風止」. 風從的「從」字, 集注, 孫校本都寫作「久」字, 七書直解引張賁的註說：「久者, 古從字之誤也. 謂白書遇風而發火, 則當以兵從之；遇夜有風而發火, 則止而不從, …古代的「從」字寫爲「人人」, 與「久」字的形狀也差不多, 所以誤爲「久」字.

대체로 앞의 세가지 문헌은 ②의 해석을, 「孫子兵法白話解」에서는 ①의 해석을 따랐는데 이 책에서는 「從」자의 고대문자인 「人人」자가 마치「久」로 보여 오기된 채로 지금까지 전수되었다고 하고 있음. 앞뒤 어귀의 「명령체」를 감안, ①의 해석을 따름.

전사연구

火攻의 대표적전례 : 적벽(赤壁)의 싸움

서기 208년, 형주(荊州)북부를 석권하고 장강(長江)유역으로 진출하던 조조와 적벽(赤壁)에서 손권·유비 연합군이 마주쳤다. 조조의 80만대군이 온다는 소문에 전의(戰意)가 상실된 손권연합군을 향해 손권은 책상을 칼로 쳐 두동강이 낸 다음 나약해진 다수의 항복지지자들에게 단호히 조조를 맞아 싸울것을 결의했다. 손권은 주유의 정세분석을 믿고 그런 결심을 굳혔는데 즉 조조군은 80만명이 아니고 15~16만명이며, 원정군으로서 이미 지쳐있어 사기가 극도로 저하되어있고 역병(疫病)이 유행하며, 장병들이 진심으로 조조를 따르지 않는다는 분석이었다. 주유(周瑜)는 손권에게 3만명을 이양받아 백전노장인 황개(黃蓋)와 더불어 출진하여 적벽대안에 진을 쳤다. 5 배나 되는 조조군을 맞은 주유에게 황개는 화공(火攻)을 건의했다.「병력의 절대적 열세로 정면승부는 불가능하며, 조조의 배가 서로 선수(船首)와 선미(船尾)가 맞물려 있으니 화공에 최적이다.」라고 한 것이다.

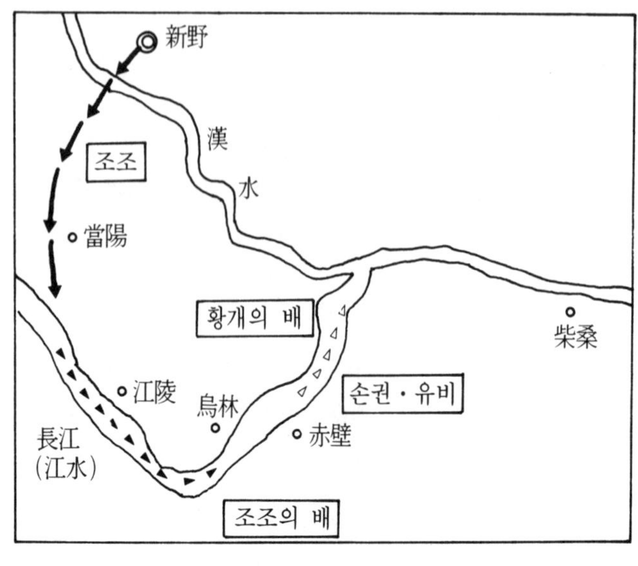

화공작전 진행과정

①화공을 위해 황개는 조조에게 거짓서한을 보내 혼자 손권을 배신하여 조조에게 투항할 뜻을 비쳐 조조에게 자연스럽게 배를 접근 가능하게 했다.

②개전당일 황개는 10척의 배에 마른풀과 마른장작을 쌓고 기름을 부은다음 겉을 포장한채 조조군의 배 선단으로 접근했다.

③항복하러 온것으로 믿은 조조에게 접근하자마자 황개는 일제히 불을 붙여 때마침 부는 동남풍에 편승, 조조의 배들을 삽시간에 태워나갔다.

화공(火攻)결과 조조는 더이상 버티지 못하고 장병을 이끌고 육로를 통해 강릉(江陵)을 향해 도망갔으며 적벽의 싸움에 승리한 손권·유비 연합군은 다시 강릉공략을 계속하여 이듬해 주유가 강릉을 장악했다. 이것이 유명한 적벽의 싸움이다.

용 간 편 제 십 삼
用間篇第十三

손자병법을 통해 얻을 수 있는 교훈은 많다.
물론 당시 피비린내 나는 냉혹한 전쟁의 와중에 이기지 않으면 내가 죽는다고 하는 절박한 처지에서 어떻게 하면 이길 수 있을 것인가를 기술한 '싸움하는 법'을 기록한 兵法임에는 틀림없다. 그런 관점에서 본다면 손자병법은 오직 이기는 방법을 기록한 인간미가 없는 책으로 볼 수 있다.
그러나 우리는 그 속에서도 뼈있는 교훈들을 찾을 수 있고 또한 찾아야 병법공부의 가치가 있을 것이다. 예를 들어, 大事(전쟁등)를 감행할때의 신중성, 국가안전보장과 애민정신, 부하사랑, 상하급자간의 역할인정 및 분담, 장수의 중요성등 수없이 도출될 수 있다. 물론 이런 모든 것들이 오직 원정을 성공시키기 위해 취해지는 제반수단과 방법이라고 본다면 그 또한 틀린 것은 아니다. 설사 손무가 그런 목적하에서 저술했다 하더라도 후세의 우리는 그속에서 전쟁으로부터 인간의 존엄성과 인간미를 보호하고 추구하는 관점에서 조명하는 그러한 가치 재창출의 노력이 있어야 할 것이다(필자주).

주요 어귀

無所不用間也
反間不可不厚也

개 요

「용간(用間)」이란, 「간자(間者)」 즉 「간첩(間諜 : espionage,agent)을 사용(使用)하는 방법」을 말한다. 용간편은 손자병법의 마지막편으로 손자가 강조한 대표적 어귀인 「지피지기 백전불태(知彼知己, 百戰不殆)」를 구체적으로 실현시키는 정보활동에 대해 상세히 언급했다. 간첩을 사용하는 5가지〔① 향간(鄕間)－적국의 주민을 이용 ② 내간(內間)－적국의 관리를 이용 ③ 반간(反間)－적의 간첩을 역이용 ④ 사간(死間)－허위사실(유언비어) 퍼뜨리는 간첩 ⑤ 생간(生間)－적실정 파악하여 보고하는 간첩〕를 제시하여 하나씩 설명했다. 이중에서 반간(反間)은 대단히 중요하며 고도의 기술이 요구된다.

「지기(知己)」는 비교적 용이하나 「지피(知彼)」는 이러한 간첩들의 적극적인 활용이 없이는 대단히 어렵다. 그래서 손자는 「지피(知彼)」를 위한 비용은 물 쓰듯 해도 좋다고 했다.

스파이(SPY)의 역사는 대단히 깊다. 손자병법 훨씬 이전인 B・C・3,600～3,400년경 이집트의 제12왕조시대에 듀트장군이 중무장한 200명의 병사를 밀가루부대 속에 넣어 꿰맨후 적지(敵地)로 잠입시킨 기록이 있고, B・C・1200년 그리이스와 트로이간에 있었던 유명한 트로이전쟁에서 유리시즈가 사용했던 목마(木馬)의 간계 (두나라는 10년간이나 대치하고 있었고 이 장기간의 대치상황을 깨고자 트로이성 해안에 진을 쳤던 그리이스의 유리시즈는 어느날 갑자기 전 병력을 이끌고 사라져버린다. 이 때 유리시즈의 간계에 의해 그의 부하 「시논(Sinon)」이 고의적으로 남아서 트로이왕에게 잡혀 그가 유리시즈에게 버림받은 얘기와 거대한 목마의 자초지종을 밝히고 목마를 트로이성안으로 넣는데 성공한다. 야간을 틈타 목마안의 20명과 사라져버린것처럼 보인 유리시즈의 대군이 합세하여 트로이를 멸망시킨다.), B・C・334년 알렉산더 대왕의 편지검열을 통한 신상파악, 1221년 징기스칸이 부하장군 수부타이를 이용한 유언비어 유포등은 「용간(用間)을 중시했던 기록들이다. 1명의 탁월한 간첩이 10년의 세월을 또는 10만명의 병력을 대적한 예는 전사(戰史)에 어렵지 않게 찾아볼 수 있다. 용간의 중요성을 깊이 깨달아야 할 것이다.

* 스탈린으로 하여금 극동소련군을 과감히 유럽전선의 독일군 코앞으로 전용시킬수 있도록 결정적인 첩보를 제공한 스파이「조르게」의 활약, 노일전쟁이 임박했던 1901년에 유럽으로 건너가서 철저한 조직망을결성하여 러시아정부의 군국주의 정책을 비판하게 끔 유도함으로써 결국 무정부상태로 만들어 노일전쟁시 러시아로 하여금 전쟁계속의지를 포기하게끔 만들었던 희대의 간첩「明石」대령, 일본군의 만주작전시 「明石」대령과 호응하여 암약했던 「특별임무반(군사탐정반)」, 아랍인의 반란부대를 조종하여 터어키군을 괴롭혔던 영국의 로렌스(소위 아라비아의 로렌스)등은 모략으로 점철된 현대의 「用間」이다.

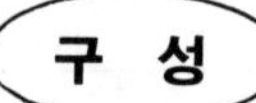

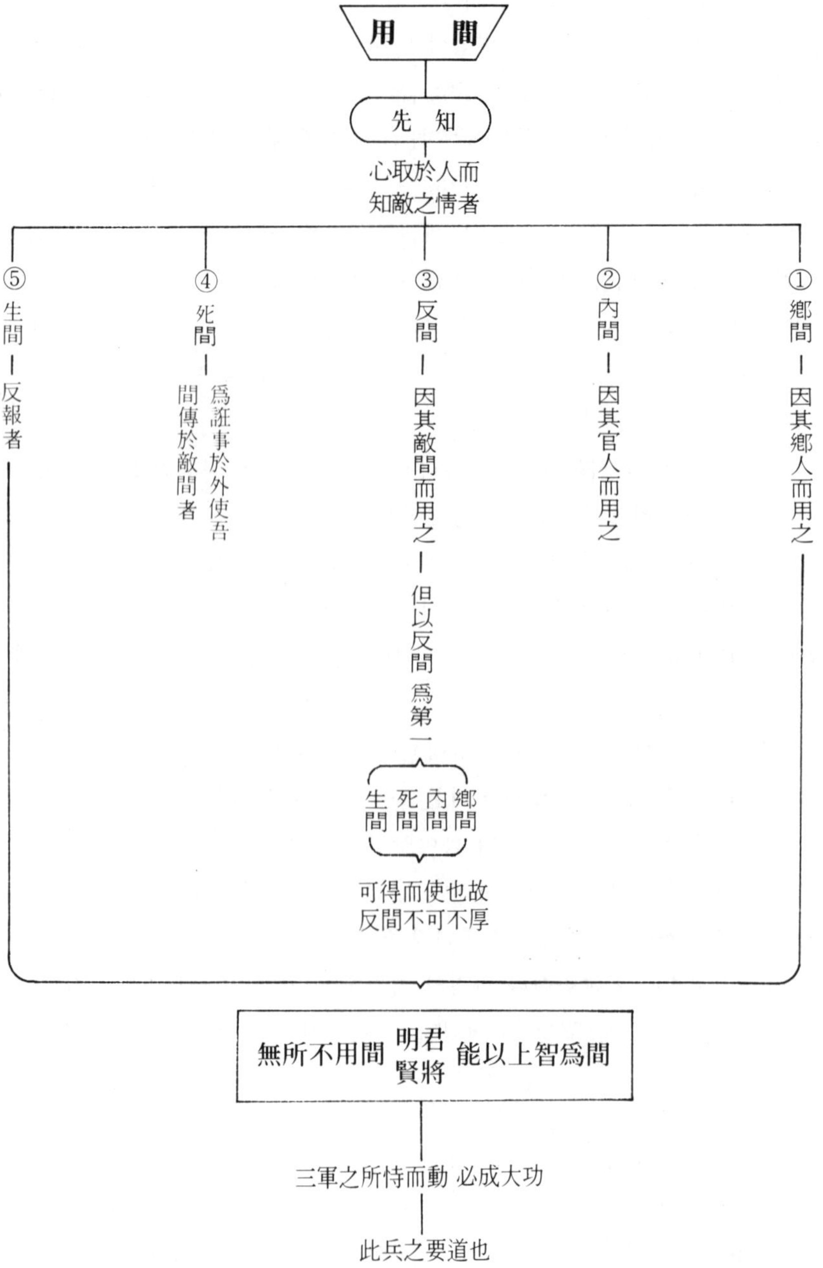

用　　間

先　知

心取於人而知敵之情者

① 鄕間 — 因其鄕人而用之

② 內間 — 因其官人而用之

③ 反間 — 因其敵間而用之 — 但以反間爲第一

④ 死間 — 爲誑事於外使吾間傳於敵間者

⑤ 生間 — 反報者

鄕間 內間 死間 生間

可得而使也故反間不可厚

無所不用間 明君賢將 能以上智爲間

三軍之所恃而動 必成大功

此兵之要道也

원 문

用間篇第 十三

孫子兵法大全에서

孫子曰：凡興師十萬，出征千里，百姓之費，公家之奉，日費千金，內外騷動，怠於道路，不得操事者，七十萬家，相守數年，以爭一日之勝，而愛爵祿百金，不知敵之情者，不仁之至也，非人之將也，非君之佐也，非勝之主也. 故明君賢將，所以動而勝人，成功出於衆者，先知也；先知者，不可取於鬼神，不可象於事，不可驗於度； 必取於人，知敵之情者也.

故用間有五：有鄕間，有內間，有反間，有死間，有生間. 五間俱起，莫知其道，是爲神紀，人君之寶也.

鄕間者，因其鄕人而用之. 內間者，因其官人而用之. 反間者，因其敵間而用之，死間者，爲誑事於外，令吾間知之，而傳於敵也. 生間者，反報也.

故三軍之事，莫親於間，賞莫厚於間，事莫密於間，非聖智不能用間，非仁義不能使間，非微妙不能得間之實. 微哉微哉，無所不用間也. 間事未發而先聞者，間與所告者皆死.

凡軍之所欲擊，城之所欲攻，人之所欲殺； 必先知其守將・左右・謁者・門者・舍人之姓名，令吾間必索知之. 必索敵間來間我者，因而利之，導而舍之，故反間可得而用也. 因是而知之，故鄕間內間可得而使也；因是而知之，故死間爲誑事，可使告敵；因是而知之，故生間可使如期. 五間之事，主必知之，知之必在於反間，故反間不可不厚也.

昔殷之興也，伊摯在夏. 周之興也，呂牙在殷. 故惟明君賢將，能以上智爲間者，必成大功. 此兵之要，三軍之所恃而動也.

원 문	훈 독
손 자 왈　범 흥 사 십 만　출 정 천 리 孫子曰：凡興師十萬，出征千里， 백 성 지 비　공 가 지 봉　일 비 천 금 百姓之費，公家之奉，日費千金， 내 외 소 동　태 어 도 로　부 득 조 內外騷動，怠於道路，不得操 사 자　칠 십 만 가 事者，七十萬家，	손자왈, 범흥사십만하여 출정천리하면 백성지비와 공가지봉이 일비천금이 니라. 내외소동하며 태어도로하여 부득 조 사자는 칠십만가니라.

직 역

손자(孫子) 말하되(曰), 무릇(凡) 군사(師) 십만(十萬) 일으켜서(興) 출정(出征)천리(千里)하면, 백성(百姓)의 비용(費)과 공가(公家)의 봉(奉)이 하루(日) 천금(千金)소비(費)한다. 내외(內外)소동(騷動)하며 도로(道路)에서 지쳐(怠) 일(事) 잡을(操)수 없는(不得)자(者)가 칠십만(七十萬)가(家)이다.

- 興(흥)—「일어날 흥」, 師(사)—「군사 사, 스승 사」, 征(정)—「정벌할 정」
- 騷(소)—「시끄러울 소」, 怠(태)—「게으를 태, 느릴 태」, 操(조)—「잡을 조, 부릴 조」

해 설

병사 10만명을 동원하여 천리되는 먼 길에 원정한다면 백성들의 부담과 국가재정을 하루에 천금이나 소비해야 한다. 그리고 국내외적으로 소란하게 되며 백성들은 군량과 보급품등을 운반하느라고 도로에 지쳐있게 되어 생업에 종사할수 없는 자가 칠십만 호나 된다.

* 怠(태)—여기서는「지치기때문에 게으르다」는 의미
* 중국고대병역제도는 민호(民戶)제도에 의해「1井」의 단위에 8호가 담당했는데 1개호에서 1명의 병사가 나오면 나머지 7개호에서는 노역을 제공한다. 10만명병사는 결국 70만호가 부역해야되는 계산이 나온다.

핵심도해

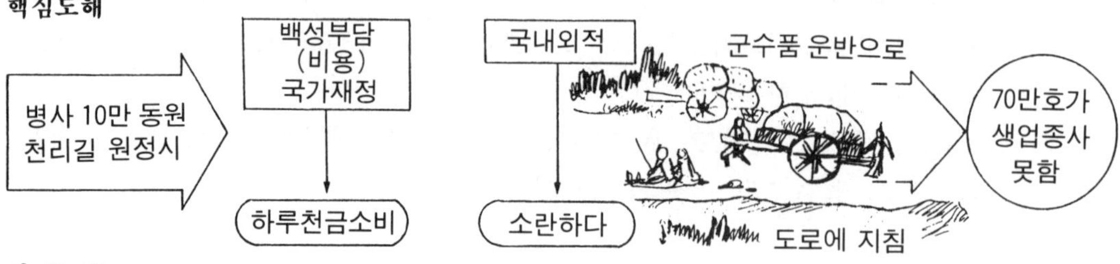

영 문 역

The Use of Spies.

Sun Tzu said: Raising a host of a hundred thousand men and marching them great distances entails heavy loss on the people and a drain on the resources of the state. The daily expenditure will amount to a thousand ounces of silver. There will be commotion at home and abroad, and men will drop down exhausted on the highways. As many as seven hundred thousand families will be impeded in their labor.

원 문	훈 독
相守數年, 以爭一日之勝, 而愛爵祿百金, 不知敵之情者, 不仁之至也, 非人之將也, 非主之佐也, 非勝之主也.	상수수년에 이쟁일일지승이니라. 이애작록백금하여 부지적지정자는 불인지지야니라. 비인지장야요. 비주지좌야요, 비승지주야니라.

직 역

서로(相) 지키기(守)수년(數年), 그로써(以) 하루(一日)의 승(勝) 다툰다(爭). 벼슬(爵)의 록(祿) 백금(百金)을 아껴(愛), 적(敵)의 정세(情) 모르는(不知)자(者)는 불인(不仁)의 지극함(至)이다. 사람(人)의 장수(將)가 아니다. 임금(主)의 도움(佐)아니다. 승리(勝)의 주인(主)아니다.

● 爵(작)—「벼슬 작」, 祿(록)—「녹 록」, 佐(좌)—「도울 좌」

해 설

이러한 상태로 적과 서로 대치하기를 수년동안하면서 결국 하루의 승리를 다투게 된다. 이처럼 투자되는 비용과 손해가 엄청함에도 불구하고 작록으로 주는 백금(百金)정도의 얼마 안되는 돈을 아낌으로써 정보 활동(=간첩활용)을 하지 못하여 적정을 알지 못한다면 이는 어리석기 짝이 없는 일이다(어질지못함의 지극함이다). 이런 자는 사람들의 장수가 될 수 없고, 임금을 보좌하는 역할도 못하고, 승리를 차지할 주인공도 되지 못한다.

핵심도해

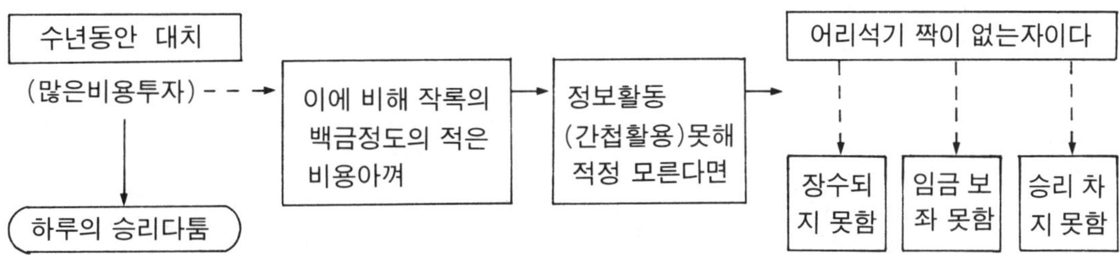

영 문 역

Hostile armies may face each other for years, striving for victory which is decided in a single day. This being so, to remain in ignorance of the enemy's condition simply because one grudges the outlay of a hundred ounces of silver in honours and emoluments, is the height of inhumanity.

One who acts thus is no leader of men, no present help to his sovereign, no master of victory.

원 문

원 문	훈 독
故明君賢將(고명군현장)，所以動而勝人(소이동이승인)，成功出於衆者(성공출어중자)，先知也(선지야)；先知者(선지자)，不可取於鬼神(불가취어귀신)，不可象於事(불가상어사)，不可驗於度(불가험어도)；必取於人(필취어인)，知敵之情者也(지적지정자야).	고로 명군현장은 소이동이승인하여, 성공출어중자는 선지야니라. 선지자는 불가취어귀신하고 불가상어사하며 불가험어도하니라. 필취어인하고 지적지정자야니라.

직 역

그러므로(故) 명군(明君)현장(賢將)이 움직여(動)사람(人)을 이기고(勝) 성공(成功)이 무리(衆)에 뛰어남(出)은, 먼저(先) 알기(知)때문이다. 먼저(先)아는(知)것(者)은 귀신(鬼神)에서 취(取)할 수 없다(不可). 일(事)에서 본받을(象)수 없다(不可). 도(度)에서 증험(驗)할 수 없다(不可). 반드시(必) 사람(人)에게 취(取)해서 적(敵)의 정세(情)를 안다(知).

● 象(상)—「형상 상, 본받을 상, 코끼리 상」, 驗(험)—「증험 험, 시험할 험」
● 出於衆(출어중)—무리가운데 뛰어남, 출중(出衆)함.
* 者(자)—「어조사 자,놈 자」 대체로「것」으로 해석됨

해 설

총명한 군주와 현명한 장수가 움직이기만하면 적을 이기고 출중하게 공을 세우는 것은 먼저 적정을 알고 있기 때문이다. 먼저 적정을 안다는 것은 귀신에게 물어서 취할수 있는것(종묘에 모셔놓은 거북껍질을 태워 갈라진 모양으로 길흉을 점침)도 아니고 유사한 사례에 비추어 알 수 도 없으며 일정한 법칙에 의해 파악되는 것도 아니다. 반드시 사람(=간첩)을 통해 적정을 알아야 한다.

핵심도해

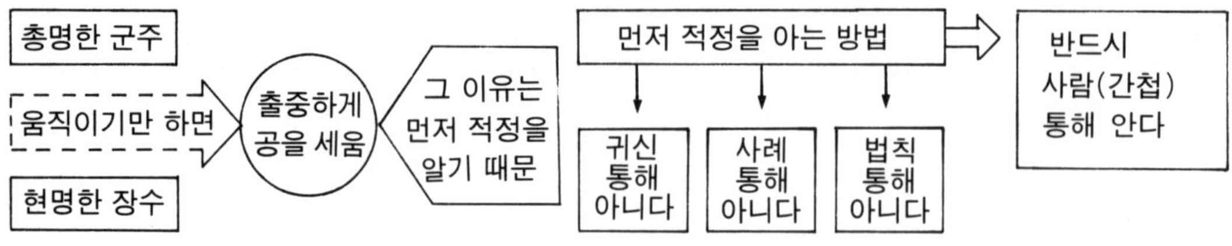

영 문 역

Thus, what enables the wise sovereign and the good general to strike and conquer, and achieve things beyond the reach of ordinary men, is foreknowledge.

Now this foreknowledge cannot be elicited from spirits; it cannot be obtained inductively from experience, nor by any deductive calculation.

Knowledge of the enemy's dispositions can only be obtained from other men.

원 문	훈 독
고 용 간 유 오　유 향 간 故用間有五： 有鄉間，	고로 용간에유오이다. 유향간하고
유 내 간　유 반 간　유 사 간 有內間， 有反間， 有死間，	유내간하고 유반간하고 유사간하고
유 생 간　오 간 구 기 有生間. 五間俱起，	유생간이라. 오간구기하되
막 지 기 도　시 위 신 기 莫知其道， 是謂神紀，	막지기도하니 시위신기요
인 군 지 보 야 人君之寶也.	인군지보야니라.

직 역

그러므로(故) 간첩(間)쓰는(用)데 다섯(五)있다. 향간(鄉間)있고(有), 내간(內間)있고(有), 반간(反間)있고, 사간(死間)있고, 생간(生間)있다. 오간(五間)이 함께(俱)일어(起)나나 그(其)길(道)아는(知)것 없다(莫). 이(是)를 신기(神紀))라 이르고(謂) 인군(人君)의 보배(寶)이다.

● 鄉(향)－「시골 향, 고장 향」, 反(반)－「돌이킬 반」, 俱(구)－「함께 구」
● 莫(막)－「아닐 막, 없을 막」, 謂(위)－「이를 위」, 寶(보)－「보배 보, 돈 보」

해 설

그러므로 간첩을 쓰는데는 5가지 방법이 있다. ① 향간(鄉間) ② 내간(內間) ③ 반간(反間) ④ 사간(死間) ⑤ 생간(生間)의 5가지이다. 이 다섯가지 간첩이 함께 활동하는데도 적이 그것을 알지못하니 이것이 신묘한 방법이며 군주의 보배인것이다.

핵심도해

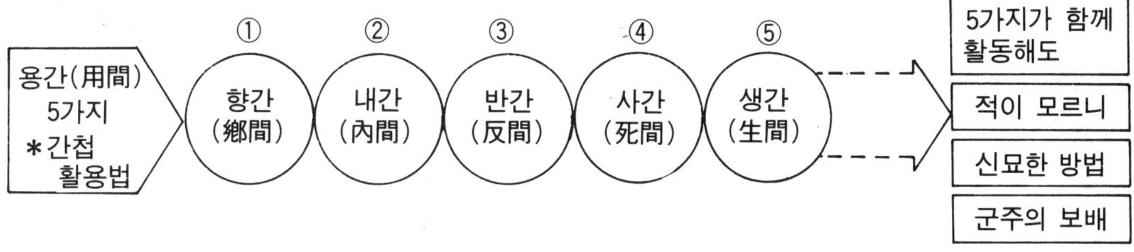

영 문 역

Hence the use of spies, of whom there are five classes: (1) Local spies; (2) inward spies; (3) converted spies; (4) doomed spies; (5) surviving spies.

When these five kinds of spy are all at work, none can discover the secret system. This is called "divine manipulation of the threads." It is the sovereign's most precious faculty.

원 문	훈 독
향 간 자　인 기 향 인 이 용 지 鄕間者, 因其鄕人而用之.	향간자는 인기향인이용지하고,
내 간 자　인 기 관 인 이 용 지 內間者, 因其官人而用之.	내간자는 인기관인이용지하고,
반 간 자　인 기 적 간 이 용 지 反間者, 因其敵間而用之.	반간자는 인기적간이용지하고,
사 간 자　위 광 사 어 외　령 오 간 死間者, 爲誑事於外, 令吾間,	사간자는 위광사어외하여 령오간
지 지　이 전 어 적 야　생 간 자 知之, 而傳於敵也. 生間者,	지지하여 이전어적야하고,
반 보 야 反報也.	생간자는 반보야니라.

직 역

향간(鄕間)은 그(其)향인(鄕人)에 의해(因)쓴다(用). 내간(內間)은 그(其)관인(官人)에 의해(因)쓴다(用). 반간(反間)은 적의 간첩을 이동하는 것이다. 사간(死間)은 밖(外)으로 일(事)을 속여(誑)나(吾)의 간첩(間)으로 하여금(令)이를 알려(知) 적(敵)에 전(傳)하는 것이다. 생간(生間)은 돌아가(反) 보고(報)하는 것이다.

誑(광)-「속일 광」

해설 및 핵심도해

① 향간(鄕間)	② 내간(內間)	③ 반간(反間)	④ 사간(死間)	⑤ 생간(生間)
적국의 주민이용	적국의 관리이용	적국의 간첩을 매수하여 역이용	아군의 간첩으로 하여금 허위정보를 알게하여 적에게 넘어가서 누설·유포시키는 것	적국의 정보를 탐지하여 살아 돌아와 보고하는 것
※ 적국에 드나드는 상인들이용, 적국근처주민이용등 ※ 원정군에게 편리	※ 적국의 관리를 매수하여 간첩임무 부여 진평의 이간책	※ 이중간첩 여간첩 마타하리	※ 결국허위정보는 밝혀지므로 죽게되니 사간(死間)이다.	※ 반보(反報)는 반명(反命)과 같고 일반적인 간첩이 생간이다.

영 문 역

Having local spies means employing the services of the inhabitants of a district.

Having inward spies, making use of officials of the enemy.

Having converted spies, getting hold of the enemy's spies and using them for our own purposes.

Having doomed spies,, doing certain things openly for purposes of deception and allowing our own spies to know of them and report them to the enemy.

Surviving spies finally, are those who bring back news from the enemy's camp.

원 문	훈 독
故三軍之事，莫親於間. 賞莫厚於間，事莫密於間， 非聖智不能用間，非仁義不能 使間，非微妙不能得間之實.	고로 삼군지사는 막친어간하고 상막후어간하고 사막밀어간이니라. 비성지면 불능용간하고 비인의면 불능사간하고 비미묘면 불능득간 지실이니라.

직 역

그러므로(故) 삼군(三軍)의 일(事)은 간첩(間)보다 친(親)한것 없다(莫). 상(賞)은 간첩(間)보다 후(厚)한 것 없다. 일(事)은 간첩(間)보다 비밀(密)스러운 것 없다. 성지(聖智) 아니면(非) 간첩(間) 쓸(用)수 없다(不能). 인의(仁義) 아니면(非) 간첩(間) 부릴(使)수 없다(不能). 미묘(微妙) 아니면(非) 간첩(間)의 실(實) 얻을(得)수 없다(不能).

● 莫(막)-「아닐 막」, 厚(후)-「후할 후」, 聖智(성지)-성인의 지혜 즉 매우 뛰어난지혜

해 설

삼군을 맡아 다스리는 장수의 일중에서도 간첩과 장수만큼 친밀한것 없다. 상은 간첩이 제일 후하다. 간첩의 일보다 극비가 없다. 장수가 뛰어난 지혜를 갖지 못하면 간첩을 이용할 수 없다. 간첩을 심복하게 하는 인의(仁義)가 없으면 간첩을 쓰지 못한다. 미묘한데까지 살피지 못하면 간첩이 제공하는 정보의 진실을 파악하지 못한다.

핵심도해

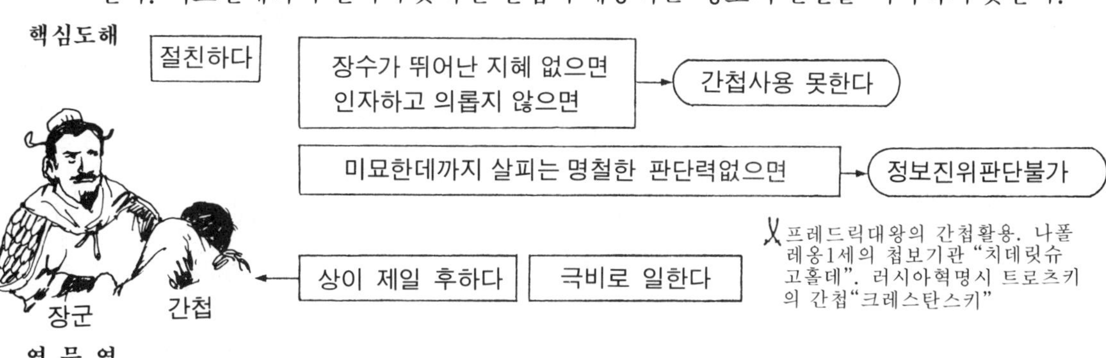

영 문 역

Hence it is that with none in the whole army are more intimate relations to be maintained than with spies. None should be more liberally rewarded. In no other business should greater secrecy be preserved. Spies cannot be usefully employed without certain intuitive sagacity.

They cannot be properly managed without benevolence and straightforwardness.

Without subtle ingenuity of mind, one cannot make certain of the truth of their reports.

원 문	훈 독
미재미재 무소불용간야 徵哉徵哉，無所不用間也， 간사미발이선문자 간여소 間事未發而先聞者，間與所 고자개사 告者皆死.	미재미재라, 무소불용간야라. 간사미발이선문자이면 간여소고 자는 개사니라.

직 역

미재(徵哉：미묘하다！) 미재(徵哉：미묘하다！), 간첩(間)을 쓰지(用) 않는(不) 바(所) 없다(無). 간첩(間)의 일(事)이 아직(未) 발(發)하지 않았는데 먼저(先) 들리면(聞), 간첩(間)과 더불어(與) 고(告)한자(者) 모두(皆)죽는다(死).

- 徵(미)—「숨을 미, 정묘할 미」, 哉(재)—「어조사 재, 비롯할 재」
- 聞(문)—「들을 문」, 皆(개)—「다 개, 같을 개」

해 설

미묘하고 미묘하다. 제대로 쓰기만 하면 간첩이 이용되지 않는 곳이 없다(어떤 곳에서도 유용하게 사용되는 것이다). 그러나 만약에 간첩이 기밀을 시행하지도 않았는데(공식적으로 발표되지 않았는데) 밖에서 이미 그 기밀이 밝혀져 알려졌다면(폭로되었다면) 그 간첩은 물론그 기밀을누설한사람까지도 모두 죽여야 한다(비밀유지는 생명임을 주지시킴).

핵심도해

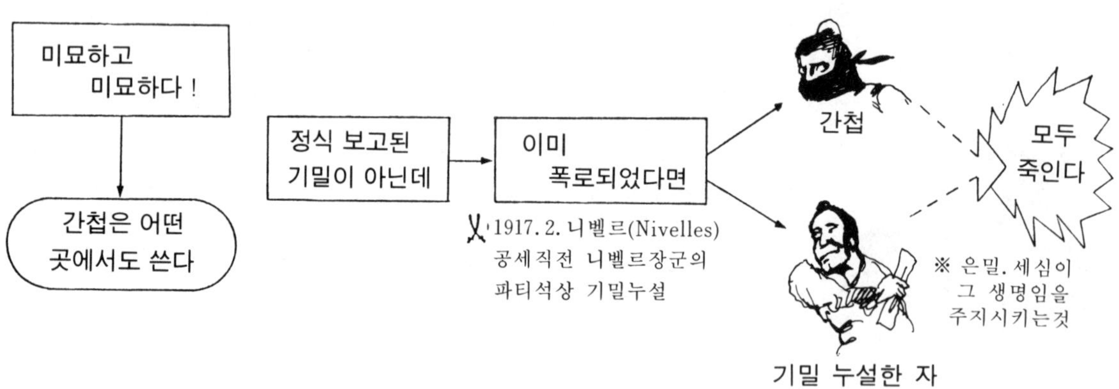

영 문 역

Be subtle! and use your spies for every kind of business.

If a secret piece of news is divulged by a spy before the time is ripe, he must be put to death together with the man to whom the secret was told.

원 문	훈 독
凡軍之所欲擊, 城之所欲攻, 人之所欲殺; 必先知其守將. 左右·謁者·門者·舍人之姓名, 令吾間必索知之.	범군지소욕격과 성지소욕공과 인지소욕살은 필선지기수장과 좌우와 알자와문자와 사인지성명이며. 령오간필색지지이니라.

직 역

무릇(凡) 군(軍)의 치(擊)고자(欲)하는바(所), 성(城)의 공격(攻) 하고자(欲)하는 바(所), 사람(人)을 죽이(殺)고자(欲)하는바(所), 반드시(必) 먼저(先) 그(其) 수장(守將)·좌우(左右)·알자(謁者)·문자(門者)·사인(舍人)의 성명(姓名)을 알아야(知)한다. 나(吾)의 간첩(間)을 시켜(令) 반드시(必) 찾아서(索) 이를(之)알게(知)한다.

- 守將(수장)－성을 지키는 장수, 左右(좌우)－수장의 좌우 참모(막료)
- 謁(알)－「뵐 알」, 謁者(알자)－지금의 부관 혹은 비서(실장)
- 舍(사)－「집 사」, 舍人(사인)－잔심부름꾼 혹은 경호원·수행원

해 설

부득이 싸워야 될 경우에는 공격하고자하는 장소, 성이라면 공격을 가해야할 곳을 미리 조사해야되고, 만약 사람을 죽이고자 하면 반드시 그 장군과 주위의 참모, 부관, 경호및 수행요원등의 성명(신상)을 알아야 한다. 이를 위해 아군의 간첩을 보내 탐지하는 수 밖에 없다.

핵심도해

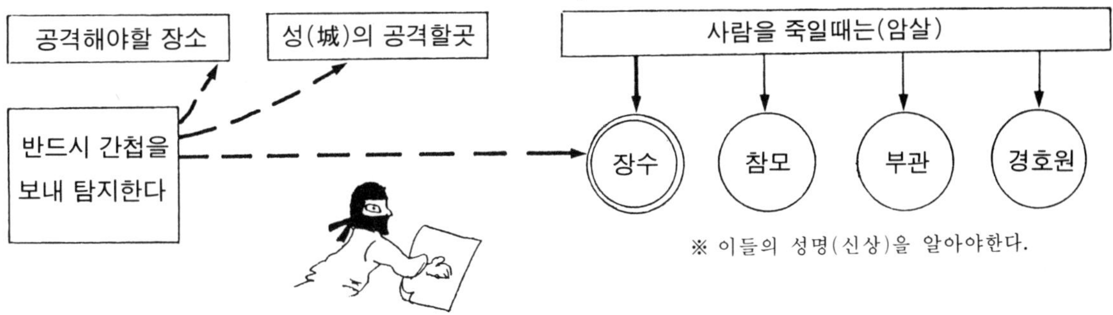

영 문 역

Whether the object be to crush an army, to storm a city, or to assassinate an individual, it is always necessary to begin by finding out the names of the attendants, the aides-de-camp, the door-keepers and sentries of the general in command. Our spies must be commissioned to ascertain these.

원 문	훈 독
필 색 적 간 지 래 간 아 자 必索敵間之來間我者, 인 이 리 지 도 이 사 지 因而利之, 導而舍之, 고 반 간 가 득 이 용 야 故反間可得而用也. 인 시 이 지 지 고 향 간 내 간 가 득 因是而知之, 故鄕間內間可得 이 사 야 而使也;	필색적간지래간아자하여 인이리지하고, 도이사지하며 고반간가득이용야니라. 인시이지지이므로 고향간내간가 득이사야니라.

직 역

반드시(必) 적(敵)의 간첩(間)으로 와서(來) 나(我)를 간(間)하는 자(者)를 찾아내고(索), 인(因)하여 이를(之) 이(利)롭게 하고, 이끌어(導) 놓아(舍)준다. 그러므로(故) 반간(反間) 얻어서(得) 쓸(用)수 있다(可). 이로(是) 인(因)하여 이를(之) 알게(知)되므로 그러므로(故) 향간(鄕間) 내간(內間)을 얻어(得)부릴(使)수 있다.

● 舍(사)-「놓을 사, 집 사」, 導而舍之(도이사지)-인도하여 다시 적지로 놓아보냄, 이를「舍(여관)에 투숙시켜 잘 대접한다.」라고 해석하는 문헌도 있음.

해 설

적의 간첩이 들어와서 아군의 정세를 탐색하려 할 때는 이를 찾아내어 여러가지 이익을 주어 이를 완전히 매수한 뒤에 다시 적지에 내 보낸다. 이렇게 해서 반간(反間 : 이중간첩)을 이용할 수 있는것이다. 이 반간을 통해 적국의 주민들과 관리들의 인적사항을 알수 있으므로 향간(鄕間)이나 내간(內間)을 얻어서 부릴 수 있는 것이다.

핵심도해

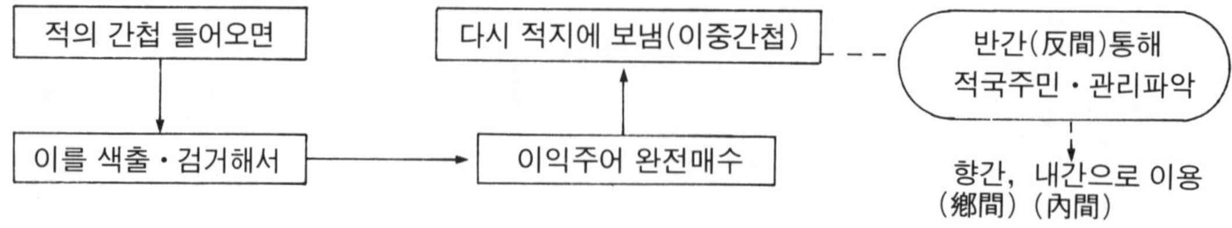

영 문 역

The enemy's spies who have come to spy on us must be sought out, tempted with bribes, led away and comfortably housed. Thus they will become converted spies and available for our service.

It is through the information brought by the converted spy that we are able to acquire and employ local and inward spies.

원 문	훈 독
인 시 이 지 지　　고 사 간 위 광 사 因是而知之，故死間爲誑事， 가 사 고 적　　인 시 이 지 지 可使告敵；因是而知之， 고 생 간 가 사 여 기　　오 간 지 사 故生間可使如期．五間之事， 주 필 지 지　　지 지 필 재 어 반 간 主必知之，知之必在於反間， 고 반 간 불 가 불 후 야 故反間不可不厚也．	인시이지지니 고사간위광사하여 가사고적이니라. 인시이지지니 고생간가사여기니라. 오간지사는 주필지지이라. 지지는 필재어반간 이니 고반간불가불후야니라.

직 역

이(是)를 인(因)하여 이를(之) 안다(知). 그러므로(故) 사간(死間)이 광사(誑事)하여(爲) 적(敵)에게 고(告)하게 부린다(使). 이(是)를 인(因)하여 이를(之) 안다(知). 그러므로(故) 생간(生間)을 기약(期)한것과 같이(如) 부릴(使) 수 있다(可). 오간(五間)의 일(事)은 군주(主)가 반드시(必) 알아야(知)한다. 이를(之) 아는(知) 것은 반드시(必) 반간(反間)에 있으니(在), 그러므로(故) 반간(反間)은 후(厚)하게 하지 않을 수 없다(不可不).

● 誑(광)—「속일 광」, 厚(후)—「후할 후」

해 설

이 반간(反間)을 통해 적정을 알 수 있으므로 능히 사간(死間)을 통해서 허위정보를 적에게 누설시킬 수 있다. 또 반간을 통해 적정을 알 수 있으므로 능히 생간(生間)을 적국내에서 활동시켜 기일내에 돌아와 보고하게 할 수 있다. 오간(향간·내간·반간·사간·생간)의 활동은 군주가 반드시 알고 있어야 하며, 그 일은 반드시 반간(反間)을 통해서 하니 고로 반간은 후히 대접해 줄 수 밖에 없다.

핵심도해

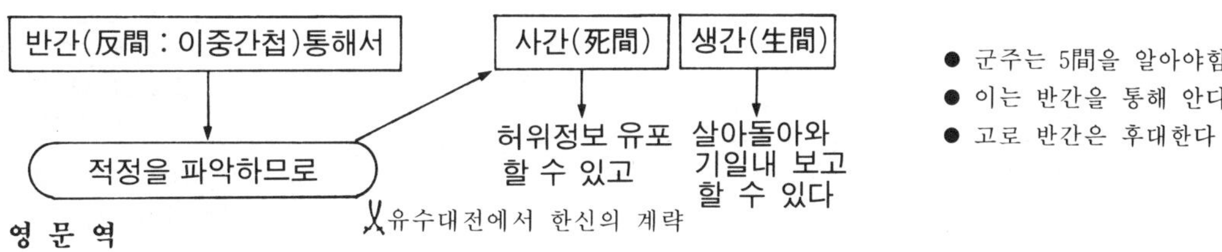

영 문 역

It is owing to his information, again, that we can cause the doomed spy to carry false tidings to the enemy.

Lastly, it is by his information that the surviving spy can be used on appointed occasions.

The end and aim of spying in all its five varieties is knowledge of the enemy; and this knowledge can only be derived, in the first instance, from the converted spy. Hence it is essential that the converted spy be treated with the utmost liberality.

원 문	훈 독
석 은 지 흥 야　이 지 재 하 昔殷之興也, 伊摯在夏.	석은지흥야에 이지재하하고
주 지 흥 야　려 아 재 은 周之興也, 呂牙在殷.	주지흥야에 려아재은이니라.
고 유 명 군 현 장　능 이 상 지 위 간 자 故惟明君賢將, 能以上智爲間者,	고로 유명군현장이 능이상지위간자면
필 성 대 공　차 병 지 요　삼 군 지 소 必成大功. 此兵之要 三軍之所	필성대공이니라. 차병지요요 삼군지소
시 이 동 야 恃而動也.	시이동야니라.

직 역 옛날(昔) 은(殷)나라가 일어나자(興) 이지(伊摯)는 하(夏)나라에 있었다(在). 주(周)나라가 일어나자(興) 여아(呂牙)는 은(殷)나라에 있었다(在). 그러므로(故) 명군(明君)과 현장(賢將) 만(惟)이 능(能)히 상지(上智)로써(以) 간자(間者)삼으면(爲) 반드시(必) 큰(大) 공(功)을 이룬다(成). 이것이(此) 병(兵)의 요결(要)이요, 삼군(三軍)이 믿고서(恃) 움직이는(動) 바(所)이다.

- 昔(석)—「옛 석」, 興(홍)—「일어날 홍」, 惟(유)—「오직 유」, 恃(시)—「믿을 시」
- 伊摯(이 지)—「저 이, 잡을 지」: 탕왕을 도와 하(夏)의 걸왕을 쳐서 천하를 평정한 재상인 이윤(伊尹)을 일컬음. 呂牙(여아)—「법중 려, 어금니 아」: 강태공여상(呂尙)을 말하며 주나라의 무왕을 도와 은나라를 쳐서 천하를 평정함, 자는 자아(子牙)

해 설 옛날 은나라가 일어날때에는 이지(이윤)가 하나라에 있었으며(은의 탕왕이 이를 발탁했다) 주나라가 일어날때에는 여아(강태공)가 은나라에 있었다(주의 문왕이 이를 발탁했다). 그러므로 영명한 군주와 현명한 장수만이 뛰어난 지혜를 가진 자를 간첩으로 삼을 수 있으며 그리하여 반드시 큰 공을 이룰 수 있는 것이다. 간첩을 잘부리는 것은 용병의 중요한 일로서 전군이 그 첩보를 믿고 행동하게 되는 것이다.

핵심도해

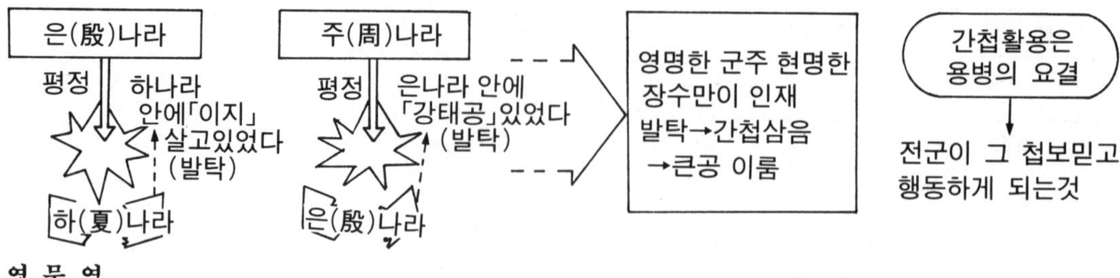

영 문 역

Of old, the rise of the Yin dynasty was due to 1 Chih who Had served under the Hsia. Likewise, the rise of the Chou dynasty was due to Lü Ya who had served under the Yin.

Hence it is only the enlightened ruler and the wise general who will use the highest intelligence of the army for purposes of spying, and thereby they achieve great results. Spies are a most important element in war, because on them depends an army's ability to move.

전사연구

제2차세계대전의 운명을 바꾸어놓은 간첩 조르게의 활약

간첩「조르게」는 스탈린에게 결정적 첩보를 제공함으로써 당시 유럽전선에서 독일군을 맞아 병력부족으로 악전고투를 하고 있었던 상황에서 과감히 시베리아에 있었던 소련극동군을 빼돌려 유럽전선의 독일군앞으로 보낼수 있었다. 그 첩보는 '일본이 의도하고 있는 주전장(主戰場)은 남방(南方 : 남방자원지대, 인도네시아등지)'이라는 것이었다. 만약 일본의 공격무대가 남방이라는 사실을 몰랐다면 스탈린은 극동의 소련군을 유럽전선으로 전용하지 못했을 것이며 그렇게 되었을 경우 히틀러의 공세에 얼마만큼 견딜수 있었던가. 실제 제2차세계대전의 운명이 좌우될 위기였다.

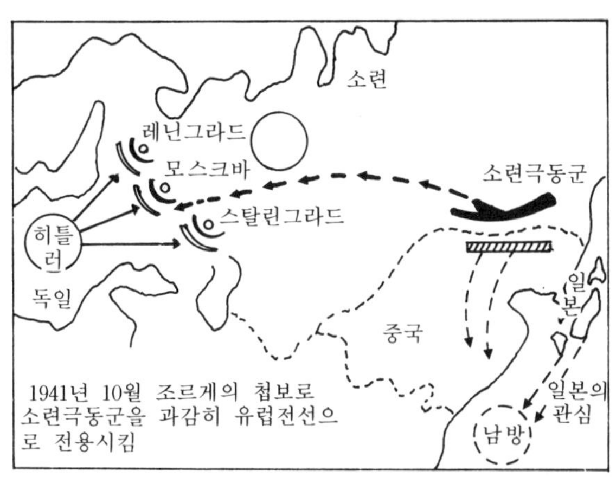

1941년 10월 조르게의 첩보로 소련극동군을 과감히 유럽전선으로 전용시킴

조르게는 독일과 소련의 혼혈인(混血人)이다. 이 점을 이용하여 조르게는 스탈린의 밀명을 받고 독일신문의 특파원으로 가장하여 1933년 9월 일본으로 건너갔다. 일본에서 조르게는 주일독일대사인「오트」를 손에 넣는데 성공했으며, 조르게가 상해에서 활동할 당시 알게된 일본의 조일신문(朝日新聞)기자인 일본인「尾崎秀實」을 조수로 삼고 이자를 일본수상「近衛」의 브레인으로 잠입시키는데 성공했다.

그리하여 독일의 상황은 독일인대사「오트」에 의해, 일본의 상황은 일본수상에 의해 손바닥 보듯 알 수 있었던 것이다. 마침내 1941년 10월, 「일본의 주전장이 남방」임을 입수한 조르게는 그즉시 스탈린에게 암호전보를 보낸것이다.

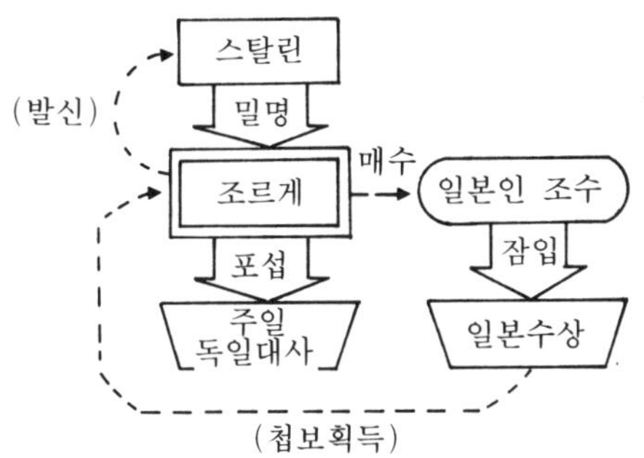

※조르게가 전시 계엄하의 일본에서 8년이나 암약을 할 수 있었던 이유는 극소수에게만 공작했으며, 돈을 사용하지 않아 눈에 띄지 않았다는 것이다.

※조르게는 1941년 10월에 검거되어 모든 과정을 자백했다.

소련의 나폴레옹 투하체프스키 원수의 말살(抹殺)모략

소련의 나폴레옹이라고 칭송되었던 투하체프스키장군은 이를 무서워했던 독일에의해 기묘한 방법으로 제거되었다. 제1차세계대전후 소련과 독일은 상호 긴밀히 제휴하고 있었으며 군사면에서는 소련의 대표로 투하체프스키장군이 활동하고 있었다. 투하체프스키장군은 군사적인 천재(天才)로서 그의 전략과 전술론은 전세계의 군사학도에게 대단히 권위있게 알려져 있다. 문제의 발단은 투하체프스키가 주장하는 새로운 형태의 전략구상에 있었다.

투하체프스키의 구상에 접한 독일군 수뇌부는 위기를 의식「러시아평원과 독일은 곧바로 이어진다. 소련의 나폴레옹과 같은 자를 그냥 두어서는 큰일나겠다.」라고 인식, 투하체프스키 말살 모략을 시작했다.

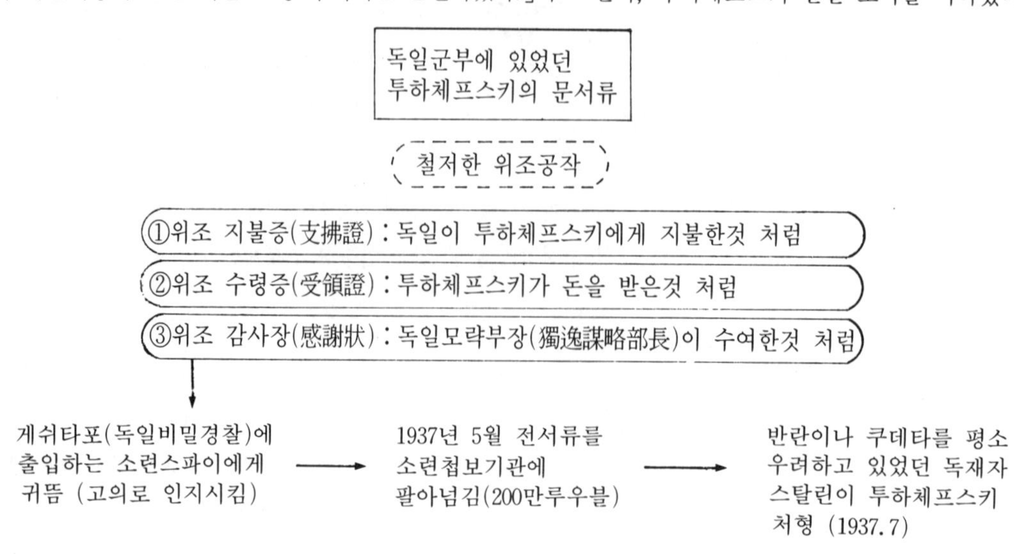

※사건 2년 후인 1939년 9월 시작된 제2차대전에서 독일군은 투하체프스키가 구상했던 기갑부대 주축의 "전격전"으로 맹위를 떨쳤다.

현대의 '用間' : 세계주요국 정보체계도

미 국

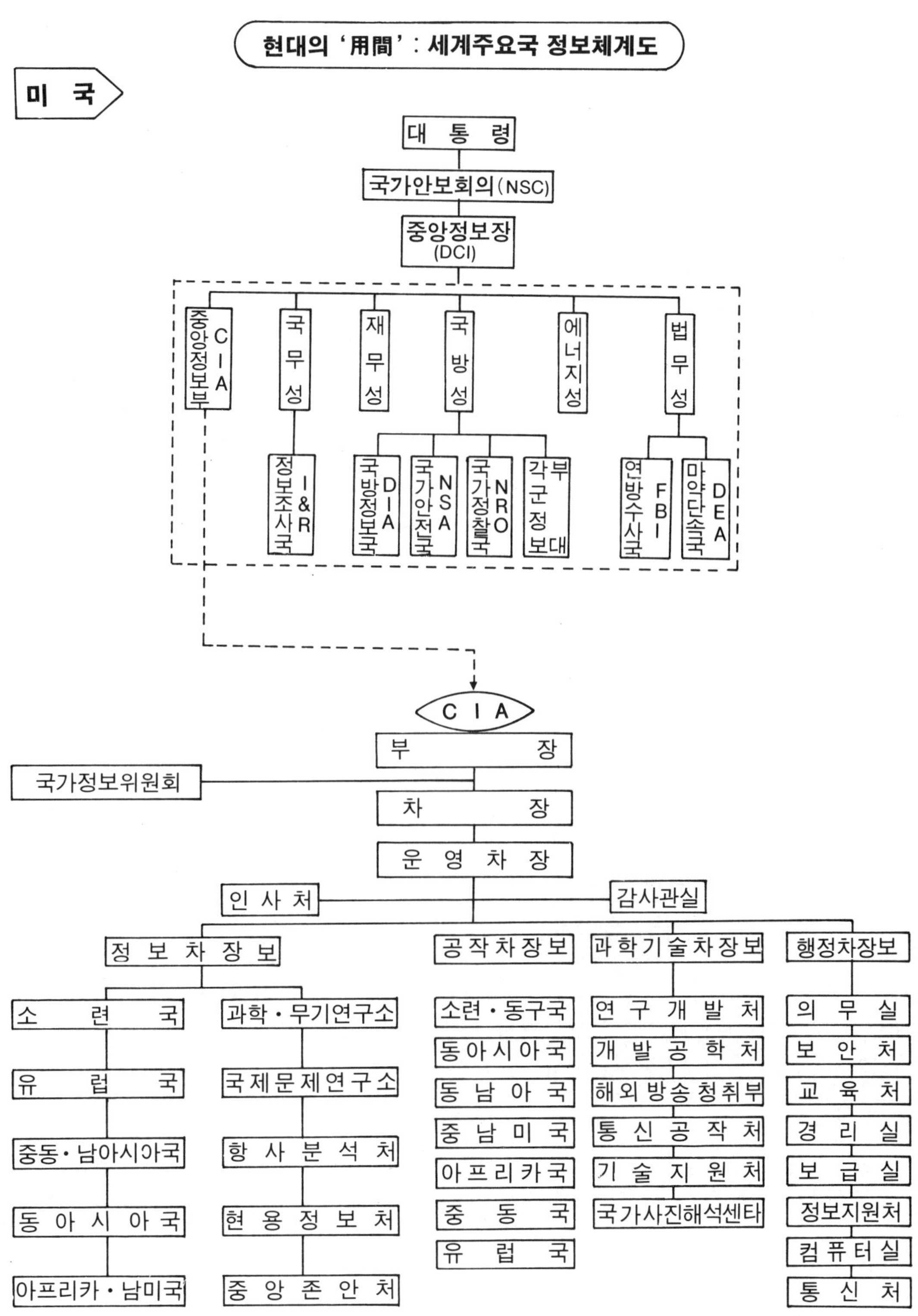

자료출처 : *The Agency*(Simon &-Schuster,1987).

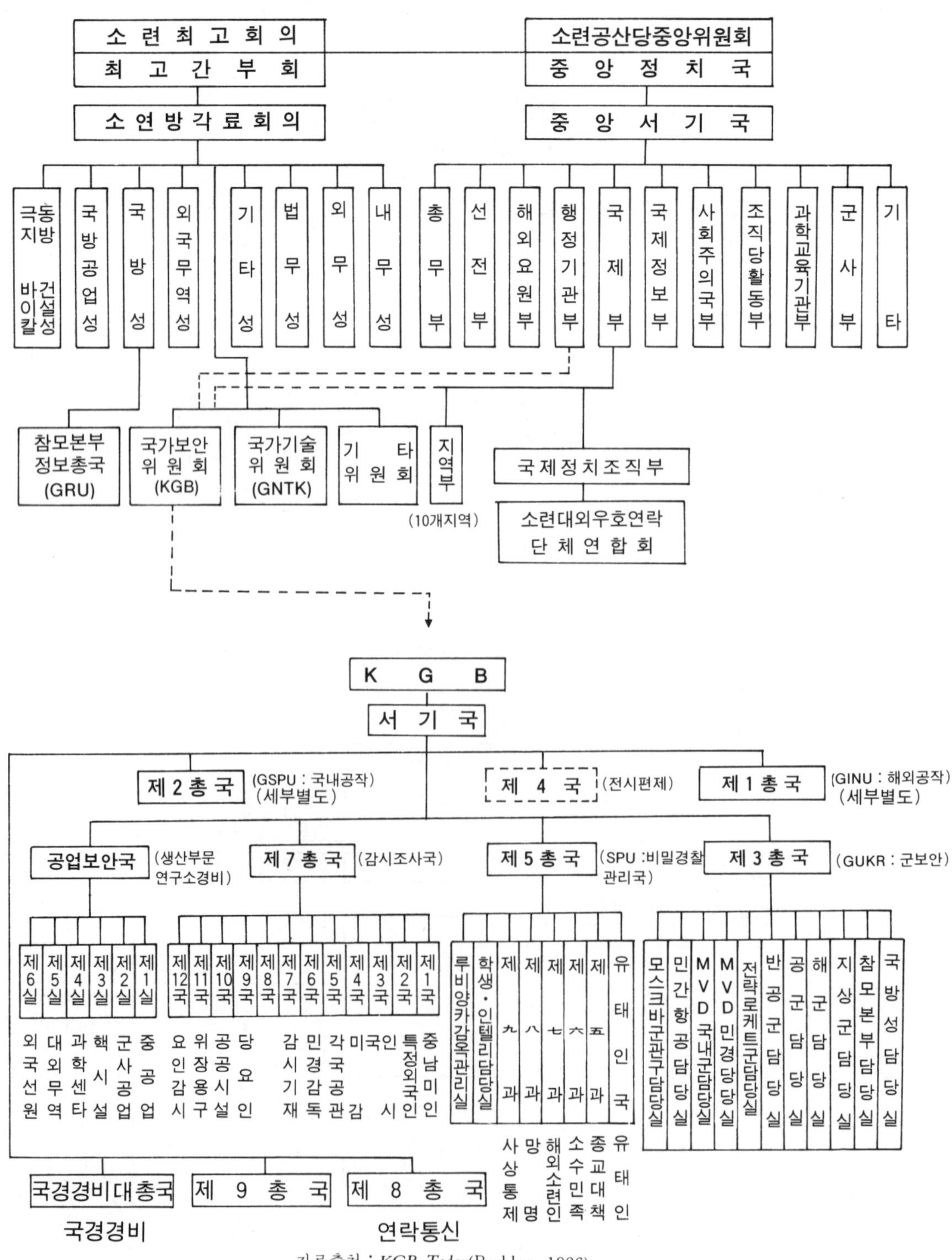

자료출처 : *KGB Today*(Berkley, 1986).

중 국

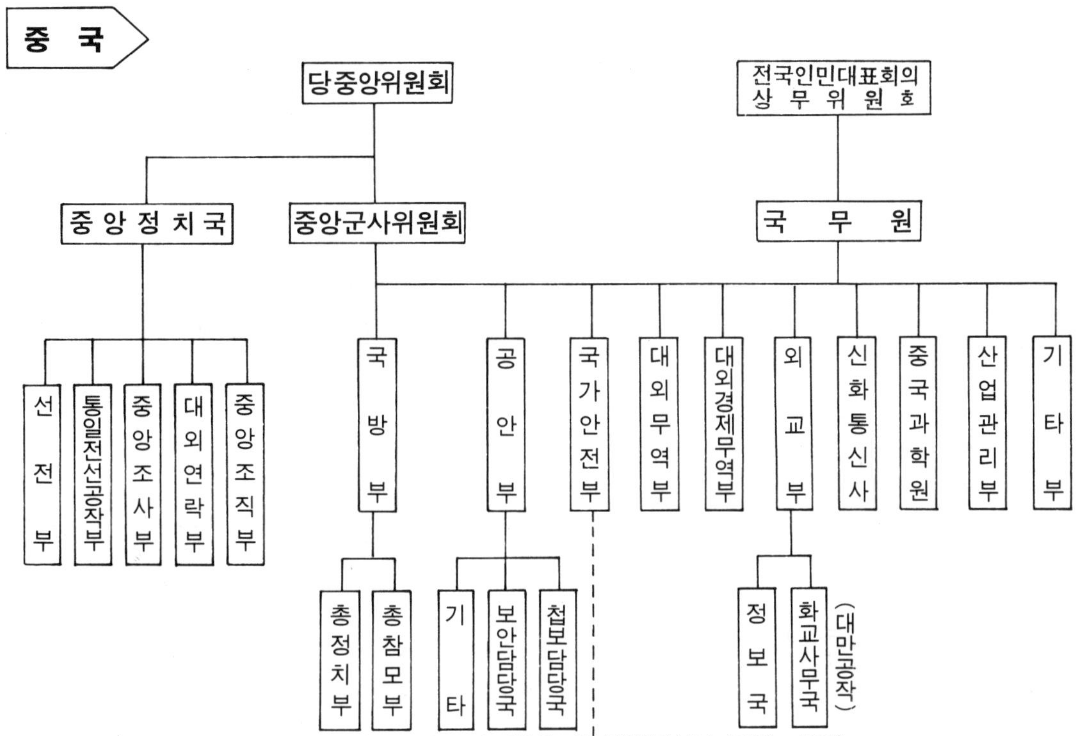

자료출처 : 정세년감(국제승공연합, 1988) ; これが世界の諜略機関だ(日本文芸社, 1985).

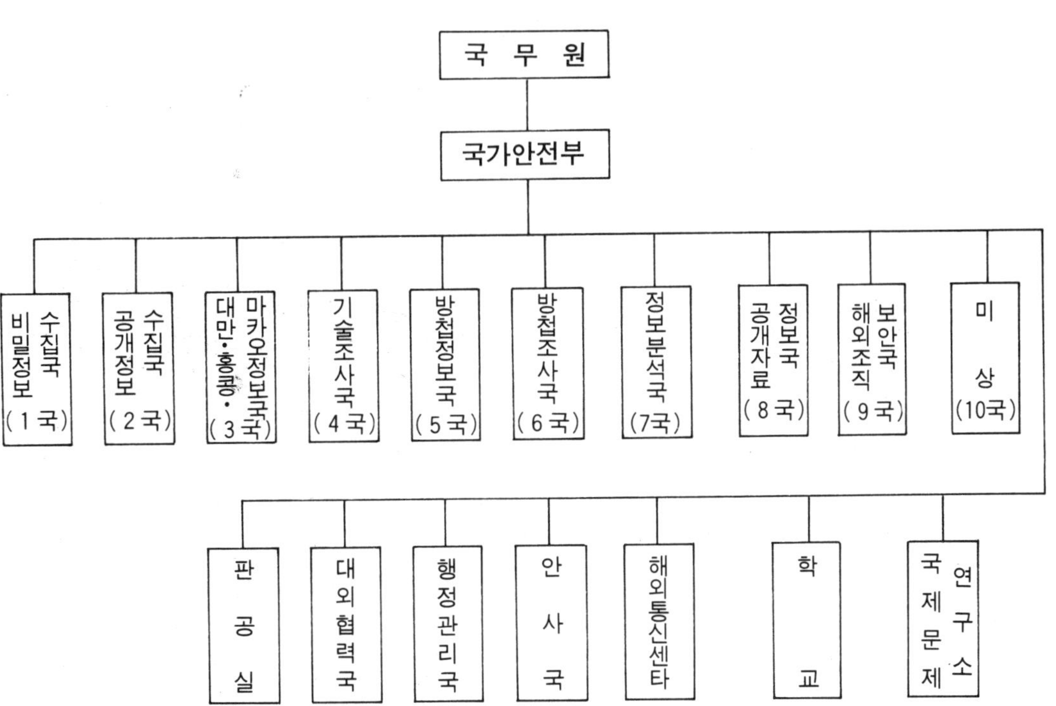

자료출처 : 北京私書箱一號(世界日報社, 1980).

이스라엘

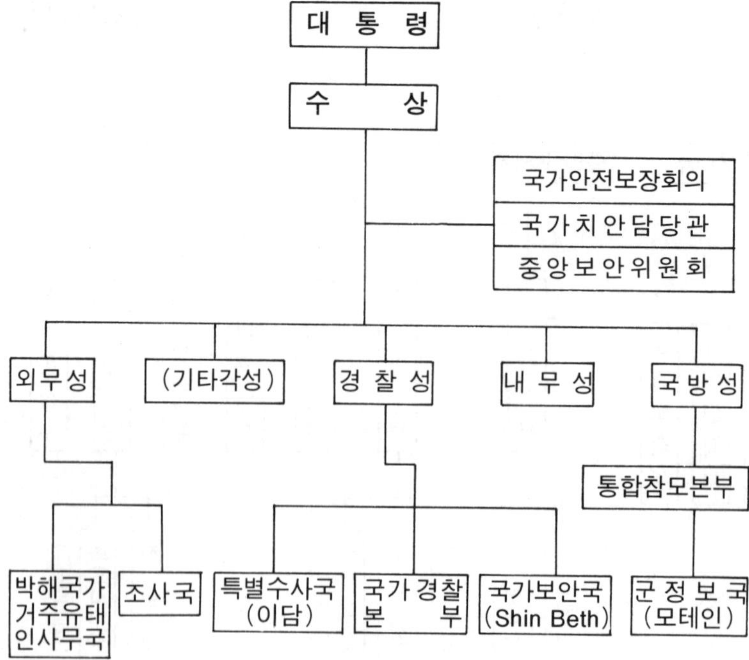

자료출처 : 정세년감(국제승공연합, 1988) ; *The Spymasters of Israel*(Macmillam Publishing Co., Inc, 1980)

모사드기구

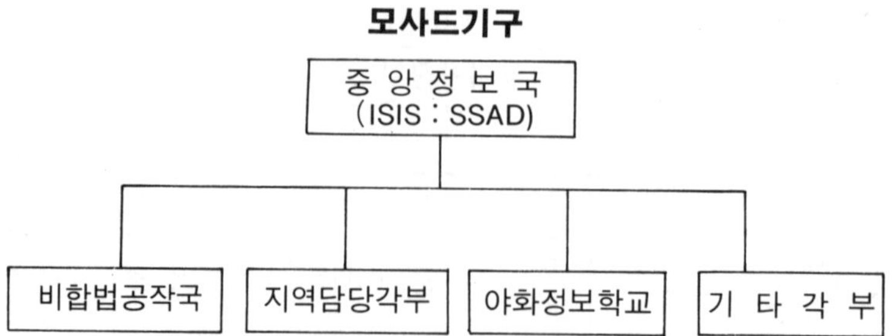

자료출처 : これが世界の諜略機関だ(日本文芸社, 1985) ; *The Mossad*(Tuttlemori Agency, Inc., 1978).

일 본

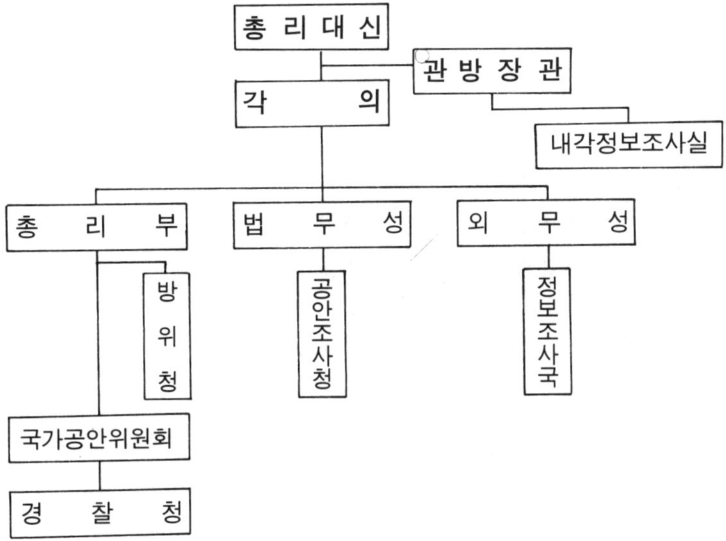

자료출처 : *Tne Japanese Secret Service*(UNI Agency, Inc., 1982).

세계정경조사회의 기구

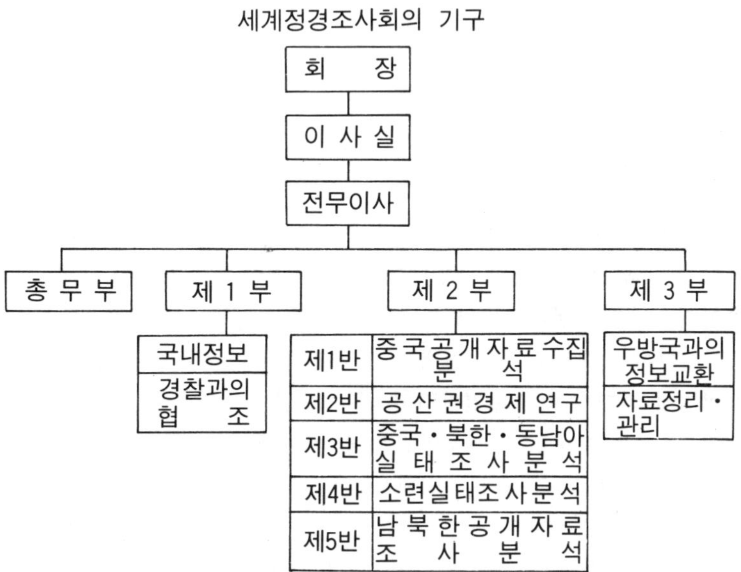

자료출처 : これが世界の謀略機関だ(日本文·社, 1985).

맺 음 말

이제 손자병법을 독파하고 난 독자들은 「역시 손자병법이로구나!」라고 무릎을 치면서 경탄해 마지않을 것이다. 뿐만아니라 그 오묘(奧妙)한 진수를 접하고 강렬한 성취감으로 가슴 뿌듯할 것이다. 그렇게 어렵게만 보였던 손자병법을 이렇게 통독함으로써 새로운 지혜의 장을 열고 보다 깊은 사고의 장으로 몰입(沒入)되어가는 참으로 감동적인 자신을 발견했으리라 믿어 의심치 않는다. 이러한 진한 감동이 마음에서 입으로 전파되어 보다 많은 사람들이 손자병법의 참 뜻을 깨닫게 하는 계기가 확산되어지기를 기대하는 마음 간절할 뿐이다. 필자가 원문(原文)을 중심으로 독자들로 하여금 완전히 이해할 수 있도록 심혈을 기울인데에는 분명한 이유가 있다. 손자병법의 진수(眞髓)를 알기 위해서는 무엇보다도 원문 그 자체에 충실하지 않으면 안되기 때문인 것이다. 시중에 나온 대부분의 손자병법은 원문 그 자체에 비중을 두기 보다는 오히려 원문에 얽힌 각종 사화(史話)나 전례(戰例)에 치중하여 중요한 원문의 참뜻보다는 산만한 주변의 곁가지에만 매달려 있게 하므로써 마치 산을 보지 못하고 나무만을 보게하는 우(憂)를 범하는 경향이 있기 때문이다. 적어도 손자병법 본래의 진수를 맛보고자 하는 사람들은 중국원문 그 자체에 충실해야 할 것이며 이 책을 읽어본 독자들은 이제 그 의미를 깨닫게 되었으리라 확신한다. 철학(哲學)이 있는 군사사상(軍事思想)은 역사적으로 군사학도들이나 실전을 지휘하는 지휘관들에게 절대적 영향을 주었으며 전후 프랑스의 경우처럼 일국의 운명을 좌우하는 결정적인 요인이 되기도 했다.

분명한 혼(魂)이 있는 군사사상을 가진 국가는 어떠한 국가적 위기에서도 이를 지혜롭게 극복할 수 있는 것이다.

구(舊) 일본군의 지휘관들에게 절대적 영향을 끼친 통수강령(統帥綱領)은 그 뿌리가 바로 손자병법이며, 모택동 전략이론의 근원이며 중공군 전술교리의 모체(母體)가 된 그 뿌리도 역시 손자병법이다. 또한 전쟁의 천재요 군신(軍神)으로 불리우는 나폴레옹도 그의 중요한 전략기본은 그가 늘 가지고 다녔던 손자병법의 그것이었고 탁월한 군사이론가였던 리델하트 역시 심오한 손자병법의 절대적 추종자였다라고 하는 사실이다. 이토록 많은 사람들이 동서고금을 막론하고 2,500여년 동안 수없이 손자병법을 읽었지만 문제는 그것을 얼마만큼 자기(自己)것으로 소화시켰느냐에 따라 얻어지는 결과는 실로 판이(判異)한 것이었다.

비상한 영감(靈感)의 소유자인 롬멜(Rommel)장군은 비록 보병으로 출발했지만 북아프리카의 리비아 사막에서 그 특유의 기동력과 창의력을 발휘하여 불과 2개 기갑사단으로 구성된 아프리카군단을 이끌고 영국군을 공포의 도가니로 몰아 넣었다. 즉 롬멜은 그의 친필 전투기록을 통해 「학구적(學究的)인 지휘관들은 이론(理論)에만 치우친 나머지 현실을 외면한 채 잡다한 통계수자(統計數字)따위나 별로 위대하지도 않은 사람들의 선례(先例)만을 내세워 그들의 주장을 관철하려고 하지만 이는 결코 옳치만은 않는 것이다.」라고 지적하면서 고정관념을 타파하고 시의(時宜)에 따라 유동성있는 사고(思考)를 강조하였다. 이러한 롬멜은 그가 보병으로 참가한 제 1 차세계대전의 전투경험을 교훈적으로 집필하여 무려 40만부나 팔려나간 베스트셀러 「보병전술(Infantry Tactics)」의 저자였을 뿐 아니라 그후 기갑군 사령관으로서 그의 전투경험을 후세에 알리고자 거의 매일같이 전투일지를 기록으로 남긴 타고난 투사(鬪士)요 동시에 뛰어난 문필가(文筆家)이기도 하였다.

위대한 명장치고 위대한 문필가는 없다고 하는 옛명언을 뒤바꾸어 놓은 롬멜 장군에 대해 확실하게 짚고 넘어갈 것이 있다. 그것은 탁월한 군사안(軍事眼 : Coup d'oeil)과 통찰력(洞察力)을 지닌 저 롬멜장군도 손자병법에 기조를 둔 리델하트의 전략사상에 매료된 즉 어떤 의미에서는 그의 사상적 제자에 속했다는 확실한 사실이다. 다시 말해 아무리 기동성있는 사고를 가진 지략있는 지휘관일지라도 그 근원은 어떤 형태이든 분명한 철학이 담긴 군사사상에 뿌리를 든든히 박고 있다는 것이다. 이러한 혼(魂)이 담긴 사상적 기반이 없는 임기응변적 처세는 한낱 사상누각에 불과하여 쉽게 붕괴되어질 수밖에 없는 것이다. 「以正合, 以奇勝」이라는 명귀는 이러한 이치를 잘 말해주고 있다. 이런 의미에서 볼 때 우리에게도 우리의 혼이 담긴 분명한 군사사상이 정립되어야 하겠으며 이를 통해 지략있는 훌륭한 명장의 탄생은 물론이고 이로써 국가의 안위에 결정적인 기여를 해야할 것이다.

이제 말을 맺어야겠다. 물론 오늘날처럼 각종 최첨단 무기가 등장하는 현대전에 있어서 이 손자병법은 전면적(全面的)인 대응수단이 될수 만은 없을것이다. 그러나 중요한 것은 미국의 국방대학원이나 육군대학에서는 손자병법을 필독서로 채택하여 심층깊게 연구하고 있을 뿐아니라 세계의 주요 강대국들도 예외없이 손자병법을 중요한 자료로서 연구하고 있다는 사실이다.

이는 아무리 고도화된 문명사회일지라도 손자병법이 담고 있는 심오(深奧)한 불변의 진리는 시공(時空)을 초월하여 영원함을 대변해주고 있는것이며 이를 통하여 우리는 전쟁(戰爭)과 평화(平和)를 운용(運用)할 수 있는 지혜(知慧)를 터득해야 할것이다.

1990. 5.

이 손자병법은 평화를 희구하는 모든 상식인들의 "常備書籍(Table Book)"이 되어야 하고, 이를 사무실의 팔꿈치 밑에 두고 항구적인 참고서로 이용해야 한다.

참 고 문 헌

中國문헌

孫子十家註，孫星衍等，世界書局印，中華 44年.

孫子兵法大全，魏汝霖，黎明文化事業公司，中華 59年.

孫子兵法白話解，陳行天，幼獅文化，中華 65年.

孫子兵法之綜合研究，李浴日，河洛圖書，中華 69年.

孫子兵法最新解，唐經武，？

日本문헌

孫子の思想史的研究，佐藤堅司，平河工業，昭和 55年.

孫子の兵法，岡村誠之，產業圖書株式會社，昭和 37年.

프랑스문헌

L'ART DE LA GUERRE, Francis Wang, FLAMMARION, 1978.

미국문헌

Sun Tzu-On the art of war(Lionel Giles, Herrisburg; The military service publishing Co.)1950.

- 현대에 사는 우리가 무려 2,500여년전에 쓰여진 고서(古書)를 읽는 이유는, 동서고금을 초월하여 적용되어지는 보편 타당한 진리(眞理)를 깨달을 수 있고 또한 그것을 기반으로하여 상황변화에 따라 무궁무진하게 응용되어지는 술(術)을 배울 수 있기 때문이다. 진부(陳腐)한 사고(思考)를 가진자에게는 한낱 진부한 고전(古典)으로만 취급되어 질것이며 창의적이고 번득이는 예지(銳智)를 지닌 자에게는 실로 오늘에 살아 움직여 현재와 미래를 밝혀주는 소중한 지침서로 간직되어 질 것이다.

- 손자병법은 특출한 지식을 가진자만이 읽을 수 있는 독점물이 아니다. 만약 그러했다면 오늘날까지 전수(傳受) 되지 못했을 것이다. 오히려 이책은 건전한 상식을 가진자들이 즐겨 읽을 수 있는 책이다. 학생, 일반인, 학자, 군인등 읽어야 할 대상에 제한이 있을 수 없다. 그들 모두가 난세(亂世)에서 전쟁을 막아보고자 끊임없이 '부전승(不戰勝)'을 부르짖었던 손자의 깊은 정신적 세계를 이해하여 안보공감대(安保共感帶)가 형성되어 지기를 바라는 바이다. 이 책은 장식용이 아닌 실제로 읽혀지는 책이 될 수 있도록 온갖 창의적인 기법을 총 동원한 고혈(苦血)의 결정체이다.

—저 자—

부록 편별 명구 정리

제1편 始 計

- 兵者國之大事(전쟁은 국가의 중대한 일이다.) ······ 26
- 經之以五事(이를 재는데는 오사로써 한다) ······ 27
- 道者令民與上同意也(도란 백성들로 하여금 위로 더불어 한뜻이 되게 하는 것이다) ······ 28
- 勢者因利而制權也(세라는 것은 유리한 바에 따라 여러가지의 변화되는 사태에 임기응변으로 상응한 조치를 취함으로써 만들어지는 것이다) ······ 35
- 兵者詭道也(작전은 적을 기만하는 제 방법이다) ······ 36
- 攻其無備, 出其不意(적의 무방비한 곳을 택하여 공격하고 적이 뜻하지 않는 곳으로 나아가야 한다) ······ 42
- 多算勝, 少算不勝(승산이 많은자는 승리하고, 승산이 적은 자는 승리하지 못한다) ······ 45

제2편 作 戰

- 兵聞拙速, 未睹巧之久也(전쟁은 다소 미흡한 점이 있더라도 속전속결해야 한다는 말은 들었어도 교묘한 술책으로 지구전을 해야한다는 것은 보지 못했다. ······ 60
- 不盡知用兵之害者, 則不能盡知用兵之利也(용병의 해를 다 모르는 자는 곧 용병의 이를 다 알지 못한다) ······ 61
- 因糧於敵(군량은 적의 것을 빼앗는다) ······ 62
- 智將務食於敵(지장은 적의 식량을 탈취하여 먹기 힘쓴다) ······ 67
- 殺敵者怒也, 取敵之利者貨也(적을 죽이는 것은 적개심이며, 적의 이득을 취하려면 탈취한자에게 포상해야 한다) ······ 68
- 兵貴勝, 不貴久(전쟁은 속전속결로 승리하는데 가치가 있는 것이지 결코 지구전을 하는데 가치가 있는 것이 아니다) ······ 70
- 知兵之將, 民之司命, 國家安危之主也(전쟁의 본질을 잘 아는 장수는 국민의 생명을 맡은자요 또 국가안위를 좌우하는 주인공이다) ······ 70

제3편 謀 攻

- 全國爲上, 破國次之(나라를 온전히 하는것이 최상의 방법이고 나라를 깨뜨리는것이 차선이다)··· 80
- 百戰百勝, 非善之善者(백번싸워 백번 승리하는 것이 최선의 방법이 아니다) ······ 81
- 不戰而屈人之兵, 善之善者也(싸우지 않고도 적을 굴복시키는 것이 최선의 방법이다) ······ 81
- 上兵伐謀(최상의 전쟁방법은 적이 전쟁하려는 의도를 분쇄하는 것이다.) ······ 82
- 將者國之輔也(장수는국가를 보좌하는 중요한 자이다) ······ 86
- 輔周則國必强, 輔隙則國必弱(보좌가 완전하면 국가가 강대해 질 것이요 보좌가 불완전하면 국가가 반드시 약해진다) ······ 86

제 4 편 軍　形

제 5 편 兵　勢

제6편 虛 實

제7편 軍 爭

제8편 九 變

제 9 편 行 軍

제 10 편 地 形

제 11 편 九 地

제 12 편 火 攻

제 13 편 用 間

이 손자병법은 군인들이 지금은 어떤 신나지 못한 자리에서 사무를 보고 있더라도 그의 시선을 戰爭地平線으로 돌리게 하는 하나의 초대장이 될 것이다.

책속의 책

재미있는 얘기모음

원문의 딱딱함에서 해방시키고자 손자병법에 관련된 얘기와 주요어귀에 적용될 수 있는 전례를 중심으로 주로 史記와 三國志에 등장하는 흥미있고 교훈적인 내용을 수록했다.

● 「史記」는 전한(前漢)의 사마천(司馬遷)의 저서로 전설상의 황제(黃帝)로부터 전한의 무제(武帝)까지의 2천 수백년 동안의 중국 최초의통사(通史)로서 계 130권으로 이루어진 책이다.

● 「三國志」는 진(晋)의 진수(陳壽)가 역사를 사실 기록한 책인데, 원대말에서 명대초에 활약한 문인 나관중(羅貫中)이 「삼국지 연의」라는 소설로 각색하여 우리에게 널리 알려진 책이다.

위 두가지 책자 외에 현대에 들어 대단히 관심있고 재미있는 사건들을 골라 수록했다. 어쩌면 손자병법 어귀에 정확히 적용되지 않을지라도 나름대로 읽게 되면 많은 배경지식을 제공해 주리라 보아 게제했다.

재미있는 얘기모음 목차

손무가 오왕합려에게 임용되는 과정

손자 무(武)는 제(齊)나라 사람이다. 병법을 가지고 오왕(吳王) 합려(闔廬)를 만났다.

합려가 말하기를,

"그대의 병법 13편은 모두 읽었네. 군대를 정돈하는 것을 시험해 보일 수 있는가?"

손자가 대답했다.

"좋습니다."

"여자들을 데리고 시험해 볼 수 있는가?"

"좋습니다."

합려는 궁중의 미녀를 소집하니 180명이 되었다. 손자는 그들을 두 집단으로 나누고 왕이 총애하는 궁녀 두 사람을 각각 대장(隊長)으로 임명하여, 전원 창을 들게 했다. 그리고서 명령을 내렸다.

"너희들은 자기의 가슴과 왼손·오른손·등을 알고 있겠지?"

궁녀들은 일제히,

"알고 있습니다."

손자가 다시 말하기를,

"내가 '앞!'하면 가슴을 보고, '왼편'하면 왼손을 보며, '오른편'하면 오른손을 보고, '뒤!'하면 등을 본다."

"알겠습니다."

이렇게 약속을 정한 뒤에 부월(鈇鉞)(왕이 대장이나 제후에게 살리고 죽일 수 있는 권한을 주는 뜻에서 손수 주던 작은 도끼와 큰 도끼)을 옆에 두고, 다시 여러번 설명하고 드디어 시험했다.

오른편! 하고 북을 치자 궁녀들이 크게 웃었다.

손자가 말하기를,

"명령이 명백하지 않고 명령이 익숙해지도록 되풀이 하지 않은 것은 장수의 책임이다."
고 하며 다시 몇번이고 명령을 거듭하여 상세히 설명했다. 그런 후에 이번에는 왼편! 하고 북을 치니 궁녀들은 더 크게 와르르 웃었다.

이에 손자는 단호히

"명령이 명백하지 않고 명령이 익숙해지도록 거듭하지 않은 것은 장수의 죄이지만, 이미 명백하게 했는데도 이를 따르지 않는 것은 감독자의 죄이다."

드디어 좌우의 두 대장을 베어 죽이려고 했다. 왕이 높은 곳에서 앉아 이를 보다가 자기가 총애하는 두 여인이 죽을 지경에 이르자 황급히 사자를 보내어 명을 내리기를,

"과인은 이미 장군이 부대를 훌륭히 지휘하는 것을 충분히 알았다. 과인은 이 두여인이 없으면 밥을 먹어도 밥맛이 나지 않는다. 베지 말기를 바란다."

손자 말하기를,

"신이 이미 명령을 받아 장수가 되었습니다. 장수는 군중(軍中)에 있을 때는 왕의 명령이라도 받지 않는 경우가 있습니다(필자주 : 제8구변편)." 하고 지체없이 목을 베었다.

그리고 다시 두 여인을 좌우 대장으로 임명하고, 이에 북을 치니 궁녀들은 왼편·오른편·앞·뒤와 꿇어앉고 일어서는 것 모두 자로 재고 먹줄을 친 것 같이 하며 입도 벙긋 못하고 일사불란히 따랐다.

이에 손자는 사자를 보내어 왕에게 보고하였다.

"군사들이 이제는 정연히 훈련되었습니다. 왕께서는 시험삼아 내려오셔서 보십시오. 오직 왕께서 쓰기를 원하시면 물이나 불속으로 뛰어들어가라 해도 그렇게 될 것입니다."

오왕이 언짢아 말하기를,

"장군은 그만 마치고 숙소에 돌아가 쉬어라. 과인은 내려가 보고싶지 않네."

손자 말하기를,

"왕께서는 한낱 그 병법에 적힌 말만을 좋아할 뿐 그것을 실제로 운용할 줄은 모릅니다."

여기에서 합려는 손자가 군대운용에 탁월하다는 것을 알고 드디어 그를 장군으로 임용했다. 서쪽으로는 강력한 초(楚)나라를 깨뜨려 그 수도인 영(郢)에 진입하며, 북쪽으로 제(齊)와 진(晋) 두나라를 위협하여 온 천하에 이름을 날린 것은 이 손자의 힘이 컸다.

두다리 잘린 손빈의 복수전

손무가 죽은 후 100여년이 지나서 손빈이라는 사람이 있었다. 손빈(孫貧)은 제나라의 阿·鄄두 고을의 중간지점에서 태어났다. 이 손빈은 손무의 후손이다. 손빈은 일찌기 방연(龐涓)과 함께 병법을 배웠다. 방연은 이미 위(魏)나라에 가서 벼슬을 하여 혜왕(惠王)의 장군이 되었으나 스스로 자기자신은 손빈의 재능을 따를 수 없다고 생각하고 몰래 사자를 보내 손빈을 위나라로 부르게 했다. 손빈이 도착하자 방연은 자기보다 현명한 손빈을 시기하여 그에게 누명을 씌워 두 다리를 절단하고, 자자형(刺字刑 : 墨刑이나 黥刑이라고도 하며 죄인의 얼굴이나 몸에 죄목을 바늘로 찔러 새기고 먹을 칠하여 놓는 형벌)을 가해 세상에 얼굴을 들 수 없이 숨어 지내게 했다.

마침 제나라의 사자가 위나라에 가게 되었는데 손빈은 이를 놓치지 않고 몰래 만나 사자를 설득했다. 제나라 사자는 손빈의 인물됨을 보고 몰래 자기의 수레에 태워 제나라로 갔다. 제나라의 장군인 전기(田忌)는 병신이 된 손빈을 매우 반기며 빈객으로 대우했다. 전기는 제나라의 여러 공자들과 많은 재물을 걸고 마차를 몰아 승리를 다투는 경마경기를 하고 있었다. 손빈이 눈여겨보니 그 말들의 걸음걸이에는 큰 차이 없지만 상등급·중등급·하등급으로 말들이 구분되었다.

이를 판단한 손빈은 전기에게 말하기를,

"장군께서는 이 다음에 큰 내기를 하십시오. 제가 장군을 이길 수 있게 하겠습니다."

전기는 이 말을 믿고 왕과 여러 공자들 앞에서 천금을 내걸고 마차 경주내기를 했다. 경기직전에 손빈이 말하기를,

"장군의 하등급의 말은 상대의 상등급의 말과 대결시키고, 상등급의 말은 상대의 중등급의 말과, 중등급의 말은 상대의 하등급의 말과 대결시키십시오."

세번 달리고 나니 전기는 두 말은 이기고 한 말만 졌다. 마침내 천금을 얻게 된 것이다. 이에 전기는 손빈을 왕에게 추천하니 위왕은 손빈에게 병법 몇가지를 물어보고는 드디어 군사(軍師)로 삼았다.

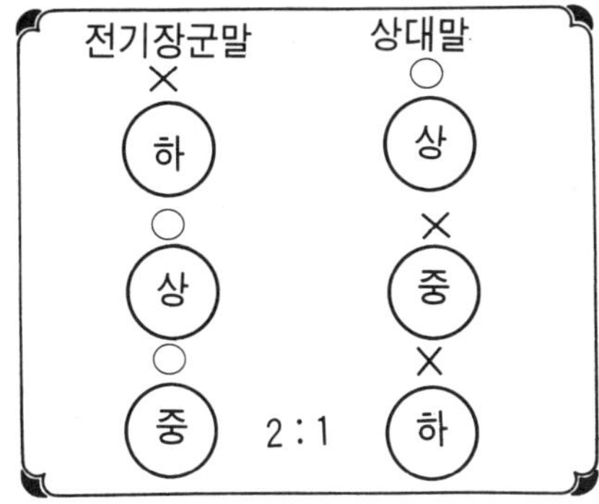

(손빈이 가르쳐준 대결요령)

그 뒤에 위나라가 조(趙)나라를 공격했는데 조나라가 위급하여 제나라에 구원을 요청했다. 제나라의 위왕이 손빈을 장수로 삼고자 하니 손빈은 극구 사양하여 말하기를,

"형벌을 받은 자로서 장수를 삼는 것은 옳지 않습니다."

이에 전기를 장수로 삼고 손빈은 군사(軍師)로 하였다. 손빈은 휘장에 가린 수레 안에서 갖가지 묘책을 꾸미고 있었다.

손빈이 말하기를,

"실마리가 흐트러져 얽힌 것은 주먹으로 때려 풀지 않으며, 싸움을 말릴 때는 손으로 치지 않습니다. 급소를 치고 빈틈을 찔러 적의 형세를 불리하게 만들면 곧 자연히 풀리게 되는 것입니다. 지금 위나라와 조나라가 서로 싸우고 있기 때문에 날래고 정예한 군대는 모두 다 밖에 나가 있고 늙은이와 어린애들만 나라 안에서 피로해 있을 것입니다. 이때를 놓치지 말고 장군께서는 즉시 군대를 몰아 위나라의 수도인 대량(大梁)으로 가십시오. 그리하여 수도의 대로를 점령하고 적의 헛점을 찌르면 위나라는 반드시 조나라를 공격하지 못하고 저절로 조나라는 구출될 것입니다. 이것이 일거에 조나라에 대한 포위를 풀게하고 위나라를 피폐케하는 방법입니다."

이 말을 듣고 전기는 그대로 실행했더니 과연 위나라는 조나라의 수도 한단(邯鄲)을 포기하고 제나라군과 계양에서 싸우게 되었으며, 제나라의 군대가 위나라의 군대를 크게 쳐부수었다.

그후 13년이 지나자 위나라와 조나라가 한(韓)나라를 침공했다. 한나라가 제나라에 구원을 요청하자 제나라에서는 역시 전기를 장수로 삼아 곧장 위나라의 수도로 쳐들어 갔다. 이때 위나라의 장수였던 방연은 그 소식을 듣고 한나라 공격을 포기하고 돌아가는데 제나라의 군대가 방연보다도 더 빨리 이미 위나라의 국경을 지나서 서쪽으로 가고 있었다.

손빈이 전기에게 말하기를,

"조 위나라의 군사들은 본래 사납고 용맹스러워서 우리 제나라를 가볍게 보고 업신여기고 있습니다. 싸움을 잘하는 자는 그 주어진 전세에 따라 그것을 유리하게 유도해야 합니다. 병법에 이르기를 '백리되는 거리를 전리(戰利)를 다투어 급하게 달려가는 자는 상장군을 전사하게 만들고, 오십리를 달리는 자는 군사중 절반만이 도착하게 된다(필자주 : 제7군쟁편).'고 했습니다. 제나라의 군사가 위나라의 땅에 진입하면 첫날에는 10만개의 아궁이를 만들게 하고 둘쨋날에는 5만개의 아궁이를 그 다음날엔 3만개의 아궁이를 만들게 하십시오."

방연은 사흘동안 추격하다가 매일 줄어드는 아궁이를 보고 매우 기뻐하면서

"이것 봐라. 내 본래 제나라의 졸개들은 비겁한 줄 알았었다. 우리 땅에 넘어온지 사흘만에 군졸들 중에 도망한 자가 반이 넘는구나."

그는 드디어 큰 부대를 뒤에두고 정예병 약간만 데리고 밤낮을 가리지 않고 제나라군을 따라갔다. 손빈은 방연의 행군속도를 계산하여 날이 저물 때쯤 되면 반드시 마릉(馬陵)에 도착할 것이라 예측했다. 마릉은 길이 좁고 험난한 데다 막힌 곳이 많아 복병하기에 안성마춤이었다. 손빈은 큰 나무를 깎아 희게 만들고 거기에 '방연이 이 나무 밑에서 죽는다.'라고 써놓았다. 그리고는 제나라 군사 중에서 활의 명수들을 차출 일만개의 화살을 준비하여 길 옆에 숨어 있게 했다. 그리고 명하기를,

"밤중에 불빛이 보이면 모두 일제히 쏴라."

방연이 허겁지겁 달려와 과연 마릉에 도착하여 깎아놓은 흰나무를 보니 어떤 글씨가 쓰여 있는지라 불을 지펴 비춰보니 그 글씨를 채 다 읽기도 전에 이 불을 신호로 제나라군의 일만개의 화살이 일제히 날아들어 쑥대밭을 만들었다. 방연은 스스로 자신의 어리석음을 깨닫고 "드디

어 이 더벅머리 아이놈으로 하여금 공명을 이루게 하였구나!"하며 제 손으로 목을 찔러 죽고 말았다.

제나라는 이를 계기로 승리의 기세를 타고 위나라군을 모조리 격파하고 위나라의 태자 신(申)을 포로로 잡아서 돌아왔다. 손빈은 이로써 만천하에 이름을 날렸으며 세상에 그의 병법책이 전해지고 있다.

전국시대 최대결전 장평의 싸움

실전에 제대로 적용할 수 없는 병법이거나 실전에 적용시킬 능력이 없는 자의 병법은 오히려 처음부터 익히지 아니함만 못하다. 왜냐하면 잘못된 병법으로 인해 더 큰 피해가 초래되기 때문이다. 조선조의 「무신수지(武臣須知)」라는 책자에는 이에 걸맞는 어귀가 서문에 적혀있다.

"학문은 반드시 요점을 알아야 하며, 또한 성실하게 이를 실천에 옮겨야 한다. 만일 겉으로만 형식적인 틀을 갖추고 실용화 할 수 없는 상태라면 날마다 천장의 병서를 읽고 가슴속에 만권의 서적을 간직하고 있다해도 그것은 다만 보고 듣는 자료에 불과하다. 다시 말해 병서를 읽었다고 하는 자랑만 하고 있다는 질책을 면치 못한다. ……아! 오늘날 병법을 말로만 자랑하는 병폐는 참으로 한심하다. 다만 글귀의 출처를 들어 유식한 척 인용만 할 뿐 더러 그 병법의 진수를 이해하려 들지 않는다."

여기에 소개하는 장평(長平)의 싸움은 바로 이와같은 경우에 대단히 적합한 전례이다. 기원전 260년 진나라와 조나라가 싸운 이 전투는 전국시대 최대의 결전이다. 승리한 진나라도 상당한 손실을 입었지만 패배한 조나라는 무려 40여만명이 생매장 당했다. 진(秦)나라 장군은 백기(白起)이며 조(趙)나라 장군은 명장 조사(趙奢)의 아들 조괄(趙括)이었다.

진나라는 소왕(昭王) 47년(기원전 260년)에 한나라를 공격하여 이를 격파했다. 상당수의 한나라 백성이 조나라에 피난했고 조나라군은 이를 구제했다. 동년 4월, 진나라군은 조나라의 개입을 구실로 하여 드디어 전쟁의 문을 열었다.

조나라에는 당시 명장 조사가 이미 죽은 뒤였으며 인상여는 중병으로 누워 있었다. 조나라는 염파를 장군으로 삼아 출전시켰지만 곧 패배했기 때문에 수비를 굳게 하고 방어로 전환했다. 진나라군이 아무리 도발해도 염파는 신중을 기해 출전하지 않았다. 초조해진 진나라는 첩자를 잠입시켜 조나라 왕에게 이렇게 간언했다.

"진나라가 실제로 두려워 하는 것은 조사의 아들 조괄 뿐입니다."

조나라 왕은 이 첩자의 모략에 말려들어 염파를 곧바로 해임시키고 조괄을 총 지휘관으로 하려 했다.

이때 인상여가 반대했다.

"악기의 줄을 잡아 매버리면 천변만화의 음색은 나지 않는 것입니다. 조괄이 아버지의 병법을 이어받은 것은 사실이지만 그것은 학문상의 것 뿐입니다. 일단 실전에 임하면 임기응변의 지휘가 된다고 보장할 수 없습니다."

그러나 첩자의 말에 마음이 움직인 조나라 왕은 끝내 이를 듣지않고 조괄을 장군으로 삼았다. 이 소식을 들은 진나라는 이제 계획대로 되었구나 박수치며 백기를 총사령관으로 임명하고 조나라군의 공격을 기다렸다.

그런데 이 조괄은 어릴 때부터 병법을 좋아했고 군사문제에 있어서는 천하의 제일이라고 자부하고 있었던 인물이다. 전에 조괄이 아버지 조사와 병법을 토론할 때에도 조사는 제 아무리 궁지에 몰려도 아들의 의견에는 동의하지 않았다.

조괄의 어머니가 그 이유를 묻자 조사의 대답인 즉,

"전쟁이란 목숨을 거는 것이다. 그런데 그 녀석의 병법은 입으로만 하는 병법이다. 그러니까 임용되지 않으면 다행이지만, 만일 장군이라도 된다면 반드시 군사를 파멸시킬 것 같다."

조괄의 출진이 가까와진 어느날, 그의 어머니는 조나라 왕에게 상소문을 올렸다.

"조괄은 장군의 그릇이 못됩니다. 부탁하오니 재고하시기 바랍니다."

이에 왕이 불러 그 이유를 묻자,

"저는 조사의 아내였습니다. 저의 남편이 죽기 전의 일입니다. 남편은 한번도 교만한 일이 없었으며 스스로 술과 음식을 권하는 부하가 수십명이며 친구로서 친히 지낸 사람이 수백명에 달했습니다. 대왕이나 왕족으로부터 하사받은 은상은 모조리 부하들에게 나누어 주었을 뿐만 아니라 출진의 명을 받은 날부터는 집안일을 전혀 돌보지 않았습니다. 이와같은 아버지와는 반대로 저의 아들인 조괄은 장군에 임명되어 열병을 했을 때에도 단지 허세만 부렸다고 합니다. 하사받은 금은 모두 자기 혼자 차지해 땅도 사고 집도 샀습니다. 이래가지고는 도저히 아버지의 뒤를 이어받지 못할 것입니다. 부탁하오니 제발 내 아들의 임무를 거두어 주십시오."

그러나 왕은 듣지 않고

"이미 결정된 일이다. 이제와서 돌이킬 수 없다."

그러자 조괄의 어머니는 이렇게 말했다.

"그래도 제 자식놈을 장군으로 삼으시려면 부탁이 있습니다. 만일 그가 임무를 제대로 수행하지 못하는 일이 벌어지더라도 이 어미를 책하지 말아 주십시오."

왕은 이 부탁을 받아들였다.

그 후 조괄은 염파로부터 군대를 인계받자 즉시 군율을 대폭 수정하고 대대적인 인사이동을 단행했다.

이 소문은 곧 진나라 장군 백기에게 갔고 백기는 때를 기다린 듯 기발한 계획을 강구했다. 그는 진나라군이 패주하는 것처럼 가장했다가 조나라 군의 보급로를 차단해 버린 것이다. 조나라군은 둘로 분리되었으며 장군 조괄에 대한 장병의 불신은 점차 커져갔다. 이런 상황에서 40여일이 지나자 조나라 군사의 식량은 동이 났다. 조괄은 주력부대를 이끌고 진두에 서서 돌격을 감행했지만 아무 공도 없이 전사하고 말았다. 주력부대가 패하자 나머지 수십만명의 조나라군은 전의를 잃고 항복했다.

포로처리 문제를 놓고 백기는

"전에 우리가 한나라를 공략했을 때 한나라의 백성들은 우리 백성이 되는 게 싫어서 조나라로 도망쳤다. 조나라의 포로들도 언제 변심할지 모른다. 장래 화근을 없이 하기 위해 모두 죽여야 한다."

라고 결심하고 계교를 써서 모조리 생매장했다. 40만명 가운데 집으로 돌아간 것은 나이어린 사람 240명 뿐이었다. 이 싸움에서 조나라군은 무려 45만명이 희생되었다. 그러나 조나라 왕은 약속대로 조괄의 어머니를 책하지 않았다.

부하의 종기를 빤 오기장군

제10地形篇에 「視卒如嬰兒, 故可與之赴深谿, 視卒如愛子, 故可與之俱死」, 즉 「병사보기를 어린아이 보는 것 같이 하면 병사들은 깊고 험한 골짜기속에 까지라도 함께 들어갈 수 있는 것이다. 병사 보기를 사랑하는 자식같이 생각한다면 병사들은 이 때문에 함께 죽을 수 있는 것이다」라고 하는 이 어귀는 춘추전국시대 위(衛)나라 장군 오기(吳起)의 사례를 통해 그 실체를 볼 수 있다. 당시 오기는 노나라를 떠나 위나라 문후(文侯)가 현군(賢君)이란 말을 듣고 그에게 임용되기를 청했다.

문후는 오기라는 사람이 어떤 인물인지 재상 이극에게 물었다.

"욕심이 많고 여자를 좋아하지만 그의 군사문제에 대해서는 그 능력이 사마양저도 발치에 미치지 못할 정도입니다."

그리하여 문후는 오기를 장군으로 맞아들였다. 과연 오기는 진(秦)나라를 공격하여 다섯 도읍을 함락시켜 이극의 말이 진실임을 증명했다. 그렇다면 장군으로서의 오기의 행동은 어떠했는가. 그는 언제나 가장 낮은 병사와 똑같은 옷을 입고 똑같은 음식을 먹었다. 잘 때는 자리를 깔지 않으며 행군할 때는 마차에 타지 않았으며 자기의 식량은 자기가 직접 가지고 다녔다.

이렇게 그는 그의 병사들과 고락을 같이했다. 어느날 병사 한명이 종기가 나서 괴로워하자 오기는 그 종기의 고름을 입으로 빨아 빼내 주었다. 그러나 그 사실을 안 그 병사의 어머니는 아들을 지휘하는 오기의 호의에 감사하기는 커녕 슬프게 울었다.

옆의 사람이 이상히 여겨 그 이유를 묻기를,

"당신의 아들은 일개 병사에 지나지 않는데 장군이 직접 고름을 빨아 주셨습니다. 그런데 왜 그리 우는 겁니까?"

"그렇지 않습니다. 바로 작년에는 오기장군께서 그 애의 아버지의 종기고름을 빨아내 주셨습니다. 그런 후 그 애 아버지는 전쟁에 나갔습니다. 그 분은 오기장군의 은혜에 보답하기 위하여 끝까지 적에게 등을 보이지 않고 싸우다가 죽고 말았습니다. 들으니 이번에는 제아들의 종기고름을 빨아내 주셨다고 합니다. 아… 그 애의 운명은 이제 결정된거나 마찬가지입니다. 그래서 우는 겁니다."

이렇게 용병술이 뛰어나고 공평무사하며 병사를 자식같이 생각하던 오기는 문후로부터 서하(西河)의 태수로 임명받아 진(秦)나라와 한(韓)나라에 대비하여 변방을 굳히는 대임을 맡게 되었다.

읍참마속(泣斬馬謖)과 제갈공명

제9行軍篇에는「卒已親附, 而罰不行, 則不可用」, 즉「부하와 이미 친해졌는데도 벌을 행하지 않으면 쓰기가 어렵다.」의 명귀가 나오고, 지형편에는「厚而不能使, 愛而不能令, 亂而不能活, 譬與騎子, 不可用也」라 하여「장수가 부하를 대할 때 너무 후하여 부릴 수가 없게 되고 너무 사랑하여 명령할 수 없게 되고 문란하여 다스릴 수 없다면 이는 마치 방자한 자식 같아서 아무짝에도 쓸 수 없게 된다.」고 했다.「읍참마속」의 고사는 바로 이와같은 경우 교훈적으로 사용된 좋은 사례이다.「읍참마속(泣斬馬謖)」, 즉「부득이 울면서 마속의 목을 베었다」고 하는 이 고사는 제갈공명의 심복인 마속이 무모하게 전투에 임해 패하자 그 책임을 물어 목을 벰으로써 군의 기강을 바로 세웠다는 얘기이다.

마속은 유비를 따라 촉나라에 들어와 공명의 심복으로 일했는데 공명은 마속의 뛰어난 능력을 크게 평가하여 친자식과도 같이 아꼈다. 제갈공명이 연이은 승세를 타고 위나라의 수도장안으로 쳐들어가려 할 때 위나라 왕은 거장 사마의(司馬懿 : 사마중달)로 하여금 20만 대군으로 대적하게 했다. 이때 제갈공명은 식량수송을 위한 가장 중요한 지역인 가정(街亭)이 만약 위나라군에 의해 장악된다면 치명적 결과를 초래할 것을 우려하여 이 가정의 방비를 믿을 수 있는 장수에게 위임코자 했다. 그럴즈음 마속이 이 중대한 임무를 자청하고 나선 것이다. 공명은 비록 마속의 출중한 능력을 믿었지만 유비가 임종시 "마속은 말에 비해 힘이 약하다. 중대한 일은 맡겨서는 안된다."고 한 말을 상기하며 37세의 젊은 마속을 기용함에 신중을 기했다. 그러나 마속은 몇번이고 간청하면서,

"반드시 목숨걸고 지키겠습니다. 만약 지키지 못하게 되면 제 목숨은 물론 삼족이 모두 엄벌받아도 좋습니다."

"진중에는 농담이 없는 법! 알겠는가?"

다짐에 다짐을 거듭한 후 마속을 보내기로 결정한 공명은 그래도 미심쩍어 믿을 수 있는 부장으로 왕평을 딸려 보냈다. 워낙 가정의 사수가 중요한 지라 공명은 그 외에도 제반조치를 강구했다.

가정에 당도한 마속은 지세를 두루 살피더니 껄껄 웃으며,

"승상께서는 지나치게 신중하셔. 산도 별 것 아니며 겨우 사람이 지나갈 만한 나뭇길이 몇가닥 있을 뿐인데 무슨 수가 난다고 대군을 돌린 것인지. 자고로 승상의 작전은 늘 꼼꼼하여 도리어 아군의 의심을 사고 있소."

그리고 나서 곧바로 산위로 포진할 것을 명하는 게 아닌가.

깜짝놀란 부장 왕평은

"승상의 뜻은 산의 나뭇길을 전부 막아 거기를 차단하는데 있소. 만일 산위에 포진한다면 위나라군에게 산기슭을 포위당해 그 임무를 완수할 수 없게 됩니다."

"그것은 부녀자의 의견이지 대장부가 취할 바가 아니오. 이 산이 낮다고 해도 세 방면은 절벽이오. 만약 위나라군이 온다면 바짝 끌어치기에 안성마춤의 천험이오."

"승상께서는 대승하라고는 명하지 않으셨습니다."

"주제넘게 자꾸 참견마시오. 손자도 말하기를 이를 사지에 두고 연후에 산다(필자주 : 陷之死地, 然後生 ; 九地篇)고 했소. 나는 어려서부터 병법을 닦아 승상조차도 작전을 세우실 때는 이 마속과 의논하셨소. 잔말 말고 내 명령대로 산위에 병력을 포진시키시오."

이렇게 하여 병력을 산위로 올려 보내니 이를 본 위나라 대장군 사마중달은

"천려일실이라는 말이 있기는 하되 공명도 장수를 잘못 쓰는 때가 있구나. 산을 지키고 있는 장수는 멍텅구리다."

사마중달은 즉각 산 주위의 통로를 차단하여 수겹으로 포위했다. 산위의 명맥인 물길을 완전히 끊어버린 사마중달은 시간이 지나자 갈증으로 절규하는 마속부대를 어렵잖게 궤멸시킬 수 있었다. 이 가정의 상실로 인해 결국 공명은 한중(漢中)으로 전면 퇴각하고 말았는데 마속의 기용을 이제와서 후회한들 엎어진 물이었다.

한중으로 철수한 공명은 가정상실의 책임을 물어 그 아끼던 마속에게 참수형(斬首刑)을 명했다. 구명(救命)의 탄원소리가 높은 가운데 공명은 눈물을 흘리며 마속의 목을 베니 10만 장병중 울지 않는 자가 없었다. 공명은 손수 장례를 집행했으며 유족에게는 그전과 같이 대우해 주었다. 마속은 공명이 자신의 참수에 대해 고심하자 다음과 같은 글을 써보냈다고 한다.

"지금까지 승상께서는 저를 친자식과도 같이 아껴주셨습니다. 저도 또한 승상을 친아버지처럼 따랐습니다. 그렇지만 이번 일은, 일찌기 순(舜)이 대의를 위해 곤(鯀)을 처형하고 우(禹)를 등용한 고사를 상기하시어 혹시라도 사사로운 감정에 사로잡혀 지금까지의 순수한 교정(交情)에 금이 가지 않도록 부탁드리옵니다. 그래야만 저는 아무런 미련없이 황천길로 갈 수 있습니다."

죽은 공명이 산 중달을 달아나게 하다

촉의 제갈공명은 위를 토벌코자 다섯번이나 거사했다. 위나라군은 철저한 지구전으로서 원정군인 촉나라군에게 군량보급 압박등을 초래케하여 불리한 처지로 몰고갔다. 제갈공명은 이 지구전을 회피하여 단기속결하기 위해 위나라 대장군인 사마중달을 건드려 싸움을 이끌어 보려 했다.

책략이 뛰어난 사마중달은 아무리 공명이 싸움을 유도해도 꿈쩍도 하지 않고 오직 수비에만 치중했다. 백여일의 지구전 끝에 제갈공명은 드디어 54세의 일기로 오장원(五丈原)에서 병으로 죽고 만다.

공명이 죽자, 촉나라군은 철수의 길에 올랐다. 촉나라군이 철수한다는 소식에 접한 사마중달은 즉각 추격을 시작했다. 중달은 아직 공명이 죽은줄 모르고 피폐한 적의 퇴각로를 막아 전멸시키고자 나아갔다. 촉군의 대장 강유(姜維)는 공명의 생시 작전지시에 따라 갑자기 기를 위나라군으로 돌려 출격의 북소리를 울리며 반격의 태세를 갖추었다.

워낙 공명의 묘책에 혼이 났던 사마중달은 깜짝 놀라 또 공명이 무슨 꿍꿍이를 가지고 있는가 하여 겁을 집어먹고 황급히 추격을 멈추고 되돌아 가버렸다. 물론 공명이 살아있는 것처럼 그의 휘장둘린 수레를 촉나라군 선두에 위치시켰지만 사마중달이 공명의 죽음을 안 것은 훨씬 후의 일이었다. 그 고장 사람들은 입을 모아 "죽은 공명이 산 중달을 달아나게 한다."라고 공명을 칭송했다.

공명의 죽음을 전해들은 사마중달은 쓴 웃음을 지으며,

"나는 산 자는 잘 상대해도 죽은 자와 상대는 서툴러서 말이야."

라고 했다고 하며 공명군이 포진한 자리를 둘러보고는

"과연 천하의 공명이로구나!"고 감탄했다고 한다.

이것이 始計篇의 「兵者詭道也」가 아니겠는가.

제갈공명의 출사표

제1 始計篇에는「道者令民與上同意也」즉, 도라는 것은 백성들로 하여금 위와 한 뜻이 되게 하는 것이라 했고, 謀攻篇에는「輔周則國必强」이라 하여 보좌가 완전하면 나라가 반드시 강해진다고 했다.

제갈공명과 유비의 운명적 만남은 바로 이를 두고 하는 것이리라. 서기 207년, 유비의 나이 47세, 공명의 나이 27세 때의 일이었다.

유비가 영양군의 신야현에서 머물고 있을 때 서서(徐庶)라는 사람이 공명을 추천했다.

"이 지방에 제갈공명이라는 사람이 있습니다. 그는 참으로 '잠자는 용'으로 부르기에 어울리는 인물이니 꼭 한번 만나보시기를 바랍니다."

이에 유비는 공명이 살고 있다는 초려(草廬)에 두번이나 몸소 찾아 갔지만 만나지 못하다가 세번째 겨우 만날 수 있었다. 이것이 유명한 삼고초려(三顧草廬)이다. 그 후 뒤에 소개되는 공명의 출사표에는 이때의 얘기를 적고 있다. 서기 221년에 유비가 촉나라에서 황제가 되자 제갈공명은 승상이 되어 그 능력을 종횡무진으로 발휘했다. 서기 223년, 유비가 병으로 죽게 되었을 때 공명에게

"만약 내 아들 유선이 보좌할 만한 인물이 안된다면, 공명 그대가 나를 대신하여 제위에 오르기 바란다."

그러나 공명은 유선에게 제위를 넘겨주고 자신은 승상으로 남았다. 자신의 진가를 인정해준 유비에 대해 그것으로 만족했던 것이다. 실로「道者令民與上同意」의 모습이 아닌가.

서기 227년, 남방의 곡창지대를 평정한 공명은 위나라 토벌에 착수했다. 21세밖에 안된 유선에게 공명은 출사표(출병을 임금에게 아뢰는 글월)을 바쳤는데 의리를 아는 자가 이를 읽을 때 눈물없이는 읽을 수 없다는 그 유명한 출사표 전문을 게재한다(2차 토벌시 바친 출사표와 구분하여 이를 전 출사표라 명한다).

"선제께서는 창업을 시작하여 아직 반도 이루지 못하고 돌아가셨습니다. 이제 천하는 삼분되어 익주는 전란에 시달려 피폐했습니다. 이것은 진실로 위급존망의 시기입니다. 그러나 시위가 안에서 충성을 게을리하지 않고 충성된 무사가 바깥에서 국토방위에 신명을 잊고 분발하는 까닭으로 대체로 선제의 특별한 후대를 가슴에 새겨 폐하의 총명한 귀를 넓게 열어 선제의 유덕을 널리 빛내시고 지사의 의기를 넓히고 키우심이 옳겠습니다. 함부로 자신을 부덕하다고 낮추시어 가당치 않은 비유를 끌어 대의를 잃음으로써 충간의 길을 막아서는 안될 것입니다. 궁중, 부중은 한가지로 한 몸입니다. 선악을 상주고 벌하되 의당히 틀림이 있어서는 안됩니다.

만약 간악한 것을 저질러 죄를 범하는 자 및 충성과 선행을 하는 자가 있으면 마땅히 사직에 붙여서 그 상벌을 논의하여 그로써 폐하의 공평하고 명랑한 정치를 천하에 밝히셔야 하며 편파적으로 흘러 안팎에서 법이 달라서는 안됩니다. 시중시랑 곽유지, 비위, 동윤 등은 모두 선량하고 진실하며 심지와 사려가 충순합니다. 이런 까닭으로 선제께서 가려 뽑아 이를 폐하께 남

겨 두셨습니다. 신이 생각하건데 궁중의 일은 대소를 막론하고 전부를 이들에게 상의하여 그 후에 시행하시면 반드시 결함을 보충하여 널리 이익되는 바가 있을 것입니다. 장군 향총은 성품과 행실이 숙균하며 군사에 밝아서 옛날에 사용하여 선제께서 그를 유능하다고 하셨습니다. 이런 까닭으로 군신과 공론하여 총을 천거하여 도독으로 삼으셨습니다. 신이 생각하건데 진중의 일은 대소를 불문하고 전부 그에게 상의하시면 충분히 전군을 화합케 하고 우수한 자와 열등한 자를 각각 적소에 앉힐 수 있습니다.

현신을 가까이 하고 소인배를 멀리한 것은 이것이 전한이 융성한 원인이었습니다. 소인배를 가까이하고 현신을 멀리한 것은 이것이 후한이 기운 원인이었습니다. 선제께서 계실 때에 노상 신과 이런 일을 의논하셨으며 일찍 후환의 환제와 영제때 천하가 난마상태에 빠져 망국한 일에 대해 탄식하고 원통해 하셨습니다.

시중상서, 장사, 진진, 장예, 장원은 모두 진실하고 절개를 죽음으로써 지킬 신하들이오니 폐하께서도 이들을 가까이 하시고 신임하십시오. 즉 한실이 융성해질 날을 손꼽아 기다리실 만 합니다. 신은 본래 미천한 몸으로 남양에서 몸소 농사지어 간신히 난세에 목숨을 보전하여 입신출세를 제후에게 구하지 않았는데 선제께서 신을 비천타 탓하지 않으시고 황공하옵게도 몸소 몸을 낮추시어 세번이나 찾으시고 신에게 한실 부흥의 대사를 자문하셨습니다. 이 일로 말미암아 신은 그 의기에 감격하여 마침내 선제를 위해 분골쇄신할 것을 맹세했습니다. 그 후 패배를 겪어 중임을 패군의 역경 속에서 맡고 명령을 위급한 가운데 받아 진력하였습니다.

그때부터 오늘까지 21년이 됩니다. 선제께서는 신이 근심함을 아시고 임종하실 때에 신에게 대사를 신신당부하셨습니다. 명을 받은 일에 조석으로 근심하길 당부하신 일이 효과가 나지않아 그로서 선제의 영명을 상할까 두려워하였습니다. 그러므로 5월에 노수를 건너 깊이 불모의 땅에 들어갔습니다. 이제 남방은 이미 평정되고 병사와 무기도 충분합니다. 이제는 마땅히 삼군을 인솔하여 북으로 중원을 평정해야 합니다. 신은 비력을 다해 간흉(=조비)을 무찔러서 한실을 다시 부흥하고 옛도읍으로 돌아가시게 하렵니다.

이것은 신이 선제의 고은에 보답하는 길이며 아울러 폐하께 충성을 다하는 의무입니다. 손익을 참작하여 폐하께 충언을 다하는 일은 곽유지, 비위, 동윤의 임무입니다. 원컨데 폐하께서는 신에게 토적, 부흥의 실효를 거두는 책임을 맡기십시오. 만일 폐하의 실효 가 없으면 신의 죄를 다스려 선제의 영에 고하십시오. 만일 폐하의 덕행을 일으키는 충언이 없을 때에는 곽유지, 비위, 동윤을 책하여 그 태만을 천하에 밝히십시오. 폐하께서도 또한 의당 스스로 도모하시어 선책들을 자문하시고 바른 말을 살펴 들으셔서 깊이 선제의 유조를 좇으십시오. 신은 은혜를 받은 감격을 이기지 못하와 이제 멀리 떠나는 마당에 이르러 표를 쓰려고 하니 눈물이 앞을 가리어 말씀드릴 바를 알지 못하겠습니다.”

애첩의 미녀 이간책

제1 始計篇에 「親而離之」 즉, 「친하면 이를 이간시켜야 한다」라는 어귀에 걸맞는 사례는 대단히 많다. 중국 고대의 고사에는 이간책의 유형이 몇가지 제시되어 있다. 조고가 2세와 승상을 이간질한 고사와 더불어 꽤 유명한 재미있는 이간질 하나를 소개한다.

전국시대 초(楚)나라 회왕때의 사건이다. 회왕이 이웃나라에서 선물로 받은 미녀에게 홀딱 빠져버렸다. 그런데 회왕의 애첩이 이를 질투했다. 애첩은 시치미를 뚝떼고 그 미녀에게 이렇게 말했다.

"왕께서는 당신을 무척 좋아하시는데 다만 당신의 코가 보기 흉하다고 하셨습니다. 왕 앞에서는 절대 코를 보이지말고 손으로 꼭 가리세요."

미녀는 애첩에게 고맙다고 인사하고 그후부터는 왕 앞에서 반드시 코를 가리고 있었다. 이상하게 생각한 왕은 애첩에게 어찌하여 저 여자는 나를 볼 때마다 코를 가리고 있는가 물었다.

애첩은 제법 망서리는 투로 아뢰기를,

"저 여인은 임금님의 냄새가 역겹다고 하는 거예요…."

왕은 곧 미녀를 「코 자르는 형벌」에 취했다.

송양(宋襄)의 인(仁)

제1 始計篇에 나오는「兵者詭道也」즉,「병은 속이는 방법이다」라는 말의 의미는 다소의 숙고를 요한다. 이는 단순히 속임수로 자기의 이득을 취하고자 하는 사술(詐術)을 뜻하는 것이 아니다. 전쟁이 장기전이 되면 엄청난 인명과 재산피해가 따르므로 반드시 단기속결이 되어야 함을 손자는 거듭 강조하고 있다. 단기전을 위한 하나의 방법으로 궤도가 승인되어야 하며 궤도일지라도 인간의 존엄성을 짓밟아버리는 행위는 재고해야 한다(제네바 협정). 다음에 열거되는「송양의 인」고사는 과연 전쟁에 임했을 시 어떠한 마음가짐으로 적을 대하는 가에 대한 잘못된 교훈으로 널리 알려져 있다.

송(宋)나라의 양공(襄公)은 기원전 7세기 춘추시대의 군주였다. 기원전 638년, 송나라가 강대국인 초(楚)나라와 전쟁을 했다. 송나라의 병사들은 이미 전투준비를 완료하고 있었고, 초나라의 병사들은 이제 막 강을 건너려는 순간이었다. 송나라의 한 참모가 초나라의 병사는 많고 송나라는 적으니 불리하니까 초나라의 병사가 도강이 끝나지 않은 때를 이용하여 공격할 것을 건의했다. 그러자 송나라의 양공은

"안되는 말이다. 군자는 타인이 어려움에 처해 있는 틈을 이용하여 공격하지는 않는다."

고 했다. 초나라 병사들이 어느덧 도강을 다 마치고 이제 막 포진하기 위해 준비중에 있을 때 또다시 애가 탄 송나라 참모가 공격할 것을 건의했다. 양공은 또 말하기를,

"역시 안되는 말이다. 군자는 적이 진용을 갖추지 않았을 때 공격하지 않는다."

고 했다. 드디어 초나라군이 완전히 포진이 완료되자 그때서야 양공은 공격명령을 내렸다. 결과적으로 송나라군은 대패했고 양공은 부상을 입었다. 이것이 이른바「송양지인(宋襄之仁)」이며 후세의 조롱거리가 되었다.

새 국법 공포의 기발한 착상

제9 行軍篇에 「令素行以敎其民, 則民服…令素行者, 與衆相得也」 즉, 「명령이 본디 행해지고 그로써 그 백성을 가르치면 즉 백성은 복종한다…명령이 본디 행해지는 것은 백성과 더불어 서로 뜻이 맞기 때문이다」라고 하는 어귀는 史記에 나오는 다음의 사례에 잘 적용된다.

진(秦)나라 효공(孝公)은 기원전 361년 등극하자마자 철저한 근대화정책을 추진했다. 추진과정에서 새 국법을 제정하고자 논의 중에 두 재상의 상반된 의견에 부딪쳤다. 신중론자인 두지가 아뢰기를,

"기구일지라도 그 효용이 10배가 되는 것이 아니면 바꾸지 않는 법입니다. 법은 그 이익이 백배가 되는 것이 아니면 바꾸어서는 안됩니다. 무슨 일이 있든지 종래의 방법을 취하고 고래의 예를 따르고 있으면 착오가 일어나지 않습니다."

개혁론자인 상앙이 되받아 아뢰기를,

"정치의 방법은 고정된 것이 아닙니다. 국가로서 유익하다고 생각되면 거침없이 바꾸어야 합니다……."

결국 효공은 상앙의 의견을 받아들여 새 국법을 제정했다. 국법의 내용을 개정되었지만 곧 공포하지는 않았는데 백성이 따라올는지 의심스러웠기 때문이다. 우선 백성의 신뢰심을 확립하지 않으면 안되었다. 그래서 궁리 끝에 높이 세 길 되는 나무를 도읍의 남문에 세워두었다. 그리고 「이 나무를 북문에 옮겨 심는 자에게는 10금(金)을 상으로 준다」는 포고를 걸어 두었다. 그러나 누구하나 이를 믿지 않았다. 그래서 다시금 「옮겨 심는 자에게는 50금(金)을 준다」고 상금을 5배나 늘리자 겨우 한 사나이가 미심쩍은 듯 하며 실행에 옮겼다. 즉시 그에게 금 50을 주고 법령에 거짓이 없음을 천하에 보였다.

그러자 비로소 새 법을 공포했다. 그러나 막상 법이 선포되어 시행되자 불평불만이 속출했다. 1년동안 도읍으로 올라와 새 법의 불합리성을 호소하는 자가 수천명에 달하였다. 이러한 때에 공교롭게도 태자(太子)가 새 법을 어겼다.

개혁론자 상앙이 말했다.

"백성들이 새 법을 지키지 않는 것은 윗사람이 그것을 범하기 때문이다."

그리고 태자를 법에 의해 처벌하려 했다. 그러자 태자는 왕의 자리를 이어받을 사람이기 때문에 대신 시종장인 공자를 처벌하고 태자의 교육을 담당했던 자를 처벌했다. 그 다음부터 나라안의 모든 사람이 새 법에 복종하기 시작했다. 그후 10년이 지났다. 진나라에서는 길에 물건이 떨어져도 아무도 주으려 하지 않았다.

사 면 초 가(四面楚歌)

한고조(漢高祖) 5년인 기원전 202년, 고조인 유방이 한신, 팽월, 장량, 진평 등과 함께 항우의 군을 해하(垓下)에서 맞아들였다. 이것이 항우의 마지막 전투가 된 유명한 해하의 전투인데 여기서 항우는 유방에게 완전히 궤멸되어 포위당했다. 항우의 군사는 해하에서 농성했으나 이미 전력은 저하되었고 식량도 바닥이 났다. 그날밤 항우는 적의 야영지에서 흘러나오는 노래를 듣고 가슴이 뜨끔했다. 사면이 포위당한 채 들려오는 그 노래는 바로 귀에 익은 초나라의 노래였기 때문이다. 초나라 사람들이 한의 유방편에 붙었다는 것을 알았다. 그때 항우는 애비인 우미인과 애마인 추를 앞에 두고 노래했다.

"힘은 산을 뽑고 기는 세상을 덮었으나,
(力拔山兮氣蓋世 : 역발산혜기개세)
시세는 이롭지 못하고 추(애마)는 나아가지 않으니
추가 나아가지 않음을 어찌하랴.
우여, 우여, 그대를 어찌하리."

그러자 우미인이 그에 화답하기를,

"한나라 군사가 이미 땅을 침범하였고,
사방에 초가(楚歌)소리 나네.
(四方楚歌聲)
대왕은 의기가 다하니,
천첩이 어찌 삶을 바라리오."

노래를 마치자 우미인은 미련없이 자결해 버렸다. 항우는 야음을 틈타 한군의 포위망을 뚫고 남으로 달아났다. 따르는 자가 800여기. 그러나 회수(淮水)를 건넜을 때는 백기로 줄었다. 음릉에서 길을 잃자 한 농부가 항우를 속여 늪지대로 가게 했다. 28기만을 데리고 수천명의 유방군사와 싸우다가 겨우 빠져나가 오강(烏江)에 왔을 때 이곳의 관리가 강가에 배를 대고 기다리고 있다가 항우가 처음 거병했던 강동(江東)으로 가기를 권했다. 그러자 항우는

"전에 나는 강동의 젊은이 8,000명과 함께 거병했는데 지금은 같이 갈 병사가 한명도 없다. 무슨 면목으로 강동의 부형들을 볼 수 있으리오."
하고는 애마 추에서 내려, 차마 제 손으로 죽이지 못한다며 오강의 관리인에게 주고, 바짝 추격해온 한군에게 뛰어 들었다. 항우 혼자 수백명을 상대하니 버틸 수가 없었다. 마침 항우가 보니 옛 친구인 여마동이 있는지라,

"한왕 유방이 내 목에 막대한 상금을 걸어 나를 잡으면 만호후에 봉하겠다고 약속했다더군. 이왕 죽을 바엔 옛 친구인 자네에게 공을 세워 주겠네."

이런 소리와 함께 그의 면전에서 스스로 목을 쳤다. 이를 본 한의 군사들은 저마다 항우의 시체를 서로 가지려고 밀고 당겨 수십명이 깔려 죽었다. 결국 옛 친구였던 여마동과 다른 장수 3명이 항우의 사지를 하나씩 손에 넣고 또 한명의 장수가 가진 목과 합쳐 5갈래로 나누어졌다.

이것이 뒷날 초의 영토가 다섯으로 분봉(分封)되는 원인이 되었는데 이 5명의 장수가 5가지의 제후에 봉해졌던 것이다. 그때 항우의 나이는 겨우 31세였다.

제7 軍爭篇에 「迂直之計」 즉, 「돌아가는 것을 택하여 바로가는 것보다 앞선다」고 하는 어귀는 바로 한고조 유방의 인간성과 그의 전략이 초왕 항우와 대비될 때 적용되어지는 어귀이다.

트로이의 목마(木馬)

「트로이의 목마」는 전설에 가까운 얘기지만 「以正合, 以奇勝」의 요체를 보여주는 좋은 전례이며 한명의 재능있는 스파이가 얼마나 큰 역할을 할 수 있는지를 보여주는 교훈적 사건이다.

기원전 13세기 중반에 트로이(Troy) 왕국의 파리스(Paris) 왕자는 스파르타의 왕인 메네라우스의 왕비 헬렌을 유인하여 트로이로 도주하게 되는데 스파르타 왕은 그리이스의 최고 실력자인 그의 형 아가메논에게 트로이왕국을 공격하도록 요청했다. 마케네의 왕인 아가메논은 그리이스의 여러국가들을 규합하여 트로이왕국을 징벌하러 가는데 스스로 총 사령관이 되어 1,200여척의 전함(戰艦)을 이끌고 에게해를 넘어 10여년에 걸친 대전쟁에 돌입했다. 그리이스의 선봉자 아킬레스는 소아시아 반도에 상륙하자 트로이 주변의 12개 도시는 쉽게 장악했으나 유독 트로이성만은 10년 동안의 공격에도 불구하고 함락치 못했으며 오히려 장기원정으로 인한 피폐로 점점 전세는 불리하게 돌아갔다. 이때 아가메논은 꾀많은 유리시즈의 묘책을 받아들여 지금까지 취했던 정공법(正攻法 : 以正合)버리고 기공법(奇攻法 ; 以奇勝)으로 작전을 전환했다. 유리시즈는 연기가 뛰어나고 담이 큰 「시논」이라는 스파이 한명을 트로이성 전방 해안에 버려둔다.

밤의 어둠이 물러가고 아침이 되자 트로이성의 파수병은 갑자기 눈앞에 나타난 대형목마를 보고 괴이한 함성을 질렀다. 더구나 10년이란 세월동안 그리이스의 대선단이 저 편 해안에 늘 있어 왔는데 그날은 한척도 없이 사라진 것이다. 충격의 연속이었다. 그럴즈음 트로이의 파수병은 온몸에 피투성이가 되고 수갑과 족쇄가 채워진 채 해안에 버려진 한명의 젊은이를 발견한 것이다. 물론 유리시즈에 의해 조작된 스파이 「시논」이다. 트로이왕 앞에 끌려간 「시논」은 부르짖기를

"신이여! 나는 어디로 가야 합니까? 어찌해야 합니까? 그리이스군은 나 「시논」을 버리고 자기들만 그리이스로 돌아가버렸고 여기 트로이군은 나를 증오하며 죽이려 하고 있나이다."

그의 태도가 너무나 불쌍했기에 트로이왕은 매질을 중단시키고 그 사연을 듣기로 했다.

그의 이름은 「시논」이라고 하며 가난한 집안에서 태어났는데 그의 아버지는 그를 그리이스의 영웅인 팔레라메데스의 종으로 보냈다. 그런데 팔레라메데스 역시 유리시즈를 따라 트로이 전쟁에 참가했는데 그는 장기전쟁에 환멸을 느껴 전쟁을 반대하게 되었고 이로인해 미움을 받아 살해되고 말았다.

"팔레라메데스가 살아있을 동안에는 별로 그를 생각하지 않았는데 막상 그가 죽게되자 나는 슬픔속에 나날을 보냈습니다. 저는, 이 전쟁이 끝나서 그리이스로 다시 돌아간다면 반드시 이 원수를 갚기로 결심했던 것입니다."

그러나 불행히도 이것이 유리시즈에게 들통이 나서 그때부터 「시논」을 못살게 굴면서 어떤 구실을 만들어 죽여버릴려고 했던 것이다. 끝없이 계속되는 전쟁에 지친 그리이스군은 이따금씩 귀국하기를 제의했다. 그러나 막상 귀국길에 오르면 갑자기 심한 풍랑이 일어나 꼼짝도 못하게 되었다. 그래서 단풍나무로 거대한 목마를 만들어 신에게 바치게 되었는데 이 또한 소용

없어 더 큰 풍랑만 일 뿐이었다.

초조해진 그리이스군은 델포이신에게 더욱 간곡히 치성을 드렸는데 그리이스군의 점장이 칼카스에게 다음과 같은 신의 계시가 떨어졌다.

“그대들은 고국을 떠날 때 풍랑이 없도록 소녀를 제물로 바쳤다. 지금 또다시 무사히 귀항하기를 원한다면 살아있는 인간을 제물로 바칠지어다.”

점장이는 유리시즈에게 이를 비밀로 하려 했으나 유리시즈의 엄명에 의해 이실직고 할 수 밖에 없었다.

“그때 산 제물로 지명된 사람이 바로 나였습니다.”

「시논」은 이미 각오는 되어 있었지만 막상 복수도 하지 못하고 바다에 던져져서 죽어야 된다고 생각하니 앞이 캄캄하여 결국 그날밤 갈대숲과 진흙탕에 몸을 던져 숨어 있었던 것이다. 그리고는 다음날 새벽 트로이 파수병에 의해 발견되어 이렇게 트로이왕 앞에 있게 된 것이라 설명되었다.

이 얘기를 들은 트로이왕과 그 일행들은 모두 「시논」을 동정하였고 수갑과 족쇄를 풀어주었다. 그런데 역시 궁금한 것은 기이하게 생긴 대형목마이다.

“이 괴물은 도대체 무엇을 뜻하는가? 무기인가? 신에게 바친 그 단풍나무 봉물인가?”

“점장이 칼카스의 흉조해석에 따라서 그리이스군은 여신상을 훔친 죄값으로 이 목마를 만들었습니다. 칼카스는 당신들 트로이군이 성문을 통해 이 목마를 안으로 넣지 못하도록 이렇게 크게 만들었습니다. 만약 당신들이 이 목마에 조금이라도 불측한 짓을 하면 당신들의 왕과 트로이성은 무서운 재난을 당할 것입니다. 그러나 만약 목마를 다치지 않게 무사히 성안으로 끌어들이기만 한다면 그때는 멀리 그리이스의 본토까지 트로이군의 진로를 막을 모든 장애물은 없어질 것입니다.”

이 말이 끝나자 마자 트로이왕은 목마를 성안으로 끌어 넣을 것을 명령했다. 거대한 목마에 밧줄이 감겨지고 밀고 당기고 하여 성문앞에 이르자 목마의 크기에 비해 너무나 협소한 성문이 아닌가.

목마를 다치게 하면 역으로 큰 재앙이 임하게 된다고 하니 방법은 한가지 뿐 성문주변 벽을 깨뜨리는 것이다. 성벽을 허물어 무사히 목마를 성안으로 끌어들이자 앞으로 찾아올 축복에 들떠 트로이군은 종일 술을 퍼마시며 춤추고 미친 듯 법석을 떨었다.

야밤이다. 술에 곯아 떨어진 트로이군 옆을 지나 목마 쪽으로 가는 자가 있었으니 다름 아닌 「시논」이다. 목마의 배속에 숨어있던 20명의 정예특공대(일설에는 300명이라고도 하나 너무 많음)가 「시논」에 의해 인도되었다. 트로이 성벽 위에 타고 있던 횃불로 「시논」은 철수한 것처럼 보였던 그리이스 함대로 신호를 보냈다. 테네도스섬의 뒤에 사라진 듯 은폐했던 그리이스 함대는 서서히 트로이해안으로 상륙했고, 트로이성 안의 특공대와 내외적으로합격하여 깨어진 성문을 통해 물밀듯 들어와 처참한 대학살을 감행한 것이었다. 10년동안의 정공법은 단 하룻밤만에 그것도 단 한명에 의한 기공법에 의해 승리로 귀결되었다.

이것이 「以奇勝」이며 「用間」의 결정적 모습이다.

셔먼(Sherman) 장군의 '바다로의 진군'

제6 虛實篇의 명귀「善攻者 敵不知其所守」즉,「공격을 잘하는 자는 적이 어디를 방어해야 할지 모르게 한다」는 남북전쟁 당시 북군의 셔먼 장군이 취한 작전 요체이다. 이 기동작전은 '바다로의 진군(March to the Sea)'으로 대단히 유명한데 셔먼의 진군로는 참으로 적으로 하여금 어디를 방어해야 할지 모르게 하는 어정쩡한 중간통로를 택한 것이다. 1864년 11월 15일, 셔먼은 북군을 이끌고 애틀랜타를 출발하여 죠지아주를 통과하는 대기동작전에 들어갔다. 그의 목표가 메이컨(Macon)인지 오거스타(Augusta)인지, 혹은 오거스타인지 사반나(Savannah)인지 적측에서 판단하지 못하도록 하는 애매한 진격로를 택했다. 셔먼은 만약의 상황변화에 대비하여 언제든지 특정한 일개목표를 취할 준비는 되어 있었지만 남군은 셔먼의 공격목표를 헤아리지 못해 순순히 셔먼의 북군에게 진로를 열어주었던 것이다.

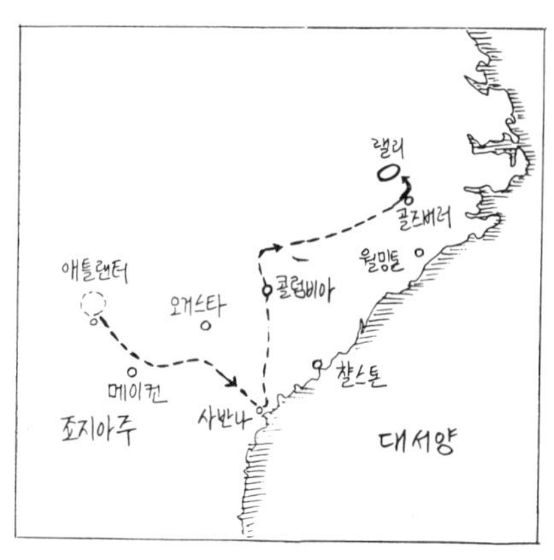

다시 셔먼은 대용목표(Alternative Objectives : 예비목표, 택일목표) 사이에서 기만적인 진군로를 택하여 남군으로 하여금 오거스타나 찰스톤 중 어느곳이 셔먼의 공격목표인지 혼동시켰으며 병력을 양분케 만들었다. 그런데 여기에서 셔먼은 그 둘중 어느쪽도 아닌 양 지점의 중앙통로를 택해 신속히 통과하여 남군의 최대 보급지인 콜럼비아(Columbia)를 탈취했다. 또 다시 셔먼은 최종목표가 랠리(Raleigh)인지 골즈버러(Goldsborough)인지 윌밍톤(Wolmington)인지 모르게 진군했다.

최종 목표를 향한 이 마지막 진군에서 사실상 셔먼 자신도 어느 곳을 택할 것인지 정확히 결정하지는 못했다고 하는데 어쨌든 남군은 셔먼부대만 보면 너무나 당황하여 정신적 위압감에 굴복하고 말았던 것이다. 셔먼의 기동로가 적으로 하여금 어느 곳을 방어해야 할지 모르게 하여 큰 성과를 거두었지만 이에 못지 않게 셔먼 부대의 기동방법 또한 특이했다. 부대는 4~6개의 종대를 취하고 각 종대는 구름떼와도 같은 징발대의 엄호를 받으며, 광대하고 불규칙한 정면을 취했다. 만약 1개 종대가 적에게 차단당하게 되면 다른 종대들이 계속 밀고 나갔다. 이런 거센 전진으로 말미암아 "우리 부대는 셔먼의 습격대이다. 물러서는 것이 이로울 것이다."라고 외치는 것만으로도 충분히 적들을 마비시킬 수 있었다는 기록이 있으며 너무나 강한 인상 때문에 언제나 퇴로를 먼저 생각하게 했다고 한다. 이 유명한 셔먼 장군의 '바다로의 진군'은 리델하트의 간접접근전략과도 일맥상통한다. 리델하트의 명저「전략론」에는 셔먼의 진군에 대해 상세히 분석 기록되어 있다.

셔먼장군의 기동요령은 허실편의 또다른 명귀인「吾所與戰之地不可知, 不可知則敵所備者多, 敵所備者多則吾所與戰者寡矣」즉,「어디서 싸울 것인가를 알지 못하면 적의 수비할 곳이 많아진다. 적의 수비할 곳이 많아지면 아군과 상대하여 전투할 적은 적어진다」라는 말과도 일치한다.

2,000명을 구출시킨 위장무선

제7 軍爭篇에 「兵以詐立」 즉, 전투는 적을 속임(=기만)으로써 성립된다고 했다. 위기절명의 상황에서 교묘히 적을 속임으로써 2,000명의 생명을 구했던 2차세계대전 당시 전례를 소개한다.

1943년 3월 1일, 일본군은 솔로몬해까지 진격하는데 성공했으나 미군의 강력한 반격으로 이미 점령했던 솔로몬 군도내의 과달카날섬을 철수할 상황에 이르렀다. 이 섬은 미드웨이 해전이 종료된 10일 후에 일본군이 피지・사모어 작전에 대비하여 전진 항공기지를 건설해 둔 중요한 전략 요충지였다.

이 과달카날섬은 태평양전쟁 중 최대의 격전지로「지옥의 전투」라 불리울 정도로 처참한 전장이 되었다. 이 작은 섬에서 미군은 전사 1,598명, 전상 4,709명, 군함손실 24척을 기록했고 일본군은 이보다 더해 투입했던 육군 33,500명 중 전사 8,500명, 전상 12,000명이 되어 투입병력의 3분의 2가 피해를 입은 것이다. 더욱이 보급단절로 영양부족과 악성 말라리아 등으로 마치 아귀와 같은 모습으로 비참히 죽어갔으며 이밖에도 군함 24척과 항공기 893대, 조종사 2,362명이 상실되었다. 그러나 일본군은 미군을 속이는 갖가지 조치를 취함으로써 더 이상의 피해를 방지할 수 있었다. 1943년 12월, 다음과 같은 전문이 과달카날섬에서 일본의 대본영으로 타전되었다.

"이미 식량보급을 받지 못한 지 반개월이 지났음. 대부분의 장병들이 영양실조로 굶어 죽는 자가 속출하고 있으며 잔존병력 15,000명중 공격을 할 수 있는 체력을 지닌 자는 거의 없는 지경에 이름."

이로 인해 대본영은 과달카날섬의 일본군을 철수시키기로 결정했으며, 육군은 반격을 가장하여 미군을 기만하면서 퇴각하는 작전에 들어갔다. 그 철수작전의 계획을 숨기기 위해 다음의 지시를 다시 타전했다.

1. 장병에게는「장래의 공세에 응하기 위한 배치변경」이라고 알릴 것
2. 이동은 야간을 이용하고 이동이 곤란한 화포와 차량은 파괴할 것
3. 중요서류는 최소한으로 줄이고 기타서류는 모두 소각할 것
4. 유언비어를 단속하고 부대를 이탈하는 자는 엄벌에 처할 것
5. 전사자의 소지품을 조사하여 중요서류를 소각할 것

일본 해군은 구축함 20척을 준비하여 미해군의 어뢰정을 격퇴하면서 과달카날섬으로 급행하여 에스페란스에 도착하자 이미 해안에 집결하여 철수를 대기하는 일본 육군을 태우고 부겐빌섬을 향해 떠났다.

이 철수작전은 2월 1일부터 3일 밤까지 감행된 것인데 철수하면서도 그들은 에스페란스에서 타사파롱에 이르는 밀림일대에 여기저기 화톳불을 지펴놓아 마치 새로운 증원부대가 진입하여 공격을 준비하고 있는 것처럼 보이게 했으며 소수의 실병력을 남겨두고 이들 부대가 미군에게 맹렬한 포격을 퍼부어 마치 총 공격을 하려는 듯 기만했다. 미군은 이에 속아서 오히려 일

본군의 총 공세에 대비하기 위해 서둘렀다.

일본군은 2회에 걸쳐 이런 기만작전으로 철수에 성공했지만 아직 약 2천여명이 구출되지 못하고 남아 있었다. 이제는 미군이 어느정도 눈치챌 시점에 이른 것이다. 조만간 미군의 우세한 항공대가 일본군의 철수부대를 박살낼 것이다. 여기에서 일본군은 또다시 미군을 속이기 위한 기만작전에 들어갔다. 남태평양의 일본군 요새인 뉴브리텐섬의 라바울기지에는 가게모도 소장이 지휘하는 비밀첩보부대(제1연합통신대)가 있었다. 최후의 철수부대가 과달카날섬을 떠나려 하던 날인 2월 7일 한밤중에 이 라바울의 첩보부대는 솔로몬 해역을 초계중인 미군비행기가 과달카날섬에 있는 항공기지와 교신하려고 하는 것을 탐지했다. 이미 해독하고 있었던 미군암호로 초계비행기는 IVO 였고 과달카날의 항공기지는 OVO 였음을 알고 있었는데 그날따라 교신상태가 불량하여 OVO (항공기지)는 IVO (초계기)를 계속해서 부르고 있었다. 이때를 놓칠세라 일본의 첩보부대는 그동안 용의주도하게 준비해둔 암호전에 들어갔다. IVO 를 열심히 찾고 있는 OVO 에게 다음과 같은 거짓 전문을 보내기 시작했다.

"K.V.IVO.O.O (오케이, 여기는 1번 초계기, 작전 특별 긴급신 있음)"

과달카날의 항공기지에서는 이것이 미군의 초계기에서 보내온 전문으로 믿고

"K.V.OVO (오케이, 여기는 과달카날 기지임)"

라고 응답했다.

일본군의 위장전문에 말려든 과달카날 미군기지에 대해 첩보부대는 또다시 전문을 날렸다.

"우리(IVO : 초계기)는 일본군의 기동부대를 발견했음. 항공모함 2, 전함 2, 구축함 10, 코오스는 남동방향… 오전 4시, 여기는 IVO 다. 수신되었는가?"

"RV. OVO. CONTACT (잘 알았음. 계속 접촉을 유지하라)"

이리하여 미군은 일본의 위계에 감쪽같이 속았고 남태평양의 전함대는 이 새로운 일본의 대함대에 대비하는 일대 소동을 벌였으며 항공기는 이제 과달카날섬 상공에서부터 그 방면으로 장소를 옮겨 날아갔다. 일본군의 마지막 잔류병력 2,000명은 이렇게 하여 무사히 쇼틀랜트섬으로 탈출할 수 있었다.

「兵以詐立」 즉, 전투는 적을 속임으로 성립되는 것이다.

난공불락의 마지노 요새

제6 虛實篇에「越人之兵雖多, 亦奚益於勝敗哉…敵雖衆, 可使無鬪」즉,「월나라의 군사가 비록 많다고 하더라도 그들은 승패와 관계없다.…비록 적이 많다 해도 싸울 수 없도록 만들기 때문이다」라는 명귀는 제2차세계대전 당시 난공불락의 요새로 알려진 프랑스의 마지노 요새를 교묘히 무용화시킨 독일군의 작전에서 그 빛을 말한다.

마지노선은 1927년 당시 육군상이었던 폴 빵르베(Paul Painleave)가「동북국경 축성안」이란 안건으로 의회에 제출했는데 워낙 많은 예산이 소요되어 1929년에야 통과되었고 그때 육군상이 바로 마지노였다. 그래서 마지노선이란 명칭이 붙었으며 50억 프랑의 거금이 투자되어 5년에 걸친 대공사 끝에 완성된 이 요새는 프랑스 국민들에게는 난공불락(難攻不落)의 요새로서 조국 프랑스를 지켜주는 수호신이었다.

1933년도에 완성된 마지노 요새는 모든 구조물이 강철과 콘크리트로 이루어졌으며 지하에 구축되었다. 전투시설과 연결하기 위해 엘리베이터, 에스칼레이터, 탄약운반 리프트가 설치된 실로 어마어마한 요새였다.

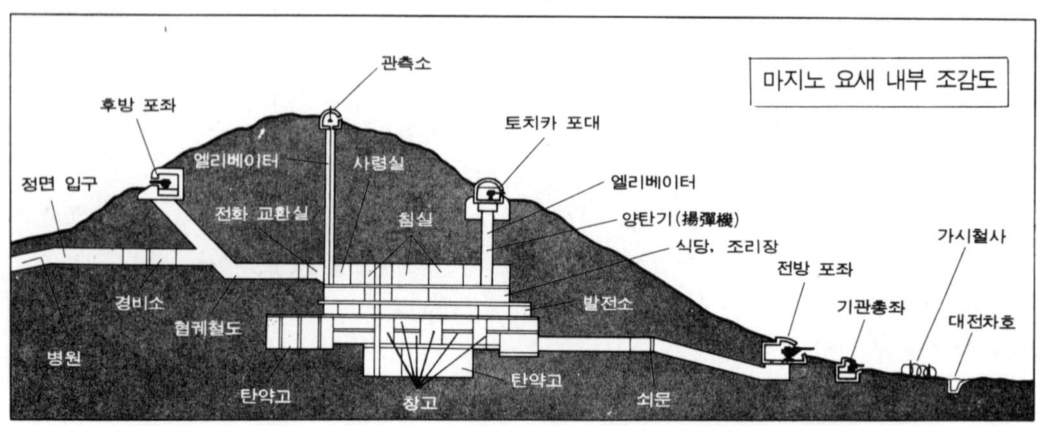

당시 독일군의 기동계획은 세개의 집단군으로 구분, A 집단군은 룬트쉬테트 장군의 지휘하에 주공으로서 아르덴느 삼림지대를 돌파하고, B 집단군은 복크장군의 지휘하에 조공으로서 화란과 벨기에를 공격하여 A·B 집단군이 솜므강 이북에서 상호협격하여 연합군을 차단·포위·섬멸하도록 했으며 C 집단군은 레에프 장군의 지휘하에 프랑스의 마지노 요새 일대를 견제토록 했다. 당시 프랑스 육군은 이 마지노 요새에 현역 정예사단과 요새 전문사단 등 50개나 되는 사단을 배치했는데 독일군은 불과 17개 보병사단으로 이를 견제하는데 성공하여 결정적 시기에서도 프랑스 대군을 요새안에 틀어박혀 있도록 함으로써 이를 유병화시켰던 것이다. 결국 이들은 제대로 전투력을 발휘도 못하고 독일군에게 포위되어 항복하고 말았다. 이것이 바로「적수중, 가사무투」의 경지가 아닌가.

나사 하나에 운명이 바뀐 U-2기

세상을 떠들썩하게 했던 미국의 스파이 비행기 U-2기 격추사건. 1960년 5월 소련 영공을 몰래 비행하던 U-2기는 소련 미사일의 공격에 의해 기체일부가 파손되고 조종사 게리 파워즈(Francis G. Powers)가 체포되었다. 이로 인해 소련의 후르시초프는 예정되었던 수뇌회담을 결렬시켰고 스파이 비행의 전모를 세계에 발표하여 미국을 궁지에 몰아 넣었다. 특히 천의 얼굴을 가진 소련의 거물급 스파이 아벨(Rudolf Abel)과 체포된 파워즈를 맞교환할 수 밖에 없었는데 아벨은 미국과 유럽의 중요처소에 깊게 침투하여 굵직한 공작을 해온 스파이로서 미국이 천신만고 끝에 검거했었다.

파워즈는 CIA 요원이며 U-2기 조종사인데 소련상공을 무려 200회 이상이나 침범한 베테랑으로서 자신의 비행기가 왜 격추당했는지를 도무지 알 수가 없었다. U-2기는 고도 3만미터의 고공을 비행하는데 당시 격추시킬 능력이 있는 미사일이나 비행기가 소련에는 없었다. 그렇다면 어떻게 하여 이를 포착 격추시켰는가? 그것은 단 한사람의 스파이에 의해 가능했던 것이다. 후르시초프는 불리하게 진행될 수뇌회담을 결렬시킬 궁리를 하다가 KGB에게 결렬 구실을 만들도록 명령했다. KGB 간부가 즉시 U-2기의 기지가 있는 파키스탄으로 달려갔다. 현지인과 같이 생활하던 전직 조종사 한명을 매수하여 몰래 U-2기의 조종실에 침입시켰다. 고도계의 우측상단 구석에 있는 나사하나를 KGB에서 준비해준 강력한 자석 하나와 바꿔치기 했다. 파워즈가 이를 모르고 그날도 유유히 소련 상공을 날아들어 갔다. 그런데, 이게 웬일인가! 파워즈는 고도계가 가리키는 데로 3만미터의 고공을 날고 있는 줄로 알았는데 실제로는 그보다 훨씬 저공을 날고 있었던 것이다. 바꿔친 자석은 U-2기가 어느정도 상공에 도달하면 고도계 바늘을 돌려서 붙여버렸는데 그리하여 실제의 고도이상으로 비행하는 것처럼 조종사로 믿게 했던 것이다. 이 기상천외한 내막은 베일에 쌓인 채 10년 후에야 그 진상이 밝혀졌다.

「用間」의 적절한 활용, 이것은 전세를 결정적으로 바꾸어 준다.

움가타프 요새 돌파전

제1 始計篇에 「攻其無備, 出其不意」 즉, 적이 준비하지 않은 곳을 공격하고 적이 전혀 예상하지 않은 곳으로 나아간다라고 하는 이 명귀는 6일전쟁으로 유명한 제3차 중동전시 난공불락의 요새인 이집트군의 움가타프(Umm Gataf)요새를 기습적으로 돌파한 이스라엘의 작전방식을 통해 그 위대성이 입증되었다.

이스라엘의 샤론 사단이 통과해야 하는 길목에 있는 움가타프는 시나이로 진입하는 관문이며 전략적 요충지로서 소련의 전문가까지 동원되어 재보강한 최강의 난공불락 요새이다. 이 요새 일대의 북쪽은 사막의 바람으로 풍적된 모래언덕으로 방호되어 있고 남쪽은 심한 절벽과 바위언덕으로 된 폭 2~3㎞의 좁은 회랑지대로 되어 있다. 또한 요새의 경계를 담당하는 전방방어진지, 그 뒤에 3선의 주방어진지, 그뒤에 122미리포 6개 포병대대와 80여대의 전차가 지원 및 역습을 위해 배치되어 있었고 각종 토치카와 기관총 진지, 방카화된 전차, 프라스틱 지뢰를 비롯한 각종 지뢰로 구성된 폭 200m의 지뢰지대, 철조망과 바리케이트 등으로 그야말로 철벽같은 방어시설을 준비했다.

이스라엘의 샤론 장군은 면밀한 작전계획을 수립하고 2~3일전 부터는 입수된 정확한 정보에 따라 모래로 움가타프 요새의 모형을 만들어 놓고 철저한 예행연습을 실시했다. 요새의 벽돌크기 하나까지 정확한 정보수집으로 숙지한 이스라엘군은 드디어 1967년 6월 5일 08시 15분 주간공격을 개시하여 움가타프 요새 전방의 요충지 움탈파(Umm Tálfa)를 탈취하고 야간작전에 들어갔다. 오후 6시경 이스라엘군은 아무도 접근하리라 예상못한 움가타프 요새 북쪽의 미끄러지는 10마일의 모래언덕을 걸어서 밤 10시에 요새 북단에 진입했다. 돌격신호와 함께 2천여명의 이스라엘 보병여단이 일제히 요새 북쪽으로부터 뛰어들어오자 이집트군은 혼비백산하여 1시간 동안의 백병전 끝에 요새를 넘겨주고 말았다.

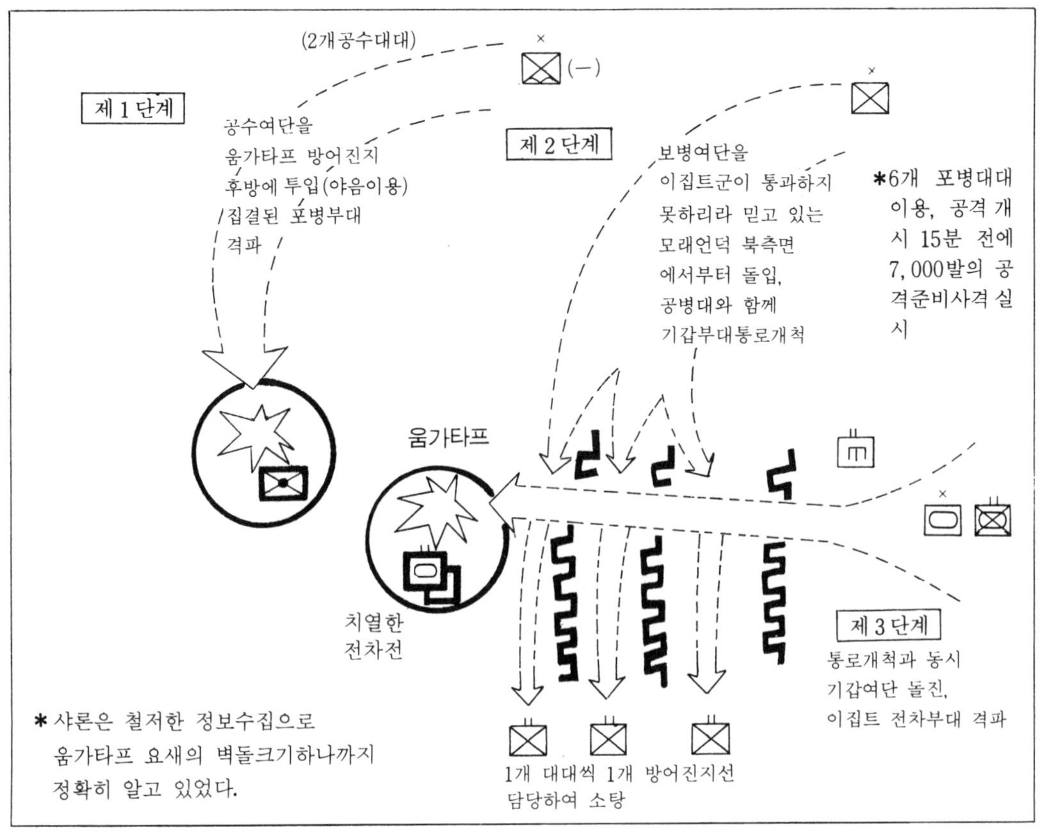

〈「出其不意」의 기습작전 움가타프 요새 돌파 양상〉

엔테베 인질 구출작전

제4 軍形篇의「其戰勝不忒, 不忒者, 其所措必勝」즉,「그 싸움의 승리는 틀림이 없고, 틀림이 없는 것은 그의 조처하는 바가 반드시 승리하게 되어 있다」는 이 명귀는 1976년 그 유명한 엔테베 인질 구출작전에서 그 진가를 발휘했다.

승객 242명, 승무원 12명을 태운 프랑스 항공의 에어버스 139기 여객기가 1976년 6월 27일 이스라엘의 수도 텔아비브 벤구리온 공항을 이륙하여 파리로 향했다. 중간 기착지인 아테네를 이륙한지 수분 후에 팔레스타인 해방인민전선(PLO)의 지지를 받는 독일인 남녀와 아랍인 3명에 의해 돌연 피납되어 우간다의 수도 캄팔다의 엔테베 공항에 억류되었다.

우간다에서 다시 합류한 게릴라를 포함하여 10명의 테러범들은 각국에 억류되어 있는 53명의 테러인(이스라엘 40명, 서독 6명, 케냐 5명, 스위스 1명, 프랑스 1명)들을 석방할 것을 요구했고 유태인이거나 유태계 이름을 갖는 승객 93명과 승무원 12명 전원을 볼모로 하여 대치하였다.

이런 상황에서 이스라엘은 그 유명한 엔테베작전을 개시한 것인데 그 준비과정을 보면「其所措必勝」의 명구가 그대로 적용되는 완벽한 태세 하에 작전에 돌입한 것이다. 이스라엘은 7월 2일 야간까지 우간다의 군에 대한 정보와 엔테베 공항의 병력배치, 대공포 운용, 경계병력의 운용, 신구 활주로의 길이와 폭과 방향 등의 제원, 연료탱크의 수와 위치, 신구관제탑의 임무할당, 인질이 억류되어 있는 건물의 방위치와 출입문 위치와 창위치와 시건장치, 항공기 진입요령 등의 상세한 사항을 사전탐지하여 그와 꼭같은 모형을 만들고 습격부대를 편성하여 철저한 사전 예행연습을 실시했다. 구출반은 인질이 갇혀있는 건물에 돌입하여 게릴라와 인질을 식별하여 게릴라는 사살하고 인질은 구출하는 연습, 지원반은 우간다군의 반격을 제압하는 연습, 파괴반은 레이다와 소련제 미그전투기 등을 파괴하는 연습, 구호반은 사상자를 조치하는 연습, 투입할 C-130 항공기는 습격부대가 공항에 진입할 때 엔진을 끄고 활주로를 최소한 사용하며 인질구출 후에는 즉각 이륙할 수 있도록 하기 위해 3시간 이상의 강행 이·착륙 연습을 실시하는등 실전적이고 치밀한 연습을 실시한 것이다.

드디어 7월 3일 오후 3시 10분, 이스라엘 습격부대는 샤름엘 쎄이크 근교의 기지를 출발하여 7시간의 긴 비행 끝에 10시 45분 우간다에 도착, 2대의 항공기에 탑승한 100여명의 공정대원과 보병요원 및 2대의 장갑차를 내려 놓았다. 사전 철저한 예행연습이 곧바로 실전으로 연결되어 이들은 불과 1분14초만에 인질범 7명을 사살하였고 전투기 및 군사시설을 폭파시켰다. 선더볼트(번개) 작전으로 명명된 이 작전은 목표상에서 55분을 계획했는데 실제는 53분에 종료되었다. 이 작전을 위해 투입된 인원과 장비는 병력 208명, C-130 2대, 호위용 F-4E 팬텀기 8대였다.

결과적으로 인질 106명 중 103명을 구출했고 인질범 10명 중 7명을 사살했으며(3명은 도주) 우간다의 미그기 11대가 폭파되고 병사 45명이 사살되었다. 이스라엘 특공대의 지상작전 지휘자인 네타냐프 중령이 전사하는 피해외 완벽한 작전성공이 가능했던 것은 이스라엘군의 사전 철저한 예행연습 덕분이었고 이 또한 제1 始計篇에 나오는「攻其無備, 出其不意」의 실전적 적용이 아니겠는가.

이라크의 쿠웨이트 침공

제4 軍形篇에「擧秋毫, 不爲多力」즉,「짐승의 가는 털을 들었다고 해서 아무도 힘이 세다고 하지는 않는다」라고 하는 이 어귀는 바로 90년 중반부터 세계를 들끓게 했던 이라크의 쿠웨이트 침공사건에 적용되어진다.

이라크는 43만8천㎢의 국토면적, 1천7백만명의 인구, 정규군 1백만명에 50만명의 예비군, 5천5백대의 전차, 5백10대의 전투기 등 막강한 군사대국인데 반해 쿠웨이트는 겨우 1만7천㎢의 국토면적, 1백70만명의 인구, 2만3백명에 불과한 병력, 2백80대의 전차와 50여대의 전투기가 전부이다. 1990년 8월 2일 08：00시 정각, 이라크는 전차 350대와 10만명의 병력으로 쿠웨이트를 전격적으로 침공했다. 그야말로「거추호, 불위다력」의 모습이다. 아무도 이라크 보고 힘이 세다고 하지 않을 것이다. 이 기회에 이라크와 쿠웨이트 양국관계를 개략적으로 알아본다.

이라크는 전통적으로 쿠웨이트를 이라크 영토의 일부(19번째의 주)로 간주해 왔으며 쿠웨이트의 독립을 반대해 왔었다. 쿠웨이트가 독립한 후로는 국경지대 쿠웨이트 영토 일부(유전지대)가 이라크 영이라고 주장하여 외교분쟁을 지속시켜 왔다. 이란·이라크 전쟁시에는 쿠웨이트가 국경분규 완화책의 일환으로서 오히려 이라크를 지원했는데, 이란·이라크 휴전 이후 이라크측 국경영토문제 재제기(7월 31일)까지 이라크 국경유전지대 할양, 이란·이라크 전쟁시 쿠웨이트가 이라크에 재정지원한 200억불의 채무탕감요구 등 협상이 계속되었다. 쿠웨이트는 막강한 이라크의 군사공격이 우려되어 그 무마책으로 이라크에 대한 채권을 포기하고 석유채굴대가인 20억불을 변상해 주겠다고 이라크측에 제의했으나 7월 31일 이라크측의 거부로 회담이 결렬되었다. 이라크는 이란과의 10년에 걸친 전쟁으로 인해 외채가 600억불 이상이나 되었고 식량과 생필품이 절대적으로 부족하며, 전후 복구를 위해 막대한 재원이 필요하여 사실상 자력으로 재기하기란 거의 불가능한 시점에 있었다.

또한 휴전 후 군의 사기가 저하되어 있었고 군부의 대정부에 대한 불만이 점차 증가하고 있었다. 여기에 부가하여 후세인 대통령은 7월 19일부로「종신 대통령제 헌법」을 통과시켜 종신집권을 추구했는데 국가의 경제적 피폐와 대통령의 종신집권에 대한 국민들의 불만이 고조되고 이라크 군부에 반 후세인 세력이 대두되는 등 내부분열 위험성이 점차 증가되고 있었다. 후세인 대통령은 최신 화학무기를 생산하고 핵 화학무기 적재가 가능한 중거리 미사일 생산을 추진하는등 군비증강과 함께 자국내 반대파와 쿠르드족에 대한 탄압을 계속하여 그동안 국제사회로부터 비난을 받아 왔었다.

그래서 후세인 대통령은 현재의 쿠웨이트 관계, 국내문제, 국제문제 등을 해결하기 위한 전략적 돌파구 마련이 시급하여 전격적으로 쿠웨이트를 침공한 것이다. 여기에서 사담 후세인 이라크 대통령에 대해 좀더 알아보자. 그는 현재 이라크의 대통령, 혁명평의회 의장, 군 총사령관을 겸직하고 있으며 1937년생이다. 이집트의 카이로 대학과 바그다드의 무스탄시리아 대학을 졸업했으며 1957년 아랍사회주의「바아스(BAATH)」당에 가입함으로써 정치에 입문

했다. 출생전에 부가 사망하여 숙부에 의해 양육되어 독선적 성격이 강하며 승부·성취욕과 끈질긴 근성이 있다. 이라크의 출세가도는 군인이나 법률가가 되는 길인데 후세인은 후자인 변호사가 되었으나 정치적 활동에 더 치중했다. 61년도 그가 24세때 카셈 수상을 저격하다가 경호원의 총격에 왼발 대퇴부가 피격당했는데 도주 중에 자신이 칼로 총탄을 제거했다. 68년도에 동향출신 바크루 장군과 쿠데타를 거사하여(68.7.17) 무혈혁명에 성공했으며 혁명평의회 부의장시에도 바크루의 건강악화로 실질적인 권한을 행사해 왔다.

손자병법 이해를 위한 배경지식

● 中道의 병법

손자 당시에는 비록 형식적으로는 주(周)나라의 지배를 받지만 실질적으로는 각기의 독립과 세력확장에 혈안이 되어있는 여러 제후(諸侯)가 있었다. 그래서 항상 전쟁은 끊이지 않았으며 모든 나라는 하시라도 적으로 돌변될 수 있었다.

비록 1개국을 타도했다 하더라도 그로인해 피폐해지면 제3국에 의해 또다시 타도당할 우려가 있었으니(「작전편 제2」에는 「屈力殫貨, 則諸侯乘其幣而起」라 하여 이를 보여줌) 어느 나라든 주변의 모든 나라를 적으로 간주, 항시라도 싸울 수 있는 태세가 요구되었다. 따라서 손자병법은 어느 1개국에 대한 편협된 배려가 아닌 다수의 적에 대한 다국적 배려를 근본으로 하고 중도(中道)의 위치에서, 보편성(普遍性)을 견지하는 등 대단히 조심성있는 처세술을 다루고 있다.

이런 시대적 배경하에 민중들 사이에는 평화와 질서를 희구하는 거센 운동이 있었으니 바로 노자, 공자를 비롯한 제자백가(諸子百家)의 출현이 그것이다.

손자병법 속에는 이들 철학사상이 내면에 흐르고 있으며 당시 병가(兵家)로써 「오자(吳子)」와 더불어 일가(一家)를 이루었다.

● 武經七書와 손자병법

무경칠서(武經七書)란 중국 역대의 병법서(兵法書) 중 저명한 7종을 가려 칭하는 것으로서 아래와 같다.

① 손자병법(孫子兵法) : 손무(孫武)
② 오자병법(吳子兵法) : 오기(吳起)
③ 사 마 법(司馬法) : 전양저(田穰苴)
④ 위 료 자(尉繚子) : 위료(尉繚)
⑤ 이위공문대(李衛公問對) : 이정(李靖)
⑥ 육도(六韜) : 강태공 여상(呂尙)
⑦ 삼략(三略) : 황석공(黃石公)

무경칠서는 송(宋)나라 신종(神宗)때 반포되어 병법을 연구하는 필독서가 되었고 명(明)나라 초기부터는 무과(武科) 시험과목으로 채택되었으며 우리 조선조에도 무경칠서가 무과시험과목에 들어갔다. 무경칠서란 이름은 유교경전인 논어(論語), 맹자(孟子), 중용(中庸), 대학(大學), 시경(詩經), 주역(周易)의 7서와 대비하여 칭한 것이다. 무경칠서 중 단연 손자병법이 으뜸이며 「손자이전에 병법서 없고 손자 이후에도 병법서 없다」라고 일컬어진다.

● 병권모(兵權謀)와 손자병법

B.C 1세기 말엽 후한(後漢)의 반고(班固)가 저술한 한서(漢書)의 「예문지(藝文志)」에는

당시까지 전해진 중국 고대도서 596가지가 기록되어 있는데 그 중에서 병법서는 53가지나 된다. 「예문지」에 의하면 한나라 초기에는 182가지의 병법서가 있었다고 하는데 이 숫자도 역시 진시황제의 분서(焚書)에 살아남은 숫자이니 전국시대에는 얼마나 많은 병서가 있었는지 짐작할 수 있다.

반고는 53가지의 병서를 ① 병권모(兵權謀) ② 병형세(兵形勢) ③ 병음양(兵陰陽) ④ 병기교(兵技巧)의 4가지로 분류했는데 「손자병법」「손빈병법」「오자병법」 등 13가지의 병법은 「① 병권모」로 분류했다.

권모(權謀)라는 것은 「정(正)으로써 나라를 지키고, 기(奇)로써 군(軍)을 움직이며, 먼저 계책을 세우고 뒤에 싸우며, 형세를 고루 갖추고 음양을 살펴, 기교를 부리는 것이다」라 설명하고 있다.

● 손자병법 저자에 대한 논쟁

손자병법의 저자가 과연 손무인가? 또한 그는 실재인물인가? 이러한 문제에 대해 그간 많은 논쟁이 되어 왔다.

① 송대의 학자 엽적(葉適)은 「춘추좌전」에 오왕합려를 섬긴 인물로 오자서(伍子胥)의 이름은 있으나 손무의 이름은 없음을 지적, 손무의 실재를 부인했다.
② 한서 예문지에는 「吳孫子兵法 八二篇, 齊孫子兵法 八九篇」이라 기록되어 「오(吳)」의 손자는 손무를 뜻하나 그 82편은 오늘날 13편과 크게 상이하다.
③ 손무의 손자병법에는 「상장군(上將軍 : 제7군쟁편)」, 「알자(謁者) : 제13용간편」, 「대(帶) : 제2작전편)」, 「노(弩) : 제5병세편」의 말이 사용되는 바, 이 말들은 손빈이 살았던 전국시대(B.C 403~221)의 용어이니 손자병법은 손빈의 저작이다.

그외 많은 논쟁이 있었으나 1972년 4월 산동지방에서 발견된 죽간으로 많은 의문점이 해소된 것이다. 즉 손무와 손빈은 별개의 병법을 저술했으며, 손무가 실재했다는 것이다. 손무의 후손인 손빈은 손무의 병법을 읽었으며 그것을 보강했다는 설도 타당성이 높다.

● 손무의 최후

· 손무에 관한 기록으로 사마천의 사기(史記)에는 단 2회 언급되어 있다. 첫번째는오왕합려에게 장수로 임용되는 과정을 그린 궁중미녀 180명 훈련장면이고, 두번째는 오왕합려가 초나라를 공격하려 할 때 손무가 「백성이 피폐해 있으니 아직 그 시기가 아닙니다」라고 반대하는 장면이다.
· 명나라시대의 여소어(余卲魚)는 「동주열국지」에 손무의 마지막 자취를 기록했다.
「손무는 오나라 사람이었다(필자주 : 태생은 제나라임). 오왕합려가 초나라를 쳐부수고 논공행상을 할 때 손무는 일등수훈으로 평가되자 그는 더이상 벼슬을 원치 않고 산골로 돌아가기를 청했다. 무릇 공을 세우고 물러나지 않으면 반드시 후환이 있는 법이라는 말을 남기고 손무는 홀연히 떠났는데 그에게 금은과 비단 몇 수레가 주어졌으나 가난한 백성에게 모두 나누어 주었으며 그뒤 어디서 언제 죽었는지 알지 못한다.」

● 오왕합려의 최후

손무가 군사(軍師)로 봉사했던 오나라왕 합려의 최후를 담은 애기다. 오나라와 월나라는 「오월동주」의 고사로 유명한 앙숙관계이며 「와신상담(臥薪嘗膽)」의 주인공들이다. 기원전 496년, 그 철천지 앙숙이었던 월왕 윤상(允常)이 죽자 그 아들 구천(勾踐)이 뒤를 이었고 그를 보좌하는 범려가 있었다. 오왕합려는 월왕이 죽은 것을 기화로 일거에 무너뜨리고자 군사를 일으켰다. 월군은 오군이 월나라에 침공해 들어오기 전에, 오나라의 취리라는 곳에 나가 오군을 미리 맞았다. 양군은 취리에서 소강상태에 빠지게 되었는데 이때 월 군은 참으로 기묘한 행동으로 나아왔던 것이다. 월군진지에서 한무리의 군사들이 우르르 앞으로 나오더니 시퍼런 칼을 빼어들고 오군진지 앞으로 바짝 다가왔다. 그런데 이들 모두가 자기 목에 칼을 대고 있는 게 아닌가. 그리고는 선두에 선 대장이 큰소리로 외쳤다.

"소란을 피워 면목 없소. 사과의 뜻으로 우리 모두 스스로 목을 칠테니 잘 보시오."

그들은 일제히 칼을 제 목을 향해 번쩍 쳐들었다. 이를 지켜본 오군의 병사들은 어리둥절하여 혹시 어떤 계략이 없는가 더욱 경계를 하고 있었다. 순간, 칼을 쳐든 월군의 목은 모두 뎅강 잘려져 있었다. 오군 군사들은 너무나 뜻밖이라 망언자실했다. 곧이어 또 월군진지에서 한 무리의 군사들이 다가왔다. 그들도 똑같은 자세를 취하고는 대장의 사과소리와 함께 스스로 목을 날렸다.

혹시나 하고 바짝 긴장하고 있었던 오군 군사들은 이제 아무 정신이 없었다. 그러자 또다시 월군진지에서 세번째의 무리들이 다가왔다. 그들 역시 똑같은 행동에 똑같은 사과말과 함께 목을 날렸다. 오군군사들은 이제 무슨 허깨비를 보는 듯 머리가 혼미해졌다. 그러자 또 월군진지에서 네번째로 한 무리가 다가왔는데 혼미해진 오군 앞에 서있는 월군군사들은 예의 그 무리들이 아니었다. 월군의 수많은 정예부대가 어느덧 오군을 포위한 것이다. 정신이 채 들기 전에 오군은 반격할 겨를도 없이 월군에 의해 도륙되고 있었다. 패주하는 오군을 따라 피신하던 오왕합려는 순간 월나라 병사가 쏜 독화살에 손가락을 스쳤다. 70리를 채 못가서 합려는 경(陘)이라는 곳에서 그 독으로 인해 죽고 말았다.

임종때 합려는 아들 부차(夫差)에게 복수를 부탁한다. 부차는 그후 잘 때에 장작(薪 ; 신) 위에 누워(臥 ; 와) 아비의 복수를 결의했고, 새로운 월왕 구천은 항상 옆에 쓸개(膽)를 두고 이를 맛보며(嘗) 복수를 다졌으니 이름하여 「와신상담」이다.

손무가 섬겼던 오왕합려의 최후 애기다.

어떻게 하면 이길 수 있는가?

군인은 전쟁터에서, 그리고 일반인은 살아가는 그들 세계에서 수많은 경쟁과 도전을 물리치며 이기기를 갈망한다. 그렇다면 어떻게 해야 이길 수 있을 것인가? 손자병법을 연구하는 목적은 가능한 싸움을 하지 않고도 이기는 방법(또는 원하는 바 목적달성)을 얻는데 있다. 싸움없이 이기면 물론 가장 좋은 길이지만 만사가 그렇게 되지는 않는다. 어쩔 수 없이 싸워야 하는 경우에는 싸울 수 밖에 없다. 부득불 싸우게 되면 우선 내 편이 최소의 피해가 보장되는 싸움을 해야 한다. 그러한 방법이 있는가? 손자병법의 깊은 연구와 수많은 과거 전례(戰例)를 통해 그에 대한 근사치의 해답은 제시 가능하다.

얻고자 하는 핵심은 '① 이겨야 되며 ② 아측의 최소 피해가 보장'되는 것이라 보고 그를 성취하는 방법으로 손자병법 제7군쟁편의 '우직지계(迂直之計)'와 제6허실편의 '충기허야(衝其虛也)'의 결합으로 요약했다. 영국의 전략이론가「리델하트」는 그의 명저 전략론(戰略論)에서 과거 280여개의 전역을 분석한 결과 불과 6개의 전역(엄밀히 하면 2개 전역)을 제외하고는 전부 '간접접근'에 의해 승리를 거두었다고 했다. 그리고 직접접근을 시도하면 먼저 시도한 측이 실패했었고 피해도 증대되었다고 주장했다. 알다시피「리델하트」는 철저한「손자」연구가이며 그의 전략이론의 저변에는 손자의 사상이 절대적으로 영향을 주었으며 진하게 깔려있다. 그를 절대적 위치로 끌어올린 간접접근 전략이론은 바로 2500여년전 손자의 '우직지계'에서 기인한 이론이 아닌가. 여기서 우리는 '우직지계'의 몇가지 유형을 살펴본다.

迂直之計 유형 Ⅰ

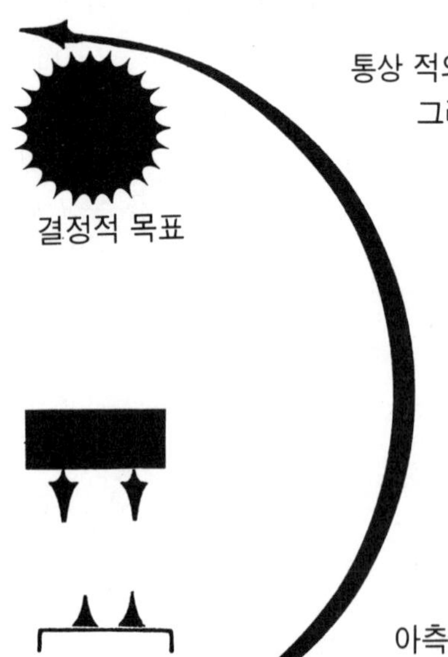

통상 적의 배후는 약하게 배치됨.
그러나 조직의 중추가 위치함으로 심리적 타격은 지대함

적의 배후로 향한 기동
(迂直之計, 衝其虛也)
攻其無備, 出其不意

아측의 배후기동을 적에게 은폐하기 위한 각종 기만, 견제, 교란

※ 적의 심리(心理)를 지향한 기동으로 지휘 중추부에 마비를 일으켜 전체를 큰 피해없이 장악하는 방법

迂直之計 유형 Ⅱ

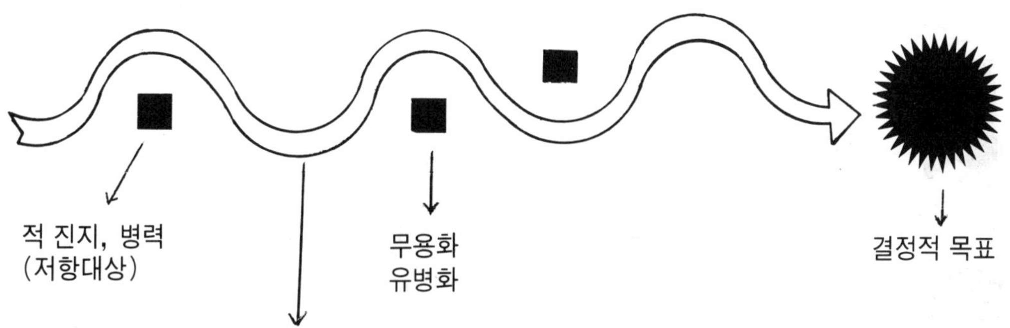

※ 중간 저항대상물들을 공격할 것인가 그냥 우회할 것인가의 판단은 이들이 마지막 결정적 목표 공격시 또는 공격후 어떠한 영향을 미치느냐에 따라 결정(결정적 목표에 대한 공격역량도 동시고려 : 축차적 중간목표공격으로 전력쇠잔시 목적 미달성)

迂直之計 유형 Ⅲ

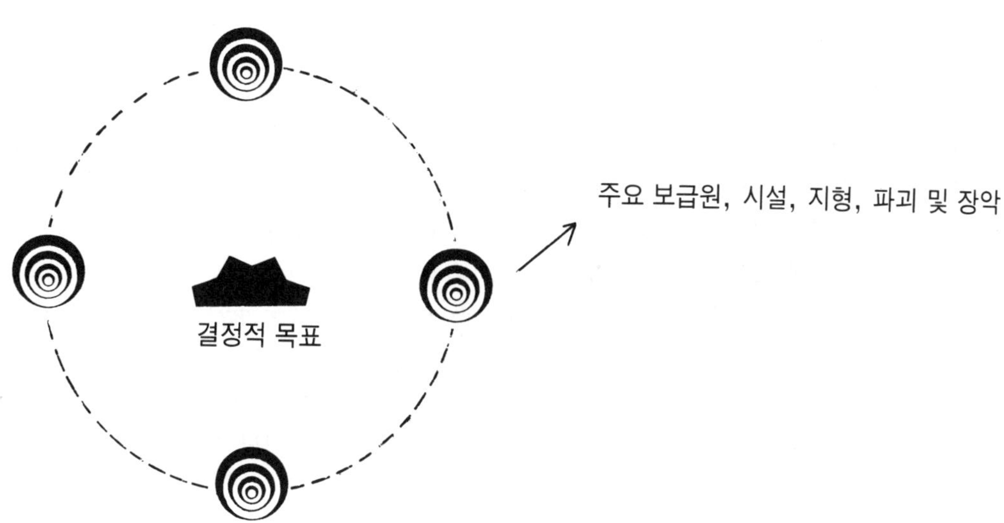

※ 결정적 목표에 대한 직접공격은 피하며 고립, 차단, 고갈작전시도
※ 장기전에 견딜 수 있는 아측의 역량동시 확보요(적이 저절로 굴복될 때까지 대기 혹은 결정적 시기도래시 총 공격시도)

迂直之計 유형 Ⅳ

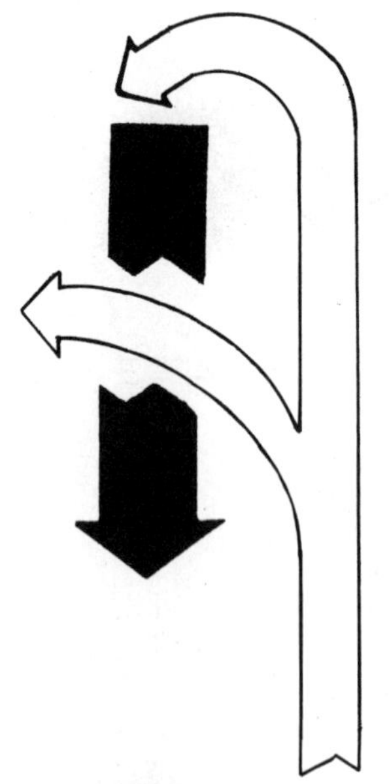

비록 소규모의 아측부대가 적에 의해 피해를
입더라도 대규모 부대의 결정적 타격으로 목적 달성

※ 작은 것을 양보(포기)하고 큰 것을 얻음(노림)
※ 약점에 대한 힘의 집중

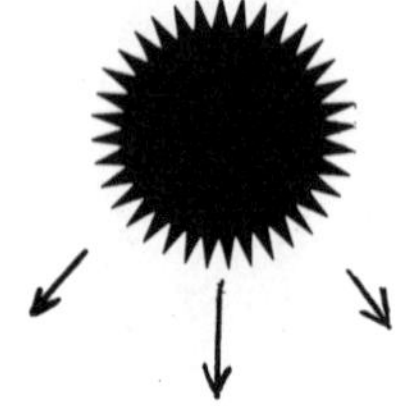

적을 유인하여 깊숙히 끌어들임

유형 Ⅳ에 대한 좋은 예화가 있다. 일본의 유명한 두 검객이 있다. 한명은 이제 부상하는 유망주이며 또 한명은 당대 최고 고수이다. 두 검객이 대결할 상황에 이르렀다. 최고 고수는 신출내기의 왼쪽 어깨를 노려(직접접근) 그가 피하려고 하거나 왼쪽 어깨쪽으로 오는 칼을 막으려고 할 때 그 허를 보아 결정적 타격을 취하려 했다(간접접근). 드디어 고수의 칼이 날카로운 바람소리를 내며 날아들어갔다. 과연 독자 여러분이라면 어떻게 했겠는가? 놀랄만한 일이 그 다음 일어났다. 신출내기는 자신의 왼쪽 어깨 즉, 왼팔을 공중에 날리고(피하거나 막지 않았다) 그 자리에서 들어온 고수의 머리를 날려버린 것이다. 이것이 바로 진정한 의미의 간접접근 즉, 우직지계가 아니겠는가. 작은 것을 과감히 포기하는 결단력도 대단한 용기와 숙고를 요하는 것이다.

迂直之計 유형 Ⅴ

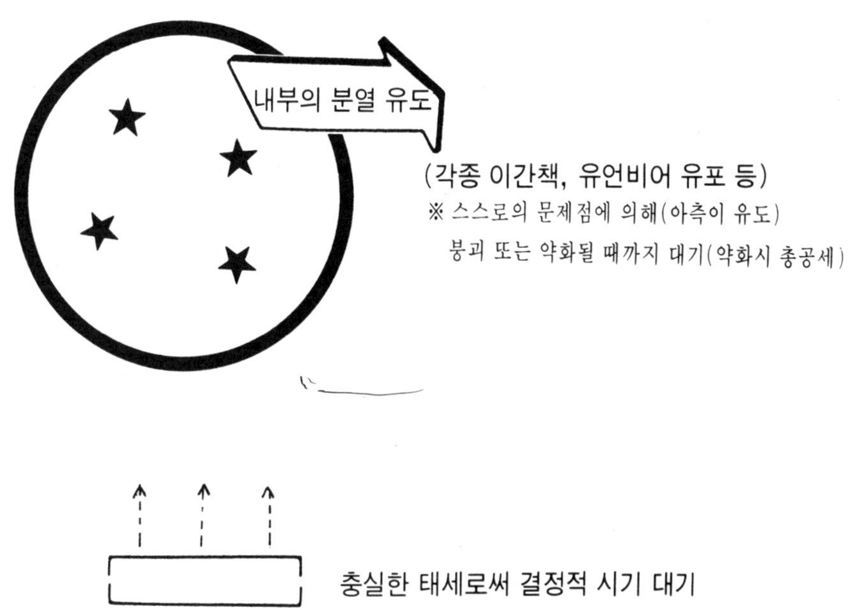

이상에서 5가지의 유형의 우직지계를 알아 보았다. 물론 이것만으로 국한되지는 않고 많은 연구를 통해 더 많은 유형을 추출할 수 있다. 사고(思考)의 방향을 제시한 것에 불과하다.

적의 약점, 헛점을 발견하면 즉각 그것을 이용할 수 있어야 하고(取虛), 만약 발견치 못할 때는 인위적으로 그것을 만들어 내도록 노력해야 한다(作虛). 손자는 제1시계편에 이를 위한 방법으로 궤도(詭道)를 제시했다. 또한 적으로 하여금 반드시 싸우도록 유도하기 위해 제6허실편에 "부득불여아전자, 공기소필구야(不得不與我戰者, 攻其所必救也)" 즉, "나와 더불어 싸우지 않을 수 없음은 그들이 반드시 구출해야 할 급소를 공격하기 때문이다."라고 했다.

충실한 태세와 헛점을 구분하여 피실격허(避實擊虛)의 요체를 깨달을 수 있는 혜안이 요구된다. 전승(戰勝)은 적으로 하여금 실수와 오판을 유도할 때 가능해지는 것이다. 나의 실수와 오판을 최소화하고 적의 그것을 최대화할 때 승기는 가까이 오는 것이다. 우리가 고심하고 있는 모든 노력도 바로 이를 위해서이다. 전쟁은 극도의 인내를 요구한다. 내가 교통스럽더라도 그것을 적에게 보여서는 안된다. 오히려 태연스레하여 오판을 유도해야 한다. 적도 고통스러운 것은 마찬가지이다. 최후의 5분, 마지막 한방울의 물이 전세를 결정짓는다. 병사들은 대세(大勢)를 잘 모른다. 다만 그들 장수들만 바라본다. 어느 편 장수가 끝까지 인내하며 고도의 지략을 발휘하느냐에 따라 전세를 결정짓는 것이다.

어떻게 하면 이길 수 있는가? 물론 해답은 없다. 그동안의 연구결과에 의해 많은 복합적인 조건이 따르겠지만 ① 우직지계의 요체를 깊이 깨닫고 ② 적의 약점(헛점, 오판)을 유도하고 적시적으로 그를 치는 것으로 요약한다.

직접 접근하지 마라! 그렇게 되면 적은 물론 당신도 큰 피해를 감수해야 할 것이다.

무신(武臣)으로서 반드시 읽어야 할 것이 있으니, 무경칠서(武經七書) 중의 손자병법이다. 이 손자 13편은 문자를 아는 자가 정신을 가다듬어 그 중요한 부분을 연구해서 오랜 기간의 공부를 한다면, 자기도 모르는 사이에 한가닥의 광채를 엿볼 수 있을 것이다. 그렇게 한 다음, 다시 느긋하게 여유를 가지고 서서히 정독하여 점차 문리를 터득해 나간다면, 병법을 연구하고 군을 통솔함에 요긴하게 쓰일 뿐만 아니라, 자신을 수양하고 남을 대하는 도리에도 응용되어 어디든지 부합되지 않음이 없을 것이다.

옛날 명장들은 중요한 고비를 맞이할 때마다 반드시 손자의 병법을 들추어 말했던 것이니, 병법의 정미(精微)함이 이 이상 없음을 미루어 알 수 있다. 내가 근래 집에서 쉬면서 매우 한가하고 고요하므로 비로소 손자병법을 꺼내어 읽어보니 그 오묘한 뜻을 완전히는 알 수 없으나 준마가 이리 뛰고 저리 뛰는 듯한 종횡무진한 기상을 느낄 수 있고, 찬란한 정화(精華)가 무궁무진하여 끝이 없었다. 이는 아무리 먹어도 싫지 않은 천금(千金)의 진미(珍味)라 할 수 있는 것이다.

—— 武臣須知 중에서 ——

도해 손자병법

개정판 중쇄 발행 / 2021년 2월 15일

편 저 자 / 노병천
펴 낸 이 / 이정수
펴 낸 곳 / 연경문화사
등 록 / 1-995호
주 소 / 서울시 강서구 양천로 551-24 한화비즈메트로 2차 807호
대표전화 / 02-332-3923
팩시밀리 / 02-332-3928
이 메 일 / ykmedia@naver.com

값 18,000원
ISBN 978-89-8298-019-0 03390